Thomas Dietz

Die grenzüberschreitende Interaktion grüner Parteien in Europa

Studien zur Sozialwissenschaft

Band 186

Thomas Dietz

Die grenzüberschreitende Interaktion grüner Parteien in Europa

Springer Fachmedien Wiesbaden GmbH 1997

Die Deutsche Bibliothek – CIP-Einheitsaufnahme

Dietz, Thomas:
Die grenzüberschreitende Interaktion grüner Parteien in
Europa / Thomas Dietz. – Opladen: Westdt. Verl., 1997
   (Studien zur Sozialwissenschaft; Bd. 186)
   ISBN 978-3-531-13038-5

Umschlaggestaltung: Christine Huth, Wiesbaden

ISBN 978-3-531-13038-5   ISBN 978-3-663-07907-1 (eBook)
DOI 10.1007/978-3-663-07907-1

Für meine Eltern

Inhaltsverzeichnis

Verzeichnis der Schaubilder und Tabellen

Schaubilder

Tabellen

Abkürzungsverzeichnis

AD	Alternattiva Demokratika
AGA	AGALEV
CG	Comhaontas Glas
DG	De Groenen
DGD	De Grønne (DK)
DGN	Miljøpartiet de Grønne (NOR)
ECO	ECOLO
ED	Europäische Demokraten
EFTA	European Free Trade Association
EGC	European Green Coordination
EGF	European Green Federation
EGR	European Greens
EEA	Einheitliche Europäische Akte
EFA	Europäische Freie Allianz
ELDR	European Liberal, Democrat and Reform Party
EP	Europäisches Parlament
EPZ	Europäische Politische Zusammenarbeit
EUCD	Europäische Union christlicher Demokraten
EuGH	Europäischer Gerichtshof
EUV	Vertrag über die Europäische Union
EVP	Europäische Volkspartei
EWGV	Vertrag über die Europäische Wirtschaftsgemeinschaft
EWR	Europäischer Wirtschaftsraum
FAZ	Frankfurter Allgemeine Zeitung
FB	Belgische Francs
FÖAO	Föderation der Ökologisch-Alternativen Organisationen
FR	Frankfurter Rundschau

GA   Grüne Alternative (Österreich)
GASP   Gemeinsame Außen- und Sicherheitspolitik
GE   Génération Ecologie
GFEP   Grüne Fraktion im Europäischen Parlament
GGEP   Green Group in the European Parliament
GGN   Green Global Network
GiPN   Greens in Parliament Network
GL   Groen Links
GO   Geschäftsordnung
GP   Green Party
GPA   Groen Progressief Akkoord
GPS   Grüne Partei der Schweiz
GRAEL   Green-Alternative European Link
GVEP   Groupe Vert au Parlement Européen
IU   Izquierda Unida
IV   I Verdi
KGRP   Koordination grüner und radikaler Parteien in Europa
LV   Les Verts
LosV   Los Verdes
MdEP   Mitglied des Europäischen Parlaments
MDP   Movimento Democratico Portugues
MEP   Mouvement d'Ecologie Politique
MP   Miljöpartiet
NGO   Non-governmental Organization
OV   Os Verdes
PES   Party of European Socialists
PO   Politiki Oikologia
PR   Partito Radicale
SdED   Sammlungsbewegung der Europäischen Demokraten
SCEUA   Standing Committee on European Union Affairs
SGP   Scottish Green Party
TAZ   Die Tageszeitung
VL   Vihreä Liitto
WEU   Westeuropäische Union

Vorwort

Die Europäische Gemeinschaft, die im November 1993 mit dem Inkrafttreten des Maastrichter Vertrags in die Europäische Union umbenannt und auch umgestaltet wurde, erwies sich in den letzten Jahrzehnten als die weitreichendste und anziehungskräftigste Form europäischer Integrationsbemühungen. Dementsprechend war sie Gegenstand einer Vielzahl politikwissenschaftlicher Forschungsarbeiten. Empirische Untersuchungen zu grenzüberschreitender Parteieninteraktion und ihrer Bedeutung für das politische System der EG bzw. der EU fanden jedoch in den letzten zehn Jahren kaum Interesse. Auch aus diesem Grund lagen bislang zu den europapolitischen Vorstellungen der Parteifamilie der Grünen und den Strukturen ihrer grenzüberschreitenden Zusammenarbeit keine ausführlichen und systematischen Studien vor.

Aus dem Wunsch heraus, diese Forschungslücke zu schließen, entstand die vorliegende Arbeit. Sie wurde im Wintersemester 1995 an der sozialwissenschaftlichen Fakultät der Universität Mannheim als Dissertation angenommen und für die Veröffentlichung vom Autor noch einmal leicht überarbeitet.

Zwar sind andere Parteifamilien, wie etwa regionalistische oder rechte Parteien, ebenfalls noch nicht ausreichend auf ihre grenzüberschreitende Interaktion hin untersucht worden. Die Parteieninteraktion der Grünen als möglicher integrativer Faktor für das politische System der EU ist jedoch deshalb von besonderer Bedeutung, weil grüne Parteien fast überall in Europa existieren und sich einige von ihnen mittlerweile als viert- oder sogar drittstärkste politische Kraft ihres Landes etabliert haben. Über das Beispiel Finnlands hinaus, wo seit Anfang 1995 erstmals eine westeuropäische grüne Partei auf nationaler Ebene an einer Regierungskoalition beteiligt ist, ist daher damit zu rechnen, daß grüne Parteien auch in anderen Ländern künftig in Regierungskoalitionen ihre auf nationaler oder auf europäischer Ebene entwickelten europapolitischen Konzepte stärker zu Gehör bringen werden als bisher. Sie werden deswegen mit hoher Wahrscheinlichkeit künftig auch auf intergouvernementaler Ebene Einfluß auf die europäische Integration bekommen.

Die systematische Datensammlung für die vorliegende Arbeit wurde im Oktober 1992 begonnen und mit Ausnahme der Schlußinterviews und einzelner Dokumente, deren Einbeziehung aus Gründen der Aktualität sinnvoll erschien, im November 1994 beendet. Das Manuskript selbst wurde im September 1995 abgeschlossen.

Zu danken habe ich zunächst dem Land Baden-Württemberg, das mir durch die Gewährung eines Stipendiums nach dem Landesgraduiertenförderungsgesetz (LGFG) die Durchführung dieser Arbeit erst ermöglichte. Besonderer Dank gebührt Herrn Prof. Dr. Max Kaase und Herrn Dr. Thomas Poguntke, die mir in den verschiedenen Phasen der Arbeit wertvolle Anregungen und Hinweise gegeben haben. Angesichts der fehlenden institutionellen Einbindung während der Anfertigung der Arbeit, etwa in einem Graduiertenkolleg, einem Forschungsprojekt oder einem Doktorandenkolloquium, waren sie von besonderer Wichtigkeit für mich. Auch Martin Zwosta und Philipp Hartmann sowie Dietmar Palan und Michael Agricola, die mir mit Diskussionsbeiträgen ebenfalls sehr behilflich waren, möchte ich an dieser Stelle recht herzlich danken. Last but not least wäre die Erstellung dieser Arbeit ohne Informationen aus dem Parteienbund und den Europafraktionen der Grünen nicht möglich gewesen. Zu danken habe ich daher auch sämtlichen Mitgliedern und Mitarbeitern der Europafraktionen der Grünen, der Europagruppe Die GRÜNEN sowie den Mitarbeitern und Vorstandsmitgliedern der European Green Coordination bzw. der European Federation of Green Parties, die mir mit großer Geduld und Freundlichkeit Rede und Antwort standen und mir zu allen Dokumenten Zugang gewährten, an denen ich interessiert war. Sie alle hier zu erwähnen, würde den Rahmen dieses kurzen Vorworts sprengen. Sie sind jedoch in der 'Liste der Interviewpartner' am Ende der Arbeit aufgeführt.

Leider hat sich einer von ihnen, der Südtiroler Alexander Langer, den ich persönlich als besonders herzlichen und vertrauenswürdigen Menschen kennengelernt habe, im Juli 1995 das Leben genommen. Er konnte den Ansprüchen als Abgeordneter, die andere an ihn, aber auch er an sich selbst gestellt hatte, nicht mehr gerecht werden. Wäre ich nicht meinen Eltern, die meinen Wunsch nach einem Studium und einer anschließenden Promotion ideell und gegen Ende auch finanziell unterstützt haben, zu besonderem Dank verpflichtet, wäre ihm diese Arbeit gewidmet.

„Seid nicht traurig, macht weiter, was gut war"

Alexander Langer

1. Einleitung

1.1. Untersuchungsgegenstand

Seit März 1996 tagen Vertreter der Regierungen der Mitgliedstaaten der Europäischen Union (EU), um den erst Ende 1993 in Kraft getretenen Maastrichter Vertrag im Hinblick auf ein immer noch bestehendes Demokratie- und Legitimitätsdefizit im politischen System der EU zu verbessern[1]. Schon seit längerem wird jedoch darauf hingewiesen, daß sich dieses Defizit nicht nur auf intergouvernementalem, sondern auch auf dem Weg einer organisatorisch verfestigten und funktionsfähigen grenzüberschreitenden (transnationalen) Parteieninteraktion abbauen ließe[2], die zudem auch noch „die Entwicklung gemeinsamer Loyalitäts- und Identitätsmuster erleichtern und dadurch einen den Integrationsfortschritt begünstigenden Faktor darstellen" könnte (NIEDERMAYER 1983:12). Dies findet auch Ausdruck in Artikel 138a des Maastrichter Vertrags. Dort heißt es:

„Politische Parteien auf europäischer Ebene sind wichtig als Faktor der Integration in der Union. Sie tragen dazu bei, ein europäisches Bewußtsein herauszubilden und den politischen Willen der Bürger der Union zum Ausdruck zu bringen."

Inwieweit die grenzüberschreitende Parteieninteraktion auf parlamentarischer und außerparlamentarischer Ebene diesem ehrgeizigen Anspruch gerecht werden kann, wird schon seit einiger Zeit in entsprechenden Forschungsarbeiten untersucht. Gegenstand dieser Forschung waren bisher in erster Linie die Arbeit und Organisation

---

1 Unter dem Demokratiedefizit der EG bzw. der EU versteht man das Phänomen, daß im Laufe der Zeit durch Integrationsfortschritte innerhalb der EG den nationalen Parlamenten immer mehr Kompetenzen entzogen wurden, ohne daß auf der anderen Seite beim Europäischen Parlament (EP) ein entsprechender Kompetenzzuwachs zu verzeichnen gewesen wäre. Das Legitimitätsdefizit beschreibt die Tatsache, daß dem politischen System der EG (EU) bislang nicht die gleiche generalisierte Unterstützung entgegengebracht wird wie dem jeweiligen politischen System auf nationaler Ebene (SEIDER 1990:1-3; NASSMACHER 1972:8-12).

2 Unter grenzüberschreitenden Interaktionen werden nach NYE/KEOHANE (1972:XII) Bewegungen von Geld, Informationen, physischen Objekten, Personen und anderen tangiblen und intangiblen Gegenständen über Staatsgrenzen hinweg verstanden. Geschieht dies durch Akteure, die nicht den jeweiligen nationalen Regierungsinstitutionen zuzurechnen sind, wie z.B. Parteien, so liegen transnationale und keine internationalen Beziehungen vor (NYE/KEOHANE 1972:XII). Grenzüberschreitende Interaktion von Parteien kann somit auch als transnationale Parteieninteraktion bezeichnet werden.

der Fraktionen im europäischen Parlament und im außerparlamentarischen Bereich die sogenannten europäischen Parteienbünde der traditionellen europäischen Parteifamilien, die Mitte der sechziger bzw. Mitte der siebziger Jahre entstanden. Hierzu zählen:

- Die Europäische Union christlicher Demokraten (EUCD)
- Die Europäische Volkspartei - Föderation der christlich-demokratischen Parteien der Europäischen Gemeinschaft (EVP)
- Die Sozialdemokratische Partei Europas (SPE)
- Die Europäische Liberale Demokratische und Reform-Partei (ELDR).

Die EVP, die SPE und die ELDR sind auf den Systemrahmen der EU beschränkt. In ihnen können nur Parteien aus Mitgliedsländern der EU oder aus Ländern, die einen EU-Beitritt beantragt haben, aufgenommen werden[3].

Der verfestigten Form grenzüberschreitender Parteieninteraktion in Gestalt der Parteienbünde gingen die „Internationalen" voraus. Diese dienen bis heute als letztlich unverbindliches Informations- und Diskussionsgremium und sind in ihrem Zuständigkeitsbereich sowie in ihrer Mitgliedschaft nicht auf Europa beschränkt. Zu ihnen zählen die

- Christlich-Demokratische Weltunion (CDW)
- Internationale Demokratische Union (IDU;Konservative)
- Sozialistische Internationale (SI)
- Liberale Internationale (LI)[4].

---

3 Siehe zu den aufgeführten Parteienbünden ausführlicher BARDI (1992), GRESCH (1978), NIEDER-MAYER (1983) sowie PRIDHAM/PRIDHAM (1981) und die jeweiligen Beiträge zu den europäischen Parteienbünden im Jahrbuch der Europäischen Integration (WEIDENFELD/WESSELS 1980ff.). Seit 1981 existiert im Bereich grenzüberschreitender Parteizusammenarbeit auch die sogenannte Föderation der regionalistischen/föderalistischen Parteien, die 1988 aus 16 Mitgliedsparteien aus 7 Staaten bestand (EUROPEES PARLEMENT 1989:128f.). Sie ist aber noch nicht so organisatorisch verfestigt wie die angeführten Parteienbünde. Das gleiche gilt für die 1978 gegründete Europäische Demokratische Union (EDU), in der christdemokratische, konservative und sonstige nicht-kollektivistische Parteien kooperieren. Auch rechte sowie kleine Links-Parteien versuchen in letzter Zeit verstärkt, eine grenzüberschreitende Zusammenarbeit in Europa aufzubauen. Ob dies von Erfolg gekrönt sein wird, bleibt jedoch noch abzuwarten.
4 Zur CDW siehe ausführlicher HACKE (1985) sowie BARATTA/KLAUS (1990:84). Über die IDU berichtet KOHLER-KOCH (1985) und die SI wird u.a. bei SEIDELMANN (1985), KNOPP (1992), MUJAL-LEON/NILSSON (1995) und BARATTA/KLAUS (1990:413f.) behandelt. Zur LI siehe ausführlicher HRBEK (1985) und BARATTA/KLAUS (1990:324f.). Die (ehemaligen) kommunistischen Internationalen werden ausführlicher beschrieben bei GEISS (1985). Zu den drei großen Weltbünden (CDW, SI, LI) finden sich jeweils auch Kapitel in GRESCH (1978).

Nach einer relativ intensiven Beschäftigung mit europäischen Parteienbünden und Europafraktionen Mitte der siebziger/Anfang der achtziger Jahre, die als wichtigste Werke die Dissertationen von NIEDERMAYER (1983) und GRESCH (1978) sowie die Monographie von PRIDHAM/PRIDHAM (1981) hervorgebracht hat, ist diese Mitte der achtziger Jahre relativ abrupt abgebrochen, ohne eine ausführliche empirische Studie zur grenzüberschreitenden Interaktion grüner Parteien hinterlassen zu haben.

Konkreter Untersuchungsgegenstand der vorliegenden Arbeit ist deshalb die Entwicklung der multilateralen grenzüberschreitenden Interaktion grüner Parteien in Europa im parlamentarischen und außerparlamentarischen Bereich und zwar im Hinblick auf die Frage, ob diese Interaktion bislang zumindest erste Voraussetzungen dazu geschaffen hat, um als integrativer Faktor für das politische System der EU wirken und dort Transmissionsfunktionen erfüllen zu können.

Der Untersuchungszeitraum beginnt mit den ersten grenzüberschreitenden Kontakten grüner Aktivisten Mitte der siebziger Jahre und endet mit der endgültigen Konstituierung der dritten grünen Fraktion im Europaparlament im Herbst 1994.

Unter „Grüne Parteien" fallen dabei POGUNTKE (1989:176) folgend, alle Parteien und Wahllisten, die sich als „grün" oder „ökologisch" oder „alternativ" bezeichnen und gleichzeitig in die Kategorie der New-Politics-Parteien (POGUNTKE 1987a:369) einzuordnen sind (Vgl.MÜLLER-ROMMEL 1993:18). Hauptmerkmale dieser Parteien sind u.a. eine von Umweltschutz, Individualismus und direkter Demokratie bestimmte Programmatik, ein unkonventioneller politischer Stil (basisdemokratische Organisation, unkonventionelle Protestaktionen) sowie ein postmaterialistisch geprägtes Wählerprofil (POGUNTKE 1987a:372-76)[5].

1.1.1. Integrationstheoretische Fragestellung

Theorien regionaler Integration beschäftigen sich mit Bedingungsfaktoren, die einen Souveränitätsverzicht von Nationalstaaten zugunsten einer übergeordneten Ebene begünstigen bzw. erschweren (BATISTELLI/ISERNIA 1993:175). Neben dem sogenannten Realismus, der die europäische Union nur als Sonderfall internationaler Regime sieht, wird dabei grob unterschieden in föderalistische und prozeßorientierte Theorien regionaler Integration. Die föderalistischen Theorien vernachlässigen die Rolle grenzüberschreitend organisierter sozio-politischer Vermittlungsstrukturen, wie etwa transnationale Parteiorganisationen oder transnatio-

---

5 Zum Konzept des Postmaterialismus als Ausdruck eines gesellschaftlichen Wertewandels, der diese „Neue Politik" begründet, siehe ausführlicher INGLEHART (1977) und BARNES/KAASE u.a. (1979). Die von KITSCHELT (1988:194) gewählte Bezeichnung „Left-libertarian Parties" beschreibt das gleiche Phänomen wie der Ausdruck New-Politics-Partei, greift aber als Erklärungsansatz für die Entstehung solcher Parteien nicht auf den Postmaterialismus, sondern auf Wandlungen in der Sozialstruktur moderner Gesellschaften zurück (siehe hierzu ausführlicher FINGER/HUG 1992:290-92). Beide Ansätze sind jedoch miteinander vereinbar (POGUNTKE 1987a:370).

nale Verbände, für die europäische Integration. Die prozeßbetonten Theorien hingegen (Funktionalismus, Neo-Funktionalismus, kommunikations- und systemtheoretische Ansätze) messen transnationaler Parteieninteraktion eine größere funktionale Bedeutung bei: Durch transnationale Kommunikation zwischen Mitgliedern verschiedener nationaler Parteien und dadurch ausgelöste Lernprozesse kann die Sensitivität unterschiedlicher sozialer Systeme füreinander erhöht werden. Dies kann wiederum die Entwicklung gemeinsamer Loyalitäts- und Identitätsmuster erleichtern und damit zu einem Integrationsfortschritt führen. Unter diesem Blickwinkel ist das Ausmaß grenzüberschreitender Parteieninteraktion als unabhängige Variable zu sehen (NIEDERMAYER 1983:22)[6].

Im Gegensatz dazu sieht die vorliegende Arbeit das Ausmaß grenzüberschreitender Parteieninteraktion als abhängige Variable. Es wird deshalb nicht untersucht, inwieweit die Parteieninteraktion der Grünen im außerparlamentarischen und parlamentarischen Bereich tatsächlich zu Integrationsfortschritten zwischen Nationalstaaten im Rahmen der EU geführt hat. Vielmehr geht es darum festzustellen, inwieweit diese Interaktion eine Form angenommen hat, die zumindest erste Voraussetzungen für solche Integrationsprozesse geschaffen hat. Dies wäre im Hinblick auf das politische System der EU etwa durch die grundsätzliche Bejahung einer Integration von Nationalstaaten im Rahmen der EU (inhaltlicher Aspekt) und/oder durch die Existenz einer auf den Systemrahmen der EU orientierten, verfestigten grenzüberschreitenden Parteiorganisation (organisatorischer Aspekt) der Fall. Somit wird im integrationstheoretischen Teil der Arbeit untersucht, wie sich die Intensität der grenzüberschreitenden Parteieninteraktion der Grünen entwickelt hat, und auf welche Bestimmungsfaktoren dies zurückzuführen ist. Auf diesen beiden Fragen, deren Beantwortung Kapitel zwei und drei gewidmet sind, liegt der eindeutige Schwerpunkt der Arbeit.

Ergänzend hierzu befaßt sich Kapitel vier mit der Frage, ob und in welchem Ausmaß zwischen den beiden institutionalisierten Formen grenzüberschreitender Parteieninteraktion der Grünen, also Parteienbund und Europafraktion, Kommunikationsbeziehungen bestanden haben, zu welchen Kooperationsformen dies geführt hat, und welche Auswirkungen die Existenz der einen Interaktionsform für die jeweils andere im Bereich Programmatik, Aktivitäten und Strukturen gehabt hat. Damit soll überprüft werden, ob der Parteienbund der Grünen, der von der Mitgliedschaft her nicht auf den Systemrahmen der EU beschränkt ist, der Verankerung der jeweiligen Europafraktionen gedient und politische Leitlinien für die Fraktion vorgegeben hat, oder ob nicht eher umgekehrt von der Fraktion und damit dem institutionellen System der EG bzw. der EU über die Zeit hinreichend große

---

6 Siehe zu den verschiedenen Ansätzen regionaler Integration die Überblicksdarstellungen von WELZ/ENGEL (1993), BATISTELLI/ISERNIA (1993) und BELLERS/HÄCKEL (1990). HRBEK (1976:345-56) und GRESCH (1978:266-68) gehen in diesem Zusammenhang zusätzlich noch explizit auf die in diesen Theorien grenzüberschreitender Parteieninteraktion zugedachten Funktionen (Indikator für das Ausmaß von Integration und gleichzeitig integrationsfördernder Faktor) ein.

Anreize ausgegangen sind, die Struktur und/oder die Programmatik des Parteien-bunds der Struktur und/oder der Programmatik der Fraktion anzupassen.

1.1.2. Demokratietheoretische Fragestellung

Geht man von der Parteiendemokratie als anzustrebendem Endzustand einer euro-päischen Integration aus, wäre eine organisatorisch verfestigte und funktionsfähige grenzüberschreitende Parteieninteraktion unter demokratietheoretischen Gesichts-punkten eine notwendige Ergänzung des politischen Systems der EU auf der Input-seite. Transnationale Parteieninteraktion könnte hier als Gegengewicht zu der bis heute intergouvernemental ausgerichteten und verbürokratisierten Willensbildungs-und Entscheidungsstruktur der EU dienen. Ein erster Schritt dazu wäre die Wahr-nehmung von Aggregations- und Artikulationsfunktionen (Transmissionsfunktio-nen) sowie die Organisation von Wahlen durch Parteiformationen auf europäischer Ebene (NIEDERMAYER 1983:12f.). Auch hier soll aber nicht untersucht werden, ob und in welchem Ausmaß die Grünen diese Transmissionsfunktionen tatsächlich erfüllt haben, sondern nur, ob sie durch die konkrete Ausgestaltung ihrer Parteien-interaktion erste Voraussetzungen dazu geschaffen haben. Kapitel fünf widmet sich deshalb der Frage, ob und in welchem Ausmaß es dem existierenden Parteienbund und den Europafraktionen gelungen ist, gemeinsam Europawahlen vorzubereiten und durchzuführen, und wie von den beiden Formationen versucht worden ist, die nationale mit der europäischen Ebene zu verknüpfen. Eine solche Verknüpfung wäre wünschenswert, um auf der Input-Seite des politischen Systems der EU für die Artikulation und Aggregation gesellschaftlicher Interessen und deren Einbringung in das Willensbildungs- und Entscheidungssystem der EU zu sorgen, und auf der Output-Seite einen Beitrag zur Vermittlung europäischer Politik an den Bürger und zur Schaffung einer europäischen Identität zu leisten (SCHMUCK 1991:153f.).

1.2. Forschungsstand und Datenbasis

International vergleichende Forschung zu grünen Parteien hat sich bislang meist auf deren Entstehung und Entwicklung, Organisationsmerkmale, Wählerschaft und Erfolgsbedingungen konzentriert (siehe hierzu ausführlicher MÜLLER-ROMMEL 1993:19-25). Bezüglich der Parteieninteraktion finden sich nur einige vereinzelte Beiträge in Zeitschriften oder Sammelbänden sowie einzelne Zeilen in Monogra-phien. Was die außerparlamentarische Interaktion betrifft, so beschreiben die mei-sten Autoren lediglich historisch die Entstehung und Entwicklung des Parteien-bunds der Grünen. Dies reicht von der bloßen Erwähnung der Existenz eines grü-nen Parteienbunds (BUCK (1986:5f.); (1989:168); HRBEK (1984:280); NIE-DERMAYER (1985:180; 1996), RICHARDSON/ROOTES (1995:19f.), BARDI (1994:370)) und des Versuchs grüner Parteien, vor Europawahlen grenzüber-

schreitend zusammenzuarbeiten (CLAES/LOEB-MAYER (1979:476); LODGE
(1984:202); PRIDHAM/PRIDHAM (1981:252)) über relativ kurz gehaltene Darstellungen der Entwicklung des Parteienbunds (FLORIZOONE (1985:117-21);
RÜDIG (1985a:70f.); BENNAHMIAS/ROCHE (1992:86-95); GGEP (1994:
186f.); DIE GRÜNEN IM EUROPÄISCHEN PARLAMENT (1995:196f.); JA-
COBS (1989:696f.); BOWLER/FARRELL (1992:134-37); PARKIN (1989a:257-
265); FRANKLAND/SCHOONMAKER (1992:205f.)) und dessen Programmatik
(HRBEK (1983:280f.); TEGYEY U.A. (1989:15)) bis zu den zwei relativ umfangreichen Darstellungen von Entwicklung bzw. Programmatik bei KONINGS (1993:
15-103) und FEINSTEIN (1992:321-50).

Auch bei der parlamentarischen Interaktion der Grünen im Europaparlament
dominieren historische (Kurz-)Darstellungen. So geben HRBEK (1984:280), RÜ-
DIG (1985a:71), JACOBS (1989:700), RICHARDSON/ROOTES (1995:19),
PARKIN (1989a:261f.), FRANKLAND/SCHOONMAKER (1992:206f.), BEN-
NAHMIAS/ROCHE (1992:95-99), BOWLER/FARRELL (1992:132-34), STUTH
(1985), REGENBOGENFRAKTION (1988), BUCK (1989), GGEP (1994:6-22),
DIE GRÜNEN IM EUROPÄISCHEN PARLAMENT (1995:13-26) und LAM-
BERT (1991) einen kurzen Überblick über Entstehung und Entwicklung der grünen
Fraktionen im EP, der bei den letzten sieben Quellen noch durch eine Übersicht
über die jeweiligen parlamentarischen und außerparlamentarischen Aktivitäten der
Fraktion ergänzt wurde. Hierüber geben auch SCHEUER (1989) und SCHWAL-
BA-HOTH (1989) Auskunft. FEINSTEIN (1992:351-410) druckt einige inhaltliche
Stellungnahmen der grünen Europafraktionen oder einzelner ihrer Mitglieder ab.
CARTER (1994) und ROOTES (1995b) schließlich geben einen Überblick über
die Europawahlergebnisse grüner Parteien 1994 und die daraus resultierende Zu-
sammensetzung der dritten Europafraktion. Eine relativ ausführliche historische
Darstellung der Entwicklung der Europafraktionen liegt bislang nur mit KONINGS
(1993:104-48) und dies auch nur für den Zeitraum bis 1992 vor.

Im Gegensatz zur außerparlamentarischen Interaktion existieren im Bereich der
parlamentarischen Interaktion nicht nur historische, sondern auch drei kleinere
systematische Studien. So untersucht MÜLLER-ROMMEL (1985a) die erste Fraktion, an der grüne Abgeordnete beteiligt waren (Regenbogenfraktion), ein Jahr nach
ihrer Gründung hinsichtlich ihrer Interaktionsfähigkeit (Kohäsion) und der Erfüllung von Integrations- und Transmissionsfunktionen. BUCK (1986:23-26) setzt
sich kritisch mit MÜLLER-ROMMELs Thesen auseinander, legt aber ebensowenig
wie MÜLLER-ROMMEL selbst ausführliche Daten zur Untermauerung seiner
Ergebnisse vor. BOMBERG (1992) schließlich untersucht die Widersprüche in der
Europapolitik der bundesdeutschen GRÜNEN zwischen 1979 und 1989, die sich
im Spannungsfeld von Basisdemokratie und traditioneller Parteipolitik bewegte und
beschreibt deren Auswirkungen für die Europafraktionen der Grünen.

Damit fehlt bis heute eine umfassend historische und zugleich systematische
Studie über die grenzüberschreitende Parteieninteraktion der Grünen in Europa und
ihre mögliche Bedeutung für das politische System der EU.

Die Datengewinnung für die vorliegende Arbeit beruht deshalb zum allergrößten Teil auf der Auswertung von umfangreichen Primärquellen (Protokolle der Fraktions- und Fraktionsvorstandssitzungen von 1984 bis 1994, Anträge der Grünen im Europaparlament, statistische Daten des Europaparlaments zu den parlamentarischen Aktivitäten allgemein, Protokolle der Sitzungen sowie sonstige interne Dokumente des Parteienbunds, Programme und sonstige Stellungnahmen der nationalen Parteien), die im Europaparlament in Brüssel, in Archiven der deutschen GRÜNEN und in Privatarchiven zugänglich waren und die durch eigene Beobachtung und durch halb- oder unstrukturierte Einzelinterviews ergänzt wurden[7]. Zu diesem Zweck nahm der Autor an fast allen Treffen des grünen Parteienbunds von Dezember 1992 bis Juni 1995 und im gleichen Zeitraum an verschiedenen Fraktionssitzungen in Brüssel und Straßburg teil.

Da es sich bei der vorliegenden Untersuchung um eine Längsschnittanalyse handelt, wurden Interviews auf Seiten der Europafraktion vor allem mit Abgeordneten und Mitarbeitern geführt, die länger als eine Legislaturperiode im EP verbracht haben, um einen besseren und nicht nur auf gedrucktem Material beruhenden Eindruck der in dieser Zeit stattgefundenen Veränderungen zu bekommen. Analog wurde auch bei der außerparlamentarischen Interaktion Wert auf eine längere Beteiligung der Interviewpartner an den Treffen des Parteienbunds gelegt. Zur Dauer des Engagements der Befragten in der grenzüberschreitenden Parteieninteraktion sowie zur Stellung, die diese dort inne hatten, gibt die „Liste der Interviewpartner" am Ende der Arbeit genauer Auskunft. Eine Befragung der Delegierten des Kongresses des Parteienbunds der Grünen war nicht möglich, da seit 1991 kein solcher mehr stattgefunden hat und der nächste nicht vor Ende 1996 zu erwarten ist.

1.3. Methodologie

Die vorliegende Arbeit beschreibt Sinn- und Handlungszusammenhänge auf eine hermeneutisch-interpretierende Art und Weise. Als methodologische Vorgehensweise wurde also ein qualitativer und kein quantitativer Ansatz gewählt. Es muß deshalb darauf hingewiesen werden, daß die in Kapitel 2.1. und 3.1. vorgestellten Analysemodelle heuristischen Charakter haben. Sie spiegeln lediglich erkenntnisleitende Annahmen wider und erheben nicht den Anspruch, Teil eines theoretisch widerspruchfreien Modells zu sein, welches sich quantitativ überprüfen ließe. Die trotzdem relativ umfangreiche Darstellung dieser Analysemodelle ist nicht nur in

---

7 Die gedruckten Quellen und Daten zu den Europafraktionen und zum grünen Parteienbund stammen dabei grundsätzlich aus deren jeweiligen Archiven im Europaparlament in Brüssel. Da beide Archive jedoch in Einzelbereichen Lücken aufweisen, wurde zu deren Schließung auch auf das Archiv der Europagruppe Die GRÜNEN und das allgemeine Parteiarchiv der GRÜNEN in Bonn (Grünes Gedächtnis) sowie auf die Privatarchive Sara Parkins (Lyon) und Ludo Dierickx (Antwerpen) zurückgegriffen. Quellen, die nicht aus den Archiven in Brüssel stammen, wurden im Literaturverzeichnis extra gekennzeichnet.

der dadurch erzielten größeren Klarheit bei der nachfolgenden empirischen Darstellung begründet, sondern auch Ausdruck des Anliegens dieser Arbeit. Sie soll nicht nur eine bislang bestehende Lücke im Bereich von Forschungsarbeiten zu grenzüberschreitender Parteieninteraktion schließen, sondern ist auch als Anstoß zur Wiederbelebung dieses seit langer Zeit vernachlässigten Forschungszweigs gedacht. So können die hier vorgestellten Analysemodelle durchaus auch für systematische Querschnitts- oder andere Längsschnittanalysen dienen.

Das Fehlen entsprechender Untersuchungen seit Mitte der achtziger Jahre, sieht man im außerparlamentarischen Bereich einmal von BARDI (1992, 1994) ab, ist auch der Grund dafür, daß der in vielen Punkten der vorliegenden Arbeit wünschenswerte systematische Vergleich mit anderen europäischen Parteifamilien nicht gezogen werden konnte. Die Erhebung dieser Daten durch den Autor hätte der vorliegenden Arbeit einen anderen und vor allem wesentlich umfangreicheren Charakter verliehen. Das gleiche gilt für die -hier unterlassene- Einbeziehung bilateraler Interaktionen zwischen nationalen Parteien sowie multilateraler Interaktionen zwischen Parteien auf der lokalen und regionalen Ebene, wie z.B. im Rahmen des Ausschusses der Regionen der EU oder des Rates der Gemeinden und Regionen Europas. Es bleibt zu hoffen, daß sich nachfolgende Forschungsarbeiten mit dieser Thematik befassen werden. Dies gilt auch für die bis heute unbeantwortete Frage, welche Rückwirkungen sich durch grenzüberschreitende Parteieninteraktion auf die nationale Ebene ergeben und damit, ob und in welchem Ausmaß diese Interaktion die Integration von Nationalstaaten tatsächlich begünstigt.

Abschließend bleibt noch ein vermeintliches „sprachliches Transparenzdefizit" dieser Arbeit zu klären. Es könnte der Eindruck entstehen, im nachfolgenden würden die Begriffe „EG" und „EU" scheinbar willkürlich zur Bezeichnung des gleichen Sachverhalts herangezogen. Dem ist jedoch nicht so. Vielmehr bezieht sich der Ausdruck „EG" auf den Zeitraum vor Ende 1993, der Ausdruck „EU" auf den Zeitraum danach. Eine durchgehende Verwendung des Begriffs „EU" wäre formal genauso wenig korrekt gewesen wie der durchgehende Gebrauch von „EG", da es vor Ende 1993 noch keine Organisation mit dem Namen EU gab, und die EG nach Inkrafttreten des Maastrichter Vertrags im November 1993 zwar weiter exisitiert, aber nur als Teil der EU.

2. Die außerparlamentarische Interaktion

2.1. Analysemodell

Für die Untersuchung der außerparlamentarischen Interaktion der Grünen kann als theoretischer Leitfaden ein heuristisches Analysemodell NIEDERMAYERs (1983) übernommen werden. Dieses beruht teilweise auf Vorgedanken von HAAS (1958:16;34-37), HRBEK (1976:360-78), GRESCH (1978:223-48) und PRID-HAM/PRIDHAM (1981:9-29) und wurde ursprünglich für eine Querschnittsanalyse zum Vergleich der EG-Parteienbünde der Christdemokraten, Liberalen und Sozialisten entwickelt. Dieses Modell wird nachfolgend ausführlich vorgestellt. Zwar ließe sich zunächst vermuten, daß dieser Bezugsrahmen nach mittlerweile über 10 Jahren einer grundlegenden theoretischen Überarbeitung bedürfte. In diesem Zeitraum gab es jedoch kaum integrationspolitische Weiterentwicklungen, die diesen Schritt erzwungen hätten. Außerdem eröffnet die Übernahme dieses Bezugsrahmens die Chance, Bezüge zu früheren Forschungsergebnissen herzustellen.

2.1.1. Meßvariablen

NIEDERMAYER legt seinem Analysemodell zunächst die eliten- und prozeßbetonte Integrationsdefinition von HAAS (1958:16) zugrunde. Dieser definiert Integration als

„process, whereby political actors in several distinct national settings are persuaded to shift their loyalties, expectations and political activities toward a new and larger center, whose institutions posses or demand jurisdictions over the preexisting national states."

Diesen Umorientierungsprozeß für Parteien am Ausmaß von Interaktionen zwischen deren Vertretern festmachend, untersucht das Modell als abhängige Variable die Intensität grenzüberschreitender Parteieninteraktion (Interaktionsgrad). Diese wird in drei grobe Stufen (Kontakt, Kooperation und Integration) eingeteilt und durch organisationsstrukturelle und inhaltliche Komponenten meßbar gemacht.

Der jeweils erreichte Interaktionsgrad ist Ausdruck von Kommunikationsprozessen zwischen nationalen Parteieliten und kann sich über die Zeit auf jedem Punkt einer Intensitätsskala befinden, deren Anfangspunkt „durch das Fehlen jeglicher grenzüberschreitender Interaktionen und deren Endpunkt durch die Existenz einer genuinen 'europäischen Partei' gekennzeichnet ist." (NIEDERMAYER 1983:27).

Unter der Voraussetzung, daß als erwünschter Endzustand europäischer Integration die föderativ verfaßte Parteiendemokratie (party government) angestrebt wird, bei der neben der europäischen Partei auch weiterhin nationale Parteien als Untereinheiten existieren, sind die Anforderungen an eine solche europäische Partei analog zu den momentan bestehenden nationalen Parteien zu sehen. Darunter fallen die Erfüllung von Artikulations- und Aggregationsfunktionen, die Rekrutierung und die Auswahl politischen Personals auf europäischer Ebene, etc. (Siehe hierzu ausführlicher MINTZEL/SCHMITT (1981):7-11)[8].

Die Skala des Interaktionsgrads läßt sich nun in die oben erwähnten drei Stufen aufteilen, wobei in jeder Stufe selbst wieder Abstufungen möglich sind. Der qualitative Unterschied zwischen der Kontaktstufe und der Kooperationsstufe liegt darin, daß bei der Kontaktstufe die grenzüberschreitende Interaktion zwischen Mitgliedern verschiedener nationaler Parteien nur bei Bedarf zu bestimmten Zeitpunkten und zu bestimmten Zwecken aktiviert wird, während in der Kooperationsstufe diese Kommunikation permanent und im Rahmen einer dauerhaften grenzüberschreitenden Organisation mit gemeinsamen Organen (Vorstand, Kongreß, Sekretariat) erfolgt. Die Integrationsstufe ist neben einer dauerhaften grenzüberschreitenden Organisation zusätzlich durch deren Anspruch auf eigene Entscheidungsbefugnisse gekennzeichnet. Daraus resultiert die teilweise oder vollständige Abgabe einzelparteilicher Souveränität an diese Organisation (NIEDERMAYER 1983:30f.).

Jede dieser Stufen enthält dabei verschiedene organisationsstrukturelle und inhaltliche Charakteristika, über deren Ausprägungen die Einstufung in die verschiedenen Kategorien erfolgt. Zunächst zu den organisationsstrukturellen Komponenten.

2.1.1.1. Organisationsstrukturelle Komponenten[9]

Frequenz grenzüberschreitender Kommunikation

Auf der Kontaktstufe erfolgt die grenzüberschreitende Kommunikation unregelmäßig, in den beiden anderen Stufen permanent, wobei sich die Integrationsstufe durch die höchste Kommunikationsfrequenz auszeichnet.

---

8 Zur Kritik am Konzept des party-government sowie der trotzdem möglichen Rechtfertigung dieses Konzepts siehe NIEDERMAYER (1983:28-30).

9 Die Ausführungen zu den organisationsstrukturellen Komponenten des Interaktionsgrads sind sämtlich übernommen von NIEDERMAYER (1983:27-37).

Existenz einer dauerhaften grenzüberschreitenden Organisation

Ein organisatorisch verfestigter Überbau fehlt auf der Kontaktstufe, ist jedoch bei den anderen beiden Stufen vorhanden, wenn auch unterschiedlich ausgeprägt:

- Individualmitgliedschaftsregelung

Auf der Integrationsstufe existiert nur noch eine Individualmitgliedschaft, d.h., Individuen werden über ihre Mitgliedschaft in der europäischen Partei automatisch Mitglied der jeweiligen territorialen Unterorganisation. Auf der Kooperationsstufe sind dagegen noch drei mögliche Ausformungen der Mitgliedschaft möglich: ausschließlich nationale Parteien ohne die Möglichkeit von Individualmitgliedschaften, zusätzlich Individualmitgliedschaften auf der Basis von Doppelmitgliedschaften, d.h., Mitglieder der beteiligten Parteien können zusätzlich Mitglied in der grenzüberschreitenden Parteiformation werden, und schließlich zusätzlich Individualmitgliedschaften auf Basis der Parallelmitgliedschaft, d.h., Mitglied der europäischen Parteiformation können auch Individuen werden, die keiner Mitgliedspartei angehören.

- Existenz und strukturelle Einbindung grenzüberschreitend organisierter Untereinheiten

Darunter fallen etwa Jugendorganisationen oder Arbeitsgruppen. Während diese im Kontaktbereich nicht existieren, sind sie auf der Kooperationsstufe wenigstens vorhanden und mehr oder weniger in den Willensbildungs- und Entscheidungsprozeß auf europäischer Ebene eingebunden, während die feste Einbindung dieser Untereinheiten für die Integrationsstufe konstitutiv ist.

- Repräsentationsprinzip

Die Zusammensetzung gebildeter Gremien richtet sich auf der Kontaktstufe nach dem Egalitätsprinzip, d.h., jede Mitgliedspartei ist in diesen Gremien gleichberechtigt repräsentiert. Auf der Kooperationsstufe wird das Egalitätsprinzip durch das Proportionalitätsprinzip ersetzt. Bei der Zusammensetzung der Gremien wird jetzt die jeweilige Parteistärke berücksichtigt. Die Integrationsstufe schließlich zeichnet sich durch das Majoritätsprinzip aus. Hier werden bei der Besetzung von Vorstandsgremien formale Proporzregelungen aufgegeben und die Posten rein nach Stimmenmehrheit besetzt. Lediglich in den Wahlgremien herrscht auch weiterhin das Proportionalitätsprinzip.

- Konfliktregulierung

Bedeutsame politische Konflikte innerhalb für die Interaktion gebildeter Gremien
müssen auf der Kontaktstufe in gegenseitigem Einvernehmen gelöst werden. Auch
auf der Kooperationsstufe ist dies grundsätzlich der Fall. Jedoch besteht hier zumindest de jure die Möglichkeit, vom Konkordanz- zu einem Konkurrenzmodell,
d.h., dem Treffen von Mehrheitsentscheidungen, überzugehen. Dies gilt auch für
die Integrationsstufe, jedoch kommt hier noch hinzu, daß mit Mehrheit getroffene
Entscheidungen auch tatsächlich von den nationalen Parteien akzeptiert und umgesetzt werden müssen. Ansonsten wird ihre Handlungsautonomie und ihre Veto-
macht nicht wirklich geschmälert.

- Kompetenzbereiche der gemeinsamen Organe

Die ad-hoc-Gremien der Kontaktstufe besitzen genau für den jeweiligen Fall ab-
gegrenzte Funktions- und Kompetenzbereiche. Auch auf der Kooperationsstufe
haben die Organe mehr oder weniger stark eingegrenzte Zuständigkeitsbereiche.
Nur auf der Stufe der Integration ist der Kompetenzbereich der europäischen Parteiorganisation grundsätzlich unbegrenzt, d.h., hier bestehen keine bedeutsamen
Politikfelder mehr, die sich die nationalen Parteien als eigene Domäne vorbehalten.

- Verwendung gemeinsamer Symbole

Hierunter fallen besonders ein einheitlicher Name und ein einheitliches Emblem.
Auf der Kontaktstufe ist dies nicht vorgesehen und die Kooperationsstufe zeichnet
sich durch die zeitweise und parallele Verwendung gemeinsamer Symbole, z.B. bei
Wahlkämpfen, aus. Auf der Stufe der Integration stehen dagegen der gemeinsame
Name und gemeinsame Symbole dauerhaft im Vordergrund.

- Finanzierung der Interaktionsbeziehungen

Ergänzend zu NIEDERMAYER kann im Bereich der organisationsstrukturellen
Komponenten mit der Finanzierung der Interaktionsbeziehungen ein weiterer Punkt
zur Messung des Interaktionsgrads aufgenommen werden. Auf der Kontaktstufe
werden die durch die ad-hoc-Gremien entstehenden Kosten jeweils von den nationalen Parteien getragen, ohne daß dafür Beitragszahlungen an ein europäisches
Gremium vorgesehen wären. Auf der Kooperationsstufe hingegen werden solche
Beitragszahlungen geleistet. Sie zeichnet sich aufgrund des höheren Aktivitätsni-
veaus auch durch höhere finanzielle Mittel pro Mitgliedspartei aus, wobei der
Übergang von gleichen Beiträgen pro Mitgliedspartei zu einem nach finanzieller
Leistungskraft der Mitgliedsparteien gestaffelten (proportionalen) Beitragssystem
eine höhere Intensität innerhalb der Kooperationsstufe begründet. Auf der Stufe der
Integration schließlich zahlen die Individualmitglieder auch Beiträge an die euro-

päische Partei, die damit zumindest jeweils annähernd gleiche Mittel wie territoriale Untereinheiten (nationale oder regionale Parteien) zugewiesen bekommt.

2.1.1.2. Inhaltliche Komponenten

Neben den organisationsstrukturellen Komponenten des Interaktionsgrads gilt es auch, dessen inhaltliche Komponente zu berücksichtigen. Diese umfaßt abgestimmtes Handeln in Form gemeinsamer Aktionen oder Kampagnen, gemeinsame Stellungnahmen (Resolutionen, Presseerklärungen, Arbeitspapiere, etc.) und insbesondere ausformulierte politische Grundsatz- und Wahlprogramme. Eine Abstufung erfolgt hier über das Ausmaß und die Detailliertheit der inhaltlichen Komponente, da gemeinsame Aktionen oder Stellungnahmen sowohl in der Kontakt- als auch in der Kooperations- und Integrationsstufe vorkommen können. Je umfangreicher und detaillierter die gemeinsame Politikformulierung wird, desto höher ist der Interaktionsgrad (NIEDERMAYER 1983:36). Tabelle 1 faßt abschließend noch einmal die Komponenten des Interaktionsgrads zusammen.

Tabelle 1: Komponenten zur Messung des Interaktionsgrads

	Kontakt	**Kooperation**	**Integration**
1) grenzüberschreitende Kommunikation zwischen Parteimitgliedern	temporär	permanent	permanent
2) Existenz einer permanenten grenzüberschreitenden Organisation	nein	ja/transnational	ja/supranational
- Individualmitgliedschaft	nationale Partei	nationale Partei/Parteiformation	nur europäische Partei
- grenzüberschreitend organisierte Subeinheiten	nein	ja; ohne/mit struktureller Einbindung	ja; mit struktureller Einbindung
- Repräsentationsprinzip	Egalität	Egalität/Proportionalität	Majorität
- Konfliktregulierung	Konkordanz	Konkordanz	Konkordanz/Konkurrenz
- Kompetenzbereich	begrenzt	begrenzt	unbegrenzt
- eigene Finanzmittel	nein	ja	ja; proportional
- Verwendung gemeinsamer Symbole	nein	temporär	permanent
3) gemeinsame Politikformulierung	nein/ja	ja	ja

Quelle: NIEDERMAYER (1983:37); vom Autor ergänzt.

2.1.2. Erklärungsfaktoren

Nach der Vorstellung von Indikatoren zur Messung des Interaktionsgrads soll nun auf dessen mögliche Bestimmungsfaktoren eingegangen werden.

Der Interaktionsgrad hängt im Modell NIEDERMAYERs von Interaktionsanreizen und -restriktionen ab, die innerhalb der drei Kategorien

- sozio-ökonomische und politische Rahmenbedingungen
- Parteiprofile
- Individualinteressen der beteiligten Akteure

gesetzt werden.

2.1.2.1. Sozio-ökonomische und politische Rahmenbedingungen[10]

Unter die sozio-ökonomischen und politischen Rahmenbedingungen grenzüberschreitender Parteieninteraktion fallen

- die globale Verschränkung sozio-ökonomischer und politischer Systeme
- die Entwicklungslinien der europäischen Integration, inklusive des politischen Systems der EU
- die Dominanz des Nationalstaats als primäre parteipolitische Bezugsebene
- Art und Anzahl der interagierenden Parteien
- nationale Konfliktlösungsmuster.

Globale Verschränkung sozio-ökonomischer und politischer Systeme

Die zunehmende Verschränkung politischer und sozio-ökonomischer Systeme verursacht beim Nationalstaat ein Auseinanderklaffen von Problemverursachung und Problemlösungskapazität im ökonomischen (Welthandel, multinationale Konzerne, Kapitalströme), ökologischen (Ozonloch, Treibhauseffekt, Giftmülltexporte, Atomunfälle), militärischen (Nuklearwaffen) und politischen (internationale Verträge und Organisationen) Bereich.

Diese Erkenntnis kann als Anreiz zur Intensivierung grenzüberschreitender Interaktionen gesehen werden, da die Lösung dieser Probleme eine möglichst breite Legitimationsgrundlage erfordert und Parteieninteraktion hier die Bemühungen auf intergouvernementaler Ebene unterstützen kann.

---

10 Die Ausführungen hierzu beruhen auf NIEDERMAYER (1983:38-43).

Entwicklungslinien der europäischen Integration, einschließlich des politischen Systems der EU

Die europäische Integration stellt einen besonders wichtigen Sonderfall der Verschränkung sozio-ökonomischer und politischer Systeme dar. In ihr ist eine Relativierung des Nationalstaats als primäres Bezugsobjekt parteipolitischen Handelns durch Ausweitung des Geltungsbereichs europäischer Politik potentiell angelegt. Dies gilt besonders für die EU, da die Integration hier schon wesentlich weiter fortgeschritten ist als beispielsweise im Rahmen des Europarats.

Auch die Wahlen zum Europaparlament stellen einen Anreiz zur Intensivierung der Interaktionen dar, da grenzüberschreitende Interaktionen zur Maximierung der Einflußchancen nationaler Parteien auf Zusammensetzung und Politik der Fraktionen im Europaparlament erfolgversprechender erscheinen, als ein isoliertes Vorgehen der jeweiligen nationalen Parteien. Dies gilt sowohl für Protagonisten einer Kompetenzerweiterung des Europaparlaments, um beispielsweise einen bestehenden oder drohenden Machtverlust auf nationaler Ebene durch größeren Einfluß auf europäischer Ebene zu kompensieren, als auch für Gegner einer Kompetenzausweitung.

Einen weiteren Anreiz, im Zusammenhang mit Europawahlen grenzüberschreitende Interaktionen zu verstärken, stellt der stärkere Wettbewerb zwischen transnationalen Parteiformationen dar, die durch ein möglichst geschlossenes und handlungsfähiges Auftreten auf mehr Wählerstimmen hoffen können. Unabhängig von den Europawahlen bietet aber nicht nur die Rivalität zwischen Parteienbünden untereinander, sondern auch die Rivalität zu anderen europäisch-transnational organisierten sozio-politischen Vermittlungsstrukturen, wie etwa transnationalen Interessenverbänden, einen Interaktionsanreiz. Eine enge Parteienzusammenarbeit kann hier helfen, einer Ausschaltung der Parteien aus dem konkreten Entscheidungsprozeß auf europäischer Ebene aufgrund enger Kooperation zwischen diesen Verbänden und nationaler und europäischer Bürokratie entgegenzuwirken.

Eine für die Parteien jeweils unterschiedlich ausgeprägte Restriktion stellt die Haltung der Bürger und besonders der Wählerschaft zur europäischen Integration dar. Dies gilt sowohl für Parteien aus EU-Mitgliedsstaaten als auch für Parteien aus Staaten, die einen Mitgliedsantrag gestellt haben oder künftig stellen wollen. Die Haltung der Bevölkerung bzw. der Wählerschaft gilt es deshalb zu berücksichtigen, um Gefährdungen nationaler Positionen durch eine „falsche" Europapolitik auszuschließen.

Die Dominanz des Nationalstaats als primäre parteipolitische Bezugsebene

Trotz der globalen Verschränkungen sozio-ökonomischer und politischer Systeme vollziehen sich die Organisation und Legitimierung politischer Herrschaft vorrangig noch über Nationalstaaten, in deren Rahmen auch die Mittel und Instrumente zur Realisierung der politischen Zielvorstellungen bereitgestellt werden.

Dies schränkt die Wirksamkeit der geschilderten Interaktionsanreize erheblich ein. Entscheidend wirksam werden die Anreize aus den beschriebenen Verschränkungen damit erst, wenn „die globale Verschränkung sozialer Systeme die Systemsteuerungsprobleme so weit verschärft, daß die Sozialintegration und damit die nationale Legitimationsgrundlage politischer Parteien gefährdet oder über politische Entscheidungen die Dominanz des Nationalstaates als primäres Bezugsobjekt (partei-)politischen Handelns relativiert wird." (NIEDERMAYER (1983:39)). Bis dahin ist eine Intensivierung grenzüberschreitender Interaktionen zwar durchaus möglich, aber nur in einem Ausmaß zu erwarten, wie sie eine ernsthafte Gefährdung von Positionen im nationalen Bereich gerade noch ausschließt.

Art und Anzahl der interagierenden Parteien

Die Zusammensetzung konkreter Parteiformationen auf europäischer Ebene wird dadurch beeinflußt, ob und wieviele Parteien einer bestimmten ideologischen Grundrichtung in den jeweiligen nationalen Parteiensystemen vertreten sind. Je mehr Parteien an den Interaktionsprozessen beteiligt sind, desto größer sind die Restriktionen, da mit einer steigender Anzahl von Parteien auch mehr nationale Interessen zu berücksichtigen sind. Verschärfend wirkt dabei die Präsenz mehrerer, im nationalen Kontext miteinander konkurrierender Parteien aus einem Land, sei es als tatsächliche oder potentielle Mitgliedspartei transnationaler Parteiformationen. Hier besteht die Gefahr, daß der intranationale Parteienwettbewerb auf die transnationale Ebene verlagert wird.

Ergänzend zu NIEDERMAYER läßt sich hier noch anführen, daß mit steigender Zahl interagierender Parteien auch die Gefahr der Bildung größerer kultureller und/oder politischer Blöcke steigt, die bei Konflikten als Formation ihre Positionen mit mehr Gewicht vertreten können als Einzelparteien. Damit können sie aber auch zu größeren Polarisierungen führen.

Nationale Konfliktlösungsmuster

Schließlich bilden nationale Konfliktlösungsmuster den Erfahrungshintergrund für die Strategien und Verhaltensweisen der Parteien auf europäischer Ebene. Es ist deshalb damit zu rechnen, daß die Interaktionsrestriktionen um so stärker werden, je mehr Parteien aus nationalen Kontexten stammen, die durch kompetitive, statt kooperative Konfliktlösungsmuster geprägt sind.

2.1.2.2. Parteiprofile

Die Parteiprofile der an grenzüberschreitenden Interaktionen beteiligten Parteien bilden die zweite Kategorie von Interaktionsanreizen und -restriktionen. Unter sie fallen die Faktoren Strukturmerkmale, Rollen im nationalen Kontext und ideologisch-programmatische Positionen der einzelnen Parteien.

Strukturmerkmale

Die Strukturmerkmale der interagierenden Parteien umfassen deren Größe und die daraus resultierende Verfügbarkeit finanzieller und personeller Ressourcen, die organisatorische Verfestigung des nationalen Parteiapparates sowie innerparteiliche Flügel und Faktionen.

- Größe

Anreize zur Intensivierung grenzüberschreitender Interaktionen ergeben sich für kleine Parteien aus einer (erhofften) Aufwertung im nationalen Rahmen oder einer gewissen Kompensation ihres geringen Einflusses auf nationaler Ebene über die europäische Ebene („europäische Bühne"). Die Aufwertung für kleine Parteien im nationalen Rahmen ist dabei möglich über den (guten) Ruf einzelner Schwester-parteien, über materielle oder immaterielle Hilfeleistungen durch transnationale Organisationen (z.B. Unterstützung im Wahlkampf durch Gelder oder prominente Redner anderer Parteien) und über das Herausstellen der Zugehörigkeit zu einer (starken) ideologischen Grundrichtung (NIEDERMAYER (1983:43f.)).

Ergänzend zu NIEDERMAYER ließe sich hier noch zweierlei bemerken: Zum einen kann durch grenzüberschreitende Interaktion auch versucht werden, auf Ver-haltensweisen einzelner oder mehrerer Schwesterparteien Einfluß zu nehmen, die sich für andere Parteien schädlich auswirken. Dies wäre beispielsweise der Fall, wenn diese Parteien in Wahlkämpfen die Kandidaten einer konkurrierenden politi-schen Formation und nicht die der eigenen Schwesterpartei unterstützen. Zum an-deren werden die erwähnten Anreize grenzüberschreitende Interaktionen nur bis zu einem bestimmten Grad intensivieren, da das Überschreiten einer bestimmten Schwelle mit negativen Wirkungen verbunden sein kann, die die Positiven über-kompensieren. So läßt sich die Mitgliedschaft in einer transnationalen Parteiforma-tion für kleine Parteien am sinnvollsten als „europäische Bühne" nutzen, wenn bei der Entscheidungsfindung das Konsensprinzip vorherrscht. Nur in einem solchen Fall ist man wirklich mit größeren Parteien gleichgestellt und kann über entspre-chende „package-deals" auch besser an materielle Hilfeleistungen kommen. Bei Mehrheitsentscheidungen geht diese Stellung verloren. Kleine Parteien müßten darüber hinaus in Kauf nehmen, daß sie bei der Umsetzung von verbindlichen, auf europäischer Ebene getroffenen Entscheidungen, in der nationalen Arena Schaden nehmen, wenn beispielsweise bestimmte inhaltliche Positionen dort nur schwer zu vermitteln sind. Zusätzlich sind kleine Parteien wegen ihrer geringen materiellen und personellen Ressourcen nicht in der Lage, eine beliebig hohe Frequenz von Treffen grenzüberschreitender Gremien mitzutragen. Sollen die kleinen Parteien nicht außen vor gelassen werden, beschränkt dies die Kommunikationsfrequenz.

Restriktiv können sich schließlich auch deutliche Unterschiede in der Größe und damit in der Ressourcenausstattung der einzelnen Parteien auswirken, da sich die finanziell schwachen Parteien gegenüber den Dominierenden permanent benachteiligt fühlen können (NIEDERMAYER (1983:45). Problematisch wird dies besonders, wenn die unterschiedliche Größe vorrangig durch von der einzelnen Partei nicht beeinflußbare Rahmenbedingungen determiniert wird, wie etwa eine ungleichgewichtig ausgestaltete staatliche Parteienfinanzierung oder unterschiedliche Wahlsysteme in den jeweiligen Ländern.

- Organisatorische Verfestigung des nationalen Parteiapparats

Sehen nationale Funktionsträger ihre Handlungsautonomie durch transnationale Aktivitäten ihrer Partei bedroht, so kann ein parteiinterner Widerstand gegen eine Ausweitung grenzüberschreitender Interaktionen erwartet werden. Dieser wird tendenziell um so stärker wirksam, je größer die organisatorische Verfestigung einer Partei ist (NIEDERMAYER (1983:45)).

- Flügelkämpfe

Eng mit der organisatorischen Verfestigung in Verbindung stehend, können auch Flügelkämpfe innerhalb einzelner Parteien restriktiv auf die Interaktionen einwirken (NIEDERMAYER (1983:46)). Der auf nationaler Ebene unterlegene Flügel kann auf europäischer Ebene versuchen, seine Position doch noch „von oben" durchzusetzen, der Überlegene dagegen, sie von oben bestätigen zu lassen. Diese Optionen erscheinen umso interessanter, je mehr Durchsetzungsvermögen die europäische Ebene gegenüber der nationalen besitzt. Desweiteren können bei ständigen Machtkämpfen unterschiedliche Vertreter und unterschiedliche innerparteiliche Positionen für personelle und inhaltliche Diskontinuität und damit zu mangelnder Verläßlichkeit auf europäischer Ebene führen. Dies kann eigentlich bereits beschlossene Vorgehensweisen oder inhaltliche Stellungnahmen wieder hinfällig machen.

Schließlich kann ein Flügel bei Streitigkeiten über Art und Ausmaß der allgemeinen Beteiligung an grenzüberschreitenden Interaktionen versuchen, die Teilnahme zu verhindern (kein Aufnahmeantrag, Austritt) oder, wenn dies nicht gelingt, die europäische Ebene zu sabotieren. In all diesen Fällen besteht die Gefahr einer daraus resultierenden Polarisierung innerhalb der grenzüberschreitenden Parteiorganisation, weil die verschiedenen Flügel Unterstützung von anderen Mitgliedsparteien erhalten könnten. Diese Gefahr ist um so größer, je wichtiger die konfliktträchtige Partei für die transnationale Parteiorganisation wird oder ist.

Rolle im nationalen Parteiensystem

In der Regel werden die an der grenzüberschreitenden Interaktion beteiligten Parteien im nationalen Bezugsrahmen unterschiedliche Rollen wahrnehmen, d.h., nicht alle werden gleichzeitig in der Opposition oder gleichzeitig in der Regierungsverantwortung sein. Unter dieser Voraussetzung besteht für Oppositionsparteien oder kleinere Regierungspartner ein Anreiz, ihren geringen Einfluß auf nationaler Ebene durch einen größeren Einfluß auf europäischer Ebene zu kompensieren oder zumindest zu relativieren. Dies wird um so attraktiver, je stärker die Auswirkungen der europäischen Ebene auf die nationale Politik sind.

Sowohl durch eine Regierungsbeteiligung als auch durch eine Oppositionsrolle können aber nicht nur Anreize, sondern auch Restriktionen für die Parteieninteraktion ausgehen. So hat eine Partei in der Regierung zwar in der Regel gelernt, mit Kompromissen zu leben. Allerdings können sich Kompromisse, die sie mit anderen Regierungen schließen mußte, negativ auf andere Parteien ihrer Parteifamilie auswirken, weil eventuell der eigenen Ideologie oder Programmatik zuwider laufende Vereinbarungen getroffen werden mußten. Auf der anderen Seite kann eine dauerhafte Alleinregierung oder eine dauerhafte Oppositionsrolle zu mangelnder Kompromißbereitschaft führen. Zu erwarten ist dies insbesondere, wenn es sich um eine außerparlamentarische Opposition handelt, da dann auch Parlamentarisierungsprozesse auf Parteien nicht oder nicht mehr einwirken können (NIEDERMAYER (1983:44-46)).

Ideologisch-programmatische Positionen

Die stärksten Restriktionen im Bereich der Parteiprofile sind im ideologisch-programmatischen Bereich (ideologische Grundorientierung, Haltung in Bezug auf einzelne Politikbereiche, speziell zur europäischen Integration und Affinität zu anderen ideologischen Grundrichtungen) zu erwarten[11].

Hierunter fällt zunächst die ideologische Prädisposition zu grenzüberschreitenden Interaktionen. Je mehr eine Partei von ihrer Programmatik und Tradition her internationalistisch angelegt ist, desto größer werden die Interaktionsanreize sein. Umgekehrt wird eine stark nationalistische oder regionalistische Programmatik eher restriktiv wirken (Vgl. NIEDERMAYER (1983:45)).

Als nächstes fällt hierunter die Intensität der Programmorientierung. Sind viele Parteien an der grenzberschreitenden Interaktion beteiligt, die Wert auf die ausführliche Darstellung programmatischer Aussagen legen, läßt dies schwierige Kompromißverhandlungen über programmatische Texte erwarten. Dies wirkt sich besonders interaktionshemmend aus, wenn diese Positionen auch noch relativ unverrückbar sind.

Unterschiede in konkreten ideologisch-programmatischen Positionen werden sich um so restriktiver auswirken, je größer die Auffassungsunterschiede in einem inhaltlichen Punkt sind, und je wichtiger der inhaltliche Streitpunkt für die nationalen Parteien ist (Vgl.NIEDERMAYER (1983:168f.)).

Bei der Haltung zur europäischen Integration, die eine der wichtigsten programmatischen Positionen innerhalb der interagierenden Parteien darstellt, kann davon ausgegangen werden, daß der Anreiz zu europäischer Parteieninteraktion um

---

11 Die nachfolgenden Ausführungen hierzu, einschließlich der Ausführungen zu den Individualinteressen, beruhen auf NIEDERMAYER (1983:46-48).

so höher ist, je positiver die Haltungen der Parteien zur Einigung Europas als ideologischem Zielwert sind. Umgekehrt stellen starke Unterschiede in der grundsätzlichen Haltung zur Europäischen Integration einerseits und ihrer konkreten institutionellen Ausformung andererseits gravierende parteispezifische Interaktionsrestriktionen dar. So werden Parteien, die nur eine lockere Zusammenarbeit von Staaten favorisieren, ab einem bestimmten Punkt (spätestens wenn es um die Errichtung einer europäischen Partei geht) nicht mehr für eine weitere Intensivierung der Zusammenarbeit eintreten.

2.1.2.3. Individualinteressen

Die dritte Kategorie von Interaktionsanreizen und -restriktionen umfaßt die Individualinteressen der an grenzüberschreitenden Interaktionen beteiligten Akteure.

In der Regel handeln diese als Beauftragte von Parteien, jedoch können hier durchaus auch individuelle, aus Eigeninteresse der beteiligten Akteure ableitbare Interaktionsanreize und -restriktionen hinzukommen. Diese Eigeninteressen beziehen sich auf die Erlangung bzw. Erhaltung von Prestige, Macht und Einfluß durch die Übernahme von Ämtern und den damit verbundenen materiellen Ressourcen sowie der Umsetzung idealer Zielsetzungen. Sobald durch ein Engagement auf europäischer Ebene die Befriedigung von Eigeninteressen wahrscheinlich wird, werden sie als Anreize zur Ausweitung grenzüberschreitender Interaktionen wirksam. Dabei kann dieses Engagement als Endziel (beispielsweise für Politiker, die ihren nationalen Zenit schon überschritten haben), aber auch nur als Zwischenschritt für ein späteres Engagement auf nationaler Ebene dienen. Werden diese Anreize wirksam, sind allerdings verstärkt Konkurrenzbeziehungen zwischen an Posten interessierten Parteiakteuren zu erwarten. Dies kann, z.B. über politische Intrigen, zu „Klimaverschlechterungen" zwischen allen Akteuren führen (NIEDERMAYER (1983:47f.)) und Interaktionsfortschritte verhindern.

Die oben angeführten Erklärungsfaktoren für den Interaktionsgrad wurden als theoretischer Leitfaden für die vorliegende empirische Untersuchung übernommen und einer Längsschnittbetrachtung angepaßt, d.h., eine mögliche Veränderung des Interaktionsgrads über die Zeit soll über die Veränderung bzw. Konstanz von Interaktionsanreizen und -restriktionen erklärt werden.

Der Interaktionsgrad wird im Laufe der Zeit ceteris paribus um so höher werden,

- je größer die durch die globale Verschränkung verursachten Systemsteuerungsprobleme von Nationalstaaten werden
- je mehr die EU durch Ausweitung der Integrationsmaterie und der Kompetenzen des Europäischen Parlaments den Ausschließlichkeitscharakter des Nationalstaats als Bezugspunkt parteipolitischer Aktivität relativiert
- je mehr sich die Wettbewerbsbeziehungen zwischen transnationalen Parteiformationen verstärken und andere sozio-politische Vermittlungsstrukturen auf europäischer Ebene agieren

- je mehr kleine Parteien, Oppositionsparteien oder schwächere Koalitionspartner an der grenzüberschreitenden Interaktion beteiligt werden
- je größer der Anteil an Parteien wird, die eine die nationalen Grenzen überschreitende ideologische Tradition haben
- je größer die individuell zurechenbaren Vorteile werden, die den beteiligten Akteuren aus einem Engagement zur Intensivierung der grenzüberschreitenden Interaktion tatsächlich erwachsen oder von diesen erhofft werden.

Umgekehrt wird der Anstieg des Interaktionsgrads um so niedriger sein, je mehr oder je stärker im Laufe der Zeit

- Parteien ihre Stellung im nationalen Rahmen gefährdet sehen und je bedrohlicher diese Gefährdung für sie ist oder wahrgenommen wird
- Parteien allgemein und besonders miteinander konkurrierende Parteien an der grenzüberschreitenden Interaktion beteiligt werden
- der Anteil von Parteien steigt, die mit kompetitiven Konfliktregulierungsmustern sozialisiert worden sind
- der Anteil von Parteien aus Ländern steigt, in denen die Bevölkerung der europäischen Integration oder der EU als einer speziellen Ausprägung davon ablehnend oder zumindest skeptisch gegenübersteht
- der Anteil von Parteien mit starken Flügelkämpfen wird
- der Widerstand der nationalen Funktionsträger gegen grenzüberschreitende Interaktionen und der Anteil von Parteien, in denen dieser Widerstand zu finden ist, steigt
- die Unterschiede in den Ressourcenausstattungen der interagierenden Parteien sind
- die Rollen der beteiligten Parteien in den nationalen Parteiensystemen voneinander abweichen
- der Anteil von außerparlamentarischen Oppositionsparteien wächst
- sich Unterschiede im ideologisch-programmatischen Bereich, einschließlich der Haltung zur Europäischen Integration, bemerkbar machen
- die individuell zurechenbaren Nachteile eines Engagements der Parteiakteure auf europäischer Ebene werden.

Dabei ist zu erwarten, daß die oben beschriebenen Beziehungen nicht nur statischer, sondern eher dynamischer Natur sein werden. D.h., daß der jeweils erreichte Interaktionsgrad über feed-back-Prozesse auch wieder auf die Rahmenbedingungen, die Parteiprofile und die Individualinteressen zurückwirkt. Diese Prozesse können dabei sowohl interaktionsfördernder als auch interaktionshemmender Natur sein (NIEDERMAYER 1983:23). Eine ausführliche Untersuchung dieser Prozesse mußte hier jedoch wegen der Komplexität der Materie und der schlechten Datenlage unterbleiben.

Nach der Vorstellung des Analysemodells zur Messung und Erklärung des Interaktionsgrads von Parteien bzw. dessen Veränderung über die Zeit soll sich nun,
bevor dieses Modell systematisch auf die Parteieninteraktion der Grünen in Europa
angewandt wird, zunächst der historischen Entwicklung gewidmet werden.

2.2. Historische Entwicklung

2.2.1. Grenzüberschreitende Kontakte vor den Europawahlen 1979

Die grenzüberschreitende Parteieninteraktion der Grünen in Europa beginnt Anfang
bzw. Mitte der siebziger Jahre, damals noch auf der Ebene persönlicher Kontakte
zwischen einigen exponierten Aktivisten der französischen, schweizerischen und
deutschen Umwelt- und Anti-AKW-Bewegung am Rande von Demonstrationen
gegen Kernkraftwerke wie Fessenheim, Malville (beide in Frankreich) oder Wyhl
(Deutschland) im Dreiländerdreieck Deutschland-Frankreich-Schweiz. Bereits
1974 entwickelten sich aus diesen Kontakten erste festere Strukturen durch regelmäßige Treffen von Vertretern der europäischen Ökologiebewegung in Straßburg
bzw. Brüssel, an denen Delegationen aus acht europäischen Ländern teilnahmen
(BENNAHMIAS/ROCHE 1992:86). Mit der Gründung einer europäischen Umweltbewegung namens ECOROPA (European Ecological Action oder auf deutsch
„Europäische Ökologische Aktion") wurden diese Kontakte 1976 institutionalisiert.

Die Arbeit in Form einer politischen Partei wurde von den Mitgliedern ECO-
ROPAs bewußt nicht angestrebt. Sowohl im Führungs- als auch im Unterstützer-
kreis dieser Umweltbewegung finden sich aber erstmals Namen, die in der späteren
Parteieninteraktion der Grünen eine wichtige Rolle gespielt haben, wie etwa Solan-
ge Fernex aus Frankreich, Petra Kelly und Roland Vogt aus Deutschland und Paul
Lannoye aus Belgien.

Auch war das 1979 veröffentlichte Manifest „Zu einem anderen Europa, für eine
ökologische Demokratie" eine erste grenzüberschreitende gemeinsame programmatische Grundlage für die ersten grünen Parteien und Listen bzw. für eine Vielzahl von Kandidaten für das EP. So wurde die als Kurzfassung des Manifestes
gleichzeitig veröffentlichte Deklaration ECOROPAs u.a. unterzeichnet von den
italienischen und niederländischen radikalen Parteien und einer Anzahl grüner
Kandidaten und grüner Listen aus Deutschland, Belgien, Großbritannien, Irland,
Luxemburg, Frankreich und auch Dänemark (COUNCIL OF EUROPE 1983:6)[12].

---

12 In dieser Deklaration wurde der Nationalstaat als überholt bezeichnet. An seine Stelle sollte ein
   föderales Europa mit regionalen Gliedstaaten treten. Desweiteren wurde die „Wachstumsideologie"
   der EG, die der Ökonomie einseitig den Vorrang vor der Ökologie einräumte, kritisiert. Neben der
   Dezentralisierung enthielt das Manifest als weitere Schwerpunkte die Selbstbestimmung und -ver-
   wirklichung des Individuums und die damit verbundene Entmachtung der Technokratie und die Ab-

ECOROPA sah seine Aufgabe im Zusammenhang mit den Europawahlen in der Unterstützung ökologisch denkender Kandidaten und ihrer Kampagnen. Deshalb wurde neben der Herausgabe des Manifestes und der Deklaration auch ein Treffen der grünen Kandidaten Anfang April 1979 in Straßburg organisiert, um einen Informationsaustausch und die Abstimung gemeinsamer Aktionen zu ermöglichen (ECOROPA 1978). Ermutigt durch dieses Treffen kamen auch Delegierte anderer grüner Parteien, Listen oder Bewegungen zur Vorstellung des Wahlprogramms der deutschen GRÜNEN vor der Presse in Brüssel und zum Treffen der französischen Liste Europe Ecologie (CLAES/LOEB-MAYER 1979:476). Außerdem gab es Ende April eine weitere Zusammenkunft von Vertretern der deutschen, belgischen und britischen Grünen sowie der italienischen und niederländischen radikalen Partei, um eine eventuelle gemeinsame Vorgehensweise im Wahlkampf zu besprechen.

Grundsätzlich hatten diese Kontakte aber ad-hoc Charakter und die jeweiligen Wahlkampagnen konzentrierten sich auf nationale Themen sowie auf die als ungerecht empfundene landesweite Sperrklausel in Frankreich, Deutschland und de facto durch das Mehrheitswahlrecht auch in Großbritannien. Gemeinsamer programmatischer Schwerpunkt war die Ablehnung der Kernkraft (PRIDHAM/PRIDHAM 1981:252).

2.2.2. Die „Platform of ecopolitical action for a peaceful change of Europe" (P.E.A.C.E.) (1979-80)

Bedingt durch die ermutigenden Ergebnisse bei den ersten Europawahlen, die allerdings nur einzelnen ökologischen Kandidaten, aber keiner grünen Partei oder Liste den Einzug ins EP brachte (siehe Tabelle 26), wurde von einigen ECOROPA-Mitgliedern im Juli 1979 in Straßburg eine „ökopolitische Plattform" namens P.E.A.C.E. gegründet. In dieser Plattform sollten jetzt die grünen Parteien und Listen als Ganzes und nicht mehr nur Einzelpersonen zusammenarbeiten (VOGT 1979:3). Sie war dabei auf Gruppen beschränkt, die sich an Wahlen beteiligten und enthielt sowohl die schon länger bestehenden Parteien Partito Radicale (PR) aus Italien und Politieke Partij Radikalen (PPR) aus den Niederlanden als auch die erst kurz vorher ins Leben gerufenen grünen Listen AGALEV und Europe Ecologie aus Belgien[13] sowie Europe Ecologie aus Frankreich. Die seit 1973 bestehende Ecology Party aus Großbritannien sowie die zu diesem Zeitpunkt noch unter „Sonstige Politische Vereinigung" firmierenden deutschen GRÜNEN gehörten ebenfalls

---

schaffung der Fremdbestimmung durch Experten sowie die Solidarität mit der dritten Welt und Frieden und Sicherheit (siehe hierzu ausführlicher das Manifest selbst (ECOROPA 1979a)).

13 Die beiden belgischen Listen (später die Parteien AGALEV und ECOLO) treten bis heute bei Wahlen nicht gegeneinander an, da AGALEV nur im nördlichen, flämisch-sprachigen Teil Belgiens, und ECOLO nur im südlichen, französisch-sprachigen Teil antritt. Eine bundesweite grüne Partei gibt es in Belgien bis heute nicht.

dazu[14]. P.E.A.C.E sollte über ein gemeinschaftlich getragenes Büro in Brüssel, das ergänzend zu einem seit Juli 1979 in Straßburg bestehenden Kontaktbüro der GRÜNEN gedacht war, u.a. folgende konkrete Aufgaben erfüllen (ECOROPA 1979b):

- Organisation von Pressekonferenzen
- Informationsaustausch
- Vorbereitung gemeinsamer Aktionen wie Demonstrationen oder Boykotte
- Formulierung von Forschungsthemen von gemeinsamem Interesse
- Vorbereitung schriftlicher Anfragen in den Parlamenten
- Beschwerden vor dem EuGH
- Memoranden für parlamentarische Ausschüsse
- Vorbereitung einer vorläufigen Verfassung („pré-constitution") einer „föderalistischen und ökologischen" EG.

Die fünf Folgetreffen von P.E.A.C.E. bis Mitte 1980 fanden aber immer noch parallel zu ECOROPA-Treffen statt. Die Teilnehmer waren weitgehend identisch und die dort besprochenen Themen standen in enger Beziehung zu ECOROPA-Themen (Vgl.ECOROPA 1979b:1). Trotz der Versuche einzelner, wie etwa Petra Kelly, schriftliche Anfragen und ähnliches im EP mit Unterstützung von P.E.A.C.E. auszuarbeiten, fand von den angestrebten Zielen dieser Initiative zunächst nur der Informationsaustausch größere Beachtung. Grund war die Tatsache, daß die meisten Gruppen in diesem Zeitraum noch damit beschäftigt waren, ihre nationale Infrastruktur zu stabilisieren und außer von der PPR keine nennenswerten finanziellen Zusagen für das Projekt kamen (VOGT 1979:3).

So blieben die P.E.A.C.E.-Treffen zunächst an ECOROPA gebunden und waren beherrscht von Finanzierungsfragen und der Organisationsform einer künftigen engeren Zusammenarbeit zwischen den grünen und radikalen Parteien Europas (siehe Tabelle 2).

Erst Anfang 1980, als mehr Parteimitglieder und -gremien über die bisherigen ECOROPA- und P.E.A.C.E.-Aktivisten hinaus an einer Parteienzusammenarbeit Interesse zeigten, löste sich die P.E.A.C.E.-Initiative von ECOROPA. So wurden auf dem vierten Treffen von P.E.A.C.E. im Februar 1980 jetzt wirklich konkrete Schritte ins Auge gefaßt, eine Föderation ökologischer Parteien und Bewegungen

---

14 Zu den aufgeführten grünen Parteien und Listen siehe ausführlicher DESCHOUWER (1989), KIT-SCHELT/HELLEMANS (1990) und RIHOUX (1993, 1995) für die belgischen Grünen, RASCHKE (1993) für die deutschen Grünen, BENNAHMIAS/ROCHE (1992) und COLE/DOHERTY (1995) für die französischen Grünen sowie BYRNE (1989), ROOTES (1995) und PARKIN (1989a:212-33) für die britischen Grünen. Zur Partito Radicale siehe ausführlicher PANEBIANCO (1988) sowie LANGER (1989b). Von den Initiatoren war ursprünglich auch die Einbeziehung der niederländischen Partei Demokraten '66 (D'66), die zu dieser Zeit noch den Ruf genoß, eine Partei mit grünen Positionen zu sein, und der dänischen Volksbewegung gegen die EG geplant (ECOROPA 1979b). Beide zeigten jedoch kein Interesse.

zu gründen und im März 1980 die P.E.A.C.E.-Initiative in einer gemeinsamen Pressekonferenz der Öffentlichkeit vorgestellt (DUBRULLE 1980:1f.). Programmatische Grundlage, auch für einen Beitritt neuer Mitglieder, war dabei bis zur Ausarbeitung einer eigenen Plattform die ECOROPA-Deklaration. Auf einem nachfolgenden Treffen in Rom wurde eine Anzahl gemeinsamer Aktivitäten in Aussicht gestellt und eine weitere Pressekonferenz abgehalten. In ihr wurde der Start einer gemeinsamen europäischen Kampagne zum Aufbau eines europäischen grünen Finanzfonds für eine künftige (Kon-)föderation grüner und radikaler Parteien angekündigt („Green fund raising appeal") (Vgl. PARKIN 1989a:257).

Tabelle 2: Sitzungen der P.E.A.C.E-Initiative

Datum	Ort	Diskussionsgegenstand
17.7.1979	Straßburg	Gründungstreffen
25.9.1979	Straßburg	Finanzierung und Organisation einer künftigen (Kon-)föderation grüner und radikaler Parteien
30.11.1979	Brüssel	Finanzierung und Organisation einer künftigen (Kon-)föderation grüner und radikaler Parteien
9.2.1980	Brüssel	Finanzierung und Organisation einer künftigen (Kon-)föderation grüner und radikaler Parteien; gewaltfreier Kampf gegen Militarisierung
6.3.1980	Stuttgart	Vorstellung des P.E.A.C.E.-Projektes vor der Presse; Fund raising appeal
7.4.1980	Rom	Fund raising appeal, künftige (Kon-)föderation grüner und radikaler Parteien

2.2.3. Die „Koordination grüner und radikaler Parteien in Europa" (KGRP) (1980-82)

Im Oktober 1980 kamen die Parteienvertreter endgültig überein, der bisher losen Zusammenarbeit eine erste dauerhafte Organisationsstruktur in Form einer „Konföderation" grüner und radikaler Parteien zu geben.

In dieser Konföderation behielt jede Mitgliedsgruppe zunächst ihre volle Souveränität und Entscheidungen wurden einstimmig getroffen. Darüber hinaus war die Ausarbeitung einer politischen Plattform geplant, die als ersten Schritt die inhaltlichen Hauptpunkte der Mitgliedsparteien enthalten sollte. Die Zusammenarbeit in dieser Konföderation sollte sich bis zur Gründung einer späteren Föderation auf sogenannte praktische Ziele beschränken, für deren Verfolgung nur ein zentrales Koordinationsbüro für notwendig erachtet wurde. Unter diese Ziele fielen:

- die gegenseitige Unterstützung bei nationalen und regionalen Wahlen sowie beim Kampf gegen die 5% Klauseln in Deutschland und Frankreich bei den Europawahlen
- die Koordination von Fund raising Kampagnen
- der Austausch von Ideen
- eine gemeinsame Presse- und Öffentlichkeitsarbeit
- die Sammlung und Weiterverbreitung von Informationen.

Positive Erfahrungen mit dieser Konföderation vorausgesetzt, war später an die Gründung einer „Föderation" gedacht. Diese sollte sich durch ein ausführliches politisches Programm sowie durch die Aufhebung des Einstimmigkeitsprinzips auszeichnen und neben den praktischen zusätzlich sogenannte politische Ziele verfolgen. Für deren Erreichung dachten einige Delegierte auch schon an die Aufgabe nationaler Souveränitätsrechte (Interview Bruno Boissière v.20.4.95; Interview Ludo Dierickx v.29.4.95). Unter die politischen Ziele fielen:

- die Koordination der Aktivitäten im Europawahlkampf
- die Bildung einer grünen/radikalen Fraktion im Europaparlament
- die Ausarbeitung einer ökologischen europäischen Verfassung.

Um diesen Plan effizient umsetzen zu können, sollte die Mitgliedschaft in der Konföderation zunächst auf die sieben Gründungsmitglieder und auf Parteien sowie sonstige Gruppen beschränkt bleiben, die an Wahlen teilnahmen. Eine Erweiterung über die EG-Grenzen hinaus wurde erst für einen späteren Zeitpunkt in Betracht gezogen[15].

Im Oktober 1980 wurde in Leiden von den bisherigen Teilnehmern an den Treffen der P.E.A.C.E.-Initiative (unter Abwesenheit des PR-Vertreters) als organisatorische Vorstufe einer künftigen Föderation das sogenannte „Executive Committee" gegründet, das zwei Delegierte pro Mitgliedsgruppe umfaßte. Zur Unterstützung dieses Executive Committee konnte mit Einverständnis der GRÜNEN auch deren Verbindungsbüro in Straßburg mitgenutzt werden. Dieses Büro war für technische und organisatorische Angelegenheiten des Executive Committees zuständig (ZINKSTOK 1980:2-4; ZINKSTOK/V.D.KASTELEN 1980).

Um sich von konkurrierenden Parteien, die sich zwar grün nannten, aber keine grüne Politik im Sinne der P.E.A.C.E.-Mitgliedsparteien vertraten, abzugrenzen, wurde auch unverzüglich die Ausarbeitung einer politischen Plattform in Angriff genommen. Die PR, vertreten durch Jean Fabre, der Mitglied der belgischen Sek-

---

15 Zu diesem Zeitpunkt waren von den existierenden grünen Gruppen neben der Ecology Party nur Die GRÜNEN und ECOLO bereits als politische Partei konstituiert, da innerhalb der entsprechenden Bewegungen teilweise großes Mißtrauen gegenüber einer Parteibildung herrschte. So existierte in Frankreich zwar das „Mouvement d'Ecologie Politique" (MEP), das im November 1978 von Mitgliedern der Europa-Wahlliste Europe Ecologie gegründet wurde. Diese Gruppierung war aber noch keine Partei. Auch AGALEV konstituierte sich erst 1982 als Partei.

tion der PR war[16], wollte aber weder einen Entwurf hierzu, noch die anderen in Leiden getroffenen Entscheidungen akzeptieren, sondern zunächst lediglich gemeinsame Aktionen auf europäischer Ebene mittragen. Ein daraufhin angefertigtes Kompromißpapier sollte - nach Diskussion und Akzeptanz in den nationalen Parteien - von einem internationalen grünen Kongreß angenommen und damit gleichzeitig die angestrebte Föderation gegründet werden (ECOLOGY PARTY 1981). Als dieses Papier im Dezember 1981 zur Abstimmung stand, lehnte die Ecology Party den Entwurf jedoch wegen seiner „EG-Zentriertheit" ab[17], und die PR war nun wieder grundsätzlich gegen eine Plattform. (JANSSENS 1982:1).

Trotz oder gerade wegen dieses Rückschlags wuchs aber auf diesem Treffen das Gefühl, daß „Things should really be starting to happen" (PORRITT 1982:1), besonders angesichts der immer näher rückenden Europawahlen. Daher wurden nun auch Kontakte nach Außen zu den in Schweden und Irland 1981 neu gegründeten grünen Parteien (Miljöpartiet[18], Ecology Party[19]) aufgebaut sowie eine gemeinsame Aktion zum Thema „Hunger in der Welt" vorbereitet. Außerdem wurde die Errichtung einer Arbeitsgruppe beschlossen, die Kontakte zur Spinelli-Gruppe (Crocodile-Club) aufnehmen und ein Konzept für ein alternatives „Europa der Regionen" erarbeiten sollte (JANSSENS 1982:2). Die Diskussion über die Spinelli-Initiative gehörte damit zusammen mit der Formulierung einer Plattform („European Manifesto") zu den beiden wichtigsten inhaltlichen Themen der Konföderation (BEECKMANS-WIENERT 1984a:8). Als Name für eine grenzüberschreitende Organisation grüner Parteien einigte man sich auf „Koordination der grünen und radikalen Parteien in Europa" (KGRP). Dieser Name wurde nun - auch in Erwartung der baldigen Gründung der Föderation - für die bisherige Konföderation übernommen und trat an die Stelle des alten Namens „Executive Committee" (KGRP 1982a:4). Schließlich begann man mit ersten kleineren gemeinsamen Aktionen (DIERICKX 1982;VOGT 1982:1).

---

16 Die PR verstand sich schon früh als eine Art transnationale Partei, die auch im Ausland Sektionen aufbaute (Vgl.JANSEN 1992:243).

17 Der von den Delegierten, aber nicht von den Parteien im März 1981 angenommene Text sprach davon, daß: „Nations will diminish in importance and the European Community will become a federation of regions." Gleichzeitig war die Rede von einer grundsätzlichen Unterstützung der Initiative des Europaabgeordneten Spinelli zur Ausarbeitung einer europäischen Verfassung, wenn auch mit geänderten Zielen gegenüber der bisherigen EG. Diese sollte je nach Einflußmöglichkeit innerhalb oder außerhalb des von Spinelli zu diesem Zweck gegründeten sogenannten Crocodile-Clubs erarbeitet werden (GREEN & RADICAL PARTIES 1981:3;7). Ziel des Crocodile-Clubs war „achieving European Union through the effort of the European Parliament" (JACOBS/CORBETT 1990:150f.).

18 Zur Miljöpartiet siehe ausführlicher VEDUNG (1989), PARKIN (1989a:187-97) und BENNULF (1995). Ab 1985 führte die Miljöpartiet (MP) noch den Zusatz „de Gröna" im Namen.

19 Zur Ecology Party siehe ausführlicher FARRELL (1989) und PARKIN (1989a:68-77). Sie wurde 1985 nach einer Organisationsreform in Green Alliance (Comhaontas Glas) umbenannt. Auch die britische Ecology Party änderte ihren Namen 1985 in Green Party (PARKIN 1989a:224).

Die Arbeit an der gemeinsamen Plattform kam jedoch immer noch zu keinem Ergebnis. Schließlich wurde das Projekt im September 1982 aufgegeben (OHNE VERFASSER 1982:1).

Bei einem Folgetreffen zwei Monate später wurde aber deutlich, daß immer noch wenigstens ein Gründungskongreß für eine Föderation grüner und radikaler Parteien angestrebt wurde. Dieser sollte Anfang 1984 stattfinden und zumindest eine gemeinsame Kurzerklärung zur Europawahl verabschieden. Außerdem wurde erstmals ein gemeinsamer Fond angeregt, um die Kosten der KGRP und die Reisekosten der kleinen Parteien zu decken[20]. Die irischen und schwedischen grünen Parteien wurden nun doch schon vor der Gründung einer Föderation als neue Mitglieder aufgenommen, und der im November 1982 gegründeten Alternativen Liste aus Österreich (ALÖ) wurde die Mitgliedschaft angeboten (ECOLOGY PARTY 1982:2)[21].

Überschattet wurde das Treffen im November 1982 jedoch von einer Erklärung der PPR, noch keine Aussagen über die künftige Form der Zusammenarbeit innerhalb der KGRP machen zu können. Im September 1982 hatten die Delegierten der KGRP beschlossen gehabt, jede strukturelle Zusammenarbeit mit kleinen Linksparteien abzulehnen, wenngleich gegen eine punktuelle Zusammenarbeit im Einzelfall nichts einzuwenden war. Die PPR hatte sich aber mittlerweile an andere kleine Linksparteien in den Niederlanden (Pazifistisch-Sozialistische Partei (PSP), Kommunistische Partei (CPN)) angenähert, um für die Europawahl eine gemeinsame Liste aufzustellen[22]. Problematisch für die grünen Parteien war eine feste Zusammenarbeit mit kleinen Linksparteien deswegen, weil grüne Parteien zu diesem Zeitpunkt zu beweisen versuchten, daß sie eine echte Alternative zu allen bisherigen Parteien darstellten. Als Beispiel dafür sei auf die Ecology Party verwiesen. Sie hatte Angst, daß „established parties could water down an Alliance, that is struggling to develop a new ideology out of and beyond the old ones." Sie lehnte insbesondere die Zusammenarbeit der PPR mit der CPN ab, da diese ihres Erachtens Wachstum und staatlicher Kontrolle weiter Gesellschaftsbereiche verpflichtet war (CLARKE 1983).

So bildete der Beschluß der PPR, tatsächlich mit der PSP und der CPN eine gemeinsame Liste - den Groen Progressief Akkoord (GPA) - aufzustellen, den unmittelbaren Anlaß zum Bruch zwischen radikalen und grünen Parteien und führte damit zur faktischen Auflösung der KGRP.

Die mangelnde Fähigkeit, sich eine weitergehende Organisationsform zu geben sowie ein gemeinsames Grundsatzprogramm oder auch nur eine minimale Plattform zur Europawahl auszuarbeiten, ist jedoch auf tiefergehende Probleme zu-

---

20 Zu diesem Zeitpunkt waren es vor allem die radikalen Parteien, die die Konföderation am Leben hielten, indem sie für die Kosten des Sekretariats und für die sonstigen Konföderationsaktivitäten aufkamen (KONINGS 1993:18). Ein eigenes gemeinsames Budget unter Verfügungsgewalt der Konföderation zur Finanzierung gemeinsamer Aktionen existierte noch nicht.

21 Zur ALÖ siehe ausführlicher DACHS (1992b) sowie PARKIN (1989a:29-37).

22 Siehe zu PPR, PSP und CPN ausführlicher VOERMAN (1991, 1995).

rückzuführen, die sich bereits kurz nach Gründung der KGRP andeuteten. Diese Probleme belasteten die Arbeit so stark, daß die bestehenden Anreize zur Zusammenarbeit diese nicht mehr kompensieren konnten. Zu diesen Anreizen zählten insbesondere grenzüberschreitende Politikinhalte[23], mehr finanzielle und organisatorische Mittel für gemeinsame Aktionen durch eine gemeinsame Europafraktion (Interview Per Gahrton v.6.4.95) sowie die mögliche Abgrenzung gegenüber anderen, sich „grün" nennenden Kräften.

Dem gegenüber standen Unterschiede in den programmatischen Positionen der radikalen und einigen grünen Parteien (etwa bei der Liberalisierung von Drogen oder bei Schwangerschaftsabbrüchen) sowie unterschiedliche strategische Zielsetzungen.

So stellte sich heraus, daß die PR andere Erwartungen an die KGRP stellte als die restlichen Mitglieder. Die PR war sehr aktionsbetont und hielt weniger von politischen Programmen bzw. dem Zeitaufwand, der zu ihrer Erstellung geopfert wurde. Wenn sich allerdings eine Plattform schon nicht vermeiden ließ, dann war für die PR diese nur akzeptabel, wenn sie auf einem PR-Entwurf aufbaute (KONINGS 1993:22).

Auch nationale Konkurrenzbeziehungen zwischen an der KGRP beteiligten politischen Gruppierungen spielten eine wichtige Rolle beim Scheitern der KGRP. So überraschte die PR im Mai 1981 mit der Ankündigung, daß ihre im Ausland aufgebauten Sektionen eventuell an dort stattfindenden Wahlen teilnehmen wollten. Damit waren schon für die Herbstwahlen 1981 in Belgien innenpolitische Konkurrenzverhältnisse abzusehen. Schon im französischen Präsidentschaftswahlkampf hatte die PR nicht den Kandidaten der Grünen, sondern die Kandidatin der Parti Socialiste Unifié (PSU)[24] unterstützt (ECOLOGY PARTY 1982:1). Deshalb wurde der Antrag gestellt, daß jede Partei, die mit einer anderen Mitgliedspartei konkurrierte, sich automatisch selbst aus der KGRP ausschließen sollte (DUPRET/VAN WASSEHOVEN 1981:1). Nachdem diesem Antrag alle Delegierten mit Ausnahme der PR zugestimmt hatten, wurde dieser aber wieder zurückgezogen, da die PR klar machte, dann nicht Mitglied der Föderation sein zu wollen. Im Gegenzug verzichtete die PR auf eine Kandidatur bei den belgischen Wahlen. Sie weigerte sich jedoch in der Folgezeit, am Aufbau einer strukturierteren Zusammenarbeit mitzuarbeiten und ihre Vertreter legten (auch weiterhin) ein individualistisches, teilweise anarchistisches Verhalten an den Tag (KONINGS 1993:18f.).

Auch die deutschen Vertreter waren gegen einen festeren organisatorischen Zusammenschluß. Sie wollten die KGRP nur zur besseren Koordinierung gemeinsamer Aktionen nutzen. Demgegenüber stand vor allem die Position AGALEVs und ECOLOS, die die KGRP zu einem festen Zusammenschluß ausbauen wollten,

---

23 Hierzu schreibt die PPR schon 1980:"Because of the international and European dimensions of many issues the PPR is an internationally-oriented political party, and therefore we consider a form of European cooperation as essential." (ZINKSTOK/V.D.KASTELEN 1980:1).

24 Die PSU ist eine 1960 gegründete links-sozialistische Partei, die sich in den siebziger Jahren stark in der Anti-AKW-Bewegung Frankreichs engagiert hatte (RÜDIG 1985c:33).

der Aktionen auf europäischer Ebene auch selbständig durchführen und nicht nur die nationalen Aktionen koordinieren sollte.

Tabelle 3: Sitzungen der Koordination der grünen und radikalen Parteien (KGRP)

Datum	Ort	Diskussionsgegenstand
10.-11.10.1980	Leiden	Offizielles Gründungstreffen der (Kon-)föderation; Situationsberichte der nationalen Parteien; Aufgaben, Organisation und Programm einer (Kon)föderation grüner und radikaler Parteien
14.-15.3.1981	Straßburg	Situationsberichte der nationalen Parteien, gemeinsame Plattform, Konferenz über alternative Produktionsweisen in Europa
30.-31.5.1981	Brüssel	Situationsberichte der nationalen Parteien; Konflikt ECOLO- belgische Sektion der Partito Radicale; gemeinsame Plattform
5.-6.12.1981	Brüssel	Situationsberichte der nationalen Parteien, gemeinsame Plattform, Name und Strukturen der Gruppe, mögliche Erweiterungen (Schweden, Irland, Wales, Dänemark), europäische Verfassung, gemeinsame Aktionen
20.2.1982	Brüssel	Situationsberichte der nationalen Parteien, Organisation der Gruppe, gemeinsame Aktionen, europäische Verfassung
25.4.1982	Brüssel	Situationsberichte der nationalen Parteien, gemeinsame Aktionen, Europawahlen, Organisation der Gruppe
5./6.6.1982	Brüssel	Situationsberichte der nationalen Parteien, gemeinsame Plattform, Europawahlen, gemeinsame Aktionen
18.9. 1982	Brüssel	Situationsberichte der nationalen Parteien, Organisation der Gruppe, Europawahlen, gemeinsame Plattform
27.11.1982	Bemelen	Sitzung parallel zum Seminar „Survival of Europe" (Wirtschaft und Beschäftigung, EG-Institutionen, gemeinsame Agrarpolitik): gemeinsame Plattform, Gründungskongreß, Finanzen (Errichtung Fonds), Aufnahme neuer Mitglieder (Schweden, Irland).

Ein weiteres Problem war die geringe Verankerung und Bekanntheit der KGRP in den nationalen Parteien. Zwar waren auf den P.E.A.C.E.- und KGRP-Treffen regelmäßig Vorstandsmitglieder oder gar -sprecher bzw. die in den Medien zu diesem Zeitpunkt bekanntesten Vertreter der jeweiligen grünen Gruppen anwesend und dies auch mit hoher Kontinuität. Die Treffen verliefen jedoch meist chaotisch, da es selten schriftliche Vorlagen gab. Außerdem wurden Themen behandelt, die in den Parteien noch nicht diskutiert werden konnten (WILLEMSEN 1981) oder dort grundsätzlich (noch) auf kein Interesse stießen, da der Diskussionsstand bezüglich zahlreicher Themen in den einzelnen Parteien sehr unterschiedlich war. So hatte

AGALEV z.B. noch bis Ende 1980 kein Grundsatzprogramm, die GRÜNEN und die seit 1973 existierende Ecology Party dagegen sehr wohl.

Darüber hinaus waren einige Parteien zu diesem Zeitpunkt organisatorisch noch nicht voll verfestigt, so daß eine klare und verläßliche Kommunikation und Beschlußfassung nicht immer gewährleistet und damit die Vertreter bei den KGRP-Treffen meist nicht hinreichend mandatiert waren. Somit konnten die Beschlüsse der KGRP zunächst nicht mehr als Absichtserklärungen sein, die bis zum nächsten Treffen von den nationalen Parteigremien bestätigt werden mußten. Daher muß auch die KGRP immer noch eher als Initiative von Privatpersonen und weniger als Initiative von Parteien gesehen werden (ECOLO 1984c:3f.).

Einen Überblick über die Themen der Sitzungen der KGRP gibt abschließend noch einmal Tabelle 3.

2.2.4. Die „European Green Coordination" (1983-93)

2.2.4.1. Die Gründungs- und Aufbauphase (1983-89)

Nach dem Auseinanderbrechen der KGRP im November 1982 ergriffen die belgischen Parteien die Initiative zum Neuanfang einer Kooperation ausschließlich grüner Parteien. Diese nahm ihren Anfang mit dem „meeting of the green parties of Europe" im März 1983, zu dem explizit keine Vertreter der radikalen Parteien eingeladen wurden. Dies wurde dadurch erleichtert, daß AGALEV und ECOLO nach dem Einzug in beide belgische Kammern über wesentlich mehr finanzielle und organisatorische Mittel (Räume, Mitarbeiter) verfügten als bisher (Vgl. KONINGS 1993:26), und eine grenzüberschreitende Parteiorganisation der Grünen damit nicht mehr so sehr auf Finanzbeiträge der radikalen Parteien angewiesen war.

Auf diesem Treffen einigten sich die Vertreter der grünen Parteien auf eine neue, fester strukturierte Kooperationsform mit festgelegter, gestaffelter Finanzierung durch die beteiligten Parteien. Darüber hinaus wurde eine gemeinsame programmatische Grundlage und der explizite Ausschluß radikaler und kleiner Linksparteien für notwendig erachtet. Die Ziele der KGRP wurden allerdings übernommen. Schließlich wurde das Konsensprinzip als Entscheidungsregel festgelegt, da jedes Mitglied zunächst national autonom bleiben sollte. Programmatisch sollte neben einer relativ kurz gehaltenen gemeinsamen Erklärung mit grünen Grundprinzipien („Joint declaration of aims"), die bereits im Juni 1983 verabschiedet werden konnte, auch ein gemeinsames Kurzprogramm zu den Europawahlen erarbeitet, und beides dann der Öffentlichkeit vorgestellt werden.

Die Zusammenarbeit der grünen Parteien sollte grundsätzlich nicht nur EG-, sondern europaweit angelegt sein, und für den Informationsfluß war wie schon bei der KGRP ein Sekretariat vorgesehen, das zunächst mit Dirk Janssens (AGALEV) und Rudi Winzen (ECOLO) besetzt und von AGALEV finanziert wurde (JANSSENS 1983a:1-4).

Die Grundsätze der Finanzierung der Kooperation und die Joint Declaration wurden nach entsprechender Rücksprache durch die nationalen Parteien gutgeheißen. Nur die GRÜNEN und die ALÖ hatten zu diesen Punkten noch keine formale Entscheidung getroffen (JANSSENS 1983b:3f.). Somit wurde die neue Organisation, die sich „European Green Coordination" (EGC) oder auch „European Greens" (EGR) nannte, unter Ausschluß der radikalen Parteien und zunächst auch noch ohne die GRÜNEN und die ALÖ, im Juni 1983 gegründet.

Ein noch zu Zeiten der KGRP geplantes Seminar in Bemelen im April 1983 (SPIEGEL 1984:34), welches sich mit Abrüstung und Basisdemokratie beschäftigte (ECOLOGY PARTY 1982:1), und an dem auch die radikalen Parteien teilnahmen, konnte daran nichts mehr ändern, obwohl sowohl die PPR als auch die PR weiterhin Interesse an einer gemeinsamen Zusammenarbeit zeigten.

Ein Überblick über die Gründungsmitglieder der neuen Koordination findet sich in Tabelle 4:

Tabelle 4: Die Gründungsmitglieder der European Green Coordination[25]

Ecology Party	(GB)
Les Verts - Confédération Ecologiste	(F)
Les Verts - Parti Ecologiste	(F)
Ecology Party	(IR)
ECOLO	(B)
AGALEV	(B)
Miljöpartiet	(S)

Die weitere Entwicklung der EGC kann in eine Aufbau- und in eine Umbruchphase aufgeteilt werden. Dabei war die Aufbauphase (Ende 1983 bis Mitte 1989) hauptsächlich durch vier Themenkomplexe bestimmt:

- die Vorbereitung auf die Europawahlen 1984 und 1989
- eine Strategiedebatte über das Selbstverständnis der EGC
- die Aufnahme neuer Mitgliedsparteien
- Informations- und Koordinationsaktivitäten sowie inhaltliche Debatten und gemeinsame Aktionen.

---

25 Les Verts - Confédération Ecologiste wurde im Dezember 1981 von einzelnen Mitgliedern von Amis de la Terre, MEP und regionalen Umweltgruppen gegründet. Les Verts- Parti Ecologiste wurde im November 1982 von den restlichen MEP-Mitgliedern ins Leben gerufen. Die beiden Parteien schlossen sich im Februar 1984 zusammen (PARKIN 1989a:100). Die GAP aus Luxemburg leistete zwar zeitweise einen Beitrag zur Finanzierung der EGC, es kam jedoch nie eine offizielle Bestätigung der Partei, daß man Mitglied und nicht nur „Beobachter" war. So hieß es noch 1986:„The position of Luxemburg is [...] unclear at the moment." (PARKIN 1986:1). Auch die Rolle der ALÖ bleibt unklar. Sie wird in Pressemitteilungen zwar als offizielles Mitglied genannt, es ist jedoch aus den vorliegenden Dokumenten nicht ersichtlich, wann die Partei dazu ihre Zustimmung gegeben hat. Auch auf den Meetings war sie so gut wie nie anwesend. GAP und ALÖ werden deshalb nicht als Gründungsmitglieder aufgeführt.

Dies spiegelt sich auch in den Diskussionsgegenständen der Treffen des höchsten Entscheidungsorgans der EGC, des sogenannten Meetings, wider, die aus Tabelle 5 hervorgehen.

Tabelle 5: Sitzungen des Meetings derEGC zwischen 1983 und Mitte 1989

Datum	Ort	Diskussionsgegenstand
		1983
26-27.3.	Brüssel	Organisation der Koordination zwischen grünen Parteien in Europa, Beziehung zu den radikalen Parteien, gemeinsame Plattform, Finanzen, Esperanto als Arbeitssprache
18.6.	Brüssel	Offizielles Gründungstreffen, Situationsberichte der nationalen
1.10.	Brüssel	Situationsberichte der nationalen Parteien, gemeinsame Erklärung, Finanzen, Beziehungen zu den radikalen Parteien, Esperanto, Europawahlen (gemeinsame Plattform, Vorbereitung erster Kongreß, Wahlkampfkostenerstattung), Name der Organisation
26.11.	Brüssel	Situationsberichte der nationalen Parteien, Europawahlen (gemeinsame Plattform, Vorbereitung Kongreß), Finanzen, Entwicklung Ost-West-Abrüstungsgespräche
		1984
21.-22.1.	Brüssel	Situationsberichte der nationalen Parteien, Europawahlen (Plattform, Kongreßvorbereitung), Finanzen, Abrüstungsgespräche, Anträge auf Mitgliedschaft (Niederlande, Luxemburg), Bilanz und Perspektiven der EGC, The other economic summit, Präsentation auf Pressekonferenz
2.7.	Brüssel	Europawahlen (Wahlergebnisse und Standpunkt der EGC zur Formierung der Fraktion im Europaparlament)
24.11.	Brüssel	Situationsberichte der nationalen Parteien, Finanzen, künftige Arbeit der EGC, Vorbereitung Dover-Kongreß, Fraktion imEP
		1985
23.2	Barcelona	Mini-Meeting anläßlich des Gründungskongresses von Los Verdes: Vorbereitung Dover-Kongreß, Ziele und Projekte derEGC
25.5.	Brüssel	Situationsberichte der nationalen Parteien, Nachbereitung Dover-Kongreß, Zukunft der EGC (Zusammenarbeit mit Links-Parteien und Statuten), gemeinsame Aktionen und Projekte (Vorschlag und Diskussion)
28.-29.9.	Brüssel	Situationsberichte der nationalen Parteien, Charter und Statuten, geplante Kampagnen, Jugendorganisation
23.-24.11.	Brüssel	Situationsberichte der nationalen Parteien, Statuten, Kampagne gegen die Blöcke, Finanzen, Antrag auf Mitgliedschaft (Dänemark)

1986

26.1.   Brüssel   Situationsberichte der nationalen Parteien, Bericht über die Aktivitäten des geschäftsführenden Vorstands (Co-Secretariat), Finanzen, Kampagne gegen die Blöcke, Newsletter, Statuten, Fraktion im EP, EG-Reform

26.4.   Brüssel   Bericht über die Aktivitäten des Co-Secretariats, Finanzen, Kampagne gegen die Blöcke, Statuten, Newsletter, Europawahlen 1989, Anträge auf Mitgliedschaft (Spanien)

27.9.   Brüssel   Finanzen, Kampagne gegen die Blöcke, Tschernobyl, Europawahlplattform 1989, Basisdemokratie und grüne Parteiorganisation

29.11.   Köln   Statuten, einheitliches Europawahlsystem, Vorbereitung Stockholm-Kongreß, Unterstützung von Aktionen, Einheitliche Europäische Akte

1987

7.3.   Brüssel   Situationsberichte der nationalen Parteien, Bericht über die Aktivitäten des Co-Secretariats, Antrag auf Mitgliedschaft (Deutschland), gemeinsame Aktionen, Vorbereitung Stockholm-und Antwerpen-Kongreß, Rolle der EGC, Finanzen, Statuten

13.-14.6.   Brüssel   Situationsberichte der nationalen Parteien, Vorbereitung Stockholm- und Antwerpen-Kongreß, Zukunft der EGC, Wahlen zum Co-Secretariat, Finanzen, Newsletter

24.-25.10.   Brüssel   Vorbereitung Stockholm- und Antwerpen-Kongreß, Zukunft der „internationalen Kooperation", Finanzen, Wahlen zum Co-Secretariat, Anträge auf Mitgliedschaft (Spanien, Portugal, Schweiz), Europawahlen

1988

6.2.   Brüssel   Situationsberichte der nationalen Parteien, Finanzen, Anträge auf Mitgliedschaft (Finnland), Vorbereitung Antwerpen-Kongreß, Europawahlen (Vorbereitung Plattform, Einschätzung der GRAEL-Arbeit)

9.4.   Ant-   Künftige Organisation der EGC, Finanzen, Vorbereitung Kongreß 1989, Anträge auf Mitgliedschaft (Finnland, Spanien, Portugal)
             werpen

1.-2.10.   Brüssel   Anträge auf Mitgliedschaft (Finnland, Spanien, Portugal, Österreich), Finanzen, Newsletter, Vorbereitung Europawahlen (Paris-Kongreß, Wahlplattform, Wahlthemen)

1989

7.-8-1.   Brüssel   Europawahlen (Wahlplattform, Vorbereitung Paris-Kongreß), Finanzen, Anträge auf Mitgliedschaft (Spanien, Italien)

11.3.   Brüssel   Situationsberichte der nationalen Parteien, Europawahlen (Wahlplattform, Vorbereitung Paris-Kongreß), Newsletter, Anträge auf Mitgliedschaft (Niederlande)

24.-25.6.   Brüssel   Europawahlen (Wahlergebnisse), Fraktionsgründung im EP, Reformvor-
             schläge für die EGC, Anträge auf Mitgliedschaft (Italien, Niederlande, Grie-
             chenland), Kongreßvorbereitung 1990 und 1991.

Vorbereitung der Europawahlen

Nachdem sich die EGC in ihrer Gründungsphase ausschließlich mit internen Problemen beschäftigt hatte, war die Zeit ab Herbst 1983 bis Mitte 1984 von Aktivitäten im Zusammenhang mit den Wahlen zum Europaparlament dominiert. Darunter fielen die Erstellung einer Plattform, die Vorbereitung eines Kongresses in Lüttich als Wahlkampfauftakt sowie die Bildung der Fraktion im Europaparlament.
Diese Aktivitäten wurden durch erste größere Spannungen mit den GRÜNEN erschwert, die sich an der Frage der Mitgliedschaft des GPA in der EGC entzündeten
(siehe hierzu ausführlicher Kapitel 2.4.2.3.).
     Auf der Grundlage eines Textes der „Bundesarbeitsgemeinschaft Europa" der
GRÜNEN wurde zunächst ein Kurzprogramm zur Europawahl erstellt (ECOLO
1984c:5), das zusammen mit der Joint Declaration auf dem Kongreß in Lüttich von
der grünen Basis symbolisch, d.h., ohne Änderungsanträge, verabschiedet wurde
(JANSSENS 1983a:5f.). Die Presse wurde bereits Ende Januar offiziell von der
Gründung der EGC in Kenntnis gesetzt. Dies alles war als Teil der Europawahl-
kampagne konzipiert. Aufgrund der mangelnden Bereitschaft der EGC, den GPA
als neues Mitglied aufzunehmen, zogen die GRÜNEN jedoch ihre Unterstützung
sowohl für die gemeinsame Plattform als auch für die Joint Declaration zurück und
wurden nun ihrerseits kein Mitglied der EGC.
     Auf eine Zusammenarbeit mit den GRÜNEN konnte und wollte man aber seitens
der EGC nicht verzichten, u.a. weil man an der Wahlkampfkostenerstattung des EP
teilhaben wollte. Diese war außer für Parteien, die den Einzug ins Europaparlament
schafften, auch möglich für „political groupings which, failing to obtain a seat,
have secured [...] more than 1% in each of at least three Member States in which
they so participated." Um diese Regelung in Anspruch nehmen zu können, mußte
von den beteiligten Parteien einer solchen „Political grouping" zudem eine sogenannte „Declaration of affiliation" unterzeichnet werden (AMTSBLATT der EG,
No.C 293/1 v.29.10.1983:1). Außer bei den belgischen und französischen Grünen
war es aber nur noch bei den deutschen GRÜNEN wahrscheinlich, daß sie mehr als
die für eine solche Erstattung geforderten ein Prozent der Stimmen erreichen würden.
     Auf einem Kongreß der französischen Grünen in Paris Ende April 1984 wurde
deswegen eine Übereinkunft über eine sogenannte technische Allianz im Sinne der
EP-Richtlinien getroffen, an der die Mitgliedsparteien der EGC, die Luxemburger
Grünen (GAP), Die GRÜNEN und der GPA beteiligt waren. Verbunden war diese
Allianz auf Wunsch der deutschen GRÜNEN mit einer kurzen inhaltlichen Erklärung, der sogenannten „Paris Declaration" (PARKIN 1989a:260; siehe Anhang).
     Nach der Europawahl wurde im Europaparlament schließlich die sogenannte
Regenbogenfraktion gegründet, die technischen Charakter hatte und verschiedene

politische Untergruppen enthielt. Eine davon war die Untergruppe der Grünen und Alternativen, die sich „Green-Alternative European Link" (GRAEL) nannte und neben den deutschen GRÜNEN den GPA, kleine italienische Linksparteien und später auch AGALEV und ECOLO umfaßte (siehe hierzu ausführlicher Kapitel 3.2.2.)[26].

Die Vorbereitungen für die Europawahlen 1989 fanden unter weniger Zeitdruck und vor allem unter weniger Spannungen als noch 1984 statt. So plante die EGC bereits im April 1986, für den Europawahlkampf die wichtigsten nationalen Arbeitsgruppen (Frieden, Ökonomie, Dritte Welt, Menschenrechte, Ökologie, Europa der Regionen) zu koordinieren (EGC 1986b). Anfang 1988 wurden auch tatsächlich zwei Arbeitsgruppen eingesetzt, von denen die erste ein gemeinsames Kurzprogramm sowie ein visionäres Dokument zum Europa der Regionen erarbeiten und die zweite eine Evaluation von 5 Jahren Arbeit des GRAEL und ein Arbeitsprogramm für die nächste Fraktion erstellen sollte (EGC 1988a:1). Außer von der Wahlprogrammkommission kam jedoch kein greifbares Ergebnis (EGC 1988c:2), da sich die Mitglieder der Arbeitsgruppen durch ihre gleichzeitig auf nationaler Ebene zu verrichtende politische Arbeit als überlastet herausstellten (Interview Willy de Bakker v.30.10.94).

Die Plattform zu den Europawahlen wurde im März 1989 verabschiedet. Wie schon 1984 wurde kurz vor den Wahlen zusätzlich ein Kongreß der EGC abgehalten, diesmal in Paris. Schließlich wurde kurz nach der Wahl noch eine gemeinsame Erklärung verabschiedet, mit der die EGC Einfluß auf die Fraktionsbildung zu gewinnen versuchte (Siehe hierzu ausführlicher Kapitel 2.4.2.3. und 3.3.1.1.).

Strategie, Ziele und Selbstverständnis der EGC

Unmittelbar nach den Europawahlen 1984 begann für die EGC eine Zeit der Selbstlähmung, in der statt inhaltlicher Auseinandersetzungen über bestimmte Politikfelder Debatten organisatorisch-strategischer Art den größten Teil der Zeit und Energie in Anspruch nahmen. Darunter fiel der Streit zwischen grün-alternativen und „Vorne"-Parteien (siehe zu dieser Unterscheidung ausführlicher Kapitel 2.4.2.3.), ob grüne Parteien strukturell, z.B. in Form gemeinsamer Wahllisten oder gar in Form einer gemeinsamen Fraktion im EP, mit kleinen Links-Parteien zusammenarbeiten sollten oder nicht (Links-Vorne-Konflikt)[27], die Ausarbeitung einer Satzung und die Frage nach dem Selbstverständnis der EGC. Sollte die EGC beispielsweise lediglich ein Forum für den Austausch von Informationen und grünen Ideen sowie eine Organisation zur Durchführung gemeinsamer Aktionen und

---

26 BOMBERG (1992:171) behauptet irrtümlicherweise, die Paris Declaration wäre nach der Europawahl und vom GRAEL verabschiedet worden.

27 Der Ausdruck „Links-Vorne-Konflikt" versucht, auf kurze und prägnante Weise Spannungen zusammenzufassen, die entstanden waren zwischen grünen Parteien, die sich auf einer Links-Rechts-Skala eher links verorteten (grün-alternative Parteien) und grünen Parteien, die sich jenseits einer Links-Rechts-Skala sahen. Für sie galt der Wahlspruch „Weder links, noch rechts, sondern Vorn".

gegenseitiger Unterstützung sein, oder wollte man eher eine politisch eigenständige Kraft, an die die Mitgliedsparteien auch früher oder später nationale Souveränität abgeben mußten? Weiterhin war unklar, ob der Tätigkeitsbereich der EGC auf Europa beschränkt bleiben oder auf andere Kontinente ausgeweitet werden sollte, wie mit der Europafraktion umzugehen war und ob neben Parteien auch andere Organisationen Mitglied in der EGC werden konnten.

Als konkreter Schritt zur Weiterentwicklung der EGC wurde von einigen Delegierten eine Satzung entworfen, die im Mai 1985 zum erstenmal in die EGC eingebracht wurde. Diese Delegierten wollten der EGC eine, wie sie es nannten, mehr politische Rolle zukommen lassen, die sich nicht nur auf den Informationsaustausch und die eine oder andere Aktion beschränkte. Das Satzungsprojekt war deshalb vor allem dazu gedacht, der bisher immer noch wenig strukturierten Zusammenarbeit, die weite Teile der GRÜNEN auch so belassen wollten, um sie möglichst schwach zu halten, einen festeren und verbindlicheren Rahmen zu geben (Interview Sara Parkin v.27.4.95). Die Satzung wurde dann nach langen Diskussionen, insbesondere über die Entscheidungsregel, im November 1985 angenommen und sollte nach übereinstimmender Meinung die Funktion eines „Sicherheitsnetzes" und nicht die einer „Zwangsjacke" übernehmen (EGC 1985d:2). Als Entscheidungsregel wurde das Einstimmigkeitsprinzip festgelegt. In den folgenden zwei Jahren stand die Satzung immer wieder auf der Tagesordnung der EGC, da Verfechter des Mehrheitsprinzips versuchten, dieses doch noch einzuführen. Letztlich blieben diese Bemühungen aber ohne Erfolg.

Auch zum Selbstverständnis der EGC und zum Links-Vorne-Konflikt wurden in den folgenden Jahren immer wieder Debatten auf Meetings und sogar Kongressen geführt. Zwischenzeitlich führte dies zur Einsetzung von zwei Arbeitsgruppen, die sich mit dieser Problematik beschäftigten. Letztendlich waren aber die Haltungen der Mitgliedsparteien in den einzelnen Fragen zu unterschiedlich und zu unbeweglich, so daß eine nervenaufreibende und fast zwei Jahre anhaltende Diskussion über den Links-Vorne-Konflikt und die interne Struktur der EGC Anfang 1989 zunächst ohne greifbares Ergebnis zu Ende ging, da sich die EGC nun wieder der Vorbereitung der Europawahlen widmen mußte.

Die Ausweitung der Mitgliedschaft

Seit dem GPA-Konflikt gab es innerhalb der EGC über die Aufnahme neuer Parteien keine tieferen Differenzen mehr. Mit drei Neuaufnahmen bis Ende 1987 (De Grønne aus Dänemark, GAP aus Luxemburg und Die GRÜNEN) nahmen Diskussionen darüber auch keinen breiten Raum ein. Jedoch sollten ab 1988 die nun immer zahlreicher werdenden Mitgliedsanträge grüner Parteien aus ganz Europa viel Zeit in Anspruch nehmen. Besonders viel Aufwand, mit teilweise heftig geführten Diskussionen, bereiteten Aufnahmeanträge mehrerer Parteien aus einem Land, wie im Falle Portugals und Spaniens. In diesen Fällen wurden auch Informationsreisen in die jeweiligen Länder unternommen.

So zog sich die Spaniendiskussion über ein Jahr lang hin, bevor eine Formation, die Confederacion de Los Verdes, abgelehnt, und die andere, Los Verdes, aufgenommen wurde. Die Diskussion war danach aber noch keineswegs beendet.

Nach der ersten „EFTA- und Süderweiterung" der EGC (siehe Tabelle 6) umfaßte diese Mitte 1989 17 Mitgliedsparteien, die sowohl aus EG-, als auch aus EFTA-Staaten stammten.

Tabelle 6: Neue Mitglieder der EGC bis Mitte 1989

Jahr	Land	Partei
Jan.1984	NL	De Groenen[28]
	L	Dei Greng Alternativ (GAP)[29]
Nov.1985	DK	De Grønne[30]
1987	D	Die GRÜNEN (März)
	CH	Grüne Partei der Schweiz (GPS)[31]
Okt.1988	SF	Green Union (Vihreä Liitto)[32]
	A	Grüne Alternative (GA)[33]
	E	Los Verdes[34]
	P	Os Verdes[35]
	P	MDP (Movimento Democratico Portugues)
Jan.1989	I	Federazione delle Liste Verdi[36]

Informations- und Koordinationsaktivitäten sowie gemeinsame Aktionen

Konnte innerhalb der EGC-Mitgliedsparteien kein Konsens über die anzustrebende Rolle der EGC erreicht werden, so gab es doch einige Ziele, die im Interesse aller

---

28 Siehe zu De Groenen ausführlicher PARKIN (1989a:176-86) sowie LUCARDIE U.A. (1993).

29 Siehe zur GAP ausführlicher PARKIN (1989a:168-75) sowie KOELBLE (1989).

30 Siehe zu De Grønne ausführlicher PARKIN (1989a:59-67) sowie SCHÜTTEMAYER (1989).

31 Siehe zur GPS ausführlicher LADNER (1989) sowie FINGER/HUG (1992).

32 Siehe zur Green Union ausführlicher PARKIN (1989a:198-211) sowie PAASTELA (1989).

33 Siehe zur GA ausführlicher HAERPFER (1989) sowie DACHS (1992b).

34 Siehe zu Los Verdes ausführlicher PARKIN (1989a:245-49), RETH (1989) sowie WOISCHNIK (1992).

35 Die MDP (Movimento Democratico Portugues) wurde bereits 1969 als „affiliated organisation" der Kommunistischen Partei (KP) Portugals gegründet, Os Verdes erst 1981, dafür offiziell unabhängig von den Kommunisten. Anfangs kandidierten beide auf einer gemeinsamen, von den Kommunisten aufgestellte Liste (APU = Allianca povo Unido), bis die MDP, die schon ab 1981 versucht hatte, sich langsam von der Dominanz der Kommunisten zu lösen, 1987 die APU verließ, um selbständig an Wahlen teilzunehmen. Daraufhin formten die KP, Os Verdes und Intervencao Democratico, eine Abspaltung der MDP, eine eigene Liste mit dem Namen CDU (PARKIN 1989a:241-44). Siehe zu Os Verdes und zur MDP ausführlicher PARKIN (1989a:240-45), WOLF/GONZALEZ (1989) sowie STOCK (1991).

36 Siehe zur Federazione ausführlicher PARKIN (1989a:148-67), DIANI (1989) sowie RHODES (1992, 1995).

grünen Parteien lagen, und die schon 1979 bei der P.E.A.C.E.-Initiative im Vordergrund standen. Darunter fielen der Informationsaustausch zwischen den Mitgliedsparteien, die gegenseitige Unterstützung bei nationalen Kampagnen, die Durchführung gemeinsamer Aktionen und Presseerklärungen, soweit sie sich auf europäische Probleme bezogen, und schließlich die Entwicklung von Strategien zur Lösung europäischer und anderer internationaler Probleme (PARKIN 1989a:257f.).

Insbesondere in der Anfangszeit der EGC wurde durch regelmäßige Berichte der einzelnen Mitgliedsparteien über ihre jeweilige Entwicklung dem gegenseitigen Kennenlernen und Verstehen eine hohe Bedeutung beigemessen. Die sonstigen Informations- und Koordinationsaktivitäten entwickelten sich aber selbst bei einfachsten Dingen eher schleppend[37]. Um dem abzuhelfen, hatte man sich auf dem Mai-Meeting 1985, das als ein kleiner „Strategieparteitag" betrachtet werden kann, Gedanken über einen eigenen „Newsletter" der EGC gemacht. Dieser sollte die EGC sowohl innerhalb als auch außerhalb der nationalen Parteien besser bekannt machen (EGC 1985b:2).

Mit der tatsächlichen Etablierung dieses Newsletters trat der Informationsaustausch auf den Meetings etwas zurück. Insbesondere die Berichte über die Länderentwicklungen rückten vom Anfang ans Ende der Tagesordnung und wurden weniger zahlreich.

Auf dem „Strategieparteitag" wurden auch gemeinsame Projekte und Aktionen ins Auge gefaßt. Es entstand der Plan, kleinere Arbeitsgruppen zu errichten, die inhaltliche Papiere sowie Vorschläge für konkrete Aktionen zu einem bestimmten Thema unterbreiten, und sich dabei auf internationale Probleme, wie etwa Abrüstung oder Giftstoffe, konzentrieren sollten (EGC 1985b:6). Keine dieser Arbeitsgruppen nahm aber jemals ernsthaft ihre Arbeit auf. Zum einen fehlten die finanziellen Mittel für solche grenzüberschreitenden Arbeitsgruppen und zum anderen waren die Delegierten mit der nationalen Parteiarbeit schon genug ausgelastet (Interview Willy de Bakker v.30.10.94).

Die erste gemeinsame Kampagne der EGC zur Auflösung der Militärblöcke NATO und Warschauer Pakt („Campaign against the blocs") im Jahre 1986 beruhte deshalb nicht auf Vorschlägen einer Arbeitsgruppe, sondern der britischen Green Party. Ziel dieser Kampagne war eine breitere Debatte über die NATO und den Warschauer Pakt als „destabilisierende Faktoren für den Weltfrieden", eine stärkere Beachtung der Blockkonfrontation in den nationalen Friedensbewegungen sowie die Darstellung grüner Alternativen zum bisherigen Sicherheitssystem (LAMBERT 1986). Schon unmittelbar nach Beginn der Kampagne kam es mit dem Unfall in Tschernobyl aber zu einem abrupten Ende der Aktivitäten, da die meisten Parteien ihre Aufmerksamkeit jetzt darauf richteten (EGC 1986c:1). Die Kampagne war damit beendet, bevor sie richtig beginnen konnte. Eine neue Kampagne gegen die internationalen Finanzinstitutionen (IWF, Weltbank) wurde zwar für 1987 in Aus-

---

37 So kam z.B. trotz mehrmaligen Drängens kein Austausch der Adressen der jeweiligen nationalen Arbeitskreise oder etwa der nationalen Regelungen zur Wahlkampfkostenerstattung für die Europawahlen zustande (EGC 1983a:9; 1983b:9; JANSSENS 1984:3).

sicht gestellt (EGC 1986f). Sie kam jedoch kaum ins Planungsstadium hinein und
wurde bald ganz fallengelassen, da auch die Europawahlen wieder näherrückten
(Interview Sara Parkin v.27.4.95).

Als größere gemeinsame Aktion nach der gescheiterten Blockkampagne kann
nur noch eine Demonstration für die Abschaffung der Atomenergie im Juni 1987 in
Paris („European Gathering for a Europe without nuclear energy") aufgeführt werden. Dies war aber eine Initiative der luxemburgischen Grünen, die von der EGC,
dem GRAEL und den nationalen Parteien nur unterstützt wurde.

Diese Demonstration fällt damit bereits in den Bereich der Koordination nationaler Parteiaktivitäten. Die Erfolgsbilanz der EGC in diesem Bereich bzw. das
Interesse der Mitgliedsparteien, ihre nationalen Aktivitäten über die EGC zu koordinieren, muß auch hier als eher dürftig beschrieben werden.

Debatten über Politikfelder, um gemeinsame Strategien zur Lösung europäischer
Probleme zu entwickeln, kamen bei den Treffen des Meetings der EGC so gut wie
nie zustande. Allerdings übernahmen die mindestens alle zwei Jahre organisierten
Kongresse, auf denen z.B. immer wieder über das Konzept eines Europa der Regionen diskutiert wurde, zumindest teilweise die Aufgabe großer inhaltlicher Seminare. Ihre Organisation nahm den größten Teil der Zeit des Co-Secretariats, also
dem geschäftsführenden Vorstand der EGC, in Anspruch, und auch das Meeting
beschäftigte sich öfter mit der organisatorischen Vorbereitung der Kongresse.

Da auf diesen Kongressen aber keine wirklichen verbindlichen Entscheidungen
getroffen wurden, grenzüberschreitende Arbeitsgruppen nicht zustande kamen und
sich das Meeting fast ausschließlich mit organisatorischen (Budget, Vorbereitung
der Kongresse, Aufnahme neuer Mitglieder) oder strategischen Fragen (Selbstverständnis der EGC, Satzung) befaßte, konnte eine Politikformulierung auf europäischer Ebene mit Ausnahme der jeweiligen Wahlplattformen in der Aufbauphase der
EGC nicht verwirklicht werden.

Ungeachtet dessen bestand bei den Mitgliedsparteien ein grundsätzliches Interesse an inhaltlichen Diskussionen sowie der Koordination nationaler Parteiaktivitäten bei europäischen Themenfeldern. Gemeinsame Aktivitäten wurden deshalb
meist bilateral abgestimmt bzw. ab Ende der achtziger Jahre von Unterorganisationen der EGC übernommen. Zu diesen Unterorganisationen gehören die sogenannten Mittelmeergrünen (Mediterranean Greens), die Ostseegrünen (Baltic-Sea-
Greens) und die nordischen Grünen (Nordic Greens), die alle ab 1988, als immer
mehr grüne Abgeordnete in die nationalen Parlamente gekommen waren und mehr
grüne Fragen auf der Tagesordnung der Politik standen, gegründet wurden
(Interview Sara Parkin v.27.4.95)[38].

---

38 Bereits im Januar 1988 kam es zu einem ersten Separattreffen von Vertretern grüner Parteien aus
   Südeuropa in Lissabon, an dem auch zwei Vertreter der EGC teilnahmen, um Möglichkeiten einer
   engeren Zusammenarbeit zwischen den Parteien auszuloten. Auf ihrem zweiten Treffen im Juni
   1988 errichteten sie offiziell ein Netzwerk mit dem Namen „Co-ordinating network of the Mediterranean Bioregion", welches sich mit den Problemen der Mittelmeerländer (als „ökologische, kulturelle und historische Einheit") beschäftigen sollte. Ziel des Netzwerks war vor allem der Informati-

2.2.4.2. Die Umbruchphase (Herbst 1989-1993)

Die Europawahlen 1989 brachten in fast ganz Westeuropa einen unerwartet großen Durchbruch für die grünen Parteien (siehe Tabelle 26). Sie verfügten nun über eine stattliche Fraktion im Europaparlament und über mehr finanzielle und organisatorische Mittel für die EGC, welcher jetzt auch ein eigenes Informationsbüro („Information Office") im Brüsseler Gebäude des Europaparlaments zur Verfügung gestellt werden konnte.

Somit waren die Ausgangsbedingungen für eine umfassendere europäische Politikformulierung formal zunächst sehr günstig. Aber auch die Umbruchphase der EGC war noch stark von organisatorischen Debatten über Finanz- und Satzungsfragen und von der Aufnahme neuer Mitglieder geprägt. Insbesondere letzteres gewann noch einmal erheblich an Wichtigkeit. Allerdings kamen nun auch erstmals auf den Meetings breitere inhaltliche Diskussionen zustande. Besondere Beachtung wurde dabei dem Zusammenbruch des Ostblocks und den damit entstandenen Perspektiven für die Eingliederung osteuropäischer Staaten in das demokratische Europa sowie für die Einbindung entstehender osteuropäischer grüner Parteien in die EGC geschenkt. Aus diesem Diskussionsprozeß resultierten auch neue Statuten und ein neues Grundsatzprogramm der EGC.

Die inhaltliche und organisationsstrukturelle Reaktion, u.a. auf veränderte weltpolitische Konstellationen, unterscheidet damit die Umbruch- von der Aufbauphase

---

onsaustausch und die Durchführung gemeinsamer Aktionen im Mittelmeerraum zu den Themen Kriegsdienstverweigerung, Atomkraft, Mittelmeerverschmutzung durch Industrie sowie Schäden durch den Tourismus (EGC 1988d).

Auch die Kooperation unter den grünen Parteien der Ostsee-Region begann bereits 1988 mit einer ersten kleinen, gemeinsamen Konferenz in Leningrad („Baltika '88) (Interview Heidi Hautala v.30.10.93) und konzentrierte sich von Anfang an im wesentlichen auf ökologische Probleme der Region. Auf der zweiten, mit 150 Teilnehmern bereits wesentlich größeren Konferenz (EGC 1989e:10) im Juli 1989 („Our common baltic sea"), wurde eine Resolution verabschiedet, in der Maßnahmen zur Erhaltung der Ostsee als ökologische Einheit gefordert wurden (u.a. eine nuklearfreie Ostseeregion, ökonomische und politische Dezentralisierung, ökologische Landwirtschaft, Verringerung der Schwermetall- und Giftstoffeinleitungen) (Balto-Scandian Bulletin 1/1989:4-9).

Die enge Kooperation unter den nordischen grünen Parteien aus Finnland, Schweden, Dänemark, Norwegen und anfangs auch der Frauenpartei aus Island (Kvennalistinn) gründete vor allem in dem Wunsch, den Beitritt der EFTA-Länder zur EG zu verhindern, um höhere ökologische und soziale Standards und die Neutralität der meisten EFTA-Länder nicht aufgeben zu müssen. So stand das erste Treffen im Mai 1988 unter dem Hauptthema „Schaffung einer "nordischen" grünen Alternative zur EG-Mitgliedschaft bzw. EG-Harmonisierung". In einer gemeinsamen Erklärung sprachen sich die Nordischen Grünen dabei für eine „self-sufficient nordic region" im Rahmen eines Europa der Regionen und gegen die „Supermachtträume und den Wachstumsmaterialismus" der EG aus. Anstelle einer EG-Mitgliedschaft strebten diese Parteien eine „cultural and ecological cooperation with all countries and the whole of Europe" an (EGC 1988e:2). Auch in einer gemeinsamen Erklärung im Februar 1989 in Innsbruck auf einem Kongreß der österreichischen Grünen machten sie noch einmal deutlich, der EG nicht beitreten zu wollen (Grüner Basisdienst 5/89:29).

der EGC. Die vier großen Themenkomplexe der Aufbauphase waren aber auch noch in der Umbruchphase der EGC präsent.

Tabelle 7 gibt zunächst wieder einen chronologischen Überblick über die Diskussionsthemen in diesem Zeitraum.

Tabelle 7: Sitzungen der Meetings der EGC zwischen Mitte 1989 und 1993

Datum	Ort	Diskussionsgegenstand
		1989
30.9-1.10.	Brüssel	Europawahlen (Wahlergebnisse, Formierung der Fraktion), Finanzen, Bericht über die Aktivitäten des geschäftsführenden Vorstands (Co-Secretariat), Newsletter, Kongresse 1990/91, Anträge auf Mitgliedschaft (Spanien, Griechenland, Niederlande, Estland, Italien, Norwegen, Malta), Länderberichte, GiPN-Konferenz, Baltic Sea Cooperation, European Police Force, Humanisten.
16.-17.12.	Brüssel	Wahlen zum Co-Secretariat, Finanzen, Situation in Osteuropa, Situationsberichte der nationalen Parteien, Strategie für 1990-92, Formierung der Europa-Fraktion, Anträge auf Mitgliedschaft (Niederlande, Griechenland, Estland)
		1990
17.-19.3.	Budapest	Finanzen, Kurzfristige Ziele der EGC, Helsinki Memorandum, Zusammenarbeit mit osteuropäischen Grünen, Anträge auf Mitgliedschaft (Griechenland, DDR, Malta, Georgien, Polen), Satzungsänderung
16.-18.6.	Brüssel	Finanzen, Newsletter, Situationsberichte der nationalen Parteien, Anträge auf Mitgliedschaft (Malta, Bulgarien), Helsinki Memorandum
27.-28.10.	Bonn	Helsinki Memorandum, Finanzen, Anträge auf Mitgliedschaft (Malta, Bulgarien, Rumänien), Bericht über Beitrittsanträge aus Osteuropa
		1991
22.-24.3.	Venedig	Perspektiven der EGC 1991-92, Vorbereitung Zürich-Kongress, Finanzen, Wahlen zum Co-Secretariat, Anträge auf Mitgliedschaft (Norwegen, Georgien, Bulgarien, Rumänien, Polen), Grüne Parteien in der Sowjetunion, Grüne und Golfkrieg
2.6.	Zürich	(informelles Treffen): Workshop Rio 92, Finanzen, Aktivitäten 1991
29.11.-1.12.	Sofia	Finanzen, Politik der EGC gegenüber Mittel- und Osteuropa, Vorbereitung der Wahlen zum Co-Secretariat, Ziele und Struktur der EGC, Anträge auf Mitgliedschaft (Rumänien), Bericht über Task Force Group Rio 92.
		1992
12.-14.6.	Dublin	Bericht über Rio-Konferenz und „first green planetary meeting", Situationsberichte der nationalen Parteien, Maastricht, East-West-Dialogue II, Anträ-

ge auf Mitgliedschaft (Luxemburg, Slowenien), Wahlen zum Co-Secretariat, Reform der EGC (Statuten und Programm)

| 18.-20.12. | Leipzig | Situationsberichte der nationalen Parteien, Maastricht, Vorbereitung auf nationale Wahlen 93/94, Finanzen, Aktivitäten 93/94, Anträge auf Mitgliedschaft (Osteuropa), Reform der EGC (Programm und Statuten), Statutenänderung |

1993

26.-28.3.	Bonn	Workshop zu Programm und Statuten
16.-18.4.	Amsterdam	„Preparotory Meeting" zu Programm und Statuten
18.-20.6.	Helsinki	Reform der EGC: Annahme des neuen Programms und der neuen Statuten, Arbeitsprogramm 1994-96.

Die Herausforderung Osteuropa

Der Umbruch in Osteuropa Mitte 1989 traf auch die EGC völlig unerwartet. Mit ihm und seinen Folgen, wie der deutschen Einheit, dem Auseinanderbrechen der Sowjetunion oder dem Krieg in Jugoslawien hatte sich der bis dahin relativ stabile status quo in Europa, für den die bisherigen grünen programmatischen Aussagen, wie z.B. die Auflösung der militärischen Blöcke, galten, in eine Periode des schnellen und fundamentalen Umbruchs gewandelt.

Die EGC stand damit vor zwei großen Herausforderungen. Erstens mußten Konzepte für die wirtschaftliche und institutionelle Zukunft Europas gefunden werden, die sowohl die bestehenden Institutionen EG, Europarat und KSZE als auch ein grünes Konzept eines gesamteuropäischen Europas der Regionen integrieren sollten (FEINSTEIN 1992c:321). Zweitens mußten nun neu entstehende grüne Parteien in Osteuropa unterstützt und aufgrund des gesamteuropäischen Anspruchs der EGC möglichst bald in den Parteienbund integriert werden. Gerade die Integration der osteuropäischen Grünen gestaltete sich aber schwieriger als erwartet. Zum einen wegen der teilweise bis heute bestehenden Vielfalt grüner Bewegungen und Parteien in Osteuropa und zum anderen wegen bestehender inhaltlicher Differenzen zu den Westgrünen[39].

---

39 Einige osteuropäische grüne Parteien und Bewegungen spielten eine bedeutende Rolle bei den friedlichen Umstürzen in ihren jeweiligen Ländern (FEINSTEIN 1992a:568), was sich meist auch in entsprechenden Erfolgen bei den ersten freien Wahlen zeigte (siehe Tabelle 21). In der Folgezeit kam es jedoch wiederholt zu Parteineugründungen, -spaltungen oder -umorientierungen auf inhaltlicher Ebene, und zwar im wesentlichen aus drei Gründen: erstens waren einige Parteien in der kurzen Zeit vor den ersten freien Wahlen zunächst ohne Absprache mit den jeweiligen grünen Bewegungen auf Initiative von Einzelpersonen entstanden. Zweitens waren noch viele programmatische Lücken vorhanden (FEINSTEIN 1992a:569f.) und drittens wurden einige grüne Parteien mehr oder weniger als kommunistische Tarnorganisationen angesehen (Vgl.SCHOONMAKER/FRANKLAND 1992:210).

Es wurde klar, daß die osteuropäischen Grünen erhebliche finanzielle Hilfe von den Westgrünen benötigten, um eine schlagkräftige grüne Partei aufzubauen bzw. am Leben zu erhalten. Trotz einiger Bemühungen, eine koordinierte West-Ost-Hilfe durch die EGC und nicht nur durch einzelne Mitgliedsparteien auf die Beine zu stellen, gelang dies jedoch genausowenig wie die über eine Mitgliedschaft in der EGC hinausgehende (finanzielle, inhaltliche und organisatorische) kurz- und mittelfristige Integration der Osteuropäer in die EGC (Interview Heidi Hautala v.6.4.95). Lediglich der sogenannte East-West-Dialogue (EWD) konnte sich als einigermaßen erfolgreiche Hilfe für die Ostgrünen etablieren (Interview Anne de Boer v.28.4.95)[40].

Neben der kurzfristigen Hilfe für den Wahlkampf und der Erarbeitung von Kriterien für die mittelfristige Integration der osteuropäischen Grünen in die EGC versuchten die Europäischen Grünen, neue Konzepte für die wirtschaftliche und politische Zukunft Europas auszuarbeiten. So wurde Anfang 1990 auf einem Seminar in Wien, das unter dem Thema „Die zentraleuropäischen Staaten und ihre Beiträge zu einem gemeinsamen europäischen Haus" stand, über die politische Neustrukturierung Europas diskutiert. Auch für das Treffen der KSZE in Helsinki wurde auf zwei aufeinanderfolgenden Meetings über ein sogenanntes „Helsinki-Memorandum" gestritten, das als relativ kurz gehaltene „Politische Erklärung" der KSZE dann auch vorgelegt wurde.

Inhaltliche Diskussionen über die Zukunft des gemeinsamen Europas wurden auch noch 1991 geführt, und Osteuropa blieb wegen des benötigten Informationsaustauschs und wegen anstehender Aufnahmeanträge osteuropäischer grüner Parteien für die Arbeit der EGC bestimmend. Im Rahmen des EWD und basierend auf einem neuen Grundsatzprogramm sollte auch ein spezielles politisches Programm

---

Damit war (und ist) die grüne Parteienlandschaft im Osten bis heute unübersichtlich, zersplittert und in Wandlung begriffen. Zwar nicht nur, aber auch aus diesem Grund sind die Anfangserfolge grüner Parteien in Osteuropa mittlerweile auch einer Stagnation auf relativ niedrigem Niveau gewichen (Siehe auch Tabelle 21). Zu weiteren Gründen hierfür siehe ausführlicher FRANKLAND (1994:24).

40 Der EWD wurde 1991 von der EGC zusammen mit Groen Links ins Leben gerufen, um eine Einbindung der osteuropäischen Parteien in die Struktur der EGC zustande zu bringen, ohne diese Struktur übermäßig durch die Probleme der Osteuropäer zu belasten. Ziel dieser Initiative war es, gemeinsame Positionen zu strittigen Themen zu erarbeiten, wie z.B. die Nutzung der Kernenergie, um dadurch gemeinsam ein „ökologisches, soziales und demokratisches Europa" aufzubauen (COX 1992). Allgemein wurde der EWD, der zwischen November 1991 und Oktober 1994 sechs Treffen abgehalten hat, von den Ostgrünen sehr positiv aufgenommen. Mit wenigen Ausnahmen nehmen auch alle Ostgrünen regelmäßig an den Treffen teil.

Von den westeuropäischen Grünen scheinen allerdings nur die großen Parteien (Groen Links, AGALEV, ECOLO, Die GRÜNEN) Interesse an einer Teilnahme bzw. Beobachtung zu haben. Diese ursprünglich als Dialogmöglichkeit für Ost und West konzipierte Initiative wurde deshalb schon bald nur ein Instrument für den Dialog unter den Ost-Parteien, wenn auch Vertreter westeuropäischer grüner Parteien immer noch willkommen waren. So scheint der EWD zwar als Mittel für die Annäherung der Osteuropäer untereinander, aber nicht so sehr für die Integration der osteuropäischen Grünen in die EGC geeignet gewesen zu sein.

für die mittel- und osteuropäischen Parteien ausgearbeitet werden (EGC 1991c; 1993e). Dieses fehlt jedoch bis heute.

Die Ausweitung der Mitgliedschaft

Die Aufnahme neuer Mitglieder spielte in der Umbruchphase der EGC auch weiterhin eine wichtige Rolle. Für jede Partei mußten wiederum Statuten und Programme gelesen, auf den Meetings Diskussionen geführt und teilweise auch aufwendige Informationsaktivitäten bis hin zu Reisen in die entsprechenden Länder unternommen werden. Dies schränkte andere Aktivitäten notwendigerweise ein. Zwar gab es bei den neu aufgenommenen westeuropäischen Grünen keine „Härtefälle" mehr wie bei den portugiesischen oder spanischen Grünen. Wohl aber bei den jetzt in die EGC drängenden osteuropäischen Grünen, die entweder Mitglied oder Beobachter werden wollten.

Ein neues Problem waren Aufnahmeanträge von Regionalparteien wie etwa Alternativa Verde aus Spanien (Katalonien), da es damals wie heute keine politischen Kriterien für die Aufnahme von Regionalparteien gab bzw. gibt. So wurden in der Umbruchphase der EGC zehn neue Mitgliedsparteien und auch einige Beobachter aufgenommen, darunter aber keine Regionalparteien. Tabelle 8 gibt hierüber genaueren Aufschluß.

Schon 1990 war damit in Bezug auf Westeuropa eines der ursprünglichen Ziele der EGC praktisch erfüllt, nämlich „to stimulate the process of green parties coming into being in Europe through the exchange of information and political ideas, and through supporting each other's campaigns" (FEINSTEIN 1992d:321), da überall in Westeuropa grüne Parteien existierten und auch fast alle der EGC beigetreten waren[41].

Informations- und Koordinationsaktivitäten, inhaltliche Debatten und gemeinsame Aktionen

Der Newsletter der EGC wurde zwar 1990 eingestellt, aber mit dem 1989 errichteten Information-Office gab es jetzt eine Clearing-Zentrale, die gewünschte Informationen zur Verfügung stellen konnte. Round-table Berichte wie früher waren deshalb nicht mehr nötig und angesichts der Größe, die die EGC mittlerweile angenommen hatten, auch gar nicht mehr möglich.

---

41 Ausnahmen bilden hier lediglich Island und Liechtenstein. In Liechtenstein wurde 1985 die grün-alternative „Freie Liste" gegründet, die im Februar 1993 erstmals zwei Abgeordnete in den Landtag entsenden konnte (siehe zur Freien Liste ausführlicher WASCHKUHN (1994)). In Island existiert seit 1984 sowohl eine kleine Umweltschutzpartei (Green Party of Iceland) als auch die New-Politics-Partei 'Women's Alliance' (Kvennalistinn), die 1983 gegründet wurde und seit diesem Zeitpunkt auch ohne Unterbrechung im isländischen Parlament vertreten ist (KVENNALISTIN o.D.; Morgenbladet v.11.4.1995).

Tabelle 8: Beitritte zur EGC ab Herbst 1989

Jahr	**Land**	**Partei**
1989	NL	Groen Links
	Estland	Eesti Roheline Liikkumine (Estländische Grüne)[42]
1990	GR	Föderation der ökologisch-alternativen Organisationen[43]
	DDR	Grüne Partei der DDR[44]
	Malta	Alternattiva Demokratika[45]
März 1991	NOR	Miljøpartiet de Grønne[46]
	Georgien	Georgische Grüne
	BUL	Bulgarische Grüne (Zelena Partija Bulgaria)[47]
Juni 1992	Slowenien	Slowenische Grüne Partei
	L	GLEI (Gréng Lescht-Ekologisch Initiativ)[48]

Beobachter

1990	PL	Polska Partia Zielonych[49]
1991	ROM	MER (Miscarea Ecologista din Romania)
		PER (Partidul Ecologist Roman)[50]

Gemeinsame Aktionen im Stil der Anti-Block-Kampagne fanden in der Umbruchphase nicht mehr statt, und die Koordinationsaktivitäten verlagerten sich mehr auf das Verabschieden gemeinsamer Resolutionen, die in zunehmendem Maße der Unterstützung einzelner nationaler Parteien dienten.

Inhaltliche Debatten nahmen in der Umbruchphase der EGC an Wichtigkeit zu. Dies galt besonders für Diskussionen außerhalb der Meetings. Um permanent unterschiedliche Standpunkte einander anzunähern, drängte das Co-Secretariat hier auf mehr inhaltliche Debatten im kleineren Kreis und organisierte in der Folge verschiedene kleinere Seminare. Darunter fielen eine Veranstaltung zu Strategien bezüglich der zahlreichen nationalen Wahlkämpfe des Jahres 1991, ein gemeinsames Seminar mit der grünen Fraktion über die EG-Politik im April 1991, die Förderung des EWD und des 1990 gegründeten Parlamentariernetzwerks „Greens in

---

42 Zu den Estländischen Grünen siehe ausführlicher GROEN LINKS (1992b).

43 Zur Föderation siehe ausführlicher DEMERTZIS (1991, 1995) sowie BRAUN-KAZANTKIS (1989).

44 Am 1.1.1991 mit den westdeutschen Grünen verschmolzen und damit kein eigenständiges Mitglied mehr. Zur Grünen Partei siehe ausführlicher KÜHNEL/SALLMON (1991).

45 Alternattiva Demokratika wurde 1989 gegründet. Ihre zeitweilige Vertretung im maltesischen Parlament, das nach dem Mehrheitswahlrecht gewählt wird, verdanken sie einem Labour-Party-Dissidenten (Wenzu Mintoff), der der Partei 1989 beitrat (EGF 1994c:26).

46 Siehe zur norwegischen Miljøpartiet ausführlicher MÜLLER-ROMMEL (1993:84).

47 Siehe zu den bulgarischen Grünen ausführlicher GROEN LINKS (1993a).

48 Siehe zur GLEI ausführlicher PARKIN (1989a:171f.).

49 Siehe zur PPZ ausführlicher GROEN LINKS (1992a).

50 Zur MER (ökologische Bewegung) und PER (ökologische Partei) siehe ausführlicher FRANKLAND (1994:18f.).

Parliament Network" (GiPN) (siehe hierzu ausführlicher Kapitel 2.4.2.2.) sowie die Errichtung einer „Task-force"-Gruppe für die Vorbereitung der UNCED-Konferenz in Rio 1992 (EGC 1991c:5f.; 1992a:1).

Breiten Raum in der inhaltlichen Diskussion der Meetings nahm zunächst Osteuropa und ab 1991 auch die Umweltkonferenz der UNO sowie die geplante Reform der EG durch die Maastrichter Verträge ein. Zusätzlich fand im Juni 1991 ein Kongreß der EGC in Zürich statt, der sich ursprünglich nur mit dem grundsätzlichen Konzept der Grünen für ein Europa der Regionen befassen sollte, auf dem bald aber auch die Politische und die Wirtschafts- und Währungsunion der EG problematisiert wurden.

Inhaltliche Diskussionen sowie gemeinsame Aktionen setzten sich auch in den regionalen Untergruppen der EGC sowie in der GiPN und dem EWD fort[51].

---

51 So wurde 1991 auf einem Treffen der südeuropäischen Grünen eine Kampagne gegen die Auswirkungen des Massentourismus und gegen die Folgen des Golf-Kriegs beschlossen. Ebenfalls 1991 fand die Konferenz „The Greens and the Mediterranean" statt, die sich mit einer Friedens- und Verteidigungsordnung für die Region sowie mit internationaler Zusammenarbeit beim Umweltschutz beschäftigte (Green Leaves 4/1991:12f.).

Nach ökologischen Fragen war ein zweiter Schwerpunkt der Ostsee-Grünen ab 1991 die Erarbeitung konkreter Vorschläge für eine institutionalisierte Kooperation zwischen den Ostsee-Staaten. So wurde für die erste „Parlamentskonferenz über die Kooperation in der Ostseeregion" im Januar 1991 in Helsinki ein Vorschlag für die Errichtung eines „Baltic Sea Council" ausgearbeitet, der nach Vorstellung der finnischen, schwedischen und estländischen Grünen aus Abgeordneten der nationalen Parlamente bestehen sollte. Neben der Wahrnehmung von einfachen Koordinationsaufgaben waren diesem Council in Einzelfragen der Bereiche Ökologie, Sicherheit und Menschenrechte auch supranationale Entscheidungsbefugnisse zugedacht. Damit sollte er als Alternative zu einem möglichen EG-Beitritt der skandinavischen Länder dienen (POHLA 1991:355). Auch zur Vorbereitung der Bonn- und Amsterdam-Treffen der EGC 1993 gab es separate Treffen der Ostsee-Grünen (EGC 1993d).

Die Anti-EG-Aktivitäten der nordischen Grünen wurden ab 1990 durch die neugegründeten EFTA-Greens fortgeführt. Sie lehnten in einer gemeinsamen Erklärung auf dem Kongreß der EGC in Zürich den EWR-Vertrag ab und protestierten im Januar 1994 gegen sein Inkrafttreten sowie gegen die Geschwindigkeit und den Druck, unter dem die Beitrittsverhandlungen der EFTA-Länder mit der EU ihrer Meinung nach stattfanden (EFTA-Grüne 1994). In beiden Fällen befürchteten die EFTA-Grünen zahlreiche Verschlechterungen, u.a. in den Bereichen Umweltschutz, soziale Sicherheit, Demokratie und Verkehr (JORDAN 1991a:19).

Der Versuch einer Etablierung eigener regelmäßiger Treffen der Ostgrünen ist bislang gescheitert (Interview Natalia Kirvalidze v.30.10.1994). Die geringen finanziellen Mittel haben dazu geführt, daß sich die Ostgrünen von einer reinen Ostkooperation wenig versprechen und eher auf eine engere Zusammenarbeit mit Westparteien setzen (Interview Serghey Kurykin v.29.1.94). Die einzige Möglichkeit für sie, sich regelmäßig zu treffen, ist bisher der EWD gewesen, da die Teilnahmekosten für die Osteuropäer dort aufgeteilt werden zwischen der EGC und Groen Links, und auch die grüne Fraktion durch finanzielle Beteiligung in den EWD eingebunden war und ist. So fanden außerhalb der EWD-Aktivitäten bisher nur zweimal separate Treffen der Ostgrünen statt. Aber auch inhaltliche Differenzen haben bislang eine engere Kooperation der osteuropäischen Grünen erschwert. Die Ostgrünen sind in verschiedene geographische Blöcke gespalten (Visegrad, Süd-Ost-Balkan, Baltikum, Kaukasus, Rußland, Ukraine), die Unterschiede in ihrer jeweiligen politischen und ökonomischen

Die Vorbereitung der Europawahlen

Im Gegensatz zu 1984 und 1989 war die EGC mit der Vor- und Nachbereitung der Europawahlen in ihrer Umbruchphase nur am Rande beschäftigt, da die Plattform diesmal von den EG-Parteien der EGC in Zusammenarbeit mit der grünen Fraktion im Europaparlament ausgearbeitet wurde. Die EG-Parteien waren es auch, die diesmal auf die Rahmenbedingungen der Fraktionsbildung und -arbeit einzuwirken versuchten (Siehe hierzu ausführlicher Kapitel 3.3.1.1. und 4.4.). Daß die EGC diese Aufgabe anderen Gruppen überließ und auch keinen Kongreß vor den Europawahlen organisierte, hängt vor allem damit zusammen, daß sie mit einer solchen Aufgabe bei den gleichzeitig stattfindenden internen Reformbemühungen überlastet gewesen wäre. Über diese Reformbemühungen gibt der nachfolgende Abschnitt Auskunft.

Strategie, Ziele und Selbstverständnis der EGC

Nachdem Osteuropa bis Ende 1991 das wichtigste Betätigungsfeld der EGC war, nahm ab 1992 wieder einmal eine Diskussion über das Selbstverständnis und über eine organisatorische und inhaltliche Reform der EGC den größten Raum ein.

Die Ausklammerung institutioneller Fragen bei der Diskussion über das Helsinki-Memorandum, die durch die Blockadepolitik der griechischen Grünen fehlende Stellungnahme der EGC zu Jugoslawien sowie das verspätete Reagieren auf den Golfkrieg machten bei vielen Delegierten die Notwendigkeit eines Überdenkens der gesamten Struktur der EGC deutlich. Darüber hinaus war es dem Kongreß in Zürich bei den wichtigsten Fragen innerhalb der EGC (Konzept des Europa der Regionen, europäische Institutionen, Zukunft der EGC) nicht gelungen, erwartete Fortschritte zu erzielen. So war keine einheitliche Position zu der geplanten Reform der EG und den Mitgliedsanträgen der EFTA-Länder in Sicht (EGC 1991c:2). Dies wog besonders schwer vor dem Hintergrund, daß die Grünen ihre Rolle als starke Oppositionskraft in Europa an rechte Parteien zu verlieren drohten, die zu dieser Zeit mit Anti-EG-Parolen in zunehmendem Maße erfolgreich waren. Aus dieser Unzufriedenheit heraus entstand schnell eine Art Neuauflage der bereits 1987 geführten Strategiediskussion über Ziele und Strukturen der EGC. Folgende Optionen standen jetzt zur Auswahl:

- Die EGC als ein Diskussionsforum. In diesem Fall wäre eine neue politische Grundsatzerklärung ein reines Referenzdokument gewesen, dem sich die Mitgliedsparteien freiwillig und von Fall zu Fall verpflichtet und ansonsten ihre eigene Politik verfolgt hätten, ohne an Beschlüsse des Meetings gebunden zu sein. Die Delegierten wären hier für Kommunikation und Informationsaustausch, aber nicht für das Treffen bindender politischer Entscheidungen zuständig gewesen.

Situation aufzeigen. Sie setzen deshalb unterschiedliche Schwerpunkte in ihrer politischen Arbeit (Interview Anne de Boer v.28.4.95).

- Die EGC als ein „mandated body". Hier hätte die Grundsatzerklärung den Status einer gemeinsamen Erklärung gehabt, der sich die Mitgliedsparteien auf europäischer und nationaler Ebene politisch verpflichtet oder aber die EGC verlassen hätten. Die Delegierten wären in Einzelfällen auch für das Treffen bindender Entscheidungen für ihre nationalen Parteien zuständig gewesen.
- Die EGC als europäische Partei. Die Plattform wäre in diesem Fall ein europäisches Programm für alle Mitgliedsparteien gewesen, und diese hätten sich als Mitglied in einer gemeinsamen europäischen Struktur mit gemeinsamen Regeln für die Entscheidungsfindung und -durchführung auf europäischer Ebene gefunden (COX 1991:6).

Von diesen drei grundsätzlichen Optionen fand die Zweite klar die Mehrheit. Auf ihrer Grundlage wurde nun eine neue Satzung ausgearbeitet.

Eine neue Grundsatzerklärung, die für viele Delegierte Voraussetzung für die Errichtung eines solchen „mandated body" war, sollte dabei die Themen Umwelt und Entwicklung, Sozialpolitik, Immigration und Bürgerrechte sowie Sicherheit und Abrüstung enthalten.

Ende 1992 kam es dann zu einer ersten Diskussion von Satzungs- und Programmentwürfen auf dem Treffen des Meetings in Leipzig. Zur weiteren Besprechung der Vorlagen wurden 1993 ein Seminar in Bonn und ein weiteres „political preparatory meeting" in Amsterdam abgehalten.

Hauptstreitpunkte bezüglich der neuen Satzung waren auf diesen Treffen der Grad der Einbindung der Fraktion im Europaparlament in die neue Organisation, die Anzahl der Delegierten und Stimmen der Mitgliedsparteien sowie der Sitz der künftigen Organisation (Straßburg, Brüssel, Prag oder Wien).

Bei der Grundsatzerklärung lagen die Hauptstreitpunkte im Bereich friedensschaffender Einsätze der UNO sowie bei der Reformierbarkeit von NATO und WEU. Da man sich hier unversöhnlich gegenüberstand, wurden diese Punkte aus der Erklärung ausgeklammert (EGC 1993a).

Die sonstigen Streitpunkte stellten keine unüberwindlichen Schwierigkeiten dar, und somit konnten im Juni 1993 die Statuten, die neue Grundsatzerklärung sowie drei Zusatzprotokolle einstimmig verabschiedet werden.

Die Ratifizierung dieser Dokumente durch die Organe der nationalen Parteien war bis Januar 1994 abgeschlossen und damit die „European Federation of Green Parties"(EGF) gegründet[52]. Damit war eine Reform vollendet, die seit fast zehn Jahren immer wieder in Angriff genommen wurde, sich bis zu diesem Zeitpunkt aber nie hatte realisieren lassen. Mit ihr wurde eine Organisation errichtet, die so-

---

52 Vorher wurde die Föderation der ökologisch-alternativen Organisationen aus Griechenland wegen rückständiger Beitragszahlungen und interner Spaltung aus der EGC ausgeschlossen (EGC 1993c:6). Auch die slowenischen Grünen wurden ausgeschlossen, da sich die Partei ebenfalls gespalten hatte und um eine 'Einfrierung' der Mitgliedschaft bat (EGC 1993c:6). Die MDP war zwar an einer Ratifizierung der Dokumente interessiert, hatte aber keinen Vertreter geschickt und ihr Interesse zu spät bekundet, so daß sie kein Mitglied der Federation wurde.

wohl den Namen als auch die Struktur hatte, die einigen Delegierten der KGRP
schon 1980 als kurz- oder mittelfristiges Ziel grüner Parteieninteraktion vor-
schwebte.

2.2.5. Die „European Federation of Green Parties" (ab 1994)

Die EGF zeigt nicht nur in ihrer Zusammensetzung deutliche Kontinuitätslinien zur
EGC (siehe Tabelle 9), sondern auch in ihren Zielsetzungen (Informations- und
Koordinationsaktivitäten, Vorbereitung von Europawahlen, Unterstützung Osteuropas, gemeinsame Politikformulierung). So sollte auf dem ersten Treffen der EGF
im Januar 1994 in Wien ursprünglich ein erstes Aktionsprogramm für die Europawahlen und die Regierungskonferenz 1996 sowie ein spezifisches politisches Programm für osteuropäische Parteien auf der Basis der Guiding Principles, also der
Grundsatzerklärung der Federation, ausgearbeitet werden (EGF 1993e). Dazu kam
es jedoch nicht, da allgemein versucht wurde, strittige Themen aus dem Treffen
herauszulassen bzw. wenn sich dies nicht vermeiden ließ, nicht gleich mit dem
neuen Instrument der Zweidrittel-Mehrheit zu lösen, sondern zunächst weiter über
weitestgehenden Konsens. Allerdings wurden in der sogenannten „Wiener Erklärung" die Arbeitsschwerpunkte der EGF für die nächste Zeit präzisiert. Danach
sollte die EGF zuständig sein für:

- die Entwicklung einer neuen, pan-europäischen und globalen Perspektive für die
  EU
- die Ausarbeitung eines pan-europäischen Sicherheitssystems, aufbauend auf Kon-
  fliktverhütung und nicht-militärischer Konfliktlösung
- die Unterstützung der Transformationsprozesse in Zentral- und Osteuropa, um
  dort zu einer raschen Demokratisierung und zur Umsetzung eines „Eco-Deve-
  lopments" zu kommen. Darunter fiel auch die Förderung der „Entstehung grüner
  Parteien, Initiativen und Prozesse in allen Republiken der ehemaligen Sowjetunion"
- die Teilnahme an der Entwicklung alternativer globaler Strukturen in Zusammenarbeit mit grünen und verwandten Bewegungen (EGF 1994c:3; 1994l).

Das Ziel, nicht nur in den weiterhin aktiven Unterorganisationen, sondern auch
auf den Council-Treffen der EGF stärker inhaltlich zu diskutieren, scheint ebenfalls
weiter verfolgt zu werden. So fand auf dem zweiten Conucil-Treffen in Kreta eine
Debatte über Militäreinsätze im Rahmen humanitärer Aktionen statt, und auf dem
dritten Council-Treffen in Budapest wurde über Strategien der Grünen für die Regierungskonferenz 1996 diskutiert. Der Wunsch, der EGF eine stärker politische
Rolle zu geben als bisher, konnte bislang aber noch nicht zufriedenstellend umgesetzt werden. Bis Juni 1995 war es immer noch nicht gelungen, nach dem Rücktritt

des früheren Generalsekretärs Leo Cox im Oktober 1994 einen neuen Generalsekretär zu wählen[53], und wirkliche 'Kampfabstimmungen' fanden noch nicht statt.

Schließlich wurden bereits Anfang 1994 fünf neue Mitglieder in die EGF aufgenommen (Scottish Green Party, Grüne Partei der Ukraine, Grüne Partei St.Petersburg, Zöld Alternativa und Politiki Oikologia) und drei kleinere Satzungsänderungen durchgeführt (EGF 1994b:1f.).

Einen Überblick über die Mitgliedsparteien der EGF gibt Tabelle 9.

Tabelle 9: Die Mitgliedsparteien der EGF (Stand Ende 1994)

Partei	Land
AGALEV	B
Alternattiva Demokratika	Malta
Bulgarische Grüne Partei	BUL
Comhaontas Glas	IR
De Groenen	NL
De Grønne	DK
Dei Gréng[54]	L
Die Grüne Alternative	A
Bündnis 90/Die GRÜNEN	D
ECOLO	B
Estländische Grüne	Estland
Federazione dei Verdi	I
Georgische Grüne	Georgien
Green Party	GB
Groen Links	NL
Les Verts	F
Los Verdes	E
Miljopartiet de Gröna	S
Miljøpartiet de Grønne	NOR
Os Verdes	P
PES-GPS	CH
Vihreä Liitto	SF
Scottish Green Party[55]	GB
Grüne Partei der Ukraine[56]	Ukraine
Grüne Partei St-Petersburg[57]	Rußland

---

53 So konnte im Juni 1995 wieder nur für ein halbes Jahr ein Generalsekretär ad interim (Ralph Monö) gewählt werden, da sich die beiden aussichtsreichsten Kandidaten für das Amt gegenseitig blockierten und keiner die notwendige Zweidrittel-Mehrheit erhalten konnte.

54 Im Dezember 1994 haben sich die GAP, die GLEI sowie eine dritte grüne Gruppierung, die „Onoofhängeg", zur neuen Partei „Dei Gréng" zusammengeschlossen (Grénge Spoun Nr.254/1994:2).

55 Die Scottish Green Party wurde 1990 als ursprünglich regionale Organisation der Green Party in Großbritannien selbständig. Seitdem stellt die Green Party nicht mehr in ganz Großbritannien Kandidaten für Wahlen auf, sondern nur noch in England, Wales und Nordirland (Interview Marian Coyne v.11.6.95).

56 Die ukrainische Grüne Partei wurde 1991 von Aktivisten der Zeleny Svit, der einflußreichsten Umweltbewegung der Ukraine, gegründet (EGF 1994c).

Zöld Alternativa   Ungarn
Politiki Oikologia[58]   GR

Einen Überblick über die bis Mitte 1995 auf den Council-Treffen behandelten Themen gibt Tabelle 10.

Tabelle 10: Sitzungen des Councils der EGF

Ort	Datum	Diskussionsgegenstand
Wien	28.-30.1.1994	Wahlen zum geschäftsführenden Vorstand (Committee), Situationsberichte der nationalen Parteien (Georgien, Italien), Budget, Anträge auf Mitgliedschaft, EU-Untergruppe, Europawahlen (Plattform, künftige Fraktion), Satzungsänderungen
Xania(Kreta)	28.-30.10.1994	Herausforderungen für Grüne in der Mittelmeerregion, Zustand der Mitgliedsparteien, Vorstellung der neuen Fraktion, Politik der EGF in Zentral-und Osteuropa, Debatte über militärische Interventionen, Budget, Wahl Committee und Generalsekretär
Budapest	9.-11.6.1995	Situation in Tschetschenien und im Kaukasus, Regierungskonferenz 1996, Anträge auf Mitgliedschaft (Slowakei, Dänemark, FYEE), Budget, erster Kongreß der Federation, Wahl des Generalsekretärs

2.2.6. Das „Standing Committee on European Union Affairs" (SCEUA)

Wie bereits gezeigt, enthält der Parteienbund der Grünen Mitglieder aus ganz Europa und war schon früh nicht mehr auf den Systemrahmen der EG bzw. der EU beschränkt. Dies existiert so bisher nur noch bei den christdemokratischen Parteien mit der Europäischen Union christlicher Demokraten. Diese hat jedoch mit der Europäischen Volkspartei (EVP) eine eigenständige starke Untergruppe, die nur EU-Parteien enthält. Bei den liberalen und sozialdemokratischen Parteien gibt es auf europäischer Ebene sogar nur auf die EU beschränkte Parteienbünde.

Die Bildung einer organisatorisch eigenständigen Untergruppe der EU-Grünen innerhalb der EGF hätte im Gegensatz zu den anderen Parteifamilien inhaltliche und organisatorische Sprengkraft. Im Gegensatz zu dem Konzept des geographisch

---

57 Die Grüne Partei in St.Petersburg wurde im März 1990 gegründet und war die erste, die offiziell in der russischen Föderation registriert wurde. Die Moskauer und St.Petersburger Grünen sind die einflußreichsten Gruppen in der 1991 gegründeten Russian Green Party, die aber bis Ende 1994 noch nicht offiziell registriert war (EGF 1994c).

58 Die Politiki Oikologia war im Dezember 1993 aus der Spaltung der Föderation der Ökologisch-Alternativen Organisationen hervorgegangen, welche über die Frage der Politik gegenüber den Nachbarländern auf dem Balkan stritt. Die Mehrheit der lokalen Gruppen verließ daraufhin die Föderation und das Mitglied des nationalen Parlaments (Catherina Iatropolou) erklärte sich für unabhängig. Im Dezember 1993 formten schließlich eine Gruppe von Umweltschützern, NGO-Aktivisten und Studenten die Politiki Oikologia (EGF 1994c:21).

bestimmten Bioregionalismus, aus dem die regionalen Kooperationsformen Mediterranean Greens, Nordic Greens und Ostsee-Grüne hervorgegangen sind, wäre die Errichtung einer EU-Untergruppe eine Anpassung an bestehende Integrationsstrukturen in Europa, die von einem Großteil der Mitgliedsparteien der EGF nicht akzeptiert würden. Ein solcher Schritt könnte interpretiert werden als die Aufgabe des Ziels einer gleichberechtigten gesamteuropäischen Integration zugunsten eines Europa der zwei Geschwindigkeiten und hätte mit Sicherheit Auswirkungen auf die EGF als Ganzes, da zwei parallele, organisatorisch verfestigte Strukturen, finanziell nicht zu unterhalten wären (Interview Alexander de Roo v.6.12.93).

Die Gründung einer dauerhaften EG-Unterstruktur war in der EGC bis Ende der achtziger Jahre zunächst kein Thema, weil die Organisation nur zu etwa einem Viertel aus Nicht-EG-Parteien bestand, und der Aufbau der grünen Bewegung überall in (West)europa im Vordergrund stand. Außerdem war das Stichwort EG bis dahin wegen des Binnenmarktprojekts eigentlich nur negativ besetzt (Interview Juan Behrend v. 27.2.94).

Erst mit der kompletten Aufnahme der westeuropäischen Grünen und dem anstehenden Beitritt osteuropäischer Parteien machte man sich im Co-Secretariat ab Anfang 1990 ernsthafte Gedanken um die künftige Struktur der grünen Parteienkooperation. Hier drohte eine Aufgabenüberlastung der EGC, da diese gleichzeitig zu groß für mehr regionalistische und zu klein für mehr internationalistische Ansprüche wurde. Hinzu kam die intensive Diskussion über Ausgangspunkt und Ziel einer weiteren europäischen Integration nach dem Umbruch in Osteuropa.

Während insbesondere die schwedischen Grünen die EGC zu einem gesamteuropäischen Gremium ohne EG-Untergruppe ausbauen wollten, gab es innerhalb der EG-Grünen einen grundsätzlichen Konsens darüber, daß eine solche Unterstruktur notwendig war. Die Beweggründe dafür und die Auffassungen über das konkrete Aussehen und die Kompetenzen dieser Untergruppe waren jedoch unterschiedlich. So plädierten diejenigen Parteien, die die EG als Ausgangspunkt eines föderalistisch verfaßten Europas sahen, für einen eigenen EG-Parteienbund mit eigenen Finanzmitteln und eigenen Gremien (Vorstand und Delegiertenversammlung), den sie auch als mögliches Gegengewicht zur Europafraktion sahen.

Insbesondere die nicht im Europaparlament vertretenen EG-Parteien wollten ebenfalls mehr Einfluß auf die Europafraktion bekommen (Interview Juan Behrend v. 27.2.94). Dies sollte aber nur mit Hilfe einer starken Kooperation der EG-Grünen innerhalb einer reformierten, gesamteuropäisch ausgerichteten EGC vonstatten gehen. Die Finanzmittel einer solchen Untergruppe sollten unter der Verfügung der EGC bleiben und die Untergruppe sollte keinen eigenen Vorstand und keine eigenen Delegiertentreffen haben. Für diese Parteien hatte damit die Reform der EGC, um sie in eine schlagkräftige gesamteuropäische Organisation umzuwandeln, Vorrang vor der Errichtung eines EG-Parteienbundes, der an die Stelle der bisherigen EGC getreten wäre, und mit dem die Nicht-EG-Parteien nur locker verbunden gewesen wären (GFEP 1993w:28).

Da sich aber insbesondere die Miljöpartiet auch weiterhin gegen eine EG-Untergruppe sträubte, bedurfte es eines konkreten Anlasses, diesbezügliche Widerstände abzubauen. Dieser kam mit dem Vertrag von Maastricht. Aufgrund des dortigen Art. 138a, der die Rolle „europäischer Parteien" für den Integrationsprozeß in der EU herauszustellen versucht, wurden von der EU Zahlungen in erheblichem Umfang an diese „europäischen Parteien", d.h., an die transnationalen Parteiformationen, in Aussicht gestellt. Da nicht ausgeschlossen werden konnte, daß diese Zahlungen nur an Parteienbünde gehen würden, die ausschließlich Parteien aus EU-Mitgliedsländern bzw. Ländern mit Beitrittsgesuch enthielten, konnte man sich bei der EGC und innerhalb der grünen Fraktion erstmals ab Mitte 1992 konkrete Gedanken über die Errichtung einer Unterstruktur machen, ohne die EGC damit vor eine Zerreißprobe zu stellen.

Erste Gestalt nahm dieses Projekt auf einem Treffen zur Vorbereitung der Europawahlen im September 1992 in Toulouse an, bei dem Vertreter der grünen Fraktion, die Co-Secretaries der EGC und Verteter der EG-Grünen anwesend waren. Alle Beteiligten waren sich einig, eine „Art Föderation der EG-Grünen" zu errichten, um deren Zusammenarbeit zu verbessern und an die Subventionen nach Art. 138a heranzukommen. Diese Föderation sollte nach einem Modell der konzentrischen Kreise innerhalb der EGC enthalten sein (GFEP 1992a:2). Dies wurde auf dem ersten Separattreffen der EG-Grünen im Februar 1993 in einer dort gefaßten politischen Erklärung bekräftigt (EGC 1993f:1).

Nachdem noch einmal klar geworden war, daß die meisten Parteien nicht grundsätzlich gegen die Errichtung einer EG-Untergruppe waren, sondern nur sichergestellt haben wollten, daß der Reformprozeß und die damit verbundene Stärkung der EGC Vorrang hätte[59] (GFEP 1993b:3), wurde schließlich im September 1993 das „Standing Committee on European Union Affairs" (SCEUA) offiziell gegründet. Als in nächster Zeit anstehende Aufgaben sah das SCEUA dabei neben der Mitarbeit an der Wahlplattform für die Europawahl die Ausarbeitung eines „Protocols" (später „Agreement"genannt), in dem die Anforderungen der Parteien an die künftige Europafraktion bezüglich deren Zusammensetzung und Politikformulierung festgelegt werden sollten (GFEP 1993l:2).

Auf dem ersten Treffen des Councils der EGF im Januar 1994 wurde die engere Zusammenarbeit der EU-Grünen als Untergruppe der EGF von den anwesenden Delegierten offiziell autorisiert, zumal sich jetzt auch in der Satzung der EGF eine Bestimmung fand, in der für die EU-Ebene die Errichtung einer politischen Unterstruktur der EGF explizit gutgeheißen wurde (Art.6).

Einen Überblick über die Mitgliedsparteien des SCEUA gibt Tabelle 11.

---

59 Dafür spricht auch, daß bei der Diskussion des Europawahlprogramms immer wieder betont wurde, dieses müsse mit den Guiding Principles der künftigen EGF kompatibel sein.

Tabelle 11: Die Mitgliedsparteien des Standing Committees on European Union Affairs (Stand 1.1.1995)

Partei	Land
AGALEV	B
Alternattiva Demokratika[60]	Malta
Comhaontas Glas	IR
De Groenen	NL
De Grønne	DK
Dei Gréng	L
Die Grüne Alternative	A
Bündnis 90/Die GRÜNEN	D
ECOLO	B
Federazione dei Verdi	I
Politiki Oikologia	GR
Green Party	GB
Groen Links	NL
Les Verts	F
Los Verdes	E
Miljöpartiet de Gröna	S
Os Verdes	P
Vihreä Liitto	SF
Scottish Green Party	GB

Auf dem nachfolgenden Treffen des SCEUA im März 1994 wurde das „Agreement on the re-establishment of the Green Group in the European Parliament" verabschiedet[61] sowie formell ein Präsidium ernannt, das sich aus Felix Braz (GLEI), Bruno Boissière (Les Verts), Manuela Cunha (Os Verdes) sowie Helmut Lippelt (GRÜNEN) zusammensetzte.

Über eigene Finanzmittel verfügt das SCEUA noch nicht. Auch eine Satzung wurde bislang noch nicht verabschiedet, so daß Entscheidungen im SCEUA und in dessen Präsidium bis auf weiteres wohl einstimmig zu treffen sind (Interview Bruno Boissière v.20.4.95). Ob solche Entscheidungen in nächster Zeit aber überhaupt anstehen, darf bezweifelt werden.

So wurden schon bei der Bildung der neuen Fraktion im Juni 1994 vom SCEUA keine neuen Beschlüsse gefaßt, sondern lediglich das „Agreement" vorgestellt und Stellungnahmen der Mitgliedsparteien zu möglichen Erweiterungen der Fraktion (ohne daß die MdEPs anwesend gewesen wären) abgegeben. Bis heute ist es zu keinen weiteren Treffen des SCEUA gekommen, und die Zukunft dieses Gremiums dürfte in hohem Maße davon abhängen, ob Art.138a auch auf die EGF Anwendung

---

60 Beobachterstatus mit Rede-, aber ohne Stimmrecht.

61 Um noch einmal zu betonen, daß man der EGF höhere Priorität einräumte als der Errichtung einer organisatorisch von der EGF getrennten Untergruppe, erklärte man dort, daß nicht das SCEUA, sondern „The paneuropean Federation of green parties will propose itself as a political party as referred to in Article 138a of the Maastricht Treaty." (SCEUA 1994a:4).

finden wird oder nicht. Falls die EGF diese Subventionen bekommt, dürfte das
SCEUA wohl erst wieder kurz vor der Europawahl 1999 ins Leben gerufen werden.
Dies ist darin begründet, daß das SCEUA im Endeffekt ein Kompromiß zwischen
den Verfechtern eines EU-Parteienbunds und den Verfechtern eines gesamteuropäischen Parteienbunds ist, über dessen künftige Bedeutung aber keine Einigkeit
besteht. So sahen einige Interviewpartner die Existenz der Untergruppe als von
vornherein auf die Zeit vor den Europawahlen begrenzt an, andere sahen sie jedoch
als später ausbaufähige Startstruktur für einen auf die EU-Länder beschränkten
Parteienbund.

2.2.7. Fazit

Organisatorisch verfestigte Interaktionsbeziehungen zwischen grünen Parteien in
Europa entwickelten sich Ende der siebziger/Anfang der achtziger Jahre aus persönlichen Kontakten zwischen Umweltaktivisten, die sich Mitte der siebziger Jahre
in der europäischen Umweltorganisation ECOROPA zusammengeschlossen hatten.
Nach den Europawahlen 1979 wurde mit P.E.A.C.E. erstmals der Versuch regelmäßiger Interaktionen zwischen grünen und alternativen Parteien und Listen gestartet. Diese Initiative wurde 1980 in die sogenannte „Koordination grüner und
radikaler Parteien in Europa" (KGRP) umbenannt und umgestaltet. 1982 trat dieser
mit der Miljöpartiet aus Schweden auch erstmals eine grüne Partei aus einem
Nicht-EG-Staat bei. Die außerparlamentarische Interaktion der Grünen war damit
schon früh nicht mehr auf den Systemrahmen der EG begrenzt.

Auf den Treffen der KGRP wurde fast ausschließlich um eine gemeinsame Erklärung sowie eine passende dauerhafte Organisationsform gestritten. Da man sich
auf beides nicht einigen konnte und es aus verschiedenen Gründen zunehmende
Spannungen zwischen den grünen und den beiden radikalen Parteien gab, gründe-
ten erstere Anfang 1983 eine neue Organisation ohne die radikalen Parteien. Die
Entwicklung dieser Organisation, die sich European Green Coordination (EGC)
nannte, umfaßt eine Gründungs- und Aufbauphase (1983-1989) sowie eine Umbruchphase (1989-1993).

Die Gründungsphase der EGC (Anfang 1983 - Mitte 1984) war fast ausschließlich durch die Vorbereitung der Europawahlen und erste größere ideologische Auseinandersetzungen zwischen tatsächlichen und/oder potentiellen Mitgliedsparteien
gekennzeichnet. Diese Auseinandersetzungen setzten sich auch in der eigentlichen
Aufbauphase (Mitte 1984-Mitte 1989) fort und dominierten zusammen mit der
übermäßigen Konzentration auf Organisations-, Finanz- und Strategiefragen die
Arbeit der EGC. Diese ging damit bis Mitte 1989 nach Außen einen unauffälli-ge-
ren, insbesondere durch einen Mangel an Ressourcen und internen Querelen ge-
kennzeichneten Weg. Die Funktion der EGC beschränkte sich in dieser Zeit neben
dem einmaligen Versuch einer gemeinsamen Kampagne im wesentlichen auf einen
begrenzten Informationsaustausch, ein besseres gegenseitiges Verstehen der Mitgliedsparteien sowie die Organisation von Kongressen (PARKIN 1989a:261). Ab

1988 wurde zusätzlich ein Großteil der Zeit auf die intensive Diskussion über Aufnahmeanträge neuer Mitgliedsparteien verwendet. Mit Ausnahme der Besprechung von Entwürfen zu Plattformen für die Europawahlen auf den Treffen des Meetings und den Debatten auf Kongressen fanden praktisch keinerlei inhaltliche Diskussionen statt. Eine ursprüngliche Zielsetzung der EGC, die gemeinsame Entwicklung von Strategien auf europäischer Ebene zur Lösung europäischer Probleme, konnte damit nicht erfüllt werden.

Das Meeting der EGC war seit 1983 die einzige Möglichkeit für die grünen Parteien, sich regelmäßig zu treffen. Das reichte für eine gut organisierte Kommunikations- und Aktionsstruktur aber nicht aus. Als Folge kam es ab 1988 zur Entstehung erster regionaler Untergruppen innerhalb der EGC. Inhaltliche Diskussionen und konkrete Aktionen wurden dann verstärkt im Rahmen dieser regionalen Netzwerke geleistet oder entstanden auf Initiative einzelner Mitgliedsparteien.

Auch nach dem Durchbruch für die grünen Parteien bei den Europawahlen 1989, der die Umbruchphase der EGC einläutete und dieser eine verbesserte organisatorische und finanzielle Ausstattung bescherte, wurde die Meeting-zentrierte Arbeitsweise der EGC beibehalten. Genauso fanden Aufgabenstellungen und Diskussionsthemen der Gründungs- und Aufbauphase auch in der Umbruchphase ihre Fortsetzung. Sie war ebenfalls stark von organisatorischen Debatten über Finanz- und Satzungsfragen sowie von der Aufnahme neuer Mitglieder geprägt. Zusätzlich nahmen ab 1990 auch Hilfestellungen für osteuropäische grüne Parteien breiten Raum ein. Der Informationsaustausch blieb weiterhin ein wichtiges Betätigungsfeld, besonders zwischen Ost- und Westgrünen, während die Vorbereitung des Europawahlkampfes so gut wie keine Rolle mehr spielte. Auch gemeinsame Kampagnen wie noch 1986 wurden von der EGC als Ganzes nicht mehr durchgeführt. Jedoch fand die ergänzende Arbeit durch ausgelagerte regionale Netzwerke ihre Fortsetzung und wurde mit der Gründung eines Parlamentariernetzwerkes (Greens in Parliament Network), des East-West-Dialogues und einer Untergruppe der EG-Parteien (Standing Committee on European Union Affairs) ergänzt. In der Umbruchphase kamen auch erstmals auf den Meetings selbst und auf zusätzlich organisierten Seminaren breitere inhaltliche Diskussionen zustande. Aus diesem Diskussionsprozeß resultierten neue Statuten und ein neues Grundsatzprogramm der EGC, auf deren Grundlage im Juni 1993 eine neue Organisation, die European Federation of Green Parties (EGF), gegründet wurde.

Diese Federation zeigt nicht nur von der Zusammensetzung her Kontinuitätslinien zu der EGC, sondern auch in den Aufgabenstellungen (Informations- und Koordinationsaktivitäten, Europawahlkämpfe, Unterstützung Osteuropas, europäische Politikformulierung). Der Anspruch, der EGF durch eine verstärkte Politikformulierung auf europäischer Ebene gegenüber der EGC eine mehr politische Rolle zu geben, konnte bislang aber nur in ersten Ansätzen erfüllt werden. Schließlich wird auch künftig noch mit der Aufnahme neuer Mitglieder zu rechnen sein.

2.3. Die Entwicklung des Interaktionsgrads

Nach der vorangegangenen chronologischen Darstellung der grenzüberschreitenden Parteieninteraktion der Grünen soll sich dieser nun unter Zuhilfenahme des in Kapitel 2.1. vorgestellten Analysemodells systematisch genähert werden. Dazu werden im folgenden sowohl für die P.E.A.C.E.-Initiative als auch für die KGRP, die EGC und die EGF die jeweiligen Ausprägungen der inhaltlichen und organisationsstrukturellen Meßvariablen für den Interaktionsgrad untersucht.

2.3.1. Die organisationsstrukturelle Entwicklung

Wie in den vorangegangen Abschnitten gezeigt, beruhten die P.E.A.C.E.-Initiative und die Koordination der grünen und radikalen Parteien in Europa genausowenig auf einer Satzung wie die European Green Coordination in ihrer Anfangszeit. In allen Gremien bestanden somit nur ungeschriebene Verhaltensregeln.

Die formale Regelung der transnationalen Parteieninteraktion in Bezug auf Mitgliedschaft, Zielsetzungen, Organe, Organkompetenzen und Finanzierung erfolgte erst Ende 1985 durch eine Satzung der EGC[62]. Diese Satzung wurde trotz mehrmaliger Versuche bis zum Frühjahr 1993 nur zweimal geändert. Erst im Juni 1993 kam es nach fast zweijähriger Vorbereitungszeit in Helsinki zur Verabschiedung einer durch drei Zusatzprotokolle („Protocol on applications for member- & observership of the Federation", „Transitory Protocol", „Budget & staff provisions of the Federation") [63] ergänzten neuen Satzung, mit der auch de jure eine ganz neue Organisation mit formellem Sitz in Wien gegründet wurde.

Der neue Name „European Federation of Green Parties" ist allerdings irreführend, da er zu der Annahme verleiten könnte, die nationalen Parteien hätten sich nun zu einer föderal strukturierten europäischen Partei zusammengeschlossen, an die sie auch verpflichtend nationale Souveränität abgegeben hätten. Dies ist aber - wie nachfolgend zu zeigen sein wird - nicht der Fall, da die Federation nur eine Dachorganisation für ihre Mitgliedsparteien geblieben ist.

Die schon für die EGC verwendete Kurzform „European Greens" ist auch jetzt noch, diesmal allerdings zur Bezeichnung der EGF, offiziell in Gebrauch. Um Mißverständnisse zu vermeiden, soll sie hier jedoch nicht verwendet werden.

Einen ersten groben Überblick über die Organe der EGC und der EGF geben Schaubild 1 und 2. Sie dienen der besseren Orientierung in den nachfolgenden Abschnitten.

---

62 Vereinzelte grün-interne Quellen, so z.B. GGEP (1994:186), sprechen hier irrtümlicherweise davon, daß die Satzung schon 1984 auf dem Lüttich-Kongreß der EGC verabschiedet worden wäre.

63 Das für den Untersuchungsgegenstand weniger bedeutsame „Transitory Protocol" regelte im wesentlichen den Übergang bestimmter Ressourcen und mit anderen Organen geschlossener Vereinbarungen von der European Green Coordination auf die European Green Federation sowie einige Punkte im Zusammenhang mit der Ratifizierung der Dokumente durch die nationalen Parteien.

Schaubild 1: Die Organe der EGC

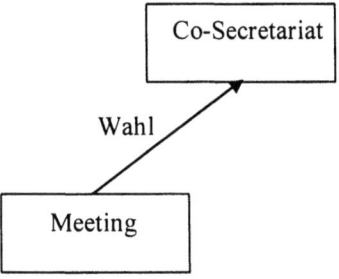

Schaubild 2: Die Organe der EGF

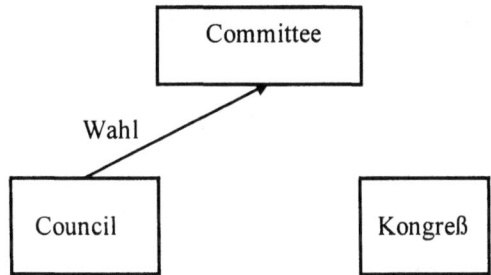

2.3.1.1. Existenz permanenter Organisationsstrukturen

Wie in Kapitel 2.2. gezeigt, sind die Kommunikationsbeziehungen zwischen grünen Parteien bereits seit 1980 durch ihre Mitarbeit in gemeinsamen Gremien (Vorstand, Sekretariat und Arbeitsgruppen, später auch Kongresse) auf europäischer Ebene organisatorisch verfestigt und dauerhaft institutionalisiert. Während die P.E.A.C.E.-Initiative noch über keine permanenten Organisationsstrukturen verfügte, besaß die KGRP zumindest ein Vorstandsgremium und mit ihrem Sekretariat ab 1982 auch eine Art geschäftsführenden Vorstand. Damit hat die grenzüberschreitende Parteieninteraktion der Grünen mit der Errichtung der KGRP im Jahre 1980 den Sprung von der Kontakt- in die Kooperationsstufe vollzogen, wenngleich die KGRP noch keine eigenen Kongresse veranstaltete. Auch die EGC hatte mit dem Meeting einen Vorstand und mit dem Sekretariat (Co-Secretariat) einen geschäftsführenden Vorstand, hielt jetzt aber auch erstmals Kongresse ab. Von diesen fanden im Laufe der Jahre zwar mehrere statt, dies aber im Gegensatz zu den anderen Parteifamilien in Europa ohne formelle Verankerung in der Satzung. So nahmen an den Kongressen mehr oder weniger nur interessierte Einzelpersonen, aber keine offiziellen Partei-delegierten teil. Der Kongreß der EGC war damit lediglich ein letztlich unverbind-liches Diskussionsforum.

Das Meeting stellte das politische Leitungsorgan, also den Vorstand der EGC dar. Ein expliziter Abschnitt über die Aufgaben des Meetings findet sich in der Satzung der EGC nicht, jedoch lassen sich aus verschiedenen verstreuten Bestim-mungen einige Grundaufgaben erkennen:

- die Entscheidung über die Aufnahme neuer Mitglieder und Beobachter (Art.1.2, 1.3)
- die Entscheidung über politische Erklärungen und Aktionen (4.3.1) sowie über organisatorische und finanzielle Fragen (4.3.2)
- die Wahl des Sekretariats (5.2).

Die Aufgabe des Co-Secretariats, als eine Art geschäftsführender Vorstand der Coordination, war beschränkt auf die Organisation und Leitung (3.4) sowie die Umsetzung der Entscheidungen der Meetings. Darüber hinaus lagen die Organi-sation und Verwaltung der laufenden Geschäfte der EGC in der Verantwortung des Co-Secretariats. Darunter fielen insbesondere die Verwaltung der Finanzen (5.1.1), die Zirkulation von Informationen (5.1.2), die Verfolgung der internationalen poli-tischen Agenda und der Kontakt zu nationalen Delegierten, um Aktionen der natio-nalen Parteien im Namen der EGC durchzuführen. Neben diesen organisatorischen Aufgaben, zu denen auch die Vorbereitung der Meetings und der Kongresse sowie die Herausgabe des Newsletters gehörten, nahmen die Mitglieder des Co-Secretariats (Co-Sekretäre oder Co-Secretaries) im Laufe der Jahre aber auch Re-präsentationsaufgaben wahr und durften Presseerklärungen abgeben (EGC 1985d:4). Außerhalb der Meetings waren Presseerklärungen allerdings nur in drin-genden Fällen und auch nur dann möglich, wenn zuvor sämtliche Mitgliedsparteien kontaktiert wurden und sich nicht negativ dazu geäußert hatten (EGC 1986b:4).

Die neugegründete EGF weist insgesamt drei Organe auf (Art.8a): den jetzt in-stitutionalisierten Kongreß, den Council und das Committee[64].

Aufgabe des Kongresses der EGF ist die Entscheidung über programmatische Leitlinien und die generelle Politik der Federation einerseits sowie die Vornahme

---

64 Damit entspricht die Organstruktur derjenigen der anderen drei großen Parteifamilien in Europa, die ebenfalls neben einem Kongreß über einen Vorstand (genannt „Council" bei der EUCD und den Li-beralen und „Political Bureau" bei der EVP und den Sozialisten) und über einen geschäftsführenden Vorstand („Bureau" bei den Liberalen, „Präsidium" bei der EVP, den Sozialisten und der EUCD) verfügen (BARDI 1992:945; EUCD 1992; ELDR 1993). Lediglich ein „Treffen der Parteiführer" ist bei den Grünen nicht vorhanden.

von Satzungsänderungen andererseits (Art.9b). Er besteht aus Delegierten der Mitgliedsparteien sowie den Mitgliedern des Committees (9c)[65].
Der Council tritt in der EGF an die Stelle des alten Meetings. Im einzelnen fallen ihm neben der Wahl des Committees nach Art.10b folgende Aufgaben zu:

- Koordinierung von Initiativen und Aktivitäten im Rahmen der inhaltlichen Politik und der Statuten der EGF
- Aufnahme und Ausschluß von Mitgliedern
- Beratung der grünen Fraktion bei der Aufnahme von MdEPs, die nicht einer EGF-Mitgliedspartei angehören (nach Rücksprache mit der betroffenen nationalen grünen Partei)
- nach erfolgter Einrichtung Ernennung der Mitglieder eines Schiedsgerichts (Art.18)
- Unterstützung und Bewertung der Committee-Aktivitäten
- Verabschiedung von Finanzregeln nach Anhörung des Financial committees
- Verabschiedung interner Bestimmungen, wobei der Council grundsätzlich nach Art.17 über alle anderen Fragen, die nicht in der Satzung geregelt sind, entscheidet
- Vorschlag von Satzungsänderungen, die vom Kongreß verabschiedet werden sollen, aber auch die eigenständige Satzungsänderung[66].

Das Committee übernimmt in der Federation nun auch politisch und nicht mehr nur organisatorisch die Aufgaben eines geschäftsführenden Vorstands. Darunter fallen:

- die permanente politische Repräsentation der EGF
- die Ausführung der Entscheidungen des Councils
- die Anleitung der Aktivitäten des Generalsekretärs
- die Abgabe politischer Stellungnahmen im Auftrag der EGF (basierend auf dem Programm und getroffener Council-Entscheidungen).

Damit bleibt festzuhalten, daß die Grünen mit der Errichtung der KGRP den Sprung von der Kontakt- auf die Kooperationsstufe vollzogen und sich die seit 1980 bestehenden permanenten Organisationsstrukturen mit der Einführung des Co-Secretariats 1985 und der Institutionalisierung des Kongresses bei der EGF außerdem auch immer mehr verfestigt haben. Der Interaktionsgrad ist hier also über die Zeit gestiegen.

---

65 Bei den Sozialisten und Liberalen zählt zu den Aufgaben des Kongresses auch die Wahl des Präsidenten des Parteienbundes und bei den Liberalen sogar die Wahl von Teilen des Vorstandsgremiums (PES 1992; ELDR 1993). Letztere sind hier am weitesten auf die europäische Ebene orientiert.

66 Hier liegt eine Konkurrenz in der Satzungsänderungskompetenz zwischen Council und Kongreß vor, die in Zukunft konfliktträchtig sein könnte. Diese läßt sich jedoch mit Praktikabilitätsgründen erklären, da der Kongreß nur alle drei Jahre tagt.

2.3.1.2. Kommunikationsfrequenz

Dauerhafte Kommunikationsbeziehungen zwischen grünen Parteien im außerparlamentarischen Bereich bestehen schon seit 1979. Die Delegierten der
P.E.A.C.E.-Initiative trafen sich zwischen 1979 und 1980 insgesamt sechs Mal und
die der KGRP durchschnittlich etwa drei bis viermal pro Jahr. Diese Frequenz
wurde auch bei der EGC eingehalten. Ab 1984 kamen bei der EGC zum Meeting
noch die von der EGC veranstalteten Kongresse hinzu, und ab 1988 trafen sich
Vertreter grüner Parteien auch immer häufiger außerhalb der EGC (Regionale Untergruppen, GiPN, EWD, SCEUA).

Somit ist die Kommunikationsfrequenz zwischen grünen Parteien und damit
auch der Interaktionsgrad ab 1984 permanent angestiegen. Innerhalb der EGC stellt
sich dies - isoliert betrachtet - aber differenzierter dar:

Der Vorstand der EGC traf sich 1992 und 1993 nur noch zwei- statt vorher drei-
bis viermal pro Jahr. Was die Tagungshäufigkeit des Kongresses betrifft, so fanden
zwischen 1984 und 1991 sechs Kongresse statt, wobei ursprünglich für jedes Jahr
ein Kongreß geplant war. Seit 1991 haben aber keine Kongresse der EGC mehr
stattgefunden (siehe Tabelle 12).

Das Co-Secretariat traf sich bis Ende 1989 fast ausschließlich nur kurz vor, während oder kurz nach einem Treffen des Meetings (Interview Sara Parkin v.8.9.93),
so daß die Häufigkeit der Treffen pro Jahr in etwa mit denen der Meetings korre-
spondiert. Ab 1990 trat dann zu den bisherigen Treffen der Co-Secretaries die
Möglichkeit von Telefonkonferenzen hinzu, so daß die Zahl der Kontaktaufnahmen
des gesamten Co-Secretariats mit jedem Jahr bis 1993 deutlich anstieg. Die Zahl
der persönlichen Begegnungen war aber nach einer Vereinbarung aus dem Jahre
1990 wegen knapper finanzieller Mittel auf sechsmal p.a. begrenzt[67].

Auch die sinkende Zahl von Meetings ab 1992 und das Fehlen von Kongressen
seit 1991 läßt sich dabei durch relativ gesehen immer knapper werdende finanzielle
und organisatorische Mittel der EGC und deren Reformprozeß erklären.

---

67 Grundsätzlich wurden auf den Sitzungen der Co-Secretaries bis 1989 nur organisatorische oder
strategische Fragen behandelt und erst in der Umbruchphase der EGC auch vereinzelt inhaltlich de-
battiert (Interview Heidi Hautala v.24.4.95; Interview Paolo Bergamaschi v.26.4.95). Im Vordergrund standen dort Dienstleistungen für die Mitgliedsparteien (Sammlung und Weitergabe von Informationen auch durch Informationsreisen), die Besprechung von Mitgliedsanträgen, die Vor- und
Nachbereitung von Meetings und Kongressen sowie Budgetfragen (darunter auch Finanzhilfen an
Mitgliedsparteien). Ab 1990 kamen dazu noch die Vorbereitung des Grünen Helsinki-Memoran-
dums und der Rio-Konferenz sowie ab September 1992 als Schwerpunkt die Reform der EGC (neues Programm, neue Statuten) und Strategieüberlegungen insbesondere hinsichtlich der Eingliederung der osteuropäischen Grünen.

Tabelle 12: Durchgeführte und geplante Kongresse der EGC[68]

Datum	Ort	Themen
31.3.-1.4.1984	Liège	Verabschiedung der Joint declaration of aims und der gemeinsamen Erklärung zu den Europawahlen; Diskussion einer technischen Allianz zu den Europawahlen sowie der mittel- und langfristigen Strategie der grünen Bewegung
22.-24.3.1985	Dover	Diskussion über: Europa der Regionen, Grüne Agrarpolitik, Grüne Wirtschaftsordnung, Grüne Politik in Aktion (Erfahrungen grüner Mandatsträger)
1986	Wien	ausgefallen
28.-30.8.1987	Stockholm	Diskussion über: Existenz einer grünen Ideologie, Alternativen zu Verstrahlung und Vergiftung, Grüne Strategie, Grüne Ökonomie, Ein grünes Europa; dazu verschiedene Workshops zu: Arbeit und Beschäftigung, Flüchtlinge und Immigranten, Schule oder Erziehung, gewaltfreie Verteidigung.
9.-10.4.1988	Antwerpen	Kongreß speziell für Stadt- und Gemeinderäte: Soziale und ökologische Umstrukturierung auf lokaler und regionaler Ebene (hauptsächlich: lokale Beschäftigungspolitik, städtischer Verkehr), Beteiligung aller Bürger an der Politikformulierung (z.B. Ausländerwahlrecht, Kulturpolitik), Frauen- und Sozialpolitik (Gewalt, Diskriminierung)
7.-9.4.1989	Paris	Diskussionen über: Europa 1993 (Binnenmarkt, Gemeinsame Agrarpolitik), Umwelt (Mülltransporte, Atomenergie), Europa der Bürger (Europäische Institutionen, Regionalismus, Frauen in der Politik), Europa in der Welt (Osteuropa, Europa und Dritte Welt, Verteidigungspolitik)
1990	Wien	ausgefallen zugunsten eines Ost-West-Seminars an gleicher Stelle
1./2.7.1991	Zürich	Europa und die neue Weltordnung, Perspektiven für die Koordination, Rio 1992; Workshops zu: Rio 92, Europa der Regionen, Europäische (institutionelle) Strukturen, die grüne Koordination in den 90ern, Info-Sessions über: Europa seit November 1989, EG: Überblick und Perspektiven, Alternativen für die Gesellschaft, 2 Jahre grüne Fraktion im Europaparlament; Plenum: „Europa 2001", Zukunft der EG aus grüner Sicht, Vereinigung und/oder regionale Kooperation, Europamodelle der osteuropäischen Grünen.
1993	Bologna	ausgefallen[69]

68 An den Kongressen der EGC nahmen jeweils zwischen 200 und 1000 Personen teil, die aus bis zu 30 Ländern, zuletzt aus Brasilien, Kanada und den USA, kamen (Green Leaves 3/1991:9).

69 Geplant als zweiter Kongreß für Stadt- und Gemeinderäte. Auf der Tagesordnung in Bologna hätten gestanden: die großen Metropolen, die Regionen nach Maastricht, Frauen in der Lokalpolitik und Bilanz der kommunalen Arbeit grüner Abgeordneter (GFEP 1993i:2).

Der Council der Federation hat sich 1994 nur zweimal getroffen. Dies wird für eine Übergangszeit - bis eventuelle finanzielle Hilfen in Verbindung mit Art. 138a geklärt sind - auch ab 1995 der Fall sein (EGF 1994b:6)[70]. Ein Kongreß der Federation wird frühestens im Herbst 1996 zusammentreten.

Das Committee der EGF hatte sich bis Ende 1994 bereits siebenmal getroffen, davon fünfmal unabhängig von Council-Treffen, und führt auch weiterhin zusätzlich Telefonkonferenzen durch.

Schließlich werden sich die Unterorganisationen der EGF wohl mit Ausnahme der ehemaligen EFTA-Grünen, da diese nun mehrheitlich innerhalb und nicht mehr außerhalb der EU agieren, in Zukunft ebenfalls weiterhin regelmäßig treffen.

Damit wird trotz der gesunkenen Kommunikationsfrequenz innerhalb der EGC bzw. der EGF, zumindest was deren Kongresse und Vorstandsgremien betrifft, die Häufigkeit von Treffen grüner Parteienvertreter wohl auf dem Niveau von Ende 1993 gehalten, wenn nicht gar ausgebaut werden.

Somit läßt sich feststellen, daß sich die Kommunikationsfrequenz in der grenzüberschreitenden Parteieninteraktion der Grünen zwischen 1988 und 1991 deutlich erhöht hat und seit diesem Zeitpunkt ungefähr gleich geblieben ist. Der Interaktionsgrad hat sich damit über die Zeit erhöht.

2.3.1.3. Mitgliedschaft

Bezüglich der Mitgliedschaft fanden sich weder bei der P.E.A.C.E.-Initiative noch bei der KGRP institutionalisierte Bestimmungen.

Die Satzung der EGC unterschied hier zwischen Mitgliedern und Beobachtern. Mitglieder im Sinne der Statuten konnten dabei nur Parteien werden. Beobachterstatus konnten neben Parteien zwar auch sonstige Organisationen erlangen, faktisch hat die EGC jedoch ebenfalls nur Parteien als Beobachter aufgenommen[71].

An dieser Regelung hat sich auch bei der EGF nichts geändert. Allerdings hat mit der Mitte 1995 erfolgten Aufnahme des „European Green Youth Movement" (EGYM)[72] erstmals auch eine Nicht-Partei Beobachterstatus in der EGF erlangt.

---

70 Die Grünen liegen deshalb in der Kommunikationsfrequenz im Vergleich zu den anderen Parteienbünden etwas zurück. So tritt der Kongreß der Sozialisten und der EVP (mindestens) alle zwei Jahre zusammen (bei den Liberalen tagt er sogar jährlich) und die Vorstandsgremien der EUCD, der EVP, der Sozialisten und der Liberalen treffen sich mindestens viermal p.a. (BARDI 1992; EUCD 1992, PES 1992; ELDR 1993). Lediglich der Kongreß der EUCD tagt mindestens einmal alle fünf Jahre und liegt damit in der Kommunikationsfrequenz hinter den Grünen (EUCD 1992).

71 Deren Status (Rechte und Pflichten) im Vergleich zu den Vollmitgliedern war in den Statuten aber nicht ausführlich geregelt. Es fand sich lediglich der Hinweis, daß sie auf Einladung Meetings besuchen (Art.2.1) und nicht im Namen der EGC handeln oder sprechen durften (2.2). Faktisch hatten sie im Meeting zwar Rede- aber kein Stimmrecht. Dies ist auch bei der EGF noch so geregelt.

72 Das EGYM (französisch: „Mouvement des jeunes ecologistes européens"), das sich mittlerweile in „Federation of Young Ecologists of Europe" (FYEE) umbenannt hat, hatte sich auf Initiative französischer und belgischer „junger" Parteimitglieder zum erstenmal im Januar 1988 getroffen und im

Die Möglichkeit einer Individualmitgliedschaft war weder bei der KGRP noch bei der EGC vorgesehen und findet sich auch in der EGF nicht. Zwar waren Einzelpersonen innerhalb der EGC dem nicht abgeneigt (DEIJNCKENS 1990:4), und im Satzungsentwurf des Sekretariats für die Statuten der EGF gab es eine Bestimmung, die diese Möglichkeit vorsah (COX/SCHAFFNER 1992:2a). Sie wurde jedoch auf einem Vorbereitungsseminar im März 1993 in Bonn wieder verworfen. Außerdem stellte sich heraus, daß diese Individualmitgliedschaft nur als Vorstufe gedacht war für die spätere Aufnahme im Gründungsprozeß befindlicher grüner Parteien, die derweilen noch von dieser Person hätten vertreten werden sollen[73].

In diesem Bereich ist also seit 1980 keine Erhöhung des Interaktionsgrads zu beobachten gewesen, da bislang nur Parteien, aber keine Individuen Mitglied in einer grenzüberschreitenden Parteiorganisation der Grünen werden konnten.

2.3.1.4. Subeinheiten

Untereinheiten waren weder bei der P.E.A.C.E.-Initiative noch bei der KGRP oder der EGC formal verankert. So fanden sich weder Bestimmungen zum Verhältnis zur Fraktion der Grünen im EP noch zur Einrichtung oder Arbeitsweise grenzüberschreitender Arbeits- oder Untergruppen.

Grenzüberschreitend organisierte regionale oder politische Untereinheiten grüner Parteien existieren außerhalb des Europaparlaments erst seit 1988 (Mittelmeergrüne, Ostseegrüne, EFTA-Grüne, EWD und SCEUA sowie zeitweise die nordischen Grünen und die GiPN). Dies gilt auch für die grenzüberschreitende Jugendorganisation der Grünen (FYEE). Diese Unterorganisationen waren in die EGC aber nicht derart eingebunden, daß sie einen eigenen Vertreter mit Stimmrecht zu Sitzungen des Meetings entsenden konnten.

In den neuen Statuten wurde nun die Möglichkeit institutionalisiert, sich innerhalb der EGF nach geographischen und/oder politischen Gesichtspunkten in Untergruppen zu organisieren. Mit dem sogenannten Financial Committee, das aus den Schatzmeistern der Mitgliedsparteien besteht und den Council in Finanzfragen berät, wurde auch eine weitere dauerhafte, grenzüberschreitende Arbeitsgruppe unter dem Dach der EGF errichtet. Außerdem wird explizit die Möglichkeit der Einrichtung weiterer Arbeitsgruppen durch den Council oder das Committee erwähnt (Art.13).

Juli des gleichen Jahres ihre Statuten verabschiedet. Offiziell gegründet wurde die Organisation durch die Jugendorganisationen Frankreichs, Belgiens, Portugals, Großbritanniens, Spaniens und Schwedens. Bis Juni 1995 sind der Organisation Jugendverbände aus Schottland, Bulgarien, Dänemark, Griechenland, Ungarn, Italien, Rumänien, der Schweiz, Malta, Finnland, Spanien, Deutschland, den Niederlanden und Slowenien beigetreten (EGF 1995c), so daß die FYEE mittlerweile 20 Mitglieder umfaßt.

73 Die Möglichkeit von Individualmitgliedschaften findet sich bei den anderen Parteienbünden nur bei der EVP, wird dort aber offensichtlich nicht praktiziert (BARDI 1994:361).

Darüber hinaus wurden einige Beziehungen zu der Fraktion im Europaparlament (nicht jedoch zu den Vertretern im Europarat) geregelt (6). Danach wird die Federation im EP nur durch die grüne Fraktion vertreten (6a), und letztere konsultiert den Council vor der Aufnahme von Mitgliedern, die nicht in einer Partei der EGF sind (6b). Außerdem hat ein Vertreter der Fraktion in den Sitzungen des Councils und des Committees Teilnahmerecht[74].

Die sonstigen Untergruppen haben auch in der Federation noch keine eigenen stimmberechtigten Vertreter in Council oder Committee. Allerdings wurde Vertretern solcher Untergruppen auch ohne formale Regelungen schon immer Rederecht in den entsprechenden Sitzungen eingeräumt.

Somit hat sich die Zahl existierender Untergruppen in der EGC bzw. der EGF seit 1988 kontinuierlich erhöht, und diese sind formal im Vergleich zur EGC besser in die EGF eingebunden. Jedoch sind sie auch in der EGF bislang nur am Willensbildungs-, nicht aber am Entscheidungsprozeß beteiligt. Damit haben sich bei der Einbindung von Subeinheiten keine Fortschritte im Interaktionsgrad ergeben. Allerdings begründet ihre größer werdende Zahl seit 1988 eine Erhöhung des Interaktionsgrads.

2.3.1.5. Ziele und Kompetenzbereich

Ein konkreter Abschnitt zu den Zielen der EGC fehlte in deren Satzung. Sie können lediglich aus verstreuten Satzungsbestimmungen und beobachteten Entwicklungen abgeleitet werden. Erkennbar waren danach im wesentlichen die Ziele, die schon von der P.E.A.C.E.-Initiative und der KGRP verfolgt wurden, nämlich:

- der Informationsaustausch zwischen den Mitgliedern
- die Verabschiedung gemeinsamer politischer Resolutionen
- die Durchführung gemeinsamer politischer Aktionen.

In der Satzung der EGF sind deren Ziele nun erstmals auch explizit aufgeführt (Art.2), wenn diese Ziele auch recht ungenau formuliert und damit vielfältig interpretierbar bleiben. Darunter fallen:

- die Sicherstellung einer engen und permanenten Kooperation zwischen den Mitgliedern, um die gemeinsame Politik der EGF umzusetzen
- die Stimulierung und Organisation von Initiativen und Aktivitäten auf europäischer Ebene unter der Aufsicht von Council und Committee.

---

74 Eine solche Verschränkung zwischen parlamentarischer und außerparlamentarischer Interaktion findet sich auch bei den Parteienbünden der Sozialisten und Liberalen sowie bei der EVP. Allerdings ist bei diesen auch eine Miteinbeziehung der jeweiligen Rats- und Kommissionsmitglieder vorgesehen. Eine solche Satzungsbestimmung fehlt bei der EGF, wohl auch weil die Grünen bislang keine solchen Vertreter hatten.

Auch zu den Kompetenzbereichen der EGC fand sich - im Gegensatz etwa zu der Parteifamilie der Liberalen, die sich nach ihrer Satzung für die Politikbereiche des EWG-Vertrages zuständig fühlt (ELDR 1993) - wie schon bei der P.E.A.C.E.-Initiative und der KGRP kein expliziter Hinweis. Daher ließ sich formal auch nicht erkennen, ob die EGC nun ausschließlich für europäische Probleme oder auch für allgemeine internationale oder gar für nationale Probleme zuständig sein sollte. Anhand der auf Meetings geführten Diskussionen und gemeinsam durchgeführter Aktionen läßt sich jedoch erkennen, daß sich die EGC über die internationale und europäische Ebene definierte.

Auch in der Satzung der EGF finden sich wieder nur verstreute Hinweise auf deren Aktionsradius. Danach sollten sich die Aktivitäten der EGF auf die europäischen und internationalen Probleme beschränken. Bezüglich des Kompetenzbereichs macht Art.3 relativ klar, daß "The members maintain their [...] autonomy of acting within the scope of their national and regional responsabilities [...]."

Daß es sich bei der EGC zumindest organisationsstrukturell von vornherein um eine regional eingegegrenzte (europäische) Kooperationsform handelte, war damit lediglich implizit anhand des Namens *European* Green Coordination zu erkennen. Bis wohin genau Europa im Sinne dieser Kooperation reichen sollte, war aber weder in den Statuten noch sonst irgendwo erwähnt[75].

In der EGF findet sich nun allerdings in der Satzung die „Gründung und Tätigkeit in einem europäischen Staat oder einer europäischen Region" als explizite Voraussetzung für die Aufnahme einer Partei als Mitglied oder Beobachter. Damit wird erstmals nicht nur anhand des Namens und der Aufnahmepraxis erkennbar, daß es sich bei der EGF um eine regional eingegrenzte Kooperationsform handelt. Allerdings bleibt auch hier unklar, wie weit das Europa der EGF reichen soll. Zumindest bei der Mitgliedschaft endet es bislang in Georgien.

Damit ist der Kompetenzbereich grenzüberschreitend organisierter Parteiorganisationen der Grünen bis heute nicht exakt definiert. Der geographische Zuständigkeitsbereich war schon immer auf die europäische und internationale Ebene beschränkt. Eine Ausweitung des Kompetenzbereichs und damit eine Erhöhung des Interaktionsgrads ist somit über die Zeit nicht zu beobachten gewesen.

2.3.1.6. Repräsentationsprinzip

Die Besetzung der Organe europäischer Parteiorganisationen (Kongreß, Vorstand, geschäftsführender Vorstand) kann nach einem Egalitäts- oder nach einem Proportionalitätsprinzip erfolgen, wobei letzteres einen höheren Interaktionsgrad darstellt.

---

75 Dies erleichterte auch immer wieder Versuche, diese Kooperation in eine Art grüne Internationale umzuwandeln, eine globale Kooperationsform, die es im Gegensatz zu den anderen großen westlichen Parteifamilien bei den Grünen bis heute nicht gibt (siehe hierzu Kapitel 2.4.2.3.).

Während es bei der P.E.A.C.E.-Initiative noch keine offiziellen Parteidelegierten gab, umfaßte die KGRP zwei Delegierte pro Mitgliedspartei. Der Vorstand der Coordination setzte sich ebenfalls aus maximal zwei Delegierten jeder Mitgliedspartei zusammen (Art.3.2), die gemeinsam aber nur über eine Stimme verfügten (3.3). Die Zusammensetzung des Meetings war damit an der formalen Gleichheit der Mitgliedsparteien orientiert und entsprach dem Egalitätsprinzip.

Im Council der EGF hat jede Mitgliedspartei mindestens einen Delegierten mit höchstens zwei Stimmen und höchstens zwei Delegierte mit maximal vier Stimmen. Die Anzahl der Delegierten hängt dabei von der Anzahl der Mitglieder der Parteien und den erzielten absoluten Stimmen bei den letzten nationalen oder europäischen Wahlen ab (mehr als 2.000 Mitglieder oder mehr als 200.000 Stimmen ergeben einen zweiten Delegierten), die Stimmverteilung zusätzlich noch von dem dort erzielten Prozentsatz (mehr als 20.000 Mitglieder oder 2 Millionen Wählerstimmen ergeben eine Stimme, genauso wenn die Partei mehr als fünf Prozent erreicht hat. Hat sie mehr als zehn Prozent, bekommt sie noch einmal eine Stimme) (Art.10a)[76]. Bei der Besetzung des Councils hat man sich also bei der EGF vom Egalitätsprinzip gelöst.

Beim Kongreß der EGC gab es noch keine offiziellen Parteidelegierten. Der Kongreß der EGF besteht aber nun aus den Delegierten der Mitgliedsparteien sowie den Mitgliedern des Committees (Art.9c). Die Anzahl der Delegierten der Mitgliedsparteien beträgt nach Art. 10d grundsätzlich insgesamt 400. 50% der Sitze werden dabei anhand der absoluten Stimmenzahl der letzten nationalen Wahlen verteilt, wobei ein Korrekturfaktor zugunsten derjenigen Parteien eingebaut ist, die relativ gesehen wenig Stimmen erhalten haben (bei mehr als 2 Millionen Stimmen werden die darüber hinaus gehenden Stimmen halbiert). Die anderen 50% richten sich nach dem erreichten Prozentsatz bei den letzten nationalen Wahlen bzw. für die an den Europawahlen teilnehmenden Parteien aus dem Durchschnitt der letzten nationalen und Europawahlen. Damit sollen Parteien aus Ländern, bei denen bei der nationalen Wahl ein Mehrheitswahlrecht gilt, nicht benachteiligt werden.

Jede regionale oder nationale Mitgliedspartei hat ein Recht auf mindestens vier Delegierte im Kongreß, es sei denn, zwei Mitgliedsparteien treten bei einer Wahl gegeneinander an. Dies beschränkt die Höchstzahl der Delegierten auf zwei[77].

---

76 Auch die Liberalen und die EVP besetzen ihre Vorstandsgremien nach einem eingeschränkten Proportionalitätsprinzip (BARDI 1992; ELDR 1993). Lediglich bei den Sozialdemokraten und der EUCD gilt noch das Egalitätsprinzip, wobei die Regelung bei den Sozialdemokraten, nämlich zwei Delegierte und eine Stimme pro Mitgliedspartei (PES 1992), an die EGC erinnert. Bei der EUCD ist es nur ein Delegierter (EUCD 1992).

77 Die Zahl von 400 Delegierten kann überschritten werden, wenn nach der proportionalen Verteilung der Sitze eine oder mehrere der Mitgliedsparteien nicht die ihr zustehende Mindestzahl erreicht hat. Sie bekommt dann solange zusätzlich Delegierte, bis die Mindestanzahl erfüllt ist. Die Anpassung der Zahl der Delegierten und Stimmen erfolgt dabei unmittelbar nach den jeweiligen Wahlen (10a). Die Stimmen- bzw. Prozentzahl von Parteien, die nicht für sich alleine, sondern in Wahlbündnissen antreten, wird sowohl für den Kongreß als auch für den Council anhand des Anteils der Zahl grüner

Die Zusammensetzung des Kongresses erfolgt also nach einem leicht einge-schränkten Proportionalitätsprinzip[78].

Eine Übersicht über die Verteilung der Delegierten im Kongreß der EGF sowie über die Zusammensetzung des Councils gibt Tabelle 13 (Stand Ende 1993 bzw. Ende 1994)[79].

Was den geschäftsführenden Vorstand betrifft, verfügte die KGRP wie schon bei der P.E.A.C.E.-Initiative über ein Sekretariat, das bis Anfang 1982 nur mit einer Person besetzt war. Das EGC-Sekretariat umfaßte bis 1985 zwei Mitglieder. Dabei war die Arbeit der jeweiligen Sekretariate im wesentlichen auf einfachste organi-satorische Dinge beschränkt. Einen politischen geschäftsführenden Vorstand gab es in den grenzüberschreitend organisierten Parteiorganisationen der Grünen erst ab Ende 1985 mit der Verabschiedung der Satzung der EGC. Danach bestand das sogenannte Co-Secretariat aus mindestens drei Mitgliedern aus drei verschiedenen Ländern. Zwar findet sich in der Satzung kein Hinweis auf eine zu beachtende Regional-oder Parteiquote, jedoch zeigt ein Blick auf Tabelle 14, daß von Anfang an darauf geachtet wurde, möglichst aus jeder Region Europas Vertreter im Co-Secretariat zu haben. Diese sollten auch nicht nur ausschließlich aus EG-Ländern kommen.

Bei der Besetzung des geschäftsführenden Vorstands fand sich also weder ein reines Egalitäts- noch ein reines Proportionalitätsprinzip.

Das Committee der EGF setzt sich zusammen aus 2 Vorstandssprechern, dem Generalsekretär, dem Schatzmeister sowie fünf weiteren Personen[80]. Dabei sollte die Zahl der weiteren Mitglieder ursprünglich laut Art.19 bis mindestens zum 31.12.96 auf 3 beschränkt bleiben. Schon beim ersten Council-Meeting im Januar 1994 wurde jedoch ein Antrag auf Streichung dieser Passage in der Satzung ange-

---

Parlamentarier an der Gesamtzahl der Parlamentarier des Wahlbündnisses errechnet (Art.9d und 10a).

78 Auch die Sozialisten, Liberalen und die EVP haben die Zusammensetzung ihres Kongresses nach einem mehr oder weniger eingeschränkten Proportionalitätsprinzip geregelt (BARDI 1992; PES 1992; ELDR 1993).

79 Laut Art.19 der Satzung soll die grundsätzliche Zahl der Delegierten des Kongresses allerdings mindestens bis zum 31.12.1996 nur 200 betragen. Diese Bestimmung kann durch den Council bis über diesen Zeitpunkt hinaus verlängert werden und hat ihre Gründe vor allem in finanziellen Schwierigkeiten kleiner Parteien, vier Delegierte zu den Kongressen zu schicken.

80 Der Generalsekretär ist für diejenigen Aufgaben zuständig, die in der Zeit von Ende 1989 bis 1993 bereits vom Politischen Sekretär der Coordination wahrgenommen wurden, damals allerdings ohne satzungsmäßige Verankerung. Darunter fallen nach Art.11d die Ausführung der Entscheidungen der Organe der EGF, der Kontakt der EGF zu den Mitgliedsparteien, die Durchführung der Treffen der Organe, ein jährlicher Bericht über die Aktivitäten des Sekretariats (Committees) sowie die po-litischen und organisatorischen Entwicklungen und Perspektiven der EGF, aber auch - im Einklang mit den Sprechern - die Abgabe von Presseerklärungen. Auch der Schatzmeister wurde in der neuen Satzung lediglich institutionalisiert, wurde früher allerdings noch innerhalb des Co-Secretariats be-stimmt. Er entwirft und überwacht das Budget und berichtet darüber (Art.14).

nommen, um möglichst allen Regionen eine Vertretung im Committee zu sichern. Gegenüber der EGC hat sich das Besetzungsprinzip damit nicht geändert.

Tabelle 13: Die Zusammensetzung des Councils und des Kongresses der EGF

Partei	Council		Kongreß
	Delegierte	Stimmen	Delegierte (=Stimmen)
AGALEV	2	3	25
Alternattiva Demokratika	1	1	4
Zelena Partija Bulgaria	1	1	8
Comhaontas Glas	1	2	4
De Groenen	1	1	2
De Grønne	1	1	4
Dei Gréng	1	3	8
Die Grüne Alternative	2	2	13
Bündnis 90/Die GRÜNEN	2	4	61
ECOLO	2	4	33
Estländische Grüne	1	1	5
Federazione dei Verdi	2	2	39
Politiki Oikologia	1	1	4
Georgian Greens	2	3	23
Green Party	1	1	43
Groen Links	2	2	17
Les Verts	2	2	42
Los Verdes	1	1	5
Miljopartiet de Gröna	2	3	10
Miljøpartiet de Grønne	1	1	4
Os Verdes	1	1	8
PES-GPS	2	3	14
Vihreä Liitto	1	2	16
Scottish Green Party	1	1	-
Partija Zelenij Ukraini	1	1	-
Partija Zelenija St-Petersburg	1	1	-
Zöld Alternativa	1	1	-
Insgesamt	36	48	392

Quelle: EGF (1994d)

Da man sich bei der EGF aber bei der Besetzung der Vorstandsgremien vom Egalitätsprinzip gelöst und sich auch beim Kongreß einem eingeschränkten Proportionalitätsprinzip zugewandt hat, ist der Interaktionsgrad damit über die Zeit gestiegen.

Tabelle 14: Die Besetzung des Co-Secretariats der EGC und des Committees der EGF

Amtszeit	Co-Secretary	Partei	Block/Region
Nov.1985-Okt.1987	Bruno Boissière	Les Verts	EG-Süd[81]
	Willy de Bakker[82]	AGALEV	EG-Zentrum
	Per Gahrton	Miljöpartiet	EFTA-Nord
	Sara Parkin	Ecology Party	EG-Nord
Okt.1987[83] - Dez.1989	Bruno Boissière	Les Verts	EG-Süd
	Per Gahrton	Miljöpartiet	EFTA-Nord
	Sara Parkin	Ecology Party	EG-Nord
	Leo Cox	AGALEV	EG-Zentrum
Dez.1989-März 1991	Paolo Bergamaschi	Fed. dei Verdi	EG-Süd
	Isabel Castro	Os Verdes	EG-Süd
	Heidi Hautala	Green Union	EFTA-Nord
	Pierre Jonckheer	ECOLO	EG-Zentrum
	Gerhard Jordan	Grüne Alternative	EFTA-Zentrum
März 1991- Jun.1992	Paolo Bergamaschi	Fed. dei Verdi	EG-Süd
	Heidi Hautala	Green Union	EFTA-Nord
	Pierre Jonckheer	ECOLO	EG-Zentrum
	Hans Beat Schaffner	GPS	EFTA-Zentrum
	Patricia McKenna	Comhaontas Glas	EG-Nord
Jun.1992 - Jan.1994	Paolo Bergamaschi	Fed. dei Verdi	EG-Süd
	Heidi Hautala	Green Union	EFTA-Nord
	Patricia McKenna	Comhaontas Glas	EG-Nord
	Anne de Boer	Groen Links	EG-Zentrum
	Zurab Zhvania	Georgian Greens	Ost
Jan.1994-	Niki Kortvelessy	Green Party	EG-Nord[84]
	Pekka Sauri	Green Union	EFTA-Nord[85]
	Marie-Chr.Aulas	Les Verts	EG-Süd
	H. Meinzolt-Depner	Die GRÜNEN	EG-Zentrum
	Paolo Bergamaschi	I Verdi	EG-Süd
	Franz Floss	Grüne Alternative	EFTA-Zentrum[86]
	Natalia Kirvalidze	Georgian Greens	Ost[87]

---

81 Über die Zugehörigkeit Frankreichs (ausschließlich) zu Südeuropa kann geographisch gesehen sicher gestritten werden. Innerhalb der EGC und der EGF zählt es aber zum romanischen und damit südlichen Kulturkreis.

82 Bis Januar 1986 noch Dirk Janssens (De BAKKER 1987:1).

83 Der vierte Posten konnte erst im Oktober 1988 durch Leo Cox besetzt werden (EGC 1988c:7).

84 Sprecherin.

85 Sprecher.

86 Gewählt auf dem Council-Treffen im Oktober 1994 auf Kreta.

87 Gewählt auf dem Council-Treffen im Oktober 1994 auf Kreta.

| Leo Cox | AGALEV | EG-Zentrum[88] |
| B. Ernst de la Graete | ECOLO | EG-Zentrum[89] |

2.3.1.7. Konfliktregulierung

Entscheidungen in grenzüberschreitenden Parteiorganisationen können nach dem Konkordanz- (Einstimmigkeit) oder nach dem Konkurrenzprinzip (Mehrheitsentscheidungen) getroffen werden, wobei letzteres das Erreichen eines höheren Interaktionsgrads widerspiegelt.

Der Kongreß der EGC war kein satzungsmäßig verankertes Entscheidungsorgan, sondern lediglich ein unverbindliches Diskussionsforum, das keine formalen Beschlüsse fassen konnte.

Der Kongreß der EGF ist hingegen ein wichtiges Entscheidungsorgan. Seine Entscheidungen fallen mit einer Zweidrittel-Mehrheit der anwesenden Delegierten. Bei Satzungsänderungen erhöht sich dies auf eine Dreiviertel-Mehrheit (Art.9e).

Entscheidungen über politische Stellungnahmen und Aktionen mußten in der P.E.A.C.E.-Initiative, der KGRP und später auch im Meeting der EGC immer einstimmig getroffen werden (Art.4.3.1). Diese Konkordanzstrategie konnte bei der EGC allerdings bei der Aufnahme neuer Mitglieder oder bei internen Angelegenheiten wie Finanz- oder Organisationsfragen durch eine eingeschränkte Kompetitivität (Zweidrittel-Mehrheit bzw. Dreiviertel-Mehrheit bei Satzungsänderungen (8.1)) ersetzt werden (4.3.2). Grundsätzlich war jedoch auch hier nach Art.4.3 Einstimmigkeit anzustreben.

Der Council der Federation entscheidet hingegen grundsätzlich mit einer Zweidrittel-Mehrheit der anwesenden Stimmen, wobei auch hier für Satzungsänderungen eine Dreiviertel-Mehrheit benötigt wird.

Die Entscheidungsfindung innerhalb des Co-Secretariats war weder satzungsmäßig noch durch eine Sekretariatsgeschäftsordnung geregelt. Es gab jedoch einen Konsens, Entscheidungen nur einstimmig zu treffen, was auf der Sitzung in Leipzig Ende 1992 auch noch einmal öffentlich bekräftigt wurde (Interview Leo Cox v.23.6.94).

Über die Entscheidungsfindung innerhalb des Committees finden sich in der Satzung der EGF keine speziellen Bestimmungen, so daß hier die grundsätzliche Zweidrittel-Mehrheit gilt. De facto wurde bisher aber sogar mit einfacher Mehrheit entschieden (Interview Anne de Boer v.28.4.95).

Damit hat sich die EGF im Bereich der Konflikregulierung in allen Organen von der Konkordanz hin zur (eingeschränkten) Konkurrenz bewegt und damit einen höheren Interaktionsgrad erreicht. Der Durchbruch zur Integrationsstufe ist jedoch

---

88 Generalsekretär. Leo Cox wechselte im Oktober 1994 überraschend zu den flämischen Christdemokraten und trat vom Posten des Generalsekretärs zurück. Ihm folgte für eine halbjährige Übergangszeit der Niederländer Anne de Boer von Groen Links, dem wiederum für eine halbjährige Übergangszeit Ralph Monö (Miljöpartiet) folgte.

89 Schatzmeisterin.

auch bei der Federation noch nicht erreicht worden, da letztendlich noch keine wirkliche Verbindlichkeit der getroffenen Entscheidungen vorliegt[90]:

Schon bei der KGRP sollte die nationale Autonomie der Mitgliedsparteien zunächst nicht angetastet werden. Auf den Meetings der EGC getroffene Entscheidungen waren dagegen zumindest de jure für die nationalen Parteien bindend (4.3.3). Bei Verstößen waren die entsprechenden Mitgliedsparteien verpflichtet, die EGC zu verlassen. Zu einem tatsächlichen Ausschluß ist es deswegen jedoch nie gekommen.

In der Satzung der EGF findet sich hierzu Art.3, in dem es heißt:

"The members maintain their name, identity and autonomy of acting within the scope of their national and regional responsablities. [...] the Guiding Principles of the Federation [...] should be committing for the member's policies on the national and regional levels."

De jure ist dies eine Abschwächung der alten Satzungsregelung, de facto spiegelt sie die Situation seit Entstehung der EGC wider. Als mögliche Sanktion gegen „abtrünnige" Mitglieder bietet sich in der Satzung nur gleich das härteste Mittel an: Der Ausschluß der Mitgliedspartei. Aufbauend auf Erfahrungen der Vergangenheit ist jedoch auch in Zukunft nicht zu erwarten, daß es deswegen zu einem Ausschluß kommt.

Damit bleibt festzustellen, daß es noch zu keiner echten Übertragung einzelparteilicher Souveränität an eine europäische Parteiorganisation gekommen ist[91].

2.3.1.8. Finanzierung

Die P.E.A.C.E.-Initiative und die KGRP verfügten noch über keine eigenen, von allen Mitgliedsparteien zur Verfügung gestellten Finanzmittel. Zur Finanzierung der Aktivitäten der EGC hingegen leistete jede Mitgliedspartei (und auf Beschluß der Meetings auch Beobachterparteien) einen Mitgliedsbeitrag (Art.6.1). Dieser konnte von Partei zu Partei verschieden sein (6.2) und mußte in der Summe ausreichen, um die Kosten des Sekretariats (Post, Telefon, etc.), die Durchführung der Meetings (Miete, Übersetzer) sowie die Anreise der Delegierten abzudecken (6.3). Konkrete Regeln über die genaue Aufteilung der Mitgliedsbeiträge wurden dann vom Meeting beschlossen und der Erhebungsschlüssel über die Jahre mehrmals

---

90 Dies gilt auch für die anderen europäischen Parteienbünde. Die Sozialisten haben jedoch statt einfacher oder qualifizierter Mehrheiten in ihrem Vorstand (Political Bureau) noch grundsätzlich Einstimmigkeit als Entscheidungsregel. Dies gilt auch für politische Entscheidungen in der Konferenz der Parteiführer (PES 1992).

91 De jure kann dies vielleicht anders interpretiert werden, was u.a. der ehemalige Generalsekretär der EGF getan hat (Interview Leo Cox v.23.6.94), de facto wird dies aber entweder durch die vielen 'Soll'-statt 'muß'-Regelungen oder die Nicht-Respektierung der Entscheidungen, ohne Konsequenzen befürchten zu müssen, unterlaufen werden.

geändert. Einen Überblick über die Höhe der dabei zustandegekommenen Budgetansätze gibt Tabelle 15:

Tabelle 15: Finanzmittel der EGC und der EGF (in Tausend Belgische Francs (FB) bzw. Tausend DM)

	1983[92]	1984[93]	1985	1986	1987	1988
Budgetansatz - FB	174	57	132	234	318	440
- DM	8,7	2,9	6,6	11,7	15,9	22
Budget pro Mitgliedspartei[94]						
- FB	20,5	6,3	13,9	23,4	28,9	31,4
- DM	1,0	0,3	0,7	1,2	1,4	1,6

	1989	1990	1991[95]	1992	1993	1994
Budgetansatz - FB	864	1395	1703	2041	1969	3670
- DM	43,2	69,8	85,2	102,1	98,5	183,5
Budget pro Mitgliedspartei[96]						
- FB	49,4	64,9	68,0	81,6	75,7	148,9
- DM	2,5	3,2	3,4	4,1	3,8	7,4

Quelle: Finanzberichte der EGC und der EGF für die jeweiligen Jahre sowie eigene Berechnungen. Hundert FB entsprechen ungefähr fünf DM (Stand Ende 1994).

Ab 1989 zahlte auch die grüne Fraktion im EP jedes Jahr 500.000 FB (25.000 DM) an die EGC bzw. die EGF, die zum jeweiligen verfügbaren Budget noch hinzu gezählt werden müssen. Der Anteil dieser Summe am Gesamtbudget hatte sich aber von knapp 40% 1989 auf gut 13% 1994 verringert[97].

Bis Ende 1990 zahlten alle Parteien einen Festbetrag, der zwar eingeschränkt, aber nicht vollständig proportional zur finanziellen Leistungsfähigkeit der Partei

---

92 Juli 1983 bis Juni 1984; im zweiten Halbjahr 1983 waren die GRÜNEN noch an der Finanzierung beteiligt, deshalb der im Vergleich hohe Betrag.

93 Juli bis Dezember 1984.

94 Das Budget pro Mitgliedspartei errechnet sich aus: Budgetansatz geteilt durch durchschnittliche Zahl der Mitgliedsparteien pro Jahr, d.h., Zahl der Mitgliedsparteien am Anfang des Jahres plus Zahl der Mitgliedsparteien am Ende des Jahres, geteilt durch zwei.

95 Von 1991 bis 1993 beziehen sich die Zahlen auf das tatsächliche Budget und nicht auf den Budgetansatz.

96 Das Budget pro Mitgliedspartei errechnet sich aus: Budgetansatz geteilt durch durchschnittliche Zahl der Mitgliedsparteien pro Jahr, d.h., Zahl der Mitgliedsparteien am Anfang des Jahres plus Zahl der Mitgliedsparteien am Ende des Jahres, geteilt durch zwei.

97 Bei den anderen Parteienbünden (Sozialisten, Liberale, EVP) war dieser Anteil nach Schätzungen mit jeweils knapp 50% wesentlich höher (BARDI 1994:363). Auch verfügten z.B. die Liberalen 1991 über ein siebenfach höheres Budget als die European Greens (BARDI 1992:972) und die drei Parteienbünde hatten über drei- bis sechsmal soviel bezahlte Mitarbeiter (BARDI 1994:362).

gestaffelt war. So zahlten etwa 1988 Los Verdes 2.000 FB pro Monat, während I Verdi mit erheblich größeren finanziellen Mitteln nur 6.000 FB zahlen mußten. Im Oktober 1990 wurde eine Reform der bisherigen Beitragsregelung verabschiedet, die die Beiträge grundsätzlich proportional an die finanzielle Leistungskraft der Mitgliedsparteien band. Jede Partei mußte jetzt 0,5% ihres nationalen Budgets an die EGC abführen, jedoch mindestens 20.000 und höchstens 250.000 FB, um einzelnen Parteien keine dominante Stellung innerhalb der EGC einzuräumen. Diese Regelung blieb bis zur Gründung der EGF in Kraft.

Die Finanzierung der EGF (Höhe, Zahlungszeitpunkt der Beiträge) regelt das sogenannte „Budget & staff provisions of the Federation"-Protokoll, in dem Richtlinien für das Budget und den Mitarbeiterstab der Federation festgelegt werden (Art.1). Danach zahlen die Mitgliedsparteien und die Beobachter einen jährlichen Mitgliedsbeitrag, der sich wieder an der Größe der Partei orientiert und dessen Höhe jährlich neu festgelegt wird.

In der Finanzregelung für 1994 findet sich eine komplizierte und teilweise willkürlich anmutende Staffelung der Mitgliedsbeiträge je nach Größe der jeweiligen Partei, die auch für 1995 Bestand hatte. Die Größe der Partei orientiert sich dabei an der Zahl der Parlamentssitze und der finanziellen Leistungskraft, ist aber immer noch nicht vollkommen proportional zum nationalen Budget. Allerdings gibt es keine Grenze nach oben mehr.

Im Bereich der Finanzierung haben die der EGC und der EGF zustehenden Mittel über die Zeit damit ständig zugenommen, wobei sie allerdings insgesamt mehr als bescheiden geblieben sind[98]. Außerdem hat bei den Mitgliedsbeiträgen über die Zeit eine Annäherung an das Proportionalitätsprinzip stattgefunden, wenn dies auch noch nicht hundertprozentig erreicht wurde. Somit hat sich die EGC und noch stärker die EGF im Bereich der Finanzierung weiter an die Integrationsstufe angenähert, diese aber noch nicht erreicht.

---

98 In der Praxis wurden seit Bestehen der EGC diese Mitgliedsbeiträge ausschließlich für Sekretariats- und Reisekosten sowie zur Finanzierung der Meetings aufgebracht. Für weitere Konferenzen oder Aktionen blieb kein Geld (EGC 1988b:2; 1989e:13), es sei denn, man wurde durch die nationalen Parteien oder die Europafraktion zusätzlich unterstützt. So übernahmen z.B. AGALEV und ECOLO für den Dover-Kongreß zusammen mit dem GRAEL mehr als 50% der Gesamtkosten (Interview Sara Parkin v.27.4.95). Auch bei der EGF sind gemeinsame Aktivitäten grundsätzlich nicht vom Budget gedeckt, sondern wieder nur die Durchführung der Council-Meetings sowie die Committee- und Sekretariatskosten. Im Arbeitsbudget für 1994 waren allerdings zusätzliche Mittel i.H.v. insgesamt ungefähr einer Million FB (50.000 DM), das waren ein Viertel des Gesamtbudgets, für Seminare und Arbeitsgruppen vorgesehen. Im Budgetentwurf 1995 blieben hier aber nur noch 200.000 FB (fünf Prozent). Erst langsam entwickelt man jetzt den Anspruch, neben der Budget- auch eine Programmplanung einzuführen, d.h., man versucht, das Budget an geplante politische Aktivitäten anzupassen und nicht umgekehrt, wie dies bisher der Fall war.

2.3.1.9. Gemeinsame Symbole

Eine Verwendung gemeinsamer Symbole war weder in der EGC- noch in der EGF-Satzung vorgesehen. Auch de facto wurde von den nationalen Parteien von den Anfängen der P.E.A.C.E.-Initiative bis zur EGF bis auf wenige Ausnahmen bei (Wahl-)Kampagnen kein zusätzliches europäisches Symbol verwendet. Lediglich bei der Kampagne gegen die Blöcke kamen Materialien mit einem gemeinsamen Logo (dem der EGC) zum Einsatz.

Über die Zeit ist es damit hier nicht zu einer Erhöhung des Interaktionsgrads gekommen.

Somit bleibt im organisationsstrukturellen Bereich zusammenfassend festzustellen, daß sich der Interaktionsgrad der Grünen zwischen 1980 und 1994 deutlich in Richtung Integrationsstufe entwickelt hat, da zwar bei vier Indikatoren zur Messung des Interaktionsgrads keine Veränderung zu beobachten war, die restlichen Indikatoren in ihrer Ausprägung aber jeweils deutliche Fortschritte innerhalb der Kooperationsstufe zeigen.

2.3.2. Die inhaltliche Entwicklung

Nach der Untersuchung der organisationsstrukturellen Komponenten des Interaktionsgrads soll sich nun dessen Entwicklung im inhaltlichen Bereich gewidmet werden.

Unter die inhaltliche Komponente der Parteieninteraktion fallen dabei Häufigkeit, Inhalt und Umfang gemeinsamer Stellungnahmen sowie abgestimmtes Handeln auf europäischer Ebene.

2.3.2.1. Gemeinsame Stellungnahmen

Unstrittige Hauptfelder grüner Politik sind schon seit der ECOROPA-Erklärung aus dem Jahre 1977 die Angleichung der Lebensverhältnisse durch Umverteilung zwischen Klassen (von oben nach unten), Kontinenten (Industriestaaten zu Dritter Welt) und Generationen (Umweltschutz) bei stärkerer Selbstverwirklichung des Individuums. Dies ist für die Grünen laut der Präambel der Europawahlplattform von 1989 machbar in einem dezentralisierten Europa autonomer Regionen mit lokaler und regionaler Produktion für lokale und regionale Bedürfnisse, die sich energiesparender, möglichst überhaupt nicht verschmutzender Produktionsmethoden bedient und sowohl Konsumenten als auch Beschäftigten Selbstverwirklichung bietet (EGC 1989g).

Deswegen sind auch auf europäischer Ebene die immer wieder auftauchenden Grundsatzthemen in inhaltlichen Stellungnahmen Umweltschutz (Landwirtschafts-Verkehrs-, Energie-, ressourcenschonende Kreislaufpolitik), ökonomische und politische Dezentralisierung, internationale Solidarität, Menschenrechte, Frieden und Abrüstung, Gleichberechtigung der Frau und Gentechnologie.

Bei der P.E.A.C.E.-Initiative und der KGRP gab es mit Ausnahme von Presseerklärungen noch keine gemeinsamen Stellungnahmen. Eine erste gemeinsame Grundsatzerklärung mit den allgemeinen Zielen grüner Parteien in Europa wurde erst 1983 von der EGC mit der Joint Declaration of Aims verabschiedet und eine zweite folgte zehn Jahre später mit den sogenannten Guiding Principles der EGF. Ein Vergleich zwischen beiden Programmen zeigt, daß die Guiding Principles sowohl vom Umfang als auch von der Detailliertheit her einen „Quantensprung" zu der Joint Declaration of Aims darstellen. Ausgeklammert ist in den Guiding Principles aber immer noch der Bereich der EU-Institutionen.

Zu den Europawahlen wurden bisher auch immer gemeinsame Plattformen verabschiedet, zuletzt vom SCEUA in Zusammenarbeit mit der Europafraktion[99].

Dabei ist die Plattform von 1989 nur etwas detaillierter und umfangreicher als 1984, während die Plattform zur Europawahl 1994 das bisher umfangreichste Dokument darstellt, das von grünen Parteien auf europäischer Ebene je erstellt wurde. Es enthält neben Forderungen im Bereich der Unionspolitiken (Landwirtschaft, Verkehr, Energie, Umwelt, Industriepolitik, Forschung und Entwicklung, ökonomische und soziale Kohäsion, Binnenmarkt, internationaler Handel) Stellungnahmen zu einer Änderung der allgemeinen Zielsetzung der Unionsverträge, zur Wirtschafts-, Währungs- und politischen Union inklusive einer GASP und zu einer europäischen Staatsbürgerschaft. In der Plattform werden zum ersten Mal auch detaillierte Aussagen zu den Institutionen der EU getroffen. Bis dahin nahmen die Stellungnahmen der EGC hierzu im Gegensatz zu anderen Themenbereichen an Detailliertheit und Umfang eher ab. Da hieran auch deutlich wird, ob die Grünen eine Integration innerhalb der bestehenden EU-Institutionen grundsätzlich befürworten oder nicht, soll auf diese Stellungnahmen etwas ausführlicher eingegangen werden:

Die Aussagen zur Europäischen Integration allgemein bewegten sich in der Joint Declaration of Aims auf relativ abstraktem Niveau:

> „[...] wahre Souveränität kann nur von einer föderalen Struktur ausgehen, die diese Vielfalt berücksichtigt. Eine solche Struktur muß in letzter Konsequenz aus Regionen und nicht aus Nationalstaaten bestehen und so beschaffen sein, daß die Würde und Verantwortung aller Bürger geachtet wird:[...]."

Passagen zur künftigen Rolle der EG oder ihrer Institutionen fehlten ganz.

In der Europawahlplattform von 1984 war dies etwas konkreter. Dort vertrat die EGC das Konzept eines „integral federalism", „[...]which, starting from neighbourhoods and villages, builds on the willing consent of the different regions to arrive at the Europe of Regions." Zu diesem Zweck wollte die EGC einen „European Treaty" von einer Konferenz der Regionen Europas ausarbeiten und dann über ein Verhältniswahlrecht ohne Sperrklausel eine Parlamentarische Versammlung dieser Regionen wählen lassen. Eine Reform der EG wurde dabei als ein möglicher Weg

---

99 Auch die anderen Parteienbünde (Sozialisten, Liberale, EVP) präsentieren zu den Europawahlen regelmäßig gemeinsame Plattformen und verfügen über Grundsatzerklärungen.

zu diesem Ziel gesehen und deswegen eine sofortige und radikale Demokratisierung des Europaparlaments im Sinne der Einräumung von Legislativrechten sowie die Einführung von Referenden auf europäischer Ebene gefordert. Außerdem sollte dieses Europa der Regionen zumindest langfristig gesamteuropäisch angelegt sein (EGC 1984e:9). Die EG wurde 1984 aber nicht nur wegen ihrer bürokratischen und undemokratischen Entscheidungsstrukturen, sondern auch wegen ihrer einseitigen Orientierung auf wirtschaftliches Wachstum kritisiert.

Die 1989er Plattform war ebenfalls in diesem Sinne geschrieben: „The whole „1992 project" is to create a new economic and military superpower in West Europe." (Präambel). Eine europäische Kooperation sollte laut dieser Plattform auch weiterhin gesamteuropäisch angegangen werden. Über den dafür gewünschten institutionellen Rahmen hieß es nur sehr vorsichtig: „Already existing institutions, such as the CSCE or the Council of Europe could play a more decisive role in elaborating a new common modus vivendi for all the countries of Europe." Zu den EG-Institutionen selbst wurde nur gesagt:

> „We will of course use our Green vision of Europe to promote the democratisation of all institutions, but in the immediate term we will demand full and open access to all the information and decision-making processes of the commission and the Council of Ministers. Our guiding principle, however, is that no authority be held at a higher level than is absolutely necessary." (EGC 1989g: Präambel)[100].

Was die Erweiterung der EG betrifft, unterstützte die EGC die grünen Parteien der EFTA-Staaten in ihrer Opposition gegen einen EG-Beitritt.

Im neuen Grundsatzprogramm der EGF schließlich findet sich wie schon in der Wahlplattform 1989 kein eigenes Kapitel mehr zu einem grundsätzlichen globalen grünen Integrationskonzept bzw. dessen institutionellen Umsetzung. Nur ganz allgemein heißt es dort:

> „In the interest of coordinating policy on a pan-European level, it is necessary to develop supranational political institutions which are built on democratic principles and which have sufficient powers to intitiate and implement legislation. Executive political institutions on every level must be subordinated to democratic elected parliamentary bodies who are equipped with sufficient powers and instruments to fulfill their legislative and controlling functions." (EGF 1993:17).

Grund für die vage Bezugnahme auf das institutionelle System der EG und alternative institutionelle Konzepte für Europa sind tiefgreifende Meinungsverschiedenheiten zwischen den Mitgliedsparteien der EGC über die institutionelle Gestaltung eines Europa der Regionen gewesen, auf die in Kapitel 2.4.2.3. näher einzugehen sein wird. Daß diese innerhalb der EG-Grünen aber nicht so gravierend sind, zeigt die Plattform für die Europawahl 1994. Hier wurde sowohl zum institutionellen System der EU als auch zu einer Erweiterung und zu einer europäischen Verfassung detailliert Stellung bezogen und erstmals klar für eine weitere Integration im Rahmen der EU Partei ergriffen (SCEUA 1994b:27-35).

---

100 TEGYEY u.a. (1989:15) geben eine kurze Zusammenfassung der Plattform der EGC.

Dabei sollte ein Souveränitatstransfer von der nationalen zur europäischen Ebene und die Umformung der EU in eine Union föderalen Typs Hand in Hand gehen mit einer Abgabe von Kompetenzen an die regionale Ebene. Als Weg zu dieser Union wurde eine Europäische Verfassung vorgeschlagen, die von einem „Constitutional meeting" zwischen dem EP, den nationalen und regionalen Parlamenten ausgearbeitet werden sollte. Das EP sollte zusammen mit dem Rat die Legislativ- und Budgetkompetenzen teilen und ein Initiativrecht erhalten. Darüber hinaus sollte das EP die Kommission auch weiterhin kontrollieren und künftig nach einem einheitlichen Verhältniswahlrecht gewählt werden. Legislativrechte wurden für den Ausschuß der Regionen noch nicht gefordert, er sollte aber durch demokratisch gewählte Repräsentanten besetzt werden.

Für eine Verfassungsänderung, die Zulassung neuer Mitglieder, die Ausweitung der Zuständigkeitsbereiche der Union sowie für die Annahme der Verfassung sollten sowohl im Rat als auch im EP qualifizierte Mehrheiten benötigt werden. Über die grundsätzliche Entscheidungsregel innerhalb des Rates sowie über die Rolle der Kommission wurde nichts gesagt.

Allgemein wurde eine Union favorisiert, die als Ziele „guaranteeing and developping democratic freedoms and promoting eco-development, solidarity and justice throughout the world" anstrebte und bei der eine Opting-Out Möglichkeit in einzelnen Zuständigkeitsbereichen nicht vorgesehen war. Eine gemeinsame Außenpolitik sollte nicht auf der NATO oder der WEU beruhen und vor allem Abrüstung und Konversion sowie die friedliche Konfliktlösung zum Ziel haben. Eine gemeinsame Sicherheitspolitik schließlich sollte über die Umgestaltung der KSZE in eine gesamteuropäische „regional security organisation" realisiert werden. Zu einer gemeinsamen Verteidigungspolitik findet sich keine Aussage.

Eine Wirtschafts- und Währungsunion wurde nicht grundsätzlich abgelehnt, Konvergenzkriterien wie soziale Ausgrenzung und Umweltzustand sollten allerdings Vorrang vor der strikten Preisstabilität haben. Für die Einführung einer gemeinsamen Währung und die Errichtung einer europäischen Zentralbank war es nach Ansicht der Grünen zu den vorgesehenen Zeitpunkten aber noch zu früh (SCEUA 1994:25f.).

Was die Aufnahme neuer Staaten in die EU betrifft, so wurde nicht explizit von einer Vertiefung der Union vor einer Erweiterung gesprochen. Für die künftige Aufnahme neuer Mitglieder sollte jedoch garantiert sein, daß diese die Menschenrechte achten und unabhängig von ihrer Größe, wirtschaftlichem Gewicht oder strategischer Wichtigkeit behandelt würden. Dabei sollte diese Erweiterung nicht nur auf die EFTA-Staaten beschränkt sein, sondern auch osteuropäische Staaten (zunächst die Visegrad-Staaten) beinhalten.

Größere gemeinsame Erklärungen der EGC bzw. der EGF außerhalb von Wahlprogrammen gab es bis zu den Europawahlen 1989 nicht. Danach wurden allerdings zur Situation in Osteuropa das "Common Statement on the Common House of Europe" (Dezember 1989) und das „Common Statement on democratic self-determination in Eastern Europe" (März 1990) verabschiedet, zur Menschenrechtskonferenz in Helsinki das „Common Statement on CSCE-Conference" (Oktober 1990), zum Golf-Krieg und zur Balten-Krise das „Common Statement on Baltic Crisis and Gulf War" (März 1991) (siehe hierzu ausführlich EGC 1991h). Bis zur Wiener Resolution der EGF im Januar 1994 wurden dann aber wieder keine größeren Erklärungen mehr verabschiedet.

Die Zahl kleinerer Resolutionen, die oft von den nationalen Parteien zu ihrer eigenen Unterstützung im Heimatland eingebracht wurden, ist seit 1990 erheblich gestiegen.

2.3.2.2. Gemeinsame Aktionen und Arbeitsgruppen

Gemeinsame Aktionen der EGC bzw. der EGF gab es bisher nur im Zusammenhang mit der 1986 gestarteten „Campaign against the blocs". Ansonsten diente das Meeting schon von Anfang an 'nur' als Clearing-Zentrale für abgestimmtes Handeln der nationalen Parteien untereinander. Ab 1988 sind gemeinsame Aktionen aber verstärkt innerhalb der Untergruppen der EGC (EGF) durchgeführt worden.

Bis 1988 kamen unter dem Dach der EGC nur wenige und vor allem keine dauerhaften Arbeitsgruppen zustande. Sie beschränkten sich mit Ausnahme der Erarbeitung von Plattformen zur Europawahl auf strategische oder organisatorische Fragen. Ab 1988 entstanden jedoch mit den regionalen Untergruppen sowie dem EWD und der GiPN an regionalen oder politischen Kriterien orientierte Untergruppen. Ihnen kann durchaus der Charakter autonomer Arbeitsgruppen zugesprochen werden, da über ihre Aktivitäten regelmäßig innerhalb der EGC (EGF) berichtet und diskutiert wurde. Schließlich wurde von der EGC zur Rio-Konferenz kurzzeitig eine sogenannte „Task-Force"-Gruppe eingesetzt, welche die Konferenz für die EGC inhaltlich vorbereiten sollte.

Im Februar 1992 gab es anläßlich der Maastricht-Ratifizierungsdebatten in den EG-Mitgliedsländern und anstehender Aufnahmeanträge einiger EFTA-Länder den Versuch, eine Arbeitsgruppe zu den Maastrichter Verträgen und der Vorbereitung der neuen intergouvernementalen Konferenz 1996 zu errichten. Aufgrund des geringen Interesses der Mitgliedsparteien verlief diese Initiative nach dem Austausch einiger Stellungnahmen der nationalen Parteien und der grünen Fraktion sowie nach Ratifizierung des Vertrags in den nationalen Parlamenten aber nach einem halben Jahr im Sand (EGC 1992b:10). Im Frühjahr 1995 hat sich allerdings erneut eine Arbeitsgruppe aus nationalen und europäischen Abgeordneten zur Vorbereitung der Regierungskonferenz gebildet (Update 4/1995:4).

Abschließend bleibt bezüglich der inhaltlichen Entwicklung festzustellen, daß sowohl die Häufigkeit als auch die Detailliertheit gemeinsamer Stellungnahmen der EGC bzw. der EGF über die Zeit zugenommen haben. Gemeinsame Aktionen wurden von der EGC (EGF) nach 1986 nicht mehr durchgeführt, wohl aber von den regionalen Untergruppen. Diese haben auch den Charakter dauerhafter Arbeitsgruppen, die ansonsten unter dem Dach der EGC nicht zustande kamen. In der EGF treffen sich neben den Untergruppen jetzt auch die Schatzmeister der Mitgliedsparteien regelmäßig. Der Interaktionsgrad im inhaltlichen Bereich ist damit seit 1988 kontinuierlich angestiegen.

2.3.3. Fazit

Der Interaktionsgrad der grünen Parteien in Europa hat sich von 1979 bis 1994 sowohl im inhaltlichen als auch im organisationsstrukturellen Bereich in verschiedenen Sprüngen erhöht. Mittlerweile hat er ein relativ hohes Niveau in der Kooperationsstufe erreicht, wenn auch bislang keine Individualmitgliedschaft in der europäischen Parteiorganisation möglich ist, deren Kompetenzbereich nicht erweitert wurde, Subeinheiten nicht in den Entscheidungsprozeß eingebunden sind und auch gemeinsame Symbole kaum verwendet werden.

Ist die P.E.A.C.E.-Initiative von 1979 noch im Bereich der Kontaktstufe einzuordnen, so hatte sich bereits ein Jahr später mit der Koordination grüner und radikaler Parteien und damit der Errichtung dauerhafter grenzüberschreitender Strukturen der Sprung in die Kooperationsstufe vollzogen. Allerdings war der Interaktionsgrad in der Kooperationsstufe zu dieser Zeit noch relativ niedrig. Auf ein etwas höheres Intensitätsniveau wurden die Interaktionen dann im Rahmen der European Green Coordination gehoben, da hier im Vorstandsgremium, das nach dem Egalitätsprinzip besetzt war, im Bereich der Konfliktregulierung ab 1985 erstmals Ausnahmen von der Einstimmigkeitsregel eingeführt und schon ab 1984 im Gegensatz zur KGRP auch Kongresse durchgeführt wurden. Allerdings stellte der Kongreß bei der EGC noch kein Entscheidungsorgan dar. Außerdem verfügte die EGC jetzt über eigene, pro Mitgliedspartei ständig steigende Finanzmittel, die sich langsam, aber doch erkennbar der Proportionalität bei den Mitgliedsbeiträgen näherten, und ab 1988 entstanden auch immer mehr regionale und/oder politische Untergruppen der EGC.

Größere Fortschritte als im organisationsstrukturellen Bereich wurden zwischen KGRP und EGC auf der inhaltlichen Ebene gemacht. Die EGC verfügte nun über ein eigenes Grundsatzprogramm und verabschiedete zwei Plattformen zu den Europawahlen 1984 und 1989 sowie ab 1990 in immer größerer Zahl und größerer Detailliertheit gemeinsame Resolutionen und Presseerklärungen.

Der eigentliche große Sprung, der die Interaktion der grünen Parteien nun auf ein relativ hohes Kooperationsniveau gehoben hat, fand jedoch mit der Errichtung der European Green Federation (EGF) im Juni 1993 statt. Sie bindet im organisationsstrukturellen Bereich erstmals auch formal Unterorganisationen in die Struktur des Parteienbunds ein und besetzt den jetzt institutionalisierten und mit neuen Aufgaben versehenen Kongreß sowie den Vorstand (Council) nach einem eingeschränkten Proportionalitätsprinzip. Darüber hinaus ermöglicht die EGF im Kongreß und im Council eine Entscheidungsfindung grundsätzlich mit einer Zweidrittel-Mehrheit und nähert die Mitgliedsbeiträge noch mehr an das Proportionalitätsprinzip an. Schließlich stieg wie schon bei der EGC ab 1988 die Frequenz grenzüberschreitender Kommunikation ständig an.

Im inhaltlichen Bereich verfügt die EGF mit den „Guiding Principles" über ein wesentlich ausführlicheres Grundsatzprogramm als noch die EGC mit der „Joint Declaration". Tendenzen zu umfangreicheren und detaillierteren inhaltlichen Stellungnahmen scheinen sich ebenfalls fortzusetzen, wenn auch von der EGF keine Plattform zur Europawahl verabschiedet wurde. Das neu errichtete Standing Committee on European Union Affairs, welches als Unterorganisation der EGF stattdessen für die Wahlplattform 1994 verantwortlich zeichnet, hat mit dieser aber das detaillierteste inhaltliche Dokument erarbeitet, das je von grünen Parteien gemeinsam erstellt wurde. Auch wurde hier erstmals der bislang ausgeklammerte oder nur vage beschriebene Bereich der europäischen Institutionen ausführlich einbezogen und sich klar für eine gesamteuropäische Integration im Rahmen der EU ausgesprochen.

Das SCEUA, als ausschließlich auf den Systemrahmen der EU bezogene Interaktionsform, ist jedoch organisatorisch noch nicht verfestigt. Diese Tatsache unterscheidet die Grünen damit zusammen mit dem Fehlen eines regelmäßigen Treffens ihrer „Parteiführer" noch als einziges von den grenzüberschreitend organisierten Strukturen der anderen großen europäischen Parteifamilien. Ansonsten verfügen auch die Grünen über einen Kongreß als politisches Grundsatz- und über einen Vorstand als politisches Leitungsorgan sowie über ein Sekretariat (geschäftsführender Vorstand) zur Abwicklung des laufenden politischen und organisatorischen Tagesgeschäfts. War schon die Aussage SCHMUCKs (1991:153), die „Grün-Alternativen" verschiedener EG-Staaten hätten keine mit den anderen Parteifamilien vergleichbaren dauerhaften Strukturen entwickelt, mit mehr als Vorsicht zu genießen, so ist seit der Institutionalisierung des Kongresses bei der EGF solchen, zuletzt von BARDI (1994:359, 370) getroffenen Feststellungen, vollends zu widersprechen. Zwar verfügen die Grünen in organisatorischer Hinsicht tatsächlich über keinen EU-Parteienbund, jedoch haben die EGC bzw. die EGF schon seit 1984 die inhaltlichen Aufgaben, die bei den anderen Parteifamilien durch einen EU-Parteienbund erfüllt werden (Ausarbeitung von Plattformen für die Europawahlen, Einbindung der Fraktion im EP), (mit-)übernommen. Allerdings liegen sie im erreichten Interaktionsgrad zumindest im organisationsstrukturellen Bereich mit wenigen Ausnahmen noch etwas hinter den anderen Parteienbünden zurück.

Tabelle 16 gibt zur Entwicklung des Interaktionsgrads noch einmal einen zusammenfassenden Überblick.

Tabelle 16: Die Entwicklung des Interaktionsgrads des Parteienbunds

	P.E.A.C.E	KGRP	EGC	EGF	SCEUA
1) permanente Kommunikation	ja	ja	ja, Frequenz steigend	ja, Frequenz steigend	ja
2) Existenz permanenter Organisation	nein	ja	ja	ja	nein
- mögliche Individualmitgliedschaft		nein	nein	nein	
- Existenz von Subeinheiten		nein	ja[101]	ja	
- Einbindung von Subeinheiten in Entscheidungen		nein	nein	nein	
- Zusammensetzung von: Kongreß Vorstand		 nicht vorhanden Egalität	 keine Regel Egalität	 proportional proportional[102]	
- Konfliktregulierung in: Kongreß Vorstand gesch.Vorstand		 nicht vorhanden Konkordanz Konkordanz	 Konkordanz Konkordanz[103] Konkordanz	 Konkurrenz Konkurrenz Konkurrenz	
- Kompetenzbereich		implizit eingeschränkt	implizit eingeschränkt	explizit eingeschränkt[104]	
- gemeinsame Symbole		nein	nein	nein	
- eigene Finanzmittel		nein	ja, über die Zeit zunehmend proportional	ja, mit höherer Proportionalität	
3) gemeinsame Politikformulierung	nein	Ja, aber kein gemeinsames Programm	gemeinsame Programme	gemeinsame Programme	gemeinsame Programme

2.4. Die Bestimmungsgründe der Entwicklung des Interaktionsgrads

Nachdem im vorangegangenen Kapitel ein deutlicher Anstieg der Intensität grenzüberschreitender Interaktionen grüner Parteien zwischen 1979 und 1994 festgestellt wurde, soll sich nun den möglichen Bestimmungsgründen dieser Entwicklung zu-

---

101 Ab 1988.
102 Jeweils in eingeschränktem Umfang.
103 Ab Einführung der Satzung mit Ausnahmen (z.B. bei der Aufnahme neuer Mitglieder).
104 Jedoch unklar formuliert und keine Ausweitung der Zuständigkeit gegenüber der KGRP oder der EGC.

gewendet werden. Die Untersuchung erfolgt dabei anhand der im Analysemodell in Kapitel 2.1. bereits vorgestellten drei großen Kategorien:
- sozio-politische und ökonomische Rahmenbedingungen der Interaktion
- Parteiprofile der an der Interaktion beteiligten Parteien
- Individualinteressen der beteiligten Akteure.

2.4.1. Sozio-ökonomische und politische Rahmenbedingungen

Die nachfolgende Untersuchung der Veränderung der sozio-ökonomischen und politischen Rahmenbedingungen grenzüberschreitender Interaktion zwischen 1979 und 1994 ist aufgeteilt in fünf große Teilbereiche:

- globale Verschränkung sozio-ökonomischer und politischer Systeme
- Entwicklungslinien der europäischen Integration, inklusive des politischen Systems der EU
- Dominanz des Nationalstaats als primäre parteipolitische Bezugsebene
- Art und Anzahl der interagierenden Parteien
- Nationale Konfliktlösungsmuster.

2.4.1.1. Globale Verschränkung sozio-ökonomischer und politischer Systeme

Die ökonomische, ökologische, militärische und politische Verschränkung sozio-ökonomischer und politischer Systeme war von Anfang an ein hoher Anreiz für grüne Parteien, sich grenzüberschreitend zu organisieren. Schon im ECOROPA-Programm haben die „Multis" und die „abzusehende ökologische Katastrophe" eine bedeutende Rolle gespielt. Daß beide dies auch heute noch tun, wird aus den Präambeln und den einzelnen Abschnitten der Wahlplattformen der EGC (EGF) und deren Grundsatzprogrammen deutlich, speziell in Stellungnahmen zu den negativen Auswirkungen des Binnenmarktes.

Ein direkter Einfluß auf die Entwicklung des Interaktionsgrads über die Zeit durch die zunehmende Systemverschränkung läßt sich zunächst in inhaltlicher Hinsicht erkennen. Die zunehmenden ökologischen Probleme seit 1979 (Ozonloch, Treibhauseffekt, Tschernobyl, Ölkatastrophen) haben zu umfangreicheren Kapiteln hierzu in den Wahlplattformen bzw. in den Guiding Principles geführt.

Dies gilt analog für die militärische und politische Verschränkung über internationale Verträge. Die Auflösung des Warschauer Paktes und eine befürchtete stärkere Rolle der NATO, angefangen mit der Militärintervention im Irak und einer potentiellen Intervention in Jugoslawien, haben zu einer intensiven inhaltlichen Debatte und im Fall Iraks auch zu einer entsprechenden Stellungnahme geführt. Die von den militärischen Blöcken nach Ansicht der Grünen ausgehenden Gefahren waren auch der Anlaß für die erste und einzige gemeinsame Kampagne der EGC 1986.

Besonders großen Einfluß hatte der Zusammenbruch des Ostblocks und die Suche nach Konzepten, seine Mitgliedsländer auf friedliche Weise wirtschaftlich und politisch in ein demokratisches Europa zu integrieren. Dies war eine Aufgabe, mit der die Staatengemeinschaft bei isoliertem Vorgehen einzelner Länder angesichts abzusehender Migrations-, Umwelt- und Sicherheitsprobleme überfordert gewesen wäre. So wurde der Ausbau der KSZE[105] zu einem künftigen gesamteuropäischen Sicherheitssystem von der EGC als Alternative zu NATO und WEU gesehen, was die EGC auch in mehreren Stellungnahmen deutlich machte.

Organisationsstrukturell waren diese Entwicklungen von Bedeutung, weil angesichts der mangelnden Reaktionsfähigkeit der EGC auf diese außenpolitischen Herausforderungen (keine Stellungnahme zu Jugoslawien, verspätete Reaktion auf den Golfkrieg, kein konsensfähiges Konzept zur Integration Osteuropas) die von den Grünen seit der Europawahl 1989 beanspruchte führende Oppositionsrolle in Europa an rechte Parteien verloren zu gehen drohte. Grund für die mangelnde Reaktionsfähigkeit war dabei das Einstimmigkeitsprinzip innerhalb der EGC. Schon im Oktober 1990 hatten deshalb einige Delegierte damit gedroht, ihre Parteien könnten die EGC verlassen und eine eigene, schlagkräftigere Organisation aufbauen (Interview Leo Cox v.22.4.95; Interview Patricia McKenna v.26.4.95), was den eigentlichen Anlaß für den organisationsstrukturellen Reformprozeß der EGC darstellte. Schon 1987 waren der Unfall in Tschernobyl und die mangelnde Reaktionsfähigkeit der EGC darauf ein entscheidender Anlaß für die wieder einsetzende Strukturdebatte innerhalb der EGC gewesen.

Schließlich waren auch der 1992 neu errichtete „Baltic-Sea-Council" (Ostseerat), der alle Ostseeanreinerstaaten umfaßt[106] und die ebenfalls 1992 gegründete „Schwarzmeerkoperation", in der alle Schwarzmeeranreinerstaaten vertreten sind[107], wichtige Katalysatoren für die Gründung oder zumindest Vertiefung regionaler Kooperationsformen innerhalb der EGC (Interview Heidi Hautala v.24.4.95).

Somit hat die zunehmende globale Verschränkung sozio-ökonomischer und politischer Systeme bzw. ihre verstärkte Wahrnehmung durch entsprechende Katastrophen oder Bedrohungen positiv auf die Entwicklung des Interaktionsgrads der grünen Parteien eingewirkt.

---

105 Siehe zur Entwicklung der KSZE, die sich ab 1.1.1995 in OSZE (Organisation für Sicherheit und Zusammenarbeit in Europa) umbenannt hat (Das Parlament Nr.49/1994:12), ausführlicher BARATTA (1992:770-78).

106 Siehe hierzu ausführlicher BARATTA (1992:739).

107 Siehe hierzu ausführlicher HALBACH (1994).

2.4.1.2. Entwicklungslinien der europäischen Integration

Europarat, Erweiterung und Vertiefung der EG

Die europäische Integration hat seit 1979 bedeutende Fortschritte gemacht, insbesondere in den neunziger Jahren. Die EG kristallisierte sich dabei immer mehr als die nicht nur am weitesten fortgeschrittene, sondern auch als die anziehungskräftigste Form europäischer Integration heraus. Nicht nur die osteuropäischen, sondern auch die Mehrheit der EFTA-Länder wollten keine eigenen dauerhaften Integrationsstrukturen aufbauen bzw. beibehalten, sondern der EG beitreten. Dazu waren die Osteuropaabkommen der EU und der Europäische Wirtschaftsraum (EWR), der zum 1.1.1994 in Kraft trat und mit Ausnahme der Schweiz, Liechtensteins und Islands alle EU- und EFTA-Länder in einer Freihandelszone vereinte, ein erster Schritt[108]. Sowohl die EWR-Verhandlungen als auch der anstehende Beitritt der EFTA-Länder haben unmittelbar zur Bildung einer starken Untergruppe aller EFTA-Grünen innerhalb der EGC geführt, die gemeinsan einen Beitritt ihrer Länder zum EWR oder zur EG zu verhindern versuchten.

Eine Aufwertung als gesamteuropäische Kooperationsstruktur erhielt in den 90er Jahren auch der Europarat. In ihn wurden mittlerweile fast alle osteuropäischen Staaten aufgenommen, und seine Mitgliederzahl ist deshalb von 23 Staaten 1989 auf 32 Ende 1994 angestiegen (Das Parlament Nr.47/1994:12). Diese Entwicklung machte den Europarat für einige EFTA-Grüne, darunter die GPS aus der Schweiz, als Ausgangspunkt für eine gesamteuropäische Integration als Alternative zur EG-Integration interessant (Interview Hans-Beat Schaffner v.30.10.94). Ab 1990 wurde in der EGC hierüber immer wieder leidenschaftlich diskutiert.

Zusätzlich zu den Erweiterungstendenzen gab es mit der Einheitlichen Europäischen Akte (EEA) und dem Maastrichter Vertrag zwei größere Reformschritte zur Vertiefung der EG. Diese vermindert prinzipiell „die Dominanz des Nationalstaates als primäres Bezugsobjekt parteipolitischen Handelns" (NIEDERMAYER 1983:102) durch eine Ausweitung der Integrationsmaterie, wie dies in der EEA und besonders in den Maastrichter Verträgen durch die Einbeziehung neuer Politikfelder in den Zuständigkeitsbereich der EU geschehen ist. Wichtige politische Entscheidungen werden allerdings immer noch von den Regierungsvertretern im Ministerrat und nicht durch Parteien bzw. ihre jeweiligen Fraktionen im EP getroffen (Siehe hierzu ausführlicher Kapitel 3.4.1.).

Ein Einfluß dieser Reformen auf die inhaltliche Entwicklung der EGC läßt sich nur bedingt feststellen. So haben die EEA und der Maastrichter Vertrag die EGC nur kurz beschäftigt und zu keinen gemeinsamen Stellungnahmen zu den Institutionen der EG geführt. Der Maastrichter Vertrag fand über zwei diesbezügliche

---

108 Assoziierungsabkommen, die jeweils beschränkte Freihandelszonen zwischen den Vertragspartnern errichten, wurden von der EU bis Ende 1994 mit den Visegradstaaten, Bulgarien, Rumänien sowie zuletzt mit den baltischen Staaten abgeschlossen (Siehe hierzu ausführlicher Europa Forum 11/1994:3). Zum EWR siehe ausführlicher EUROPÄISCHES PARLAMENT (1993).

Debatten aber schon weit mehr Beachtung als seinerzeit die EEA, über die im Januar 1986 lediglich eine kurze Diskussion geführt wurde (EGC 1986a:5). Allerdings hatte die mit der EEA in Angriff genommene Umsetzung des Binnenmarktes bis Ende 1992 einen integrierenden Einfluß auf die EGC, da alle Mitgliedsparteien negative Folgen im Umwelt- und Sozialbereich fürchteten und dies ab 1989 auch immer wieder in den gemeinsamen Plattformen der EGC bzw. EGF deutlich machten.

Organisationsstrukturell gilt auch hier das bereits oben angeführte Argument: Durch die Uneinigkeit der Mitgliedsparteien der EGC über den zu verfolgenden west- und/oder gesamteuropäischen Integrationskurs (siehe hierzu ausführlicher Kapitel 2.4.2.3.) konnte die EGC zu Maastricht und zu einer künftigen gesamteuropäischen Integration keine Stellungnahmen abgeben. Angesichts der Wichtigkeit dieser Themen in der Öffentlichkeit drohte die führende Oppositionsrolle in Europa an rechte Parteien verloren zu gehen und führte somit zu zusätzlichem Druck, organisationsstrukturelle Reformen durchzuführen.

Ein direkter und entscheidender Faktor für die organisationsstrukturelle Entwicklung der EGC bzw. der EGF war auch Art.138a des Maastrichter Vertrags, da er wesentlich zur Errichtung einer EU-Untergruppe innerhalb der EGF beigetragen hat (siehe Kapitel 2.2.5.).

Somit bleibt festzustellen, daß sich die Erweiterung, die erste und vor allem die zweite Reform der EG positiv auf die Entwicklung des Interaktionsgrads grüner Parteien ausgewirkt haben.

Europawahlen

Unabhängig von den relativ geringen Kompetenzen des EP sind die Direktwahlen 1979 ein entscheidender Faktor für die Errichtung organisatorisch verfestigter Interaktionsbeziehungen zwischen grünen Parteien gewesen. Auch heute noch stellen die Europawahlen einen positiven Anreizfaktor für die Intensivierung der Interaktionen dar, besonders um über gemeinsame Plattformen, gemeinsame Aktionen und die Bildung einer gemeinsamen Fraktion den Einfluß auf grüne Abgeordnete im EP zu erhöhen, und die Zugehörigkeit zu einer starken ideologischen Grundrichtung herauszustellen (siehe hierzu auch Kapitel 2.4.2.1.). Dieser Anreiz besteht auch für Nicht-EU-Parteien, die der EU keine größere Macht zukommen lassen wollen, da sie hoffen können, über die Programmatik eines Parteienbunds auf die Zusammensetzung und das Verhalten der Fraktion in ihrem Sinne Einfluß zu nehmen. Gerade die EFTA-Grünen, die sich fast alle geschlossen gegen den Beitritt ihrer Länder zur EG ausgesprochen hatten, haben dies auch ausgiebig über die Beeinflussung der Wahlplattform 1989 getan. Aufgrund ihrer Intervention wurde dort so gut wie nichts zu den Institutionen der EG gesagt, da die EFTA-Grünen der EG so wenig Legitimität wie möglich verleihen wollten. Die spätere pro-föderalistische Haltung der ersten grünen Fraktion, die sich klar für die EG als geeigneten Rahmen für eine gesamteuropäische Integration aussprach, konnte leicht von den

EFTA-Grünen kritisiert werden, da die Fraktion damit angeblich gegen die von ihr als gemeinsame Arbeitsgrundlage akzeptierte Wahlplattform verstieß.

Da sich an der Art und Weise der Durchführung von Europawahlen über die Zeit aber nichts geändert hat und eine Einflußnahme auf die Europafraktion schon immer für alle Parteien interessant war, kann dieser Faktor nicht für eine Erhöhung des Interaktionsgrads verantwortlich sein.

Sozio-politische Vermittlungsstrukturen

Die zunehmende Aktivität grenzüberschreitend organisierter Interessengruppen in der EG und ihre Zusammenarbeit insbesondere mit der Kommission (siehe hierzu ausführlicher ANDERSEN/ELIASSEN (1991) sowie KOHLER-KOCH (1992)) hatte keinen Einfluß auf die Veränderung des Interaktionsgrads (Interview Leo Cox v.22.4.95; Interview Paolo Bergamaschi v.26.4.95), da grüne Parteien solche „bürokratischen Verflechtungen" in der Regel nicht durch Verstärkung eigener „bürokratischer Prozesse", sondern durch die Mobilisierung der „Basis" entgegenzutreten versuchten.

Allerdings wurde immer wieder die zunehmende Europäisierung von Großunternehmen problematisiert, denen laut Aussagen in den Wahlplattformen zu Europawahlen eine Gegenmacht entgegengesetzt werden sollte.

Rivalität zu anderen Parteienbünden

Auch eine Rivalität zu den Parteienbünden der anderen Parteifamilien wurde bis Ende der achtziger Jahre nicht als Anreiz zur Intensivierung der transnationalen Aktivitäten der Grünen gesehen (Interview Leo Cox v.22.4.95; Interview Per Gahrton v.6.4.95). Im Gegenteil, festmachend an teilweise nicht nachvollziehbaren Beispielen anderer Parteienbünde, die sich angeblich in nationale Angelegenheiten mischten, wurden deren Strukturen negativ und einheitlich als „Internationale" betitelt. Dabei war es egal, ob es sich tatsächlich um eine Internationale oder um einen europäischen Parteienbund handelte. So wurde eine anzustrebende Rivalität zu anderen Parteienbünden nur in Einzelfällen problematisiert[109].

Dies änderte sich allerdings Anfang der neunziger Jahre entscheidend, als Satzungsreformen bei den anderen europäischen Parteienbünden vorgenommen wur-

---

109 So etwa durch das Vorstandsmitglied der GRÜNEN Norbert Kostede:"Nicht allein vor Ort und im jeweiligen Land, auch auf der Ebene der internationalen Politik sind wir der erbitterten und permanenten Konkurrenz konservativer, sozialdemokratischer und kommunistischer Parteiformationen ausgesetzt. Sind wir dem scharfen Gegenwind hochorganisierter Kräfte in Wirtschaft, Wissenschaft und Kultur ausgesetzt, welche die Spuren des antinuklearen und sozialen Widerstands zu verwischen suchen. Wenn wir diese Herausforderung nicht annehmen, werden wir in zehn Jahren vielleicht erleben, wie eine ökologisch und friedenspolitisch teilangepaßte und teiltransformierte Sozialistische Internationale die Grünen und Alternativen beiseite drängt. Die Ära der Grünen wird dann nur die Ära einer ökologischen Modernisierung des traditionellen Parteiengefüges gewesen sein." (KOSTEDE 1986:3).

den, die dort zu organisationsstrukturellen Interaktionsfortschritten geführt haben (Vgl.HENSCHEL 1993). So ist die ELDR 1991 von einer Zweidrittel-Mehrheit im Kongreß auf die einfache Mehrheit übergegangen (BARDI 1992:966), genauso die EUCD (EUCD 1992). Bei den Sozialisten sind im Vorstand seit 1992 Mehrheitsentscheidungen möglich (Das Parlament Nr.52-53/1992:16). Teilweise haben diese Reformen auch zu Umbenennungen der Parteienbünde geführt, die nun zumindest ihrem Namen nach den Anspruch erheben, europäische Parteien zu sein. So heißt der liberale Parteienbund seit Dezember 1993 European Liberal, Democrat and Reform Party (HENSCHEL 1994:273) und die Sozialisten haben sich schon Ende 1992 in Sozialdemokratische Partei Europas umbenannt (Das Parlament Nr.52-53/1992:16). Diese Umbenennungen haben ihren Grund vor allem im Artikel 138a EUV, der übrigens auf Druck der drei großen Parteienbünde selbst dort verankert werden konnte (JANSEN 1992:242), und der „Parteien [nicht Parteiföderationen oder -bünden] auf europäischer Ebene" indirekt die Finanzierung durch Gemeinschaftsmittel in Aussicht stellt. Auch um gegenüber den anderen Parteienbünden nicht ins Hintertreffen zu geraten, drängte jetzt vor allem das Co-Secretariat der EGC auf schnelle Satzungsreformen. Die Entwürfe zur neuen Satzung waren dann auch teilweise an den Satzungen der anderen Parteienbünde, insbesondere der EUCD, orientiert (Interview Heidi Hautala v.24.4.95; Interview Leo Cox v.22.4.95; Interview Paolo Bergamaschi v.26.4.95).

Die Rivalität zu anderen Parteienbünden war damit ab Anfang der 90er Jahre mit ein Grund für die Erhöhung des Interaktionsgrads.

2.4.1.3. Dominanz des Nationalstaats als primäre parteipolitische Bezugsebene

Den Anreizen durch zunehmende internationale Systemverschränkungen und die Entwicklung des europäischen Integrationsprozesses steht grundsätzlich die Dominanz des Nationalstaats als primäres Bezugsobjekt parteipolitischen Handelns entgegen. Die nationalstaatliche Dominanz äußert sich durch eine nur widerwillige Abgabe von Souveränität durch die nationalen Parteien in inhaltlicher, organisatorischer und finanzieller Hinsicht.

Inhaltliche Dominanz

Eine Partei wird einer Ausweitung der Interaktionen grundsätzlich nur dann zustimmen, wenn ihr dies auf nationaler Ebene mehr nutzt als schadet. Nicht nur, aber gerade für kleine und/oder neu gegründete Parteien, die um ihr nationales Überleben kämpfen, ist deshalb ein Souveränitätsverzicht zugunsten einer europäischen Parteiorganisation nur schwer denkbar.

Norbert Kostede, seinerzeit Mitglied im Bundesvorstand der GRÜNEN, schrieb dazu schon 1987:

„Unsere Rhetorik ist internationalistisch, unser Handeln ist nicht selten provinziell. Darauf bedacht, unsere Position in der lokalen, regionalen und nationalen Politik zu stärken, fehlt uns die Aufmerksamkeit für eine wachsende Gefahr: Daß die Grünen auch auf der Ebene der internationalen Politik geschlagen werden können" (KOSTEDE 1987:2).

Alle Mitgliedsparteien waren und sind sich dabei schon seit 1979 einig, daß eine grenzüberschreitende Parteiorganisation einen Informationsaustausch unter den Mitgliedsparteien, eine gegenseitige Unterstützung der nationalen Parteien bei ihren Kampagnen sowie die weitere Verbreitung grüner Ideen gewährleisten sollte. Streit gab es jedoch darüber, ob und wie eine solche Organisation darüber hinaus auch politische Entscheidungen fällen konnte, die für die Mitgliedsparteien verbindlich waren. Dahinter standen zwei verschiedene Ansätze europäischer Politikformulierung. Der erste favorisiert einen Willensbildungs- und Entscheidungsprozeß bezüglich europäischer Probleme auf der nationalen Ebene. Eine europäische Parteiorganisation hat bei diesem Ansatz die Aufgabe, den sich bei der Zusammenarbeit ergebenden kleinsten gemeinsamen inhaltlichen Nenner der Mitgliedsparteien so effektiv wie möglich zu vertreten, um damit wiederum die jeweilige nationale Position zu stärken (Bottom-up-Prinzip). Stellvertretend für diese Richtung kann hier die Miljöpartiet aus Schweden herangezogen werden: Sie wollte eine einstimmige Beschlußfassung bei politischen Entscheidungen der EGC (GAHRTON 1985), denn:

„The E[GC] is no national party, no parliamentary group, it is a coordination which does not have to have collective opinions on every matter". [...] „it will be of considerable importance of member parties not to have EG[C] decisions and even campaigns which contradict the official position of the member party." (GAHRTON 1986).

Schon im Zusammenhang mit der Joint Declaration sollte die Autonomie der Mitgliedsparteien soweit wie möglich berücksichtigt werden (ECOLO 1984:4): „Every party for itself can decide in which way they make use of this joint declaration. The important thing is, that we have a first text around which we can work together." (EGC 1983a:5).

Dahinter stand eine teilweise diffus geäußerte Furcht vor einer sogenannten „grünen Internationale" aus Parteifunktionären, „ [...] die als internationales Zentralkommitee den anderen grünen Parteien Direktiven aufdrängen kann." (AGALEV 1987).

Der zweite Ansatz geht den umgekehrten Weg. Die Willensbildungs- und Entscheidungsprozesse zu europäischen Problemen sollen (zumindest in Teilbereichen, also unter Berücksichtigung des Subsidiaritätsprinzips) in einer europäischen Parteiorganisation vonstatten gehen, und die dort gefaßten Entscheidungen sollen von den nationalen Parteien akzeptiert und umgesetzt werden (Top-down-Prinzip). Dieser Ansatz wurde bereits in den frühen achtziger Jahren von einigen Vordenkern der Ecology Party, ECOLOs, AGALEVs und Les Verts vertreten (Interview Bruno Boissière v.20.4.95; Interview Ludo Dierickx v.28.4.95; Interview Paul

Beeckmans v.21.4.95). Dabei ist aber nicht klar, inwieweit hinter diesem Konzept zum damaligen Zeitpunkt auch die Parteien als Ganzes standen.

Die grundsätzliche Idee einer Politikformulierung auf europäischer Ebene, um die Grünen dadurch schlagkräftiger und weniger widersprüchlich zu machen, übernahmen Ende der achtziger/Anfang der neunziger Jahre immer mehr grüne Parteien. Damit maßen sie der EGC auch eine wesentlich höhere Bedeutung als nur einem einfachen Koordinationsgremium bei (Vgl. DEIJNCKENS 1990:3). Dafür war ein Konsensprinzip, wie es die Anhänger des Bottom-up-Prinzips vertraten, aber denkbar ungeeignet.

Ab etwa 1991 zeigte sich auch bei den Vertretern des Bottom-up-Prinzips eine verstärkte Bereitschaft, politische Entscheidungen in der EGC nicht mehr einstimmig zu treffen. Allerdings gab es unterschiedliche Auffassungen über die für Entscheidungen dann notwendige Mehrheit. So wollten De Groenen, Groen Links, ECOLO, I Verdi und Les Verts Entscheidungen des Councils und des Kongresses der EGF mit einfacher Mehrheit, während De Grønne aus Dänemark und Comhaontas Glas eine Zweidrittel-Mehrheit und bei Satzungsänderungen sogar eine Dreiviertel-Mehrheit wollten (eigene Beobachtung auf dem Helsinki-Meeting 1993).

Neben Mehrheitsentscheidungen hatten einige Parteien auch noch Schwierigkeiten mit der Verbindlichkeit solcher Entscheidungen. So war beispielsweise jetzt auch die Miljöpartiet bereit, das Einstimmigkeitsprinzip in der EGC aufzugeben. Jedoch sollte keine nationale Partei dazu gezwungen werden, etwas aktiv zu verfolgen, gegen das sie gestimmt hatte (so Per Gahrton auf dem Leipzig-Meeting 1992). Hieraus resultiert die Soll- statt der Muß-Bestimmmung in Art.3 der Satzung der Federation bezüglich der Übernahme von im Rahmen der EGF getroffenen Entscheidungen. Die Gegner einfacher Mehrheitsentscheidungen sorgten dann auch dafür, daß als Kompromiß Entscheidungen in der EGF nicht mit einfacher, sondern mit qualifizierter Mehrheit zu treffen sind. Auch Comhaontas Glas und Alternattiva Demokratika war die Zustimmung zu den Guiding Principles der EGF nur dadurch abzuringen, daß sie sich beim Punkt Schwangerschaftsabbruch ein Opting-out sichern konnten (eigene Beobachtung auf dem Helsinki-Meeting 1993).

Tabelle 17 gibt einen Überblick über die Ausgangspositionen der Mitgliedsparteien zur gewünschten Rolle der EGC (europäische Partei, verbindliche Entscheidungen von Fall zu Fall im jeweils anstehenden Gebiet, unverbindliches Koordinationsgremium) zu Beginn der Diskussionen über die Satzungsreform (1992) bzw., wenn sie später Mitglied wurden, zum Zeitpunkt ihres Eintritts in die EGC (EGF). Aus ihr wird noch einmal deutlich, daß die große Mehrheit der Parteien dem Souveränitätsverzicht zugunsten einer europäischen Parteiorganisation Anfang der neunziger Jahre durchaus aufgeschlossen war. Einige Parteien lehnten dies aber immer noch ab. Allerdings sahen diese Parteien schließlich ein, daß eine Blockierung der EGC nicht mehr in ihrem Interesse liegen konnte (Interview Patricia McKenna v.26.4.95). Sie wurden mit der Aussicht auf mehr finanzielle Mittel, über die die neue Federation verfügen würde, und/oder mit der klaren Drohung überzeugt, auf jeden Fall eine mandatierte, mit Mehrheit entscheidende europäische Parteiorganisation zu errichten, mit oder ohne die opponierenden Parteien (Interview Leo Cox v.22.4.95; Interview Anne de Boer v.28.4.95).

Tabelle 17: Gewünschte Rolle der EGC bzw. der EGF

Beitrittsdatum	Partei	Alternative 1	Alternative 2	Alternative 3	Position der Partei[110]
1983	Green Party			x	Ja
	Les Verts	x			?
	Comhaontas Glas			x	?
	ECOLO	x			Ja
	AGALEV	x			Ja
	Miljöpartiet de Gröna			x	Ja
1984	De Groenen		x		?
	Dei Greng Alternativ		x		Ja
1985	De Grønne			x	?
1987	Die GRÜNEN		x		?
	GPS		x		Ja
1988	Grüne Union		x		Ja
	Grüne Alternative		x		?
	Los Verdes		x		Ja
	Os Verdes			x	Ja
	MDP			x	?
1989	Federazione dei Verdi	x			?
	Groen Links		x		?
	Estländische Grüne			x	?
1990	FÖAO			x	?
	Alternattiva Demokratika		x		Ja
1991	Miljøpartiet de Grønne			x	?
	Georgische Grüne		x		Ja
	Bulgarische Grüne		x		Ja
1992	Slowenische Grüne		x		?
	GLEI		x		Ja
1994	Ukrainische Grüne Partei		x		?
	Grüne Partei St.Petersburg		x		?
	Zöld Alternativa		x		Ja
	Scottish Green Party			x	?

Alternative 1: Europäische Partei; Alternative 2: Mandatiertes Organ; Alternative 3: Unverbindliche Koordination. Quelle: eigene Angaben der Parteien und Interview Leo Cox und Lut Neetesonne v.22.4.95.

---

110 Bei vielen Parteien war nicht klar, inwieweit die Partei als Ganzes und nicht nur die jeweiligen Delegierten hinter der entsprechenden Position standen. Dieser Fall wurde hier mit einem Fragezeichen versehen.

Finanzielle Dominanz

Neben der Weigerung, auf europäischer Ebene gefaßte Beschlüsse auf nationaler Ebene umzusetzen, wenn dadurch Schaden für die eigene Partei erwartet wird, wird die Dominanz der nationalstaatlichen Bezugsebene an der geringen Bereitschaft der nationalen Parteien deutlich, transnationalen Aktivitäten ausreichende finanzielle Mittel zur Verfügung zu stellen.

Grenzüberschreitende Parteiorganisationen der Grünen haben schon immer mit erheblichen Finanzproblemen zu kämpfen gehabt, weil nicht nur die finanziell schwachen, sondern auch die meisten finanzstarken Parteien nur widerwillig Mittel an diese Organisationen abführten.

Ein dauerhaftes Problem war neben den allgemein niedrigen Beiträgen auch die Frage der Zahlungsmoral, welche die Handlungsfähigkeit der EGC negativ beeinflußte. So wurde jedes Jahr ein Teil des Budgetansatzes (schwankend zwischen 12 und 42%) nicht erreicht, da die finanziell schwachen Parteien meistens Zahlungsschwierigkeiten hatten oder diese zumindest vorgaben. Außerdem zahlten einige Parteien ihre Beiträge nicht zu Beginn, sondern erst am Ende des Jahres.

Tabelle 18 zeigt beispielhaft für das Jahr 1988 für einige finanziell starke Parteien das Verhältnis zwischen Gesamtbudget und finanziellem Beitrag zur EGC

Tabelle 18: Anteil der Beiträge zu den EGC am nationalen Budget (in DM)

Partei	Beitrag	Budget	Anteil in %
I Verdi	1.200	7,2 Mio.	0,02
GA	1.200	1,7 Mio.	0,07
GRÜNEN	7.200	39,4Mio	0,02

Quelle: eigene Erhebung aus Daten der EGC und KATZ/MAIR (1992)

Auch AGALEV zahlte z.B. 1983 nur 0,5% seines Budgets an Mitgliedsbeiträgen, während die kleinen Parteien teilweise einen erheblichen höheren Prozentsatz erreichten. So überwiesen De Groenen 1992 ungefähr 15 und Comhaontas Glas 1994 etwa 10% ihres nationalen Budgets (so Steven Rawson auf dem Budapest-Council am 10.6.95 und eine Vertreterin von De Groenen auf dem Leipzig-Meeting am 19.12.92). Allerdings muß eingeräumt werden, daß einige große Parteien über ihren regulären Mitgliedsbeitrag hinaus durch Zuschüsse zu Kongressen der EGC oder durch Hilfen an kleine Parteien, die sonst von der EGC hätten geleistet werden müssen, faktisch einen höheren Anteil vom nationalen Budget abgeführt haben. Dieser ist dadurch aber nicht wesentlich größer geworden. Einige Parteien wären dabei bereit gewesen, auch substantiell höhere Mitgliedsbeiträge zu zahlen (z.B.AGALEV). Jedoch befürchteten insbesondere kleine Parteien bei einem proportionalen System eine Zweiklassengesellschaft mit einer Dominanz der finanziell starken Parteien und insbesondere der GRÜNEN (Interview Paolo Bergamaschi v.26.4.95; Interview Leo Cox v.22.4.95; Interview Patricia McKenna v.26.4.95), was höhere Beitragszahlungen einiger starker Parteien verhinderte (siehe hierzu ausführlicher Kapitel 2.4.2.1.).

Mit der Errichtung der EGF ist der Widerstand der kleinen Parteien hier schwächer geworden, und die Bereitschaft aller finanziell starker Parteien, einen höheren Anteil am nationalen Budget abzuführen, ist gestiegen[111].

Organisatorische Dominanz

Vertreter nationaler Parteien waren bislang auf den Treffen europäischer Parteiorganisationen der Grünen sehr unterschiedlich mandatiert, d.h., sie waren in unterschiedlichem Ausmaß berechtigt, Beschlüsse mitzutragen, an die ihre nationale Partei gebunden war. Die geringe Mandatierung der meisten Parteidelegierten war schon bei der KGRP ein Hauptproblem und hat sich erst bei der EGF geändert. So wurde die Situation von Leo Cox, dem politischen Sekretär der EGC, 1991 wie folgt beschrieben:

> „The reluctance, if not refusal, of green parties to mandate and equip transregional and transnational bodies, structures and persons, stems from the fact that green international politics should be the addition of all national and regional views and efforts, run by informal, harmless and spontaneous commitments on a European level." (COX 1991:2). „[...] The nature and value of the Delegates' mandates, representing the Members at the Coordination's meetings differ too much (from a binding mandate to a harmless observership) to come to a European policy really committing the Members of the Coordination." (COX 1991:5).

Auch Norbert Kostede mußte schon 1986 feststellen, daß einige Delegierte wenig in das politische Leben ihrer Parteien integriert waren, so daß ein „Transfer von Ideen und Aktionsvorschlägen nur begrenzt stattfinden konnte." (KOSTEDE 1986:5).

Tatsächlich entsandten bis Ende 1993 nur wenige Parteien regelmäßig ihre Vorstandssprecher oder Generalsekretäre zu den Treffen der EGC (Green Union, ECOLO, AGALEV, GPS, zeitweise auch die Green Party und die Miljöpartiet). Die restlichen Parteien waren entweder durch Vorstandsmitglieder oder sonstige Delegierte vertreten, von denen oft nicht klar war, inwieweit sie mandatiert waren.

In den ersten Satzungsentwürfen für die EGF sollte sich deshalb der Council vom Meeting vor allem dadurch unterscheiden, daß die Delegierten formal mandatiert sein sollten, und zwar ausschließlich durch die „Member's official bodies" (COX/SCHAFFNER 1992:3a). AGALEV wollte, daß die Delegierten ihr Mandat zumindest vom Vorstand erhielten (AGALEV 1992b). ECOLO forderte gar, als

---

111 Mehr Daten aus diesem Bereich wären sicherlich sehr aufschlußreich, jedoch haben weder die EGC noch die EGF selbst Statistiken über die Anteile der Mitgliedsbeiträge am nationalen Budget geführt (und damit auch ihre eigene Regelung nicht konsequent auf Einhaltung überwacht). Auch Auskünfte der nationalen Parteien wären nicht verläßlich, soweit die dortigen Finanzen nicht sowieso einer staatlichen Offenlegungspflicht unterlägen (wie in den Fällen der Tabelle 18). Außerdem sind Finanzdaten auch bei den Grünen sehr sensibel.

Delegierte zu den Council-Meetings nur Vorstandssprecher oder ihre Vertreter zuzulassen und diese Regel auch in der Satzung festzuschreiben. Außer der Formulierung: „The Federation is a mandated body [...]", wurde hiervon aber nichts in der Satzung verankert. De facto sind mit der Gründung der EGF jedoch tatsächlich mehr Delegierte mit größeren Vollmachten ausgestattet worden und nehmen auch wichtigere Postionen in ihrer nationalen Partei ein (Interview Paolo Bergamaschi v.26.4.95; Interview Leo Cox v.22.4.95). Bei einigen kleinen Parteien hat sich hier allerdings noch nichts geändert (Interview Anne de Boer v.28.4.95).

Ob sich die Mandatierung der Delegierten aber dauerhaft und bei allen Parteien bessert, hängt auch davon ab, welchen Stellenwert internationale und europäische Politik in den nationalen Parteien zukünftig eingeräumt bekommt. Dort ist oft nur ein kleiner Kreis von Aktivisten entsprechend interessiert und meist nicht in der Lage, für eine breite Vorbereitung der in der EGF anstehenden Themen oder eine weite Verbreitung der dort erzielten Diskussionsergebnisse zu sorgen[112].

Somit bleibt zusammenfassend festzuhalten, daß die Entscheidungsautonomie der nationalen politischen Systeme durch übernationale politische, Sozial- oder Umweltsysteme offensichtlich immer noch nicht so weit beeinträchtigt wurde, daß bei allen grünen Parteien eine stärkere Hinwendung zur europäischen Ebene erfolgt ist. So waren im organisationsstrukturellen Bereich zwar einige Parteien zum Sprung in die Integrationsstufe bereit, die Mehrzahl der grünen Parteien konnte sich durch ihren starken Bezug zum nationalen Kontext hierzu aber noch nicht entschließen. Dadurch wurde ein von einigen Parteien gewünschter weit größerer Fortschritt im Interaktionsgrad verhindert. Nichtsdestotrotz läßt sich ab Anfang der neunziger Jahre bei einigen Parteien eine Abschwächung der nationalen Dominanz in inhaltlicher, finanzieller und auch organisatorischer Hinsicht beobachten, welche den Anstieg des Interaktiongrads grüner Parteien begünstigt hat.

2.4.1.4. Art und Anzahl der interagierenden Parteien

Mit einer steigenden Zahl von Mitgliedsparteien steigt auch der Organisationsaufwand innerhalb eines Parteienbunds, da die zu berücksichtigende Meinungs-

---

112 Z.B. gab Helmut Lippelt, Vorstandsmitglied bei den GRÜNEN, mehrmals zu verstehen, daß die Parteispitze der GRÜNEN praktisch nicht für die Arbeit der EGC zu interessieren war. Auch von seinen Änderungsanträgen zur Satzung und zum Grundsatzprogramm der EGF wußten außer ihm nach eigener Aussage nur noch drei Leute in der Partei, der Rest war nicht interessiert (So Helmut Lippelt auf dem Seminar der EGC in Bonn 1993). Ein ganz krasses Beispiel bot 1993 der Sprecher der italienischen Grünen (Ripa di Meana). Er unterstützte den Aufruf zur Gründung von „Generation Europe", einer potentiellen Konkurrenzorganisation zur EGC, die von Brice Lalonde aus Frankreich und Francois Roelants du Vivier aus Belgien ins Leben zu rufen versucht wurde. Nach einem entsprechenden Beschwerdebrief der EGC entschuldigte sich Ripa di Meana daraufhin und erklärte sein Verhalten mit der mangelnden Kenntnis der grenzüberschreitenden Parteiorganisationen der Grünen (Interview Leo Cox v.22.4.95).

vielfalt ständig zunimmt. Besonders fällt dies bei einstimmiger Beschlußfassung ins Gewicht, da dann länger über tragbare Kompromisse verhandelt werden muß.

Durch die freizügige Aufnahme neuer Mitglieder wuchs die EGC innerhalb von 15 Jahren von ursprünglich sieben auf 28 Mitgliedsparteien an (Stand Ende 1994). Mit der ersten Süderweiterung 1988, der 1991 die zweite Süd- und die erste größere Osterweiterung folgten, ist die EGC (EGF) mittlerweile auch in drei kulturelle Blöcke geteilt:

- den indo-germanisch-nordischen (Deutschland, Flandern, Niederlande, Luxemburg, Irland, Großbritannien, skandinavische Staaten)
- den romanisch-südeuropäischen (Frankreich, Spanien, Portugal, Italien, Griechenland, Malta)
- den osteuropäischen.

Letzterer ist seinerseits wieder in die Visegrad-Staaten inklusive Slowenien, die Baltenrepubliken, die kaukasischen Staaten sowie die Ukraine und Rußland aufgeteilt.

Die südeuropäischen Grünen (Os Verdes, I Verdi, Los Verdes, Föderation der Ökologisch-Alternativen Organisationen, später unterstützt durch Les Verts) beschuldigten die EGC schon früh, zu sehr von der nordeuropäischen Kultur bestimmt zu sein und damit teilweise eine problembezogene Ignoranz gegenüber den Südparteien an den Tag zu legen[113]. So stellten Os Verdes zur Europawahlplattform des SCEUA fest: „Nous crayons que le doc[ument] présente l'EC comme un bloc homogène, ne valoise pas les diversités (exemple:culturelles) et gonne les spécificités, par exemple, des pays du Sud ou Périphériques" (OS VERDES 1994:1).

Trotz einzelner Anstrengungen und Absichtserklärungen der nordeuropäischen Grünen hat sich an den unterschiedlichen Interessen sowie am finanziellen und machtpolitischen Ungleichgewicht zwischen Nord- und Südgrünen bis heute nichts geändert. Im Gegenteil, die Nordgrünen haben sich seit 1989 eher verstärkt mit Osteuropa als mit den Problemen des Mittelmeerraumes beschäftigt.

So haben die meisten südeuropäischen Parteien bis heute das Gefühl, nicht gleichberechtigt in die EGF integriert zu sein[114].

---

113 Zu den unterschiedlichen Problemen in Südeuropa verglichen mit Nord- oder Westeuropa gehört zunächst die in Südeuropa stärker ausgeprägte Armut. Auch haben sich postmaterialistische Werthaltungen dort noch nicht so verbreiten können wie in Mittel- und Nordeuropa, was einen Grund für die geringen Wahlerfolge der südeuropäischen Grünen darstellt. Außerdem genießen kommunistische Parteien in Spanien, Portugal und Griechenland ein ganz anderes Ansehen als in Mittel- und Nordeuropa, da sie dort aktiv gegen die jeweils herrschenden Diktaturen gekämpft hatten (DEIJNCKENS 1990:4).

114 Bis vor kurzem war dieser Nord-Süd-Konflikt innerhalb der EGC (EGF) aber eher unterschwellig vorhanden (Interview Leo Cox v.22.4.; Interview Paolo Bergamaschi v.26.4.95). Besonders krass brach dieser Konflikt allerdings beim zweiten Council-Treffen auf Kreta aus. Da der bisherige Generalsekretär Leo Cox überraschend von AGALEV zu den flämischen Christdemokraten über- und

Auch bei den Ostgrünen entstand oft der Eindruck einer „politischen Kolonialisierung" durch die Westparteien (EGC 1991f:2). Sie hatten ebenfalls das Gefühl, kein wirklicher Teil der EGC zu sein (MONÖ 1990), zumal die Diskussionen über Probleme mit Osteuropa immer aus dem Rahmen der EGC entweder in den EWD oder in die GiPN ausgelagert wurden.

Der Grad der Polarisierung zwischen verschiedenen kulturellen Blöcken innerhalb der EGC bzw. der EGF hat damit zwar mit der Aufnahme von immer mehr süd- und osteuropäischen Parteien über die Zeit zugenommen. Er hat allerdings nach den vorliegenden Daten bis Ende 1994 für die Veränderung des Interaktionsgrads keine Rolle gespielt.

Ein wichtiger Grund für die relative Stagnation des Interaktionsgrads der EGC bis 1991 waren allerdings die ständig wiederkehrenden Diskussionen über die Aufnahme weiterer Mitglieder gewesen. Dies wirkte sich in zweierlei Hinsicht restriktiv aus:

Erstens verbrauchten Informationsreisen der Co-Secretaries in verschiedene Länder Ressourcen, die nicht anderweitig, beispielsweise für inhaltliche Seminare, verwendet werden konnten.

Zweitens sorgten bis 1989 Konflikte, die durch zwei oder noch mehr miteinander im nationalen Parteiensystem konkurrierende Parteien in die EGC hineingetragen wurden, zu einer Polarisierung unter den Mitgliedsparteien. Dies trifft vor allem für die Niederlande (De Groenen und Groen Links) und für Spanien (Los Verdes, Confederacion de Los Verdes u.a.) zu, wo die entsprechenden Parteien hartnäckig versuchten, die Aufnahme der jeweils anderen Partei zu verhindern.

Neben den 'Härtefällen' Niederlande und Spanien konkurrier(t)en auch noch in anderen west- und osteuropäischen Staaten mehrere Parteien um das grüne label, so z.B. in Portugal (Os Verdes und MDP) oder Luxemburg (GLEI und GAP). Diese Konkurrenzkämpfe haben die EGC bzw. die EGF mit Ausnahme des dafür erforderlichen Informationsaufwands aber nicht übermäßig beschäftigt.

Einen ausführlichen Überblick über miteinander um das grüne Label konkurrierende Parteien bietet Tabelle 19. Sie zeigt, daß nur in etwa einem Drittel aller Fälle neben den Mitgliedsparteien der EGC (EGF) im gleichen Land keine oder nur unbedeutende Konkurrenzparteien existierten.

Da sich an den Ressourcen, die die EGC bzw. die EGF seit 1988 in die Behandlung von Aufnahmeanträgen investieren mußten, aber nichts wesentliches geändert hat und seit dieser Zeit die Anzahl von Mitgliedsparteien, die im natio-

---

damit von seinem Posten bei der EGF zurücktrat, mußte kurzfristig ein neuer Generalsekretär gewählt werden. Dabei kam es zu einer Kampfkandidatur zwischen dem Niederländer Anne de Boer, dem bisherigen Koordinator des EWD, und Bruno Boissière, dem ehemaligen stellvertretenden Sprecher der Fraktion im Europaparlament. Diese Kampfkandidatur führte zu einer extremen Polarisierung zwischen den Parteien des indo-germanischen und des romanischen Sprach- und Kulturkreises. Am Ende wurde zwar Anne de Boer als neuer Generalsekretär (ad interim) gewählt, die Atmosphäre war aber extrem gespannt (eigene Beobachtung auf dem Treffen des Councils in Chania). Inwieweit dies Auswirkungen auf die künftige Arbeit der EGF haben wird, bleibt abzuwarten.

nalen Rahmen miteinander konkurrieren, gleich geblieben ist, können diese beiden Faktoren eine Veränderung des Interaktionsgrads nicht erklären. Die ständig steigende Zahl von Mitgliedsparteien hat über die zunehmende inhaltliche Heterogenität im Parteienbund dessen Interaktionsgrad jedoch negativ beeinflußt. Dies wird in Abschnitt 2.4.2. noch zu zeigen sein.

Tabelle 19: Um das label „grün" konkurrierende Formationen

Beitritts-datum	Partei	um das grüne label konkurrie-rende Parteien[115]	keine oder unbedeu-tende konkurrierende Parteien
1983	Green Party		x
	Les Verts	Génération Ecologie (ab 1990)	
	Comhaontas Glas		x
	ECOLO		x
	AGALEV		x
	Miljöpartiet de Gröna	Zentrumspartei	
1984	De Groenen	GPA (1984-90) Groen Links (seit 1990)	
	Dei Greng Alternativ	GLEI (1986-94)	
1985	De Grønne	Socialistik Folkeparti	
1987	Die GRÜNEN	ÖDP (ab 1981)	
	GPS	POCH/GRAS (bis 1991)	
1988	Grüne Union	Ecological Party (seit 1988)	
	Grüne Alternative	VGÖ (seit 1984)	
	Los Verdes	Diverse (seit 1985)	
	Os Verdes	MDP (seit 1987)	
	MDP	Os Verdes (seit 1987)	
1989	Federazione dei Verdi	Verdi Arcobaleno (1989-90)	
	Groen Links	De Groenen (seit 1984)	
	Estländische Grüne		x
1990	FÖAO	Diverse (seit 1989)	
	Alternattiva Demokra-tika		x
1991	Miljøpartiet de Grønne	Sosialistik Venstreparti	
	Georgische Grüne		x
	Bulgarische Grüne	Diverse	
1992	Slowenische Grüne	Diverse (seit 1993)	
	GLEI	GAP (1986-1994)	
1994	Ukrainische Grüne Partei		x
	Grüne Partei St.Petersburg	Diverse	
	Zöld Alternativa	Zöld Part (seit 1993)	
	Scottish Green Party		x

Quelle: eigene Angaben der Parteien; Protokolle der Meetings der EGC

---

115 Hier werden nur die jeweils Wichtigsten aufgeführt.

2.4.1.5. Nationale Konfliktlösungsmuster

Je nachdem, ob eine Partei in einer sogenannten Konsens- oder in einer Mehr-heitsdemokratie[116] agiert, ist zu erwarten, daß dadurch auch ihr Kompromißver-halten auf europäischer Ebene beeinflußt wird.

Grüne Parteien oder Bewegungen sind jedoch sowohl in Mehrheits- als auch in Konsensdemokratien aus Protest gegen bestehende bürokratische politische Sy-steme hervorgegangen, in denen sie erstens nicht repräsentiert waren, und an deren bestehenden Strukturen sie sich zweitens auch mehr oder weniger lange gar nicht beteiligen wollten: „They fight against the bureaucratic welfare state, labor corpo-ratism, and the structural rigidities of elite bargaining in „consensual" democra-cies." (KITSCHELT 1988:233). KOELBLE (1989:132) betont dies noch einmal explizit für den Fall der luxemburgischen GAP: „The Greng Alternativ is as much a protest against environmental damage and industrial policies in Luxembourg, as it is a protest against the corporatist decision-making process." Da dieses Protestver-halten für alle grünen Parteien zutrifft und diese bislang auch noch nicht in korpo-ratistischen Strukturen von Konsensdemokratien eingebunden waren, kann dieser Faktor nicht zur Erklärung der Veränderung des Interaktionsgrads über die Zeit herangezogen werden.

Nachdem die Bestimmungsgründe der Veränderung des Interaktionsgrads aus dem Bereich der sozio-ökonomischen und politischen Rahmenbedingungen damit abschließend behandelt wurden, soll sich im nächsten Abschnitt den Bestim-mungsfaktoren aus dem Bereich der Parteiprofile zugewandt werden.

2.4.2. Parteiprofile

Die Profile der interagierenden Parteien beinhalten die Faktoren Strukturmerkmale, Rollen im nationalen Kontext und ideologisch-programmatische Positionen.

2.4.2.1. Strukturmerkmale

Unter die Strukturmerkmale der interagierenden Parteien fallen deren Größe, orga-nisatorische Verfestigung und innerparteiliche Flügelkämpfe.

Größe

Dem quantitativen Ansatz MAIRS (1991:43f.) zur Unterscheidung von großen und kleinen Parteien folgend, fallen die Grünen allesamt in die Kategorie der kleinen

---

116 Siehe zum Konzept der Konsens- und Mehrheitsdemokratie ausführlicher LIJPHARDT (1977, 1984). Dieser rechnet zu den Konsensdemokratien, die u.a. ein korporatistisches Interessengrup-pensystem umfassen, die Schweiz, Österreich, die Niederlande, Belgien und Luxemburg (1977:25-52).

Parteien, da sie dauerhaft bestehende Parteien sind, die jeweils zwischen einem und 15 % der Wählerstimmen bei nationalen Wahlen erreicht haben (Siehe Tabelle 21und 22)[117].

Zur Abbildung der Größenunterschiede zwischen grünen Parteien, die nachfolgend in „starke" und „schwache" Parteien aufgeteilt werden, sind die erzielten Wahlergebnisse aber nur bedingt brauchbar. Die Unterscheidung in starke und schwache Parteien innerhalb der grünen Parteifamilie läßt sich besser anhand der finanziellen und organisatorischen Leistungskraft festmachen, für die die erzielten Wahlergebnisse zwar eine notwendige, aber nicht unbedingt eine hinreichende Bedingung darstellen.

Die finanzielle und organisatorische Leistungskraft grüner Parteien hängt stark von der Ausgestaltung der staatlichen Parteienfinanzierung im jeweiligen Land ab, da grüne Parteien bislang nur sehr wenig Zuwendungen von Außen (Spenden durch Privatpersonen, Interessengruppen oder Unternehmen) erhalten. Damit sind sie abhängig von innerorganisatorischen Finanzquellen (v.a. Mitgliedsbeiträge, Abgaben von Parlamentariern) und der Unterstützung aus öffentlichen Haushaltsmitteln, sei es direkt oder indirekt[118]. Dabei können die Mitgliedsbeiträge wegen der im Vergleich geringen Mitgliederzahl grüner Parteien (siehe Tabelle 20) keinen großen Beitrag zur finanziellen und organisatorischen Leistungskraft leisten. Außerdem bedeutet eine höhere Mitgliederzahl nicht unbedingt auch eine bessere finanzielle Ausstattung, da dies auf die Höhe der jeweiligen Mitgliedsbeiträge ankommt.

Die Gruppe der starken, also finanziell und organisatorisch leistungskräftigen Parteien, wird mit weitem Abstand von den deutschen GRÜNEN angeführt, die dort von Anfang an eine beherrschende Stellung hatten, sowohl was Finanzmittel als auch ihre Öffentlichkeitswirksamkeit betrifft. Ihnen folgen ECOLO, AGALEV, Groen Links und mit größerem Abstand Die Grüne Alternative, Vihreä Liitto (Grüne Union), I Verdi und die Miljöpartiet. Erst langsam konnten zuerst ECOLO und AGALEV (ab 1981), später dann auch (ab etwa 1986) die anderen Parteien der Gruppe der starken grünen Parteien den Abstand zu den GRÜNEN verringern, aber nie ganz aufholen.

---

117 Folgt man dieser Klassifikation strikt, so handelt es sich in MAIRs Terminologie bei einigen Parteien sogar nur um sogenannte „ephemeral" oder „micro-parties" (Miljøpartiet de Grønne, Green Party, De Groenen, osteuropäische Parteien), da sie bei nationalen Wahlen nicht mehr als dreimal die Ein-Prozent-Hürde überschritten haben. Dies liegt bei der Miljøpartiet und Alternativa Demokratika sowie allen osteuropäischen Grünen natürlich auch daran, daß sie seit ihrem Bestehen erst an einer bzw. zwei Wahlen teilnehmen konnten. Zur Kritik an einer rein quantitativen Klassifizierung anhand der Wahlergebnisse und möglichen alternativen qualitativen Merkmalen siehe SMITH (1991:24-38).

118 Unter die direkte Unterstützung fallen dabei die Direktfinanzierung von Parteien, Wahlkampfkostenerstattungen und Zuschüsse an Jugendorganisationen und/oder parteigebundene Forschungs- und Bildungsstätten sowie Zuschüsse an Parlamentsfraktionen. Bei der indirekten Unterstützung handelt es sich z.B. um kostenlose Sendezeiten in den Medien oder Verzicht auf Porto bei der Verschickung von Wahlkampfmaterial (MÜLLER-ROMMEL 1993:178f.).

Tabelle 20: Mitgliederzahl grüner Parteien

Partei	1984	1989	1994
AGALEV	840 (1982)	1730	4000
Alternattiva Demokratika	-	200 (1990)	700
Bulgarische Grüne Partei	-	7000	4000
Comhaontas Glas	300 (1985)	700	600
De Groenen	80	331	601
De Grønne	-	729	300 (1993)
Dei Greng Alternativ	100	125	125
GLEI	-	125	125
Die Grüne Alternative[119]	-	-	-
Bündnis 90/Die GRÜNEN	31078	37956	45000
ECOLO	900 (1982)	1423	2500
Estländische Grüne	-	250 (1992)	200
Federazione dei Verdi[120]	-	-	-
Politiki Oikologia	-	-	1700
Georgische Grüne	-	-	150
Green Party	3955 (1983)	14432	5500 (1993)
Groen Links	-	18400	12978 (1993)
Les Verts	700	1600 (1988)	4800 (1992)
Los Verdes	-	2500 (1987)	1000
Miljöpartiet de Gröna	2500 (1983)	8857 (1988)	4000
Miljøpartiet de Grønne	-	300	300
Os Verdes	1000 (1981)	1000 (1988)	1000
PES-GPS	-	4000	7000
Vihreä Liitto	-	800	1100
Scottish Green Party	-	1100 (1990)	400
Grüne Partei der Ukraine	-	-	4000 (1993)
Grüne Partei St-Petersburg	-	-	500 (1992)
Zöld Alternativa	-	-	500

Quelle: eigene Angaben der Parteien sowie KATZ/MAIR (1992:132, 332, 795), LUCARDIE u.a. (1993:40), PARKIN (1989a:168, 198), FEINSTEIN (1992:425), EVANS (1993:329), FRANKLAND/ SCHOONMAKER (1992:200, 204), PRENDIVILLE (1992:283), JACOBS (1989:307, 341), RÜHLE (1995:10).

---

119 Da Mitglieder und Nichtmitglieder bei der Grünen Alternative praktisch die gleichen Rechte genießen, werden keine offiziellen Mitgliederzahlen erfaßt (Interview Peter Altendorfer v.11.6.95).

120 Keine offizielle Parteimitgliedschaft.

Tabelle 21: Wahlergebnisse osteuropäischer grüner Parteien und Bewegungen[l]

Land	Partei / Bewegung	1990		1991		1992		1993		1994	
		%	Sitze	%	Sitze	%	Sitze	%	Sitze	%	Sitze
Albanien	Partia e Blarte Shqiptare (Grüne Partei Albaniens)	-		-		-	(0)	-		-	
Armenien[2]	Gojapahpanutiun (Union der Grünen Armeniens)	-	(3)	-		-		-		-	
Bulgarien[3]	Ecoglasnost	-	(17)	-	(4)	-		-		-	(4)
	Bulgarische Grüne Partei	-	(14)	-	(0)	-		-		-	(0)
DDR	Grüne Partei	2,0	(8)	-		-		-		-	
Estland	Eesti Roheline Liikumine (Grüne Bewegung)	-	(7)	-		-		-		-	
	Vereinigte Estländische Grüne (Toetan Rohelisi)[4]	-		-		2,6	(1)	-		-	
Georgien	Georgische Grüne[5]	3,3	(0)	-		7,3	(11)	-		-	
Lettland	Grüne Partei Lettlands[6]	-	(8)	-		-		1,2	(0)	-	
Litauen	Lieuvos Zaliuju Judejimas (Grüne Partei Litauens)	-[7]	(4)	-		-	(0)	-		-	
Polen[8]	Demokratische Union-Ökologisches Forum	-		-	(0)	-		-	(7)	-	
Rumä-nien[9]	Ökologische Bewegung (MER)	2,6	(12)	-		?	(?)	-		-	
	Ökologische Partei (PER)	1,7	(8)	-		?	(?)	-		-	
	Ecologista din Romania (ER)	-		-		?	(?)	-		-	
Rußland[10]	Russische Grüne Partei	-		-		-		-	(0)	-	
Slowakei	Strana Zelenych na Slovensku (Grüne Partei der Slowakei)[11]	-		-		-		-		-	(2)
Slowenien	Zeleni Slovenije (Grüne Sloweniens)	8,8	(8)	-		3,7	(5)	-		-	
Tschecho-slowakei[12]	Strana Zelenych (Grüne Partei)	3,1	(0)	-		-	(3)	-		-	
Ukraine	Partija Zelnijj Ukraini (Partei der Grünen der Ukraine)[13]	-	(0)	-		-		-		-	(0)
Ungarn	Zöld Párt (Grüne Partei)	0,37	(0)	-		-		-		0,12	(0)
	Zöld Alternativa (Grüne Alternative)	-		-		-		-		0,02	(0)

Quelle: Eigene Angaben der Parteien und falls nicht anders erwähnt FRANKLAND (1994) und GRO-EN LINKS (1992b)

---

[1] Die nachfolgende Tabelle enthält alle Parteien und Listen, bei denen eine bundesweite Existenz bekannt ist und deren Fortbestand zumindest in nächster Zeit gesichert scheint. Bundesweite Grüne Parteien oder Listen sind darüber hinaus im Entstehen in Aserbaidschan, Bosnien-Herzegowina, Kroatien, Mazedonien, Moldawien, Serbien, Kosovo und in Weißrußland (Vgl.GFEP 1993a).

[2] Bis 1994 war die Zahl der Sitze der Union der Grünen Armeniens durch Übertritte auf neun angewachsen. Freie Wahlen hatten bis zu diesem Zeitpunkt aber noch nicht stattgefunden.

[3] Die Grüne Partei war 1990 wie Ecoglasnost im Wahlbündnis United Democratic Front (UDF) angetreten und bildete mit deren Abgeordneten eine gemeinsame Fraktion (EGC 1991d). 1991 trat die Grüne Partei im Wahlbündnis UDF-liberals und 1994 im Wahlbündnis Demokratische Allianz für die Republik an.

[4] 1990 Wahlen zum Obersten Sowjet (Supreme Council) Estlands unter absoluter Mehrheitswahl. 1992 gemeinsame Liste von estländischer grüner Bewegung, estländischer grüner Partei und drei anderen Organisationen.

[5] Die Prozentangaben für 1990 beziehen sich auf das Wahlbündnis 'Tavisupleba' (Freiheit), mit dem die georgischen Grünen zu diesem Zeitpunkt angetreten waren. Die 1992 erreichten Sitze sind mittlerweile durch einen Übertritt auf 12 angewachsen.

[6] 1990 Wahlen nach einem absoluten Mehrheitswahlsystem. Drei der acht Abgeordneten traten im Laufe der Legislaturperiode anderen Fraktionen bei (GROEN LINKS 1993a:30f.). 1993 traten die grüne Bewegung (VAK) und die grüne Partei auf einer gemeinsamen Liste an (GROEN LINKS 1993a:30f.).

[7] Wahl 1989. Die grüne Partei trat 1989 und 1992 auf der Sajudis-Liste an. 1989 Wahlen nach einem absoluten Mehrheitssystem.

[8] 1989 kandidierten noch keine grünen Gruppen für den Seym (JORDAN 1990:35). 1991 traten insgesamt sieben grüne Gruppen an, die insgesamt etwa zwei Prozent erreichten und von denen keine den Sprung ins Parlament schaffte (GROEN LINKS 1992a:11). Im polnischen Senat erhielt das Ecological Forum zusätzlich zwei Sitze.

[9] Zusätzlich zu den Sitzen im Abgeordnetenhaus erhielten MER und PER noch jeweils einen Sitz im Senat (NELSON 1990:361).

[10] Die russische grüne Partei schaffte es nicht, genügend Unterschriften für die ersten freien Wahlen in Rußland im Dezember 1993 zu sammeln und konnte damit nicht zu den Wahlen antreten (EGF 1994c:32).

[11] 1994 im Wahlbündnis 'Spolocná vol'ba' (Common Voting) angetreten.

[12] Die grünen Parteien aus Böhmen und Mähren traten 1992 zusammen mit der Sozialistischen Partei und der Agrarpartei auf der Liste 'Liberal-Soziale Union' an und erhielten zusammen drei Sitze in Volks- und Nationenkammer der CSFR (JEHLICKA/KOSTELECKY 1995:226; BROKL/MANSFELDOVA 1993:4). Ergebnisse 1990 aus FEIST/UTTIZ (1990:591).

[13] Aufgrund des für Parteien ungünstigen Wahlsystems nahmen die Ukrainischen Grünen an den nationalen Wahlen im März 1994 offiziell nicht teil. Auch von den individuellen grünen Kandidaten schaffte keiner den Sprung ins nationale Parlament.

Tabelle 22: Wahlergebnisse grüner Parteien in Westeuropa

Land	Partei	1978 %	Sitze	1979 %	Sitze	1980 %	Sitze	1981 %	Sitze	1982 %	Sitze	1983 %	Sitze	1984 %	Sitze	1985 %	Sitze	1986 %	Sitze
Belgien	ECOLO	1,2[1]	(0)	-	-	-	-	6,1	(2)	-	-	-	-	-	-	6,2[3]	(5)	-	-
	AGALEV	0,3	(0)	-	-	-	-	3,9[2]	(2)	-	-	-	-	-	-	6,1	(4)	-	-
Dänemark	De Grønne	-	-	-	-	-	-	-	-	-	-	-	-	-	-	-	-	-	-
Deutschland	Die GRÜNEN (BÜNDNIS '90)	-	-	-	-	1,5	(0)	-	-	-	-	5,6	(27)	-	-	-	-	-	-
Frankreich	Les Verts	2,1[4]	(0)	-	-	-	-	1,1[5]	(0)	-	-	1,4	(2)	-	-	-	-	1,2	(0)
Finnland	Vihreä Liitto (Grüne Union)[6]	-	-	-	-	-	-	-	-	-	-	1,4	(2)	-	-	-	-	-	-
Griechenland	FÖAO	-	-	-	-	-	-	-	-	-	-	-	-	-	-	-	-	-	-
Großbritannien	Green Party	-	-	0,1	(0)	-	-	-	-	-	-	0,2	(0)	-	-	-	-	-	-
Irland	Comhaontas Glas	-	-	-	-	-	-	0,2	(0)	-	-	-	-	-	-	-	-	-	-
Italien	I Verdi	-	-	-	-	-	-	-	-	-	-	-	-	-	-	-	-	-	-
Liechtenstein	Freie Liste	-	-	-	-	-	-	-	-	-	-	-	-	-	-	-	-	-	-
Luxemburg	GAP	-	-	0,9[7]	(0)	-	-	-	-	-	-	-	-	4,2	(2)	-	-	7,1	(0)
	GLEI	-	-	-	-	-	-	-	-	-	-	-	-	-	-	-	-	-	-
Malta	Alternattiva Demokratika	-	-	-	-	-	-	-	-	-	-	-	-	-	-	-	-	-	-
Niederlande	De Groenen	-	-	-	-	-	-	-	-	-	-	-	-	-	-	-	-	0,2	(0)
	Groen Links	-	-	-	-	-	-	-	-	-	-	-	-	-	-	-	-	-	-
Norwegen	Miljøpartiet De Grønne	-	-	-	-	-	-	-	-	-	-	-	-	-	-	-	-	-	-
Österreich	Die Grüne Alternative (GA)	-	-	-	-	-	-	-	-	-	-	1,4[8]	(0)	-	-	-	-	4,8[9]	(8)
	Vereinte Grüne (VGÖ)	-	-	-	-	-	-	-	-	-	-	1,9	(0)	-	-	-	-	-	-
Portugal	Os Verdes	-	-	-	-	-	-	-	-	-	-	-	(1)	-	-	-	(1)	-	-
	MDP[10]	-	-	-	(3)	-	(2)	-	-	-	-	-	(3)	-	-	-	(3)	-	-
Schweden	Miljöpartiet de Gröna	-	-	-	-	-	-	-	-	1,7	(0)	-	-	-	-	1,5	(0)	-	-
Schweiz	Grüne Partei (GPS)	-	-	0,8[11]	(1)	-	-	-	-	-	-	2,9	(4)	-	-	-	-	-	-
	POCH/GRAS	-	-	-	-	-	-	-	-	-	-	3,5[12]	(4)	-	-	-	-	-	-
Spanien	Los Verdes	-	-	-	-	-	-	-	-	-	-	-	-	-	-	-	-	0,16	(0)

Land	Partei	1987 %	1987 Sitze	1988 %	1988 Sitze	1989 %	1989 Sitze	1990 %	1990 Sitze	1991 %	1991 Sitze	1992 %	1992 Sitze	1993 %	1993 Sitze	1994 %	1994 Sitze	1995 %	1995 Sitze
Belgien	ECOLO	6,5[13]	(3)	-	-	-	-	-	-	13,6	(10)	-	-	-	-	-	-	10,5	(5)
	AGALEV	7,3	(6)	-	-	-	-	-	-	7,3[14]	(7)	-	-	-	-	-	-	7,0	(7)
Dänemark	De Grønne	1,3	(0)	1,3	(0)	-	-	0,8	(0)	-	-	-	-	-	-	-	-	-	-
Deutschland	Die GRÜNEN (BÜNDNIS '90)	8,3	(44)	-	-	-	-	4,8[16]; 5,1	(0); (8)	-	-	-	-	-	-	7,3	(49)	-	-
Frankreich	Les Verts	-	-	0,4[17]	(0)	-	-	-	-	-	-	-	-	7,6[18]	(0)	-	-	-	-
Finnland	Vihreä Liitto (Grüne Union)	4,0	(4)	-	-	-	-	-	-	6,8	(10)	-	-	-	-	-	-	6,5	(9)
Griechenland	FÖAO	-	-	-	-	0,58[19]	(1)	0,77	(1)	-	-	-	-	-[20]	-	-	-	-	-
Großbritannien	Green Party	0,3	(0)	-	-	-	-	-	-	-	-	0,5	(0)	-	-	-	-	-	-
Irland	Comhaontas Glas	0,4	(0)	-	-	1,5	(1)	-	-	-	-	1,4	(1)	-	-	-	-	-	-
Italien	Federazione dei Verdi (I Verdi)	2,5[21]	(13)	-	-	-	-	-	-	-	-	2,8[22]	(16)	-	-	2,7[23]	(11)	-	-
Liechtenstein	Freie Liste[24]	-	-	-	-	7,6	(0)	-	-	-	-	-	-	10,4; 8,5	(2); (1)	-	-	-	-
Luxemburg	GAP	-	-	-	-	4,1	(2)	-	-	-	-	-	-	-	-	10,1[25]	-	-	-
	GLEI	-	-	-	-	5,9	(2)	-	-	-	-	-	-	-	-	-	(5)	-	-
Malta	Alternattiva Demokratika	-	-	-	-	1,5[26]	(1)	-	-	?	-	1,7	(0)	-	-	-	-	-	-
Niederlande	De Groenen	-	-	-	-	0,4	(0)	-	-	-	-	-	-	-	-	0,1	(0)	-	-
	Groen Links	-	-	-	-	4,1	(6)	-	-	-	-	-	-	-	-	3,5	(5)	-	-
Norwegen	Miljøpartiet De Grønne	-	-	-	-	0,4	(0)	-	-	-	-	-	-	0,1	(0)	-	-	-	-
Österreich	Die Grüne Alternative (GA)	-	-	-	-	-	-	4,8	(10)	-	-	-	-	-	-	7,3	(13)	4,8	(9)
	Vereinte Grüne (VGÖ)	-	-	-	-	-	-	1,96	(0)	-	-	-	-	-	-	0,12	(0)	-	-
Portugal	Os Verdes[27]	-	(2)	-	-	-	-	-	-	-	(2)	-	-	-	-	-	-	-	(2)
	MDP	0,6	(0)	-	-	-	-	-	-	-	(0)	-	-	-	-	-	-	-	-
Schweden	Miljöpartiet de Gröna	-	-	5,5	(20)	-	-	-	-	3,4	(0)	-	-	-	-	5,0	(18)	-	-
Schweiz	Grüne Partei (GPS)	5,0	(9)	-	-	-	-	-	-	6,4	(14)	-	-	-	-	-	-	5,0	(8)
	POCH/GRAS	3,5	(4)	-	-	-	-	-	-	0,2	(0)	-	-	-	-	-	-	-	-
Spanien	Los Verdes	-	-	-	-	0,8	(0)	-	-	-	-	-	-	1,36	(0)	-	-	-	-

Quelle: Eigene Angaben der Parteien und falls nicht anders erwähnt EGC (1992f), EGF (1994k),
MÜLLER-ROMMEL (1993:86), MACKIE/ ROSE (1991), HELLEMANS/KITSCHELT (1989:81),
BENNAHMIAS/ROCHE (1992:53,64), SIDJANSKI (1988:170), HEARL (1994:355), MACKIE
(1994:555), MARSH (1994:445), PARKIN (1989a), AGUILAR-FERNANDEZ (1993:157).

---

[1] Liste Europe Ecologie. Ergebnisse für ECOLO und AGALEV nicht bundesweit, sondern jeweils für Wallonien und Flandern.

[2] Im Senat erhielten ECOLO und AGALEV vier bzw. einen Sitz.

[3] Bei den Senatswahlen erhielten ECOLO und AGALEV jeweils drei Sitze.

[4] Ergebnis für die Liste 'Ecologie '78'.

[5] Ergebnis für die Liste 'Aujourd'hui l'Ecologie'.

[6] Ergebnisse 1983 für die Grüne Liste und 1987 für die Grüne Verbindung (Green Association) (PAA-STELA 1989:82).

[7] Ergebnis für die Alternativ Lescht - Wehrt Ich.

[8] Ergebnis für die Alternative Liste (ALÖ).

[9] Gemeinsame Kandidatur von VGÖ und ALÖ auf der Liste 'Die Grüne Alternative - Liste Freda Meissner-Blau' (DACHS 1992:266).

[10] Prozentzahlen bis 1987 für die Liste APU, auf der die MDP und ab 1983 auch Os Verdes angetreten waren.

[11] Ergebnis für 'Groupement pour la Protection de l'Environnement'.

[12] Zu den Mitgliedsgruppen der Progressiven Organisation der Schweiz (POCH) und der Grünen Alternative der Schweiz (GRAS) siehe ausführlicher MÜLLER-ROMMEL (1993:42).

[13] ECOLO und AGALEV erhielten bei den Senatswahlen drei bzw. fünf Sitze.

[14] Bei den Wahlen zum Senat erhielten ECOLO und AGALEV elf bzw. acht Sitze.

[15] Zur Wahl 1994 nicht angetreten.

[16] Ergebnis im westdeutschen Wahlgebiet. Zweite Prozentzahl Ergebnis im ostdeutschen Wahlgebiet.

[17] Die Wahl wurde von Les Verts offiziell boykottiert. Einzelne Kandidaten erreichten im Schnitt 4,8% der Stimmen (BENNAHMIAS/ROCHE 1992:81f.).

[18] Ergebnis für die Liste Entente Ecologiste, bestehend aus Les Verts und Génération Ecologie. Les Verts erhielten 4,0, Génération Ecologie 3,6% (Le Monde v.27.3.93).

[19] Im Jahre 1989 fanden zwei Wahlen zum nationalen Parlament statt, wobei die Föderation bei der ersten Wahl im Juni noch nicht angetreten war (DEMERTZIS 1995:199).

[20] Die Föderation nahm an der Wahl 1993 nicht teil, da sie kurz vor ihrer Auflösung stand.

[21] Ergebnisse für die Federazione delle Liste Verdi. Mit 2,0% erhielt die Federazione zusätzlich noch drei Sitze im Senat (RHODES 1992:437).

[22] Bei den Wahlen zum Senat erhielten I Verdi 3,1% und damit vier Sitze (RHODES 1992:437).

[23] I Verdi scheiterten zwar an der 4% Klausel für Senat und Abgeordnetenhaus, konnten aber über das Progressisti-Wahlbündnis Direktmandate erringen. Im Senat erhielt die Partei sieben Sitze.

[24] In Liechtenstein wurde 1993 zweimal gewählt.

[25] Gemeinsame Liste von GAP und GLEI.

[26] Durch den Übertritt eines Abgeordneten der Sozialdemokratischen Partei zur Alternattiva Demokratika verfügte letztere ab 1989 über ein Mandat im Parlament.

[27] Ab 1987 auf der Liste CDU angetreten.

Tabelle 23: Starke und schwache Parteien in der EGC bzw. der EGF

Beitrittsdatum	Partei	stark	schwach
1983	Green Party		x
	Les Verts		x[121]
	Comhaontas Glas		x
	ECOLO	x	
	AGALEV	x	
	Miljöpartiet de Gröna	ab 1987	bis 1987
1984	De Groenen		x
	Dei Greng Alternativ		x
1985	De Grønne		x
1987	Die GRÜNEN	x	
	GPS		x
1988	Grüne Union	x	
	Grüne Alternative	x	
	Los Verdes		x
	Os Verdes		x
	MDP		x
1989	Federazione dei Verdi	x	
	Groen Links	x	
	Estländische Grüne		x
1990	FÖAO		x
	Alternattiva Demokratika		x
1991	Miljøpartiet de Grønne		x
	Georgische Grüne		x
	Bulgarische Grüne		x
1992	Slowenische Grüne		x
	GLEI		x
1994	Ukrainische Grüne Partei		x
	Grüne Partei St.Petersburg		x
	Zöld Alternativa		x
	Scottish Green Party		x

Quelle: Protokolle der Meetings der EGC; eigene Angaben der Parteien; KATZMAIR (1992)

Alle starken grünen Parteien sind mit einer größeren Anzahl von Abgeordneten im nationalen Parlament und/oder im Europaparlament sowie in einer Anzahl regionaler Parlamente vertreten und kommen damit teilweise an erhebliche staatliche Finanzmittel. Sie hatten und haben auch Geld für eigene internationale Kongres-

---

121 Zwischen 1989 und 1994, als Les Verts im EP vertreten waren, im Grenzbereich zu den starken Parteien.

se[122] und leisten zusätzliche finanzielle Unterstützung für die EGC bzw. die EGF über ihre regulären Beiträge hinaus[123].

Die Gruppe der schwachen Parteien gliedert sich in einen westeuropäischen Teil, angeführt von der GPS (zwischen 1989 und 1994 von Les Verts), dem, mit den georgischen Grünen an der Spitze, alle osteuropäischen Grünen folgen. Sie umfaßt damit zum einen Parteien, die zwar beachtliche Wahlergebnisse erzielt haben und auch im nationalen Parlament vertreten sind, aber aus Ländern kommen, die keine größere staatliche Parteienfinanzierung kennen (Schweiz, Luxemburg). Zum anderen fallen in diese Gruppe Parteien, die durchschnittlich geringe Wahlerfolge zu verzeichnen haben und weder in einer Anzahl regionaler Parlamente noch im nationalen oder Europaparlament oder wenn, dann nur mit einzelnen Abgeordneten vertreten sind. Diese Parteien profitieren von einer vorhandenen staatlichen Parteienfinanzierung nicht in ausreichendem Maße, um sich eine solide finanzielle Grundlage geben zu können[124].

Nach der Einordnung der grünen Parteien in die Kategorien „stark" und „schwach" (siehe Tabelle 23) anhand ihrer finanziellen Leistungskraft sollen nun die Anreize und Restriktionen analysiert werden, die sich für schwache Parteien durch die Beteiligung an grenzüberschreitenden Interaktionen ergeben. Die schwachen grünen Parteien sehen in der Beteiligung an der EGC bzw. der EGF vor allem zwei Chancen:

- die Aufwertung der Partei im nationalen Rahmen durch materielle und immaterielle Hilfestellungen
- die Kompensation ihres geringen Einflusses in Gremien des nationalen politischen Systems durch größeren Einfluß in europäischen Gremien

- Die Aufwertung im nationalen Rahmen durch materielle und immaterielle Hilfestellungen

Zu den immateriellen Hilfestellungen einer grünen europäischen Parteiorganisation für ihre schwachen Mitgliedsparteien gehören neben der Unterstützung im natio-

---

122 So spielten beispielsweise die finnischen Grünen eine wichtige Rolle in den Baltic-Sea-Greens, da sie immer wieder Seminare finanziert und organisiert haben. Die schwedischen Grünen waren der finanzielle Mentor der GiPN.

123 So fand das Meeting der EGC im Juni 1993 in Helsinki auf Einladung der finnischen Grünen statt und diese stellten auch zusammen mit AGALEV, den GRÜNEN und Groen Links zusätzliche finanzielle Mittel bereit, um die Arbeit des Information Office zu verbessern (EGF 1994a:7). Hierunter fällt auch die Unterstützung der EGC bei der Finanzierung ihrer Kongresse und der Ausgleich eines Budgetdefizits 1992.

124 Zu der Ausgestaltung der staatlichen Parteienfinanzierung siehe ausführlicher TSATSOS (1992). EUROPÄISCHES PARLAMENT (1991) sowie KLEE-KRUSE (1992). Auch MÜLLER-ROMMEL (1993:180f.) gibt eine Übersicht über die staatliche Parteienfinanzierung in Europa. Die zuerst genannten Quellen zugrundelegend ist seine Darstellung jedoch manchmal ungenau oder sogar falsch.

nalen Wahlkampf durch Resolutionen des Parteienbunds, Informationsaustausch und gemeinsamen Kampagnen, vor allem die Legitimation, als einzige Partei im jeweiligen Land einer „grünen" ideologischen Grundrichtung anzugehören. Die Erlangung eines solchen „grünen labels" durch die Mitgliedschaft bei der EGC spielte für schwache Parteien schon immer eine wichtige Rolle. Manchen Parteien dienten die EGC sogar nur oder primär als „Stempelorganisation" (Interview Willy de Bakker v.28.4.95).

Für die EU-Parteien bietet auch die Verabschiedung einer gemeinsamen Platt-form für die Europawahlen die Möglichkeit, ihre Zugehörigkeit zu einer gemein-samen aufstrebenden ideologischen Grundrichtung herauszustellen[125]. So war bei-spielsweise die Green Party bezüglich der Europawahl 1989 der Ansicht, daß „to be seen as part of a strong European Green Movement will be a vital boost to our campaign" (GREEN PARTY 1988:1).

Bei der Aufwertung im nationalen Rahmen standen bis 1989 ausschließlich im-materielle Hilfen zur Disposition, da die EGC aufgrund einer sehr angespannten Finanzsituation bis 1989 keine materielle Hilfe leisten konnte. Finanzielle Anreize für den Beitritt zur EGC bestanden für die schwachen Parteien vor 1989 also höch-stens darin, in Kontakt mit Parteien zu kommen, von denen man sich bilaterale Hilfe erwartete.

Nach den Europawahlen 1989 wurde die EGC dann auch langsam Anlaufpunkt für Wünsche nach finanziellen Hilfestellungen, und zwar besonders von denjenigen schwachen Parteien, die sich im Wahlkampf hatten verschulden müssen.

Die immateriellen Hilfestellungen blieben jedoch auch weiterhin wichtiger. So wurden jetzt zur Unterstützung der nationalen Parteien immer mehr Resolutionen und Presseerklärungen von der EGC abgegeben, die sich speziell auf den natio-nalen Kontext bezogen. Dies war vor 1989 nur selten der Fall[126]. Darüber hinaus

---

125 Folgt man der Theorie REIFs, wonach es sich bei Europawahlen bislang um sogenannte second-order elections handelt, so hätten die Grünen als kleine Parteien von einem gemeinsamen Auftreten sogar mehr Vorteile als die großen Parteien. Im Gegensatz zu first-order elections (nationale Par-laments- oder Präsidentschaftswahlen) steht bei second-order elections nämlich keine Exekutive zur Wahl und auch sonst „wenig auf dem Spiel", da das EP über relativ geringe Kompetenzen verfügt. Second-order elections lassen deshalb mehr Raum für Überzeugungswähler, die bei first-order elec-tions ihre Stimme vielleicht gegen ihre Überzeugung einer größeren Partei gegeben hätten, um sie bei Nichteinzug der kleinen Partei ins Parlament nicht verschenkt zu haben. Darüber hinaus können auch Protestwähler ihrem Unmut über die Politik der bisher gewählten Partei Ausdruck verschaffen (RÜDIG 1985c:6f.). Gerade bei den Protestwählern könnte ein gemeinsames Auftreten und das Betonen der Zugehörigkeit zu einer aufstrebenden Parteifamilie eine Stimme für die Grünen sinn-voller erscheinen lassen als bei anderen Parteien.

126 So wurden Les Verts von der EGC inhaltlich unterstützt in ihrer Kritik an der Inbetriebnahme eines neuen französischen Atom-U-Boots (EGC 1985b:14) und bei einer Aktion zum Stop von Nukle-artests (EGC 1985c:2), Comhaontas Glas in ihrer Kampagne gegen die EEA 1986 (EGC 1986d). Für die Miljöpartiet verurteilte die EGC 1987 schwedische Waffenexporte (EGC 1987a:4). Ab 1989 legte insbesondere Alternattiva Demokratika verschiedene Resolutionen bei den EGC-Mee-tings vor, die unterstützende Wirkung auf nationaler Ebene haben sollten, so zur geplanten Verfas-sungsänderung, die das Mehrheitswahlrecht festschreiben sollte (ALTERNATTIVA DEMO-

verließ die EGC ab 1990 ihren bis dahin ständigen Tagungsort Brüssel, um bevorzugt vor nationalen Wahlen oder Volksabstimmungen in Ländern mit schwachen Parteien zu tagen[127].

Auch die Beeinflussung von Zusammensetzung und Politik der Fraktion im Europaparlament über die EGC bzw. die EGF stellt einen wichtigen Anreizfaktor für schwache Parteien dar, um eigene Forderungen über die Fraktion besser zu Gehör zu bringen oder ein für die nationale Position schädliches Verhalten der Fraktion potentiell verhindern zu können (Siehe hierzu ausführlicher Kapitel 4.2.). Besonders die nicht im EP vertretenen Parteien zeigten hieran ein großes Interesse. Dieser Anreiz ist allerdings nicht nur für die schwachen, sondern auch für die starken Parteien innerhalb der Grünen relevant.

So erwartete sich die Green Party schon 1984 „von ihren europäischen Schwesterparteien, daß diese sie [im EP] vertreten werden, was das starke europäische Engagement teilweise erklärt." (BEECKMANS-WIENERT 1984a:6). Auch wenn der Green Party dies 1984 noch nicht gelang, so konnte sie 1989 angesichts ihres sensationellen Wahlergebnisses bei den Europawahlen mit Hilfe der EGC bei der neuen Fraktion durchsetzen, daß diese einer Vertreterin der Green Party ein Budget einräumte und sie nach innen mit den gleichen Rechten ausstattete wie die ordentlich gewählten Abgeordneten[128].

KRATIKA 1991) oder zur Parteienfinanzierung in Malta (EGC 1993c:23). Aber auch Los Verdes erhielten mit einer Pressekonferenz Unterstützung im Kampf gegen die Humanisten, eine sich grün nennende Formation in Spanien (EGC 1989e:4) und Comhaontas Glas ebenfalls durch eine Presseerklärung im Zusammenhang mit ihrer Anti-Maastricht-Kampagne und der anstehenden Volksabstimmung darüber (EGC 1992a:1). Los Verdes wollten für die nationalen Wahlen 1989 auch „big names" from the E[GC] in Madrid in the last week" (EGC 1989e:4) und baten später um eine „official intervention" der EGC, um einen spanischen Nationalpark zu erhalten (EGC 1989f:4). Für die ukrainischen Grünen wurde eine gemeinsame Resolution zu einer nuklearfreien Ukraine verabschiedet.

127 So etwa in Ungarn 1990, Bulgarien im Dezember 1991 oder Irland im Juni 1992. Auch Datum und Ort des zweiten Treffens des EWD waren bestimmt durch Wahlen in der Tschechoslowakei Anfang Juni 1992. Auch De Grønne aus Norwegen wollten anläßlich der Parlamentswahlen im September 1993 ein Meeting der EGC in Norwegen durchführen. Luxemburg und Slowenien hatten sich ebenfalls um eine entsprechende Sitzung beworben (EGC 1992b:14). AGALEV wollte sogar einen Kongreß der EGC in einem südeuropäischen Land abhalten, um Parteien, die bisher keine aktive Rolle bei der EGC gespielt hatten, zu stärken (AGALEV 1988). Diese Art von Unterstützung war aber nicht gänzlich unumstritten. So sah Jürgen Maier von den GRÜNEN eine Unterstützung der ungarischen Grünen durch die Abhaltung eines Meetings in Ungarn vor den dortigen Wahlen eher als eine Art „alternative imperialism", „[...] just as the Republicans, Conservatives and Socialist internationals were doing [...]." (EGC 1989e:9).

128 Aufgrund des britischen Mehrheitswahlrechts blieben den Grünen trotz der erreichten 15% der Stimmen Abgeordnete im EP verwehrt. Die Vertreterin der Green Party in der Fraktion, Jean Lambert, wurde sogar in deren Vorstand gewählt, konnte aber die damit verbundenen Möglichkeiten und Chancen für die Green Party auf nationaler Ebene nicht richtig nutzen. Die Vertretung der Green Party in der grünen Fraktion endete Mitte 1992, als das dafür eingeräumte Budget aufgebraucht war und die Partei sich eine weitere Vertretung auf eigene Kosten nicht mehr leisten konnte bzw. wollte (Interview Sara Parkin v.27.4.95).

Ein anderes Beispiel lieferten De Grønne aus Norwegen. Sie plädierten bei der Diskussion über die Satzung der EGF dafür, daß Mitglieder der Fraktion, die keiner EGF-Mitgliedspartei angehörten, in der Fraktion keine Vorstandsposten besetzen durften (EGC 1993i:2,7). De Groenen und AGALEV wollten sogar den Council der EGF darüber entscheiden lassen, wer der Fraktion beitreten konnte und wer nicht (DE GROENEN 1993; AGALEV 1993).

Zur inhaltlichen Unterstützung nationaler Parteien durch die Europafraktion stellten Walter Turnovsky (De Grønne) und Patricia McKenna (Comhaontas Glas) im Oktober 1990 fest: „There is not enough support from the Green MEPs for the demands of the Greens opposed to the EC (IR,DK,EFTA-Countries). The coordination should promote those interests." (EGC 1990c:7). Auch Per Gahrton von der Miljöpartiet war der Meinung, daß „[...] the G[F]EP should always call in for contacts from any non-EC-country whose affairs are concerned by ongoing EC-policies. That has not been the case now." (GAHRTON 1990).

Der mögliche Einfluß auf die Zusammensetzung der Europafraktion und ihrer Politik bestimmte auch die Verhandlungen um das „Agreement" über die Wiedererrichtung der grünen Fraktion (Kapitel 4.4.). Comhaontas Glas und die Green Party wollten auch Parteien (und nicht nur EU-Parteien) Stimmrecht bei der Aufnahme von Mitgliedern in der Konstituierungsphase der Fraktion einräumen und in einem früheren Entwurf des vorläufigen Präsidiums des SCEUA sollten darüber sogar nur die Parteien entscheiden (SCEUA 1993:4). Auf Druck der Iren wurde ein Passus in das Agreement aufgenommen, in dem die Fraktion aufgefordert wurde, besondere Rücksicht auf Parteien zu nehmen, die nicht im EP vertreten sind: „They have the right to come up with proposals and point out urgent issues before the group." Außerdem sollte die Fraktion auf besonderen Wunsch der GPS eine enge Kooperation mit den grünen Abgeordneten im Europarat suchen[129].

Letztendlich konnten die schwachen Parteien die EGC aber nicht dazu bringen, ihre Interessen gegenüber der Fraktion zu vertreten. Dies wurde schon innerhalb des Co-Secretariats mehrheitlich nicht gewünscht, sei es aus Gründen einer gewissen finanziellen Abhängigkeit von der Fraktion (Interview Patricia McKenna v.26.4.95) oder aufgrund des allgemeinen Wunsches, sich für solche Zwecke nicht instrumentalisieren zu lassen (Interview Leo Cox v.22.4.95)[130].

---

129 Grüne Vertreter im Europarat hatten bis Ende 1994 Seltenheitswert: von 1984-1990 gehörten ihm nur zwei deutsche Grüne und ab 1988 auch ein italienischer Grüner an. Nach dem Ausscheiden der deutschen Grünen aus dem Bundestag war kurzfristig überhaupt kein grüner Vertreter mehr im Europarat, da Sergio Andreis aus Italien nur den Status eines Stellvertreters hatte (Verts Europe 31/1991:3). Das gleiche traf auch für die Schweizerin Leni Robert von der GPS zu, die im Europarat Mitglied der ELDR-Fraktion war. Mit dem Beitritt vieler osteuropäischer Staaten zum Europarat kam 1992 auch kurzfristig ein Beobachter aus Rumänien dazu. Ende 1994 hatten die italienischen und deutschen Grünen wieder Vollmitglieder im Europarat. Aufgrund der Sitzverteilung für die einzelnen Länder ist dort aber auch künftig nicht mit einer grünen Fraktion zu rechnen, da zu diesem Zweck nach Artikel 41 der Statuten des Europarates 15 Abgeordnete benötigt werden.

130 So war eine Intervention der EGC anläßlich der Beinahe-Aufnahme eines nicht-grünen irischen Abgeordneten in die Fraktion 1992 an dieser Haltung gescheitert (Interview Patricia McKenna

Auch das SCEUA konnte letztendlich nur einen geringen Teil seiner Forderungen bei der Fraktionsbildung 1994 durchsetzen (siehe hierzu ausführlicher Kapitel 4.4. und 3.3.1.1.).

Da der Wunsch nach Einflußnahme auf die Europafraktion aber erstens schon immer und zweitens bei allen Mitgliedsparteien der EGC bzw. der EGF bestand, und sich somit an der Struktur dieses Anreizfaktors über die Zeit nichts geändert hat, kann dieser die Erhöhung des Interaktionsgrads nicht erklären.

Ein weiterer Anreiz zur Intensivierung grenzüberschreitender Interaktionen, den nicht nur schwache, sondern alle Parteien mit Ausnahme der GRÜNEN bis etwa 1990 gemeinsam hatten, war die potentielle Möglichkeit, über die EGC mit einer gemeinsamen europäischen Politik den Einfluß der Außenpolitik der GRÜNEN zu beschränken.

Diesen fiel aufgrund ihres hohen Bekanntheitsgrades in Europa sowie ihrer finanziellen und personellen Stärke (Vgl. FRANKLAND/SCHOONMAKER 1992:195) von Anfang an eine dominante Stellung innerhalb der grünen Parteien zu. So schrieb ein Vorstandsmitglied der Ecology Party (Jonathan Porritt) im Januar 1984 in einem Brief an die GRÜNEN, in dem er um die Unterstützung der Europawahlplattform der EGC bat:

„We are partly dependent on the publicity and the credibility that we derive from our association with other European Greens, and with yourselves in particular." „[...] it is of enormous importance, that we should be closely associated with you ! The same is true for most of the other green parties in the Coordination." (PORRITT 1984).

Zwar waren die GRÜNEN zunächst nicht Mitglied der EGC und somit formell für die Entscheidung von Fragen innerhalb der EGC nicht relevant. Eine Ausklammerung der Grünen hätte aber die Existenz der EGC gefährden können, da einige Parteien dann möglicherweise eher bilateral mit den GRÜNEN als multilateral in der EGC gearbeitet hätten.

Auch nachdem die GRÜNEN der EGC im März 1987 beigetreten waren, blieb das Verhältnis zu den GRÜNEN zunächst noch gespannt, u.a. weil ihr Delegierter, Jürgen Maier, anfangs ein destruktives Verhalten an den Tag legte (Interview Leo Cox v.22.4.95). So erklärte beispielsweise Paul Staes auf dem Kongreß in Stockholm im August 1987: „Es ist Zeit, daß ihr beginnt, auch auf andere Leute zu hören und eure Tore nicht nur dann zu öffnen, wenn ihr eure eigene Überzeugung exportieren wollt." (FR v. 31.8.87:6).

Problematisch war für die EGC bzw. deren Mitgliedsparteien vor allem die eigenständige internationale Politik, die einzelne Mitglieder der GRÜNEN ohne Rücksicht auf andere grüne Parteien betrieben. So hatte Petra Kelly im Europawahlkampf 1989 einen nicht-grünen Kandidaten im aussichtsreichsten Wahlbezirk der irischen Grünen und andere deutsche Grüne einen Labour-Kandidaten in Groß-

---

v.26.4.95). Dies war auch der Grund, warum die skandinavischen Grünen nicht über die EGC, sondern jeweils separat an die grüne Fraktion herantraten, um ihre Forderungen im Zusammenhang mit dem EWR zu Gehör zu bringen (Interview Heidi Hautala v.24.4.95).

britannien unterstützt (Vgl. EGC 1989c:2f.). Der Spitzenkandidat von Les Verts, Antoine Waechter, hatte sich im Vorfeld der Europawahlen ebenfalls über die Zusammenarbeit einiger deutscher Grüner, insbesondere der Spitzenkandidatin Dorothee Piermont, mit den konkurrierenden Renovateurs communistes beschwert und deswegen auch deutsche Parteigremien angeschrieben (Le Monde v. 1.6.1989:7).

Um eine Stellungnahme der GRÜNEN zugunsten der Groen Links/Regenboog-Liste in den Niederlanden bei den Europawahlen 1989 zu verhindern, stellte ein Vertreter von I Verdi schon im März 1989 den Antrag, daß „no member party of the European Greens should support another political party standing in opposition to the member party in the forthcoming elections without the consent of that member party." Der Antrag scheiterte aber am Veto des deutschen Delegierten (EGC 1989b:7).

Diese Spannungen verloren erst ab 1991 an Bedeutung, als ein anderer Vertreter (Helmut Lippelt) die Treffen der EGC im Auftrag der GRÜNEN besuchte, und diese nicht mehr im Bundestag vertreten waren. Damit hörten auch schlagartig Einzelaktionen gegen andere Mitgliedsparteien der EGC auf (Interview Leo Cox v.22.4.95; Interview Paolo Bergamaschi v.26.4.95). Die grüne Fraktion faßte die Auswirkungen des Auszugs der GRÜNEN aus dem Bundestag wie folgt zusammen:

> „[...] it was their parliamentary delegation in Bonn, with the facilities provided by the Bundestag, which had long been the center of their international political activity." (GGEP 1994:185). „A decade of Green international politics centered on the Grünen and their bilateral contacts gave way to a greater „multilateralism" which strengthened the external policy of the Green Group in the European Parliament." (GGEP 1994:186).

Es muß jedoch darauf hingewiesen werden, daß die Medienaufmerksamkeit für die deutschen GRÜNEN nicht durch die Bundestagsfraktion als Ganzes, sondern meist durch Aktionen einzelner Fraktions- oder Vorstandsmitglieder bei Auslandsreisen (z.B. nach Israel) ausgelöst wurde (TELKÄMPER 1992:37). Die Bundestagsfraktion selbst war „auf außen- und friedenspolitischem Gebiet durch eine chaotische, höchst ineffektive und von Zufällen geprägte Arbeitsweise gekennzeichnet gewesen." (SCHIERHOLZ 1993:15). Dieser Zustand hatte sich auch in der zweiten Fraktion (1987-90) nur unwesentlich geändert (Vgl.BEER 1993:20).

Aufgrund dieser, für die EGC positiven Entwicklungen, war eine mögliche Kontrolle der GRÜNEN durch einen „mandated body" als Anreiz für organisationsstrukturelle Reformen endgültig nicht mehr relevant. Zwar könnte sich, so die Befürchtung der meisten Parteien, mit dem Wiedereinzug der GRÜNEN in den Bundestag die deutsche Dominanz in der internationalen Politik wieder etablieren (so Juan Behrend in der Fraktionssitzung v. 22.6.94) und somit erneut den Wunsch nach einer größeren Kontrolle über die GRÜNEN wecken. Da es aber immer schwer kontrollierbare Einzelpersonen waren, die ein für andere grüne Parteien schädliches Verhalten an den Tag gelegt hatten, wäre ihre Kontrolle auch durch einen „mandated body" wahrscheinlich nicht durchsetzbar. Dies zeigt die Unterstützung einer schwedischen Gruppierung in ihrem Kampf für den EU-Beitritt Schwedens durch den deutschen Europaabgeordneten Daniel Cohn-Bendit im Herbst 1994, was zwar zu einer offiziellen Beschwerde der Miljöpartiet bei den GRÜNEN führte (COHN-BENDIT 1994:27), für Cohn-Bendit aber letztendlich folgenlos blieb.

- Die Kompensation geringen Einflusses durch eine „europäische Bühne"

Einen weiteren Anreiz für schwache Parteien zur Teilnahme an grenzüberschreitenden Interaktionen stellt der größere Einfluß auf einer „europäischen Bühne" dar. Gerade die notwendige Einstimmigkeit und die egalitäre Stimmverteilung machte die EGC für die schwachen Parteien sehr interessant. Hier konnten diese Parteien erstens allgemein etwas mitbestimmen und das zweitens auch noch gleichberechtigt mit den starken Parteien: „De groene partij uit Engeland heeft nergens iets te zeggen, maar in de coördinatie hebben ze een stem." (DEIJNCKENS 1990:7)[131].

Dies gilt besonders für inhaltliche Stellungnahmen bzw. deren Verhinderung. So fielen etwa De Groenen durch eine Vielzahl von Änderungsanträgen an den Guiding Principles und den neuen Statuten der EGF auf, mit denen sie sich auf dem EGC-Treffen in Helsinki 1993 teilweise geschickt in Szene setzen konnten. De Groenen waren es auch, die die EGC bzw. die EGF immer wieder zur Stützung eigener Interessen gegenüber Groen Links einzuspannen versuchten.

Nach der Vorstellung der Anreize, die insbesondere schwache grüne Parteien zum Beitritt oder zur Erhöhung ihres Engagements in der EGC gebracht haben, sollen nun die Restriktionen für die Teilnahme schwacher Parteien an grenzüberschreitenden Interaktionen bzw. ihrer Intensivierung über einen bestimmten Punkt hinaus betrachtet werden. Sie bestehen neben finanziellen Schwierigkeiten vor allem in der Angst, die 'europäische Bühne' zu verlieren.

- finanzielle Restriktionen

Besonders ihre mangelnde finanzielle Ausstattung erschwert es den schwachen Parteien, sich gleichberechtigt mit den starken Parteien an grenzüberschreitenden Interaktionen zu beteiligen. Insbesondere während der Umbruchphase der EGC wurden Parteien dadurch oft von der Teilnahme an Diskussionsprozessen abgehalten.

Als besonders krasses Beispiel kann hier die litauische Grüne Partei dienen, die auf baldige Aufnahme in die EGF hofft. Sie verfügte über ein Jahresbudget von umgerechnet etwa 500 DM (so Romuablas Jukuys auf dem Leipzig-Meeting 1992), was das Reisen zu Meetings aus eigener Kraft praktisch unmöglich machte.

Aber auch westeuropäische Parteien haben mit Finanzproblemen zu kämpfen. So war Alternattiva Demokratika seit ihrem Beitritt zur EGC auf einem Drittel der

---

131 „Die grüne Partei aus England hat nirgendwo etwas zu sagen, aber in der Koordination hat sie eine Stimme." (Übersetzung durch den Autor).

EGC-Treffen nicht anwesend, De Grønne (Dänemark) und die GAP auf einem Fünftel. Bei den Treffen des SCEUA oder der nationalen Schatzmeister fehlten die schwachen Parteien aus Griechenland, Irland, Dänemark, Spanien, Portugal und Großbritannien ebenfalls des öfteren. Der Generalsekretär der EGF forderte deshalb, daß „in the future other methods must be found within the Federation in order to avoid de facto exclusion of Members on financial grounds." (EGC 1993c:4).

Manuela Cunha, Delegierte von Os Verdes, hat diese Probleme auf dem ersten Council-Meeting in Wien auf den Punkt gebracht: Angesichts der Tatsache, daß einige Anwesende entweder englisch (in ihrem Fall) oder französisch nur schlecht oder überhaupt nicht verstanden, forderte sie künftig für Übersetzungsmöglichkeiten zu sorgen, so daß die Parteien ihre Delegierten nicht nach linguistischen Fähigkeiten aussuchen müßten. Sie persönlich könnte sich bei Abstimmungen oft nur enthalten, da sie aufgrund der Konferenzsprache Englisch nicht verstünde, worum es eigentlich ginge[132]. Außerdem hätte ihre Partei kein Geld, sich alle zwei Wochen irgendwo in Europa zu treffen.

Die finanziellen Restriktionen stehen also einer Ausweitung der Frequenz transnationaler Treffen der Grünen entgegen, vorausgesetzt alle Parteien sollen gleichberechtigt daran teilnehmen können.

Neben den knappen finanziellen Mitteln, die den kleinen Parteien in der Regel auch nicht erlauben, zwei Tage vor der eigentlichen Sitzung einzutreffen, um wichtige Fragen vorab zu klären, verfügen sie meist auch über keine professionellen Partei- oder Fraktionsmitarbeiter, die zur Vorbereitung der Meetings abgestellt werden könnten (Interview Abbes Jacoby v.30.1.94).

Das Gefühl der permanenten Benachteiligung der schwachen Parteien und der ab 1987 zunehmende Abstand zwischen starken und schwachen Parteien hat dann auch für Restriktionen im Bereich des Budgets gesorgt.

So waren die bis 1990 relativ geringen Abstände zwischen den Mitgliedsbeiträgen der starken und schwachen Parteien und die danach eingeführte Deckelung bis 1993 darauf angelegt, in der EGC keine zu große Dominanz der starken Parteien zuzulassen. Außerdem besteht seit der Gründung der EGF die Gefahr, daß die starken Parteien bei einer entsprechenden Interessenkoalition über verstärkte Absprachen die schwachen Parteien einfach überstimmen können, was bei der Coordination mit einem Veto noch verhindert werden konnte.

Damit ist künftig ein größeres Spannungsfeld zwischen starken und schwachen Parteien zu erwarten.

---

132 Bis 1989 waren auf den Treffen der EGC Dolmetscher anwesend, die für diese unentgeltlich arbeiteten. Nach dem Erfolg der Grünen bei den Europawahlen, die diesen eine relativ starke Europafraktion mit entsprechenden Fazilitäten brachte, halfen sie jedoch anderen Organisationen, die dies ihrer Meinung nach nötiger hatten (Interview Bruno Boissière v.20.4.95). Seit dieser Zeit arbeitet die EGC (EGF) ohne Dolmetscher.

- Angst vor Verlust der „europäischen Bühne"

Die seit 1989 ständig zunehmende Zahl schwacher Mitgliedsparteien (siehe Tabelle 23), die mittlerweile Dreiviertel des Mitgliederbestandes der Federation ausmachen, hat lange Zeit zu einer Zementierung von Konsensprinzipien geführt. Dies erscheint logisch zwingend, weil nur durch das Einstimmigkeits- und Egalitätsprinzip für die schwachen Parteien alle erhofften Vorteile realisiert werden können, ohne Nachteile in Kauf nehmen zu müssen. Unter diese Nachteile fallen etwa die Übernahme von auf europäischer Ebene festgelegten Positionen, die der nationalen Linie widersprechen oder der Verlust der europäischen Bühne, da man bei Mehrheitsentscheidungen leicht überstimmt werden kann und damit seine günstige Verhandlungsposition verliert.

Deshalb entstand insbesondere bei den starken Parteien oft der Eindruck, daß gerade schwache Parteien die EGC nur für ihre Zwecke ausnutzten und nicht an einer Weiterentwicklung der Organisation interessiert waren. So betonte Bruno Boissière anläßlich des Aufnahmeantrags der Confederacion de Los Verdes aus Spanien: „[...] groups joining are expected to bring something to the coordination and not just use the coordination for their own ends." (EGC 1989a:5). Auch der politische Sekretär der EGC schreibt in seinem Strategiepapier von 1991: „We should develop a common and proper European political language rather than writing the usual mixture of pamphlets in order to reassure our respective homeland clubs." (COX 1991:2).

Die Auswirkungen der unterschiedlichen Größe der interagierenden grünen Parteien auf den Interaktionsgrad lassen sich damit wie folgt zusammenfassen: Die Hoffnung auf immaterielle und in geringerem Ausmaß materielle Hilfe durch die EGC hat es besonders für schwache Parteien attraktiv gemacht, der EGC beizutreten und den Interaktionsgrad zumindest im inhaltlichen Bereich erhöht, da von der EGC eine immer größer werdende Zahl von im nationalen Kontext verwendbaren Stellungnahmen abgegeben wurde. Diese Tendenz setzt sich auch bei der EGF fort. Im organisationsstrukturellen Bereich hat der ständig wachsende Anteil schwacher Parteien in der EGC durch finanzielle Restriktionen aber eine stärkere Ausweitung der Kommunikationsfrequenz und eine stärkere Erhöhung des Budgets der EGC verhindert sowie lange zu einer Zementierung von Einstimmigkeits- und Egalitätsprinzipien geführt. Allerdings läßt sich nicht genau feststellen, in welchem Ausmaß der befürchtete Verlust der europäischen Bühne und in welchem Ausmaß die in Kapitel 2.4.1.3. besprochene Dominanz des Nationalstaats für die Aufrechterhaltung der Einstimmigkeits- und Egalitätsprinzipien verantwortlich waren.

Organisatorische Verfestigung des Parteiapparats

Zu den Profilen grenzüberschreitend interagierender Parteien gehören neben deren Größe auch die organisatorische Verfestigung ihres Parteiapparats.

Alle grüne Parteien haben (zumindest in Westeuropa) eine relativ locker ausge-
bildete Parteiorganisation ohne straffe Parteidisziplin. Sie zeichnen sich bislang
weniger durch Oligarchie[133]- als durch Stratarchietendenzen aus, d.h., verschiedene
Parteiorgane und -ebenen agieren relativ unabhängig voneinander und bilden mehrere Machtzentren in der Partei (Vgl. KITSCHELT 1989:72). Erste Organisa-
tionsreformen Anfang der 90er Jahre bei einigen westeuropäischen grünen Parteien
haben zwar hier zu einer gewissen Professionalisierung geführt (RÜDIG 1991c:4).
Dies ist jedoch noch lange nicht mit den schon länger etablierten Parteien zu ver-
gleichen.

Die von Anfang an stärker zentralisierten grünen Parteien Osteuropas sahen
bislang die EGC bzw. die EGF eher als Chance denn als Bedrohung für nationale
Positionen. Außerdem hat die grenzüberschreitende Interaktion bis heute noch
keine Intensität erreicht, die eine ernsthafte Gefährdung der mittleren und oberen
Parteiführungsschicht befürchten ließe. Organisierte Widerstände gegen eine Ausweitung der Interaktionen sind von dieser Klientel daher nicht zu erwarten und bis
jetzt auch nicht zu erkennen gewesen (Interview Willy de Bakker vom 30.10.1994).

Da sich hier über die Zeit also nichts wesentliches geändert hat, kann dieser
Faktor nicht zur Erklärung der Veränderung des Interaktionsgrads herangezogen
werden.

Flügelkämpfe

Als letzter Punkt im Bereich der Parteiprofile sind innerparteiliche Flügelkämpfe
zu untersuchen. Diese Flügelkämpfe haben die EGC in ihrer Geschichte nur selten
beschäftigt. Sie traten zunächst bei der ALÖ, Os Verdes und Les Verts auf, spielten
aber für die EGC nur eine untergeordnete Rolle (Interview Leo Cox v.22.4.95).
Bedeutend war in diesem Zusammenhang allerdings der Flügelkampf innerhalb der
GRÜNEN zwischen 1983 und 1987. Dieser äußerte sich anfangs in personeller und
inhaltlicher Diskontinuität bei den Treffen der EGC und bis zum Beitritt der GRÜ-
NEN 1987 in Streitigkeiten über Art und Ausmaß der Beteiligung der GRÜNEN an
der EGC.

Deren Flügelkampf war ebenfalls verantwortlich für den Links-Vorne-Konflikt
innerhalb der EGC und damit für eine längere Stagnation des Interaktionsgrads[134].

---

133 Siehe zu Oligarchisierungstendenzen in Parteien ausführlicher MICHELS (1970).

134 Die GRÜNEN waren vor 1983 bei den P.E.A.C.E.- und KGRP-Treffen regelmäßig durch Roland
    Vogt bzw. Petra Kelly vertreten. Beides waren Anhänger der sogenannten ökofundamentalistischen
    Strömung (nicht zu verwechseln mit den späteren „Fundis"), die sich „Vorn" statt Links oder
    Rechts verortete (KLEINERT 1992:65; RASCHKE 1993:159). Nach dem Einzug der GRÜNEN in
    den Bundestag 1983 ergaben sich jedoch personelle Veränderungen im Bundesvorstand und an-
    deren Parteigremien, die nun nach und nach unter den Einfluß von Vertretern des linken und radi-
    kal-ökologischen (Fundi-) Flügels innerhalb der GRÜNEN kamen (Zur Klassifizierung der ver-
    schiedenen Strömungen innerhalb der GRÜNEN sowie deren Entwicklungsgeschichte siehe aus-
    führlich VAN HÜLLEN (1990) und RASCHKE (1993:143-201). Deren Vertreter machten einen
    Beitritt der GRÜNEN zur EGC vom Beitritt des GPA abhängig und nahmen ab 1983 auch selbst

Nachdem die GRÜNEN der EGC aber erst einmal beigetreten waren, hatten innerparteiliche Flügelkämpfe keine restriktiven Wirkungen mehr auf die EGC bzw. die
EGF. Dies begünstigte die Erhöhung des Interaktionsgrads.

2.4.2.2. Rolle im nationalen Parteiensystem

Wie in Kapitel 2.1. bereits beschrieben, führen unterschiedliche Rollen im nationalen Parteiensystem (Regierungs-versus Oppositionspartei) zu unterschiedlich
ausgeprägten Interaktionsanreizen bzw.-restriktionen.

Bis zum Eintritt der finnischen Grünen in eine fünf-Parteien-Koalition im April
1995 war in Westeuropa bislang noch keine grüne Partei an einer Regierung auf
nationaler Ebene beteiligt[135]. Nicht nur, weil große Parteien nicht mit den Grünen,
sondern auch, weil die Grünen lange nicht mit den großen Parteien koalieren wollten. Die politische Relevanz der Grünen bestand, SARTORI (1976:123) und
SMITH (1991:36) folgend, also zunächst nicht in einem möglichen Koalitionspotential. Als losgelöste Parteien („detached parties"), die Koalitionen mit anderen
Parteien nicht eingehen wollten, erfüllten sie aber relativ erfolgreich ihr Erpres-
sungspotential („blackmail potential"), da sie in zahlreichen westeuropäischen
Ländern „zum programmatischen und/oder praktisch politischen Zielwandel einiger
etablierter Parteien" beigetragen haben (MÜLLER-ROMMEL 1993:24). Erst ab
1991 kam es in Westeuropa zu ersten „feasible coalitions" (SARTORI 1976:122),

---

als Beobachter an den Treffen der EGC teil. Die strikte „Links-Politik" dieser Vertreter wurde aber
von vielen deutschen Grünen so nicht geteilt. Auf dem Mai-Meeting 1985 erklärte der Bundestags-
abgeordnete Heinz Suhr deswegen explizit, daß viele Grüne nicht mit der Politik und der Position
des Bundesvorstands gegenüber der EGC einverstanden waren und eine Annäherung an die EGC
wünschten (EGC 1985b:10). Eine breitere Diskussion über einen Beitritt zur EGC fand in den
GRÜNEN aber erst wieder auf einem Europa-Kongreß Ende 1986 in Köln statt. Erst kurz vor der
Bundestagswahl fiel im Februar 1987 dann auf einer Bundeshauptausschuß-Sitzung die (knappe)
Entscheidung, der EGC beizutreten. Der linke Flügel der GRÜNEN wollte mit einem Antrag auf
der nächsten Bundesdelegiertenkonferenz in Duisburg im Mai 1987 den Beitritt zunächst auch
wieder rückgängig machen (Die GRÜNEN 1987b). In der Folgezeit vollzog sich bei den Linken
aber ein Einstellungswandel (Interview F.O.Wolf v.28.4.95). Zwar hielten sie auch weiterhin an ihrem Ziel einer Öffnung der EGC für kleine Linksparteien fest, traten nunmehr aber für eine Reform
der EGC von Innen ein. Wäre diese Strategie fehlgeschlagen, wollten die Linken wieder aus der
EGC austreten (MAIER 1987a:2).Von 1987 - 1991 nahm dann Jürgen Maier, ein Vertreter des linken Flügels, für die GRÜNEN an den Treffen der EGC teil. Maier versuchte zwar anfangs, die Arbeit der EGC zu sabotieren, arbeitete aber bald konstruktiv mit, bis er 1991 bei Neuwahlen des
Vorstands von Helmut Lippelt abgelöst wurde (Interview Leo Cox v.22.4.95).

135 Sieht man einmal von den italienischen Grünen ab, die 1992 mit Francesco Rutelli für 24 Stunden
einen Minister in der italienischen Regierung stellten, bevor dieser aus Protest über die Nichtaufhe-
bung der Immunität Bettino Craxis durch das italienische Parlament die Regierung wieder verließ
(Interview Paolo Bergamaschi v.26.4.95).

wo sowohl die Grünen als auch große Parteien grundsätzlich an einer gegenseitigen Koalition interessiert waren[136].

In Osteuropa stellten die Grünen von vornherein keine losgelösten, sondern gelenkige Kleinparteien („hinge Parties") (SMITH 1991:36) dar, die sich in der Mitte oder zumindest in der Nähe der Mitte des politischen Spektrums verorteten. Dementsprechend verfügten sie von vornherein auch über ein Koalitionspotential, das sie auch schon bald umsetzen konnten[137].

Ein potentieller Konflikt mit den osteuropäischen Parteien wegen der damaligen oder einer künftig abzusehenden Regierungsbeteiligung wurde dabei innerhalb der EGC durchaus befürchtet und zwar wegen

> „The disastrous economical and environmental situation in central and Eastern Europe, forcing green parties to balance between democratic opposition and governmental urgencies, left on their own without any coherent set of guidelines and structural help from the Western movements, who until now were unable to come forward with a common alternative development plan for Eastern Europe, suitable both for green parties both in opposition and in government." (COX 1991:4).

Zu größeren Konflikten innerhalb der EGC (EGF) haben diese Regierungsbeteiligungen allerdings bis jetzt noch nicht geführt, wenn sie auch innerhalb des EWD oder der GiPN durchaus für Auseinandersetzungen sorgten. Unterstützten doch etwa die bulgarischen Grünen in der Regierung eine befristete Weiternutzung der Kernenergie[138]. Dies läßt sich wohl damit erklären, daß die befürchtete Öffent-

---

136 So fehlten im November 1989 in Griechenland der PASOK und der Linken Allianz eine Stimme für die Regierungsbildung, jedoch erklärten die Alternativen Ökologisten, die über einen Sitz im Parlament verfügten, eine solche Regierung nicht unterstützen zu wollen. Die finnischen Grünen verhandelten zwar nach den Parlamentswahlen 1991 über eine Regierungsbeteiligung. Diese scheiterte aber an Fragen der Energiepolitik (VIHREÄ LIITTO 1994).

137 So spielten die estländischen Grünen anfangs eine entscheidende Rolle im Unabhängigkeitsprozeß der Baltenrepublik und ihr damaliger Vorsitzender, Toomas Frey, wurde Umweltminister. In Albanien unterstützte die grüne Partei bei den Wahlen im März 1992 die Demokratische Partei, die dafür den Grünen zwei stellvertretende Ministerposten zubilligte. Die MER aus Rumänien beteiligte sich im Oktober 1991 an der Regierung der nationalen Heilsfront und stellte einen Minister (Verts Europe 39/1991:2) Schon in der alten Übergangsregierung hatte sie drei Vertreter in der Regierung (Verts Europe 8/1990:3). In Bulgarien stellte die grüne Partei 1990 einen Finanz-, einen Landwirtschafts- und einen Umweltminister (Interview Albena Simeonova v.28.10.94). In Litauen war Zigmas Vaisvila von der grünen Partei von Januar 1991 bis Oktober 1992 Vize-Premierminister und in Slowenien stellten die Grünen zwischen 1990 und 1992 sogar vier Minister. Auch die Grüne Partei der DDR war während ihres kurzen Bestehens an einer nationalen Übergangsregierung beteiligt. In Georgien schließlich traten die dortigen Grünen Ende 1993 in eine Regierungskoalition ein und erhielten drei Kabinettsposten (Umweltschutz, Arbeit, Geologie) (EGF 1994c:18).

138 Abweichende Positionen der Ostgrünen in einzelnen Politikfeldern erklären sich aber nicht nur durch ihre Regierungsbeteiligungen. Aufgrund der unterschiedlichen wirtschaftlichen Ausgangsbedingungen und des Fehlens bzw. der anderen Struktur von Frauen-, Friedens-, und Anti-AKW-Bewegungen im Osten hatten und haben die Grünen dort andere Schwerpunkte als im Westen. So konzentrierten sich die Ostgrünen von Anfang an stark auf das Thema Umweltschutz und klammerten andere Fragen wie Frauengleichberechtigung tendenziell aus. Aber selbst im Umweltbereich

lichkeitswirkung solcher programmatischer „Verstöße" durch die Ostgrünen bei den westeuropäischen Grünen noch als sehr gering angesehen wird. Auch haben die osteuropäischen Grünen seit Ende 1992 mit Ausnahme von Georgien sämtlich ihre Regierungsbeteiligungen verloren, womit sie nicht mehr zu Kompromissen gezwungen sind, die stark von grüner Programmatik abweichen.

Damit läßt sich festhalten, daß unterschiedliche Rollen grüner Parteien im nationalen Parteiensystem keine Auswirkungen auf die Veränderung des Interaktionsgrads hatten.

Wichtiger als die Unterscheidung nach Regierungs- und Oppositionsparteien ist bei den Grünen die Unterscheidung zwischen Parteien, die im Parlament vertreten und Parteien, die dort nicht oder nur marginal vertreten sind (COX 1991:3)[139]. Diese legen durchschnittlich gesehen ein unterschiedliches Kompromißverhalten an den Tag und stellen auch unterschiedliche Erwartungen an einen Parteienbund (Interview Per Gahrton v.26.4.95; Interview Willy de Bakker v.22.7.93).

Die Parlamentsparteien sind durch entsprechende Lernprozesse im parlamentarischen Alltag, die sich auch auf die Partei als Ganzes übertragen, eher zu Kompromissen bereit, d.h., sie verhalten sich pragmatischer als die außerparlamentarischen Parteien (Interview Heidi Hautala v.24.4.95). So waren bislang die britischen, dänischen und norwegischen Grünen in inhaltlichen Fragen nur sehr schwer

---

gibt es teilweise erhebliche Differenzen zwischen West und Ost. So hatten sich etwa auch die nordböhmischen Grünen für die Atomkraft als Alternative zu den Kohlekraftwerken ausgesprochen und Kritik am Bau neuer Autobahnen wurde von ihnen angesichts des ungeheuren Nachholbedarfs kaum geäußert (JORDAN 1990:33f.).

Ein weiteres Feld von Differenzen stellten teilweise die Menschenrechte dar. So wollten die lettischen Grünen der dortigen russischen Bevölkerung keine Minderheitenrechte zugestehen (GRASL 1993:24f.).

Weitere Unterschiede zu den Westgrünen finden sich auch teilweise im Wirtschaftskonzept. So sahen die bulgarischen Grünen einen ökonomischen Liberalismus mit der Integration Bulgariens in die Weltwirtschaft und ihrer Institutionen (Weltbank, IWF) als besten Weg zur Erreichung wirtschaftlichen Wohlstands (FEINSTEIN 1992b:571).

139 Zu möglichen Typologisierungen grüner Parteien anhand ihrer Vertretung im nationalen Parlament siehe RÜDIG (1985c:27-29) und MÜLLER-ROMMEL (1993:87). Letzterer zählt die Grünen in Spanien irrtümlicherweise zu den Parteien, die den Sprung ins Parlament geschafft hätten. Einen Überblick über die im Parlament vertretenen/nicht vertretenen Parteien geben die Tabellen 21 und 22. Auffällig sind dabei die relativ schlechten Wahlergebnisse grüner Parteien aus Norwegen, Dänemark, Frankreich, Großbritannien, Irland, Malta, Spanien, Portugal und Griechenland. Der geringe Erfolg der beiden erstgenannten Parteien hängt an der Existenz relativ starker linkssozialistischer Parteien (Socialistik Folkeparti in Dänemark und Sosialistik Venstreparti in Norwegen), die schon vor den jeweiligen grünen Parteien existierten und einen Großteil der Anhänger der sozialen Bewegungen in ihrer Wählerschaft vereinigen konnten (MÜLLER-ROMMEL 1985c:484). In den südeuropäischen Ländern dürfte neben den Schwierigkeiten, zu nur einer landesweiten grünen Partei zu kommen, das noch gering ausgeprägte Bewußtsein der Bevölkerung für New-Politics-Issues für die schlechten Wahlergebnisse verantwortlich sein (Vgl.RÜDIG 1985c:25). Dies gilt auch für Irland (Vgl. HOLMES/ KENNY 1994:218). In Großbritannien, Malta und Frankreich schließlich verhindert ein Mehrheitswahlrecht bislang den Einzug der Grünen ins nationale Parlament.

kompromißbereit (Interview Patricia McKenna v.26.4.95; Interview Heidi Hautala v.24.4.95).

Außerparlamentarische Parteien erwarten sich von einem grünen Parteienbund u.a. ein zusätzliches Presseecho, weswegen die EGC bzw. die EGF auch wesentlich wichtiger für diese Parteien ist als für Parlamentsparteien (Interview Leo Cox v.22.4.95). Nicht oder nur mit einzelnen Abgeordneten im Parlament vertretene grüne Parteien haben es schwerer, in der Öffentlichkeit die Medienresonanz von Parlamentsfraktionen zu erreichen und haben zusätzlich selbst kaum Mittel für eigene Pressearbeit. So haben außerparlamentarische Parteien mehr den Wunsch nach öffentlichkeitswirksamen gemeinsamen Aktionen, während die Parlamentsparteien mehr an spezifischen Informationen und eventuell gemeinsamen Anträgen in ihren jeweiligen nationalen Parlamenten interessiert sind (Interview Willy de Bakker v.22.7.93)[140].

Auf bestehende Unterschiede zwischen im Parlament vertretenen und dort nicht vertretenen Parteien kann hier aber nur hingewiesen werden, da sich das Ausmaß der Auswirkungen auf den Interaktionsgrad, etwa über die Verhinderung von Stellungnahmen aufgrund eines Vetos der außerparlamentarischen Parteien, nicht quantifizieren ließ. Außerdem überlagert sich dieser Erklärungsfaktor hier potentiell mit den Erklärungsfaktoren „Größe der Partei" und „Wunsch nach nationaler Autonomie"[141]. Erkennbare Auswirkungen auf den Interaktionsgrad grüner Parteien hatte dies aber insofern, als daß es mit der Errichtung eines Parlamentariernetzwerkes zu einer kurzfristigen Ausweitung der Frequenz der Treffen grüner Parteidelegierter kam.

---

140 Deshalb kam es 1990 auf einer Konferenz in Stockholm auch zur Gründung einer sogenannten „Greens in Parliament Network" (GiPN), deren Aufgabe u.a. die Herstellung von Kontakten zwischen den Fraktionen, die Organisation jährlicher Konferenzen sowie die Durchführung gemeinsamer Aktionen war (GIPN 1990b:3), und für die die schwedischen Grünen ein eigenes Sekretariat zur Verfügung stellten. Eine zweite Konferenz der GiPN im September 1990 in Wien fand allerdings schon unter erheblich geringerer Beteiligung als noch im Februar statt, und nach einer dritten Konferenz im April 1991 im slowakischen Piestany verlief die GiPN-Initiative Ende 1991 mangels Beteiligung im Sand.
Konkreter Anlaß hierfür war das Ausscheiden der Miljöpartiet aus dem schwedischen Parlament. Dies hatte zur Folge, daß die von der Miljöpartiet übernommene Sekretariatsarbeit von dieser nicht mehr geleistet werden konnte. Da auch keine andere Partei bereit war, die Sekretariatsarbeit weiter zu führen, wurde die GiPN aufgelöst. Trotz eines immer wieder bekundeten Interesses seitens einzelner Mitgliedsparteien der EGF ist es bis 1995 nicht zur Wiedererrichtung eines solchen Netzwerkes gekommen.

141 Die Kategorie Vertretung im Parlament/keine Vertretung im Parlament stimmt bei den Grünen auch weitgehend mit der Einordnung in die Kategorie starke/schwache Partei überein, wenngleich beide nicht vollkommen deckungsgleich sind.

2.4.2.3. Ideologisch-programmatische Positionen

Den letzten großen Bereich aus der Kategorie der Parteiprofile stellen die ideologisch-programmatischen Positionen der auf europäischer Ebene interagierenden
Parteien dar. Darunter fallen

- ideologische Prädispositionen bezüglich grenzüberschreitender Interaktion
- die ideologische Grundorientierung und die Affinität zu anderen ideologischen
  Grundrichtungen
- die Haltung bezüglich einzelner Politikbereiche (speziell zur Europäischen Integration)
- die Intensität der Programmorientierung.

Grüne Parteien in Europa sind in inhaltlichen Fragen grundsätzlich sehr homogen.
Als erkennbar wichtige Konfliktfelder tauchen bei ihnen die Reformierbarkeit bestimmter internationaler Organisationen wie NATO oder UNO, Asylpolitik, Frauenpolitik, Schwangerschaftsabbrüche, Legalisierung von Drogen, Selbstbestim-
mungsrecht der Völker und Kampfeinsätze der UNO auf. Zwischen Ost- und Westgrünen gibt es zusätzlich auch Streitpunkte bei der Kernkraft und in Fragen des
Nationalismus. Diese Unterschiede stellten bis heute aber keinen sehr restriktiven
Faktor für den Interaktionsgrad der Grünen dar. Nicht gelöste Meinungsverschiedenheiten mit wichtigen Auswirkungen auf den Interaktionsgrad gibt es aber im
Bereich der institutionellen Umsetzung einer grundsätzlich von allen grünen Partei-
en bejahten gesamteuropäischen Integration. Nach der Vorstellung der ideologischen Unterschiede und Gemeinsamkeiten wird auf diese Differenzen im Integrationskonzept noch näher einzugehen sein.

Ideologische Prädispositionen bezüglich grenzüberschreitender Interaktion

Grüne Parteien sind von ihrer Themenwahl her prädisponiert zu grenzüberschreitender Parteieninteraktion (Interview Per Gahrton v.6.4.95): „Grüne Parteien sind
als einzige von ihrer Natur her transnational, denn GRÜNE Politik wird von transnationalen Fragen motiviert." (V.UEXKÜLL 1988:82). Auf der anderen Seite sind
grüne Parteien stark vom Gedanken der Basisdemokratie beherrscht und verstanden
sich bis Mitte der achtziger Jahre mehrheitlich als Bewegungs- oder auch „Anti-
Partei-Parteien". Sie sahen ihre Aufgabe vorrangig in der Unterstützung außerparlamentarischer Bewegungen, für die die grünen Parteien auch die Rolle eines
„parlamentarischen Standbeins" übernehmen wollten. In diesem Zusammenhang
fiel es den meisten grünen Parteien schon auf nationaler Ebene schwer, sich dauerhaft als Partei zu organisieren (Vgl.RÜDIG 1991c:4).
    Grüne Europapolitik und der organisatorische Rahmen ihrer grenzüberschrei-
tenden Zusammenarbeit bewegt sich daher im Spannungsfeld eines gleichzeitig
internationalistischen wie regionalistischen (dezentralen) und antibürokratischen

(basisdemokratischen) Ansatzes, der nur durch das Subsidiaritätsprinzip vereinbart werden kann.

Dieser Dezentralitäts- und Antibürokratieanspruch ist mitverantwortlich für die lange Stagnation des Interaktionsgrads in organisationsstruktureller Hinsicht.

So standen Die GRÜNEN 1984 auf dem Standpunkt, eine „grüne Internationale" solle, wenn überhaupt, nicht von oben kommen, sondern sich von unten entwickeln (So Ali Schmeissner im Juli 1984 in Brüssel (EGC 1984c:4)). „Die Kooperation mit Bewegungen und Parteien anderer Länder in - und außerhalb Europas muß [...] von unten wachsen, indem sie bei gemeinsam durchgeführten Projekten die inhaltlichen und politischen Übereinstimmungen und Kooperationsmöglichkeiten konkret entwickeln." (Die GRÜNEN 1987a:4). „Die Grüne Europäische Koordination hat für uns nicht die Funktion, eine „Grüne Internationale" aufzubauen." (Die GRÜNEN 1987b).

Auch die Miljöpartiet vertrat diesen Ansatz: Das genaue Aussehen einer grenzüberschreitenden Parteiorganisation sollte sich automatisch als Endpunkt dieser Basisbeziehungen ergeben (Vgl. FEINSTEIN 1992d:322). Für die Miljöpartiet standen damit nicht Institutionen, sondern die Einigung über gemeinsame Prinzipien am Anfang transnationaler Parteieninteraktion. Auf Grundlage dieser Prinzipien sollte man enger zusammenarbeiten und dann die Institutionen organisch wachsen lassen (FEINSTEIN 1992e:340)[142].

Die sich ab 1988 bildenden regionalen Kooperationsformen wurden somit nicht nur wegen der Wichtigkeit internationaler Kooperation bei einzelnen umwelt- und integrationspolitischen Themen gegründet, sondern auch um in einem ersten organisatorischen Schritt den grundsätzlichen Anspruch eines Europa der Regionen zu erfüllen (EGC 1991f:2). Außerdem gab es immer wieder Vorschläge für eine stärkere Regionalisierung der Strukturen der EGC selbst[143].

---

142 So scheiterte auch eine Initiative einzelner Delegierter am Rande des EGC-Kongresses in Stockholm zur Errichtung eines zentralen Informationsbüros der EGC, das Daten sammeln, einen regelmäßigen Mitteilungsbrief herausgeben, gemeinsame Aktionen planen und Seminare abhalten sollte (FAZ v.31.8.87:10). Einige Teilnehmer sahen dies als Vorstufe zu einer ein Eigenleben entwickelnden Organisation mit bürokratischen Wasserkopfstrukturen, welche sie mit dem Negativbegriff „Internationale" titulierten und strikt ablehnten. Sie setzten mehr auf „Kampagnen und Aktionen statt Strukturen" (MAIER 1987b:3).

143 Besonders die Südeuropäer wollten „the contradiction between the proclamation in favor of a Europe of Regions and peoples, and a green european organization of state's parties or movements" lösen (WORKING GROUP 1989). Die Green Party schlug schon 1987 vor, eine dezentrale und demokratische (im Sinne von nicht bürokratische) Koordination zu etablieren, die die Zusammenarbeit nationaler grüner Parteien in sogenannten geographischen Clustern vorsah (Europa, Nordamerika, Pazifik). Innerhalb dieser Cluster sollten die Parteien in regionalen Gruppen (geographisch oder themenbezogen) zusammenarbeiten (z.B. EFTA-Grüne, Südeuropäische Grüne) und durch ein kleines zentrales Koordinationsbüro zusammen gehalten werden (TURBAYNE 1987). Auch 1993 unterbreitete die Green Party wieder Vorschläge zur stärkeren Regionalisierung der Strukturen der EGC. Sie schlug erneut die Errichtung regionaler Committees („Baltic, North Sea, Mediterranean, Danube, Caucasia, Balcan") vor, die über eigene Organisationsstrukturen und Finanzen verfügen sowie statt der einzelnen nationalen Parteien Delegierte zu den Council-Treffen

Erst Anfang der neunziger Jahre, als die starken Bewegungen aus der Gründungszeit grüner Parteien entweder selbst professionalisiert waren oder erheblich an Bedeutung verloren hatten, wurde auch der strikte Basisdemokratieanspruch aufgelockert und es kam in einzelnen grünen Parteien zu tatsächlichen oder zumindest versuchten Umstrukturierungen in Richtung einer größeren Professionalisierung (RÜDIG 1991c:4)[144]. Damit stand in diesen Fällen auch verfestigten Strukturen auf europäischer Ebene nichts Grundsätzliches mehr entgegen.

Der restriktive Faktor einer basisdemokratischen Orientierung grüner Parteien hat somit ab Ende der achtziger Jahre an Wichtigkeit verloren und damit den Anstieg des Interaktionsgrads begünstigt.

Mit dem Eintritt der osteuropäischen Grünen in die EGC, die von Anfang an stärker zentralistisch aufgebaut waren, dürfte dieser Einflußfaktor auch weiterhin an Bedeutung verlieren. Vernachlässigt werden darf er deshalb noch nicht. So sah etwa Patricia McKenna (Comhaontas Glas) den Versuch, dem SCEUA Statuten zu geben, immer noch als „bureaucratic rubbish" an (Interview Patricia McKenna v.26.4.95).

Auch die unterschiedliche Interpretation des Subsidiaritätsprinzips und damit die unterschiedliche Bedeutung, die die einzelnen Parteien einer „zentralen" europäischen Parteiorganisation im Vergleich zu regionalen Parteiorganisationen beimessen, hat sich restriktiv auf den Interaktionsgrad ausgewirkt. So ist eine europäische grüne Partei, die Kandidaten auf europäischen Listen nominiert, bis heute schwer vorstellbar (Interview Willy de Bakker v. 29.4.95; Interview F.O.Wolf v.27.4.95), obwohl einzelne grüne Parteien sich dem nicht abgeneigt zeigen.

Mit ihrem Dezentralitätsanspruch befinden sich die Grünen damit bei ihrer grenzüberschreitenden Interaktion immer noch in einem inhaltlichen, aber auch finanziellen Dilemma: Da bis Mitte 1992 noch nicht einmal Ansätze zu einer globalen Kooperation, etwa in Form der Internationalen der anderen Parteifamilien, bestanden, waren schon an die EGC immer wieder sowohl stärker internationalistische als auch regionalistische Ansprüche gestellt worden. Die EGC sollte danach zumindest Grundfunktionen einer klassischen Internationale (Informationsaustausch auch mit außereuropäischen Parteien, soweit diese schon existierten) wahrnehmen und dementsprechend zumindest nach den Wünschen einiger grüner Parteien in ihrer Mitgliedschaft nicht auf Europa beschränkt sein. Gleichzeitig sollte sie in ihrer Organisationsform dem Konzept des Europa der Regionen Rechnung tragen. Obwohl dieses Thema bei den Kongressen der EGC ständig auf der Tagesordnung stand und auch bei den verschiedenen Strategiediskussionen immer wieder angesprochen wurde, gibt es aber bis heute innerhalb der grünen Parteifamilie kein konsensfähiges Konzept für eine nach dem Subsidiaritätsprinzip aufgebaute, grenzüberschreitende Parteiorganisation. So bleibt das Europa der Regionen inhaltlich wie organisatorisch bis heute eine vage Abstraktion, als Schlagwort zwar gut zur

---

entsenden sollten. Die detaillierten Vorstellungen der Green Party fanden jedoch keinen ausreichenden Zuspruch.

144 So etwa bei den GRÜNEN und der Grünen Alternative aus Österreich (Vgl.RÜDIG 1991c:4).

Abgrenzung gegenüber der Europapolitik der etablierten Parteien zu gebrauchen, letztendlich aber selbst innerhalb der nationalen Parteien unklar formuliert (Vgl.BOMBERG 1992:166f.).

Für eine einfache Übernahme des Systems anderer Parteifamilien (Internationale, Gesamteuropäischer Parteienbund, EG-Parteienbund), welches sich mangels anderer gangbarer Alternativen anböte, sind aber keine ausreichenden finanziellen Mittel vorhanden.

Nichtsdestotrotz sind seit 1992 bei den Grünen erstmals erfolgversprechende Versuche gestartet worden, doch so etwas wie eine Internationale zu errichten:

Auf einem in Rio, parallel zum UNCED-Gipfel abgehaltenen ersten „Green planetary meeting", an dem ungefähr 250 Personen von 28 Parteien aus 26 Ländern teilgenommen hatten, wurde die Gründung eines „Planetary green network" (später „Green Global Network" (GGN) genannt), angekündigt. Dieses Netzwerk sollte einen dauerhaften Informationsaustausch über die Entwicklung der Parteien, über ihre Kampagnen sowie über ihre Positionen im Hinblick auf essentielle globale issues ermöglichen. Zu diesem Zweck wurde ein vorläufiges „steering committee" eingesetzt, das geographisch (von jedem Kontinent zwei Vertreter) und geschlechtermäßig paritätisch besetzt war (SMITH/ESCUDERO 1993a:1)[145] und sich bis Mitte 1995 noch zweimal traf.

Die Errichtung einer Green Global Network stößt aber bis heute auf organisatorische und finanzielle Probleme. Zum einen war die Ankündigung der Gründung der GGN in Rio mehr eine Erklärung der anwesenden Teilnehmer und für die beteiligten Parteien als solches nicht bindend, da die meisten Vertreter hierzu nicht mandatiert waren. Damit ging die Initiative zur Gründung einer weltweiten Kooperation von weltpolitisch interessierten „Einzelkämpfern" und nicht von Parteien aus. Diese haben im übrigen bis heute nur in Ausnahmefällen die Gründung und die Ausrichtung einer globalen Organisation überhaupt schon einmal diskutiert (GREEN PARTY USA 1992:7). Zum anderen wurde im Laufe des Jahres 1993 klar, daß ein geplanter weltweiter Kongreß, als eine Art Gründungsversammlung der GGN, immer unwahrscheinlicher wurde (SMITH/ESCUDERO 1993b). Insbesondere die westeuropäischen Parteien zeigten an einer institutionalisierten weltweiten Kooperation zu wenig Interesse, woraus auch Widerwilligkeiten resultierten, eine solche Kooperation finanziell zu unterstützen.

---

145 Die Zusammensetzung sah wie folgt aus: Afrika (ein Vertreter), Nordamerika (2), Lateinamerika (2), Osteuropa (2), Westeuropa (2, darunter ein Vertreter der EGC), Ozeanien (1). Dabei war die Besetzung auch durch die Verteilung grüner Parteien auf der Welt bestimmt: Es gab keine Kontakte zu grünen Parteien in Asien. In Lateinamerika haben sich erst die mexikanischen und brasilianischen Grünen als Partei konstituiert (De BOER 1993b:6; GGN 1993a:1) und nur letztere sind auch in (Lokal)parlamenten vertreten. Afrikanische grüne Parteien gibt es erst seit Ende der achtziger Jahre im Gefolge des afrikanischen Demokratisierungsprozesses, so daß sich 1993 zwar 15 grüne Parteien in 40% der Länder Afrikas fanden, allesamt aber mit sehr geringen Mitteln (GGN 1993b:2). In Kanada und den USA gibt es zwar grüne Parteien, sie sind jedoch nicht im nationalen Parlament vertreten. Lediglich in Ozeanien gibt es mit zwei Mitgliedern der grünen Partei im australischen Senat eine solche Vertretung (GGN 1993c:1).

Darüber hinaus war Anfang 1994 immer noch nicht geklärt, von wem und in welchem Ausmaß die Vertreter im Steering Committee mandatiert waren und welche Agenda eine GGN verfolgen sollte.

Anläßlich dieser Tatsachen wurde im Laufe des Jahres 1994 erst einmal die Kooperation zwischen den grünen Parteien auf den jeweiligen Kontinenten gestärkt und die Errichtung einer globalen Struktur auf später verschoben. So wurde im Juni 1994 eine Koordination afrikanischer grüner Parteien, die sogenannten „African Greens" gegründet, die im Moment aus elf grünen Parteien aus neun Ländern besteht (EGF 1995b:2). Sie ergänzt die seit 1991 in Nordamerika bestehende CA-NAMEX-Kooperation, in der sich grüne Parteien aus Kanada, Mexiko und Kalifornien treffen[146].

Die EGF scheinen so - zumindest mittelfristig - von der Aufgabe entlastet zu werden, sich auch verstärkt um außereuropäische Probleme kümmern zu müssen.

Ideologische Grundorientierung und Affinität zu anderen ideologischen Grundrichtungen

Ein Streit zwischen sich im politischen Spektrum links und sich weder links noch rechts verortenden grünen Parteien spielte für die EGC bis etwa Ende 1989 eine wichtige Rolle. Um diesen Streit besser verstehen zu können, ist es sinnvoll, sich zunächst mit einer Systematik ökologischer Parteien zu beschäftigen (Schaubild 3). Diese kann in drei verschiedene Kategorien aufgeteilt werden (MÜLLER-ROMMEL 1982:69).

In die erste fallen die sogenannten Small-left-Parteien, wie etwa die Sosialistik Venstreparti aus Norwegen, die SF aus Dänemark oder die PSP und die PPR aus den Niederlanden. Diese Parteien wurden teilweise schon lange vor Entstehung der Umweltbewegung gegründet. Sie haben ihre Wurzeln meist in der Neuen Linken der späten sechziger und Anfang siebziger Jahre (POGUNTKE 1987a:180) und nahmen erst nach und nach mehr ökologische Themen auf.

Die zweite Kategorie umfaßt ebenfalls schon länger bestehende liberale und bäuerliche Parteien wie das Zentrum in Schweden, Demokraten '66 in Holland oder Venstre aus Norwegen. Diese Parteien sind nicht links-orientiert und haben schon immer Umwelt-issues betont.

Die dritte und für den Untersuchungsgegenstand entscheidende Kategorie umfaßt in den siebziger oder achtziger Jahren neu gegründete grüne Parteien, die hier in sogenannte grün-alternative und sogenannte Vorne-Parteien unterschieden werden[147]. Die Unterschiede zwischen diesen beiden grünen Grundströmungen bestan-

---

146 Bis Ende 1994 hatten sich Delegierte aus diesen drei Ländern bereits dreimal getroffen. Die Ziele dieser (nicht institutionalisierten) Kooperation sind ähnlich derjenigen der alten EGC: Informationsaustausch, gemeinsame Aktionen, Hilfe für neue grüne Parteien (GGN 1993c:3).

147 Hierzu werden von verschiedenen Autoren verschiedene Bezeichnungen gewählt. So benutzt MÜLLER-ROMMEL (1985b:491) den Ausdruck „pure green reformist parties" für die Vorne- und „alternative green radical parties" für die grün-alternativen Parteien (1985b:491). Bei RÜDIG

den zunächst darin, daß die Vorne-Parteien meist durch Einzelpersonen gegründet wurden (PARKIN 1992:330), sich primär auf umweltpolitische Fragestellungen konzentrierten, die sie im Bereich des sozialen Wohlfahrtsstaates und der Außenpolitik nicht in Konflikt mit den etablierten Parteien brachten und die Marktwirtschaft als solche nicht grundsätzlich in Frage stellten. Die grün-alternativen Parteien hingegen suchten primär einen fundamentalen Wechsel im Bereich der sozialen und politischen Institutionen (MÜLLER-ROMMEL 1985b:491) und repräsentierten eine breite Allianz aus Umwelt-, Jugend-, Friedens-, Frauen- und New-Left-Gruppen, die eng mit den (neuen) sozialen Bewegungen verbunden waren. Sie vertraten eher links-sozialistische Positionen und legten Wert auf die Sicherung des Wohlfahrtsstaates (RÜDIG 1985a:70).

Strategisch suchten die Vorne-Parteien, wenn überhaupt, innerhalb des Parlaments oder einer Regierung eher Koalitionen mit der Sozialdemokratie, wobei sie auch Koalitionen mit Mitte- oder Mitte-Rechts-Parteien nicht ausschlossen. Die grün-alternativen Parteien suchten dagegen eher Koalitionen mit Small-left-Parteien (MÜLLER-ROMMEL 1985b:491). Eine von MÜLLER-ROMMEL durchgeführte Untersuchung der Wählerschaft zeigte auch, daß sich unter den Wählern der grün-alternativen Parteien Mitte der achtziger Jahre signifikant mehr Postmaterialisten und Links-Orientierte fanden (1985b:494f.). Die Wähler waren darüber hinaus jünger, wiesen ein höheres Bildungsniveau auf und stammten öfter aus großen Städten als bei den Vorne-Parteien[148].

Innerhalb der EGC gehörten Mitte der achtziger Jahre die grünen Parteien aus Schweden, Belgien, Großbritannien, Irland und Frankreich zu den Vorne- und die grünen Parteien aus Deutschland, Luxemburg und Österreich zu den grün-alternativen Parteien (Vgl.MÜLLER-ROMMEL (1985b:491)).

Eine mögliche strukturelle Zusammenarbeit grüner Parteien mit Small-left-Parteien, z.B. durch gemeinsame Wahllisten, war bis 1989 Anlaß regelmäßig wiederkehrender Streitigkeiten zwischen Vorne- und grün-alternativen Parteien innerhalb der EGC.

Die Vorne-Parteien bevorzugten zur Durchsetzung ihrer Politik politische Autonomie, weil sie „its independance in relation to traditional conservatism and traditional socialism as crucial" (MILJÖPARTIET 1985) ansahen. Die grün-alternativen Parteien zogen hierzu hingegen strukturelle Bündnisse mit kleinen Linksparteien vor. Der Rechtskonservativismus als möglicher Verbündeter wurde von beiden Seiten ausgeklammert, weswegen auch bis heute die VGÖ aus Österreich und die ÖDP aus Deutschland nicht in einen grünen Parteienbund aufgenommen wurden.

(1985a:70) entspricht dies den „Purist"- und den „Rainbow"-Parteien und bei POGUNTKE (1987a) steht „Grün-alternative Partei" für die gesamte hier als New-Politics-Partei klassifizierte Kategorie.
148 Die Studie beschränkte sich allerdings nur auf Frankreich, Belgien und Deutschland. Eine von FRANKLIN/RÜDIG 1992 durchgeführte Studie bestätigt Müller-Rommels Resultate aber auch für Irland und Großbritannien (Vorne-Parteien) sowie für die Niederlande.

Schaubild 3: Systematik ökologischer Parteien

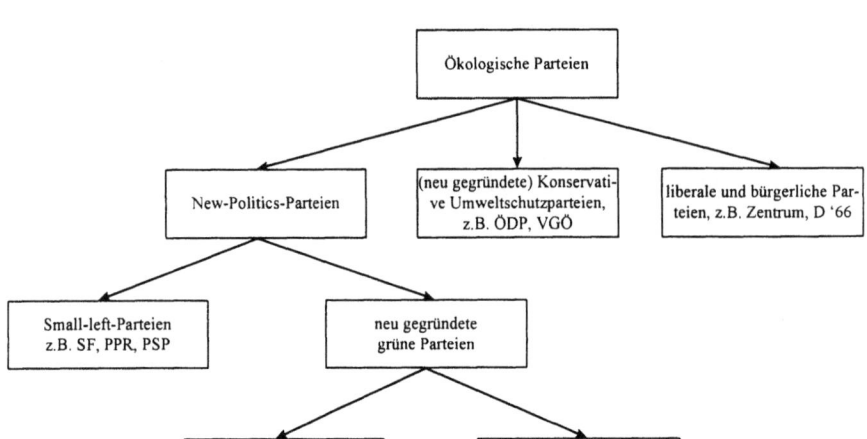

Ein Konflikt aufgrund dieser unterschiedlichen Bündnisstrategien brach in der EGC erstmals 1984 aus. Während des Januar-Meetings kam es zwischen den Beobachtern der GRÜNEN und den Delegierten der restlichen Parteien zu einem Eklat, der sich an der Frage der Mitgliedschaft niederländischer grüner Parteien entzündete. Dort gab es zu diesem Zeitpunkt zwei Gruppen, die das label „grün" für sich in Anspruch nahmen. Erstens der von PPR, PSP und CPN gegründete Groen Progressief Akkoord (GPA) und zweitens die erst im Dezember 1983 gegründete Partei De Groenen. Diese ging aus Teilen der Gruppierung Groen Platform hervor, die selbst wiederum aus einzelnen Mitgliedern der PPR und sonstigen parteipolitisch nicht gebundenen Aktivisten bestand.

Die meisten Delegierten plädierten dafür, den GPA nicht in die EGC aufzunehmen. Zunächst sollte eine gemeinsame inhaltliche und Vertrauensbasis grüner Parteien (in deren Sinne) gefunden werden, auf deren Grundlage sich andere Parteien dann anschließen konnten[149]. Beim GPA handelte es sich ihrer Meinung nach aber um eine linke bzw. links-extremistische Gruppierung, der auf der anderen Seite mit De Groenen eine „echte", d.h., sich weder als links noch als rechts verstehende grüne Partei, gegenüberstand. Bei De Groenen hatte man darüber hinaus im

---

149 Die Einordnung der GRÜNEN durch die EGC-Mitgliedsparteien in die Kategorie „rein grüne Partei" läßt sich wahrscheinlich dadurch erklären, daß noch bis Anfang 1983 mit Roland Vogt und Petra Kelly Vertreter der Vorne-Linie für die GRÜNEN auf den Treffen der KGRP anwesend waren und der nach diesem Zeitpunkt einsetzende Links-Ruck innerhalb der GRÜNEN nicht in seinem vollem Ausmaß perzipiert wurde oder werden sollte, um die GRÜNEN nicht als Partner zu verlieren.

Europawahlkampf nicht zu befürchten, die Kooperation mit einer kommunistischen Partei (CPN) rechtfertigen zu müssen (ECOLO 1984c:6;11; PARKIN 1989a:259). Erschwerend kam hinzu, daß die meisten Delegierten der Ansicht waren, zwei Mitglieder der PPR in den Niederlanden hätten eine Scheinpartei mit dem Namen „Groene Partij" nur deshalb gegründet, um die Verwendung des grünen labels bei einer anderen Partei und damit die Neugründung einer grünen Partei zu erschwe-ren[150]. Die Vorne-Parteien argumentierten darüber hinaus, daß die Small-left-Parteien auch in anderen Ländern versuchten, den Wahlerfolg grüner Parteien auf-zuhalten, indem sie diese für sich einzunehmen versuchten (PARKIN 1992:329).

Dem setzten die deutschen Beobachter entgegen, daß der Ausschluß des GPA mit der Integrationspolitik der GRÜNEN, also dem Einschluß möglichst vieler potentieller Partner, nicht zu vereinbaren war, und daß die restlichen Grünen so etwas wie einen geschlossenen Club bilden wollten (ECOLO 1984c:5). Die GRÜ-NEN wollten eine gemeinsame Erklärung zur Europawahl nur dann unterstützen, wenn dadurch keine Ausgrenzung von „Alternativen und Radikaldemokratischen Kräften", zu denen sie auch den GPA zählten, bewirkt wurde. Auch die grüne Eu-ropafraktion sollte laut Bundesvorstand und Bundeshauptausschuß der GRÜNEN alle „grünen, ökologischen, alternativen und radikal-demokratischen" Abgeordne-ten enthalten (Die GRÜNEN 1984b:1; 1984c). Die EGC hatte aber einstimmig beschlossen, nur mit Vorne-Parteien zusammenzuarbeiten und keine Fraktion zu-sammen mit „radikalen, linkssozialistischen oder ähnlichen Parteien" zu bilden (ECOLO 1984c:12). Daher sollten sich auch die GRÜNEN entscheiden, ob sie dauerhaft mit den grünen oder aber den sonstigen Kräften in Europa zusammenar-beiten wollten (ECOLO 1984c:18f.).

Da dieser Streit nicht beigelegt werden konnte, beschlossen die Delegierten schließlich die Aufnahme von De Groenen und die Ablehnung des GPA. Daraufhin zogen die Vertreter der GRÜNEN ihre Unterstützung sowohl für die gemeinsame Plattform als auch für die Joint Declaration zurück und traten der EGC zunächst auch nicht bei.

Teile der GRÜNEN um den Wortführer des linken Flügels, Ali Schmeißner, planten sogar, zusammen mit dem GPA, der GAP und der ALÖ eine eigene Koor-dination aufzubauen (SCHMEISSNER 1985:5f.). Um eine mögliche Konkurrenz-gründung zu verhindern (Interview Sara Parkin v.27.4.95), setzte die EGC eine ad-hoc-Arbeitsgruppe ein („Staes-AG"), die Ende Mai den Vorschlag zur Diskussion stellte, die Streitigkeiten durch ein System von zwei nebeneinander existierenden Organisationen zu lösen: Eine mit „rein" grünen Parteien, die über Abstimmungen politische Entscheidungen (Programme, Stellungnahmen) treffen sollte, und eine zweite, „European Alternative Network" genannt, in der die Mitgliedsparteien die volle nationale Identität und Autonomie behalten, und an der sich auch andere Parteien aus dem alternativen Spektrum beteiligen sollten (STAES 1985a:32f.). Die

---

150 RÜDIG (1985c:15f.) zufolge wurde die Groene Partij primär gegründet, um eine rechte Partei an der Übernahme des Namens „grün" zu hindern und sich die Möglichkeiten für ein gemeinsames Vorgehen von Umweltschützern und kleinen Links-Parteien offen zu halten.

erste Organisation wäre die EGC gewesen, die zweite hätte erst noch durch Initiative der nationalen Parteien gegründet werden müssen (EKINS/PARKIN 1985). Obwohl dieser Vorschlag auf dem Mai-Meeting die Zustimmung der anwesenden Delegierten der Mitgliedsparteien erhielt (bei Enthaltung der schwedischen und luxemburgischen Delegierten und Abwesenheit der ALÖ) (EGC 1985b:7-9), führte die ablehnende Haltung der GRÜNEN dazu, daß er nie in die Tat umgesetzt wurde.

Nach diesem Beschluß ließ der GPA verlauten, daß er nicht mehr an einer Mitgliedschaft und auch nicht mehr an einem Observer-Status interessiert war (EGC 1985c:3).

Ungeachtet dessen wurde der Links-Vorne-Konflikt auf diversen EGC-Meetings im Rahmen der Strategiediskussion immer wieder aufgeworfen und folgte im Prinzip den gleichen Argumentationspfaden wie schon 1985: „The most striking feature of the whole process is that after nearly three years the debate has not advanced at all." (PARKIN 1987). So sprachen sich auch 1987 fast alle Mitgliedsparteien der EGC für die schon 1985 unterbreiteten Staes-Vorschläge aus. Ein Aufweichen der beiderseits bis zu diesem Zeitpunkt starren Positionen war erst nach dem Beitritt der GRÜNEN 1987 zu erkennen (MAIER 1987a:2).

Dies erleichterte dann auch die Aufnahme der beiden portugiesischen Parteien Os Verdes und MDP, wenngleich vor allem die Nähe zu den portugiesischen Kommunisten bei ihrer Aufnahme durch einige Delegierte durchaus kritisch beurteilt wurde. So Per Gahrton: „An ideal Green Party should be formed by individuals, not from the Right or Left and with no right or left alliance, but we had better face reality and accept these two." (EGC 1988c:4).

Die Bedeutung des Links-Vorne-Konflikts nahm dann ab 1987 tendenziell an Bedeutung ab. Er lebte zwar angesichts der neuen Fraktionsbildung im Europaparlament noch einmal auf[151] und war auch mit der im Herbst 1989 erfolgten Aufnahme von Groen Links (ehemals GPA) noch nicht endgültig beigelegt. Er spielte in der Umbruchphase der EGC aber nur noch eine untergeordnete Rolle[152]. Eine

---

151 Wie bereits 1984 wurde seitens der EGC versucht, auch diesmal wieder auf die Fraktionsbildung Einfluß zu gewinnen, jedoch waren die GRÜNEN mittlerweile Mitglied bei der EGC geworden. Ein kurz vor den Wahlen unterbreiteter Vorschlag des Co-Secretariats, eine rein grüne Fraktion zu bilden, die alle Mitgliedsparteien der EGC auf der Grundlage der Wahlplattform vertreten und der EGC gegenüber verantwortlich sein sollte (EGC1989d), konnte auf dem Juni-Meeting deshalb nicht durchgesetzt werden. Es kam stattdessen aufgrund der Intervention des deutschen Delegierten zu einer erheblich abgeschwächten Erklärung. Diese schloß die Aufnahme alternativer Parteien in die künftige Fraktion, insbesondere des GPA, der mittlerweile unter dem Namen Regenboog/Groen Links antrat, nicht aus (EGC 1989c:4).

152 Die Gründe dafür sind vielfältig: Zum einen hat das bessere gegenseitige Kennen- und Verstehenlernen, auch über gemeinsame politische Aktionen, viele Vorurteile abgebaut. Hinzu kommt das „grüner werden" der Small-Left-Parteien sowie die Diskreditierung der sozialistischen Idee in Westeuropa nach dem Umbruch in Osteuropa. Schließlich trug dazu auch die „De-Ideologisierung" der meisten Vorne-Parteien bei, in die nach und nach auch immer mehr links-alternative Mitglieder eintraten (Interview Bruno Boissière v.25.4.95; Interview Willy de Bakker v.28.4.95). In den Vorne-Parteien wurden deshalb jetzt mehr Gemeinsamkeiten als Unterschiede zu den grün-alternativen

Übersicht über die Links- oder Vorne-Verortung der Mitgliedsparteien der EGC zum Zeitpunkt ihres Beitritts gibt abschließend noch einmal Tabelle 24.

Tabelle 24: Ideologische Verortung der EGC (EGF-)Mitgliedsparteien (zum Zeitpunkt ihres Beitritts)

Beitrittsdatum	Partei	Vorn	Links
1983	Green Party	x	
	Les Verts	x	
	Comhaontas Glas	x	
	ECOLO	x	
	AGALEV	x	
	Miljöpartiet de Gröna	x	
1984	De Groenen	x	
	Dei Greng Alternativ		x
1985	De Grønne	x	
1987	Die GRÜNEN		x
	GPS	x	
1988	Grüne Union	x	
	Grüne Alternative		x
	Los Verdes	x	
	Os Verdes		x
	MDP		x
1989	Federazione dei Verdi[153]		
	Groen Links		x
	Estländische Grüne	x	
1990	FÖAO	x	
	Alternattiva Demokratika	x	
1991	Miljøpartiet de Grønne	x	
	Georgische Grüne	x	
	Bulgarische Grüne	x	
1992	Slowenische Grüne	x	
	GLEI	x	
1994	Ukrainische Grüne Partei	x	
	Grüne Partei St.Petersburg	x	
	Zöld Alternativa	x	
	Scottish Green Party	x	

Quelle: Protokolle der Meetings der EGC, eigene Angaben der Parteien (Satzungen und Selbstdarstellungen, Interviews).

Parteien betont (MAIER 1992:385) und sich auch stärker sozialen und Menschenrechtsfragen gewidmet (JORDAN 1991b:18f.).

Heute bestehen zwischen den damaligen grün-alternativen und den damaligen Vorne-Parteien kaum noch Unterschiede (Interview F.O.Wolf v.26.4.95), und wenn, dann hauptsächlich in der unterschiedlichen Gewichtung des Einflusses und der Rolle von Gewerkschaften (EGF 1994g:3).

153 Die Federazione läßt sich hier nicht eindeutig einordnen, da sie aus einer Fülle grüner Basisorganisationen besteht, die sich von Fall zu Fall unterschiedlich verorten.

Bis Ende 1989 hat der Links-Vorne-Konflikt als ein Streit um die Erweiterung der EGC somit eine weitere Vertiefung durch Satzungsreformen und/oder zahlreichere inhaltliche Stellungnahmen der EGC verhindert oder zumindest stark behindert, da ein Großteil der Zeit und Energie der EGC der Vorbereitung und Durchführung von Diskussionen zum Links-Vorne-Konflikt gewidmet war. Organisationsstrukturell wäre bei dem Versuch einer Vertiefung der EGC immer auch mit dem Entstehen einer Konkurrenzorganisation zu der EGC unter Führung der deutschen GRÜNEN zu rechnen gewesen.

Die abnehmende Wichtigkeit des Links-Vorne-Konflikts ab 1989 hat somit den Anstieg des Interaktionsgrads begünstigt.

Der große Einfluß des Links-Vorne-Konflikts, vor allem bis zum Beitritt der GRÜNEN 1987, ist dabei aber weniger auf Änderungen des Anteils der Mitgliedsparteien, die sich Vorne verorten, zurückzuführen. Der Einfluß geht vielmehr auf die Wichtigkeit der GRÜNEN für die EGC zurück.

Unterschiedliche Affinitäten zu anderen ideologischen Grundrichtungen (Sozialismus, Liberalismus, Konservativismus und Christdemokratie sowie Kommunismus) haben über den Links-Vorne-Konflikt hinaus in der EGC (EGF) bis jetzt keine Rolle gespielt. Die in diesem Zusammenhang auftauchenden Fragen, z.B. mit welchem anderen Parteienbund die EGC (EGF) oder mit welcher anderen Fraktion eine grüne Fraktion im EP am ehesten zusammenarbeiten sollte, standen dort bislang nicht zur Debatte.

Haltung zur europäischen Integration

Seit 1988 hatten unterschiedliche Haltungen der Mitgliedsparteien der EGC zur europäischen Integration als restriktiver Faktor im Bereich der ideologisch-programmatischen Positionen zunächst an Wichtigkeit zugenommen, vor allem durch die Aufnahme der EFTA-Grünen.

Wurde die Plattform zur Europawahl 1984 noch ausschließlich von den grünen Parteien aus den EG-Staaten verabschiedet[154], so konnten bei der Plattform 1989 alle Parteien, auch diejenigen aus den EFTA-Staaten, darüber abstimmen. Die Diskussion über diese Wahlplattform auf den Januar- und März-Meetings sowie die Debatte um das Helsinki-Memorandum in Bonn und Brüssel 1990 hatten dabei zunächst deutlich gemacht, daß alle Mitgliedsparteien die Notwendigkeit einer (gesamt)europäischen Zusammenarbeit sahen. Diese sollte als Idealstruktur ein mit der Dritten Welt solidarisches Europa der Regionen haben und nicht zu einer „Supermacht Europa" führen (EGC 1989a:3). Außerdem waren sich alle Parteien im Prinzip darüber einig, daß einerseits eine Dezentralisierung bestimmter Entscheidungsbefugnisse zugunsten der regionalen und lokalen Ebene, andererseits

---

154 Die Miljöpartiet und die ALÖ konnten an der Wahlplattform zwar mitarbeiten, mußten aber kein förmliches Einverständnis zur Verabschiedung geben (EGC 1983a:7). Dafür wurde dann explizit festgehalten, daß „Things applying to the structures of the E.C. do not apply to green parties from non-community countries." (EGC 1984a:4).

aber auch die Delegation anderer Befugnisse auf eine supranationale (überstaat-liche) Ebene notwendig war. Diese supranationale Ebene war nach Meinung der Grünen nötig, um zumindest ein Minimum an Umweltstandards, Menschenrechten und Sicherheit in Gesamteuropa zu erreichen.

Es war jedoch auch zum ersten Mal offensichtlich, daß es innerhalb der Mit-gliedsparteien erhebliche Differenzen gab, ob die EG oder andere europäische Institutionen, wie etwa der Europarat, der geeignete Rahmen zur Umsetzung grüner Politik war. Außerdem war man sich nicht einig, in welchem Ausmaß ein nationaler Souveränitätsverzicht zugunsten der supranationalen Ebene stattfinden sollte. Als Folge konnten sich die Mitgliedsparteien in der Wahlplattform 1989 nur auf einen vagen Absatz zu den europäischen Institutionen einigen (EGC 1989b:5), und im Helsinki-Memorandum wurde dieser Bereich sogar ganz ausgeklammert. Auch in den Guiding Principles der EGF finden sich keine Aussagen zu den europäischen Institutionen.

Bei den Meinungsverschiedenheiten zwischen den Parteien kristallisierten sich dabei zwei große Konfliktlinien heraus: die Föderations- versus Konföderations-sowie die EU- versus Nicht-EU-Linie. Was unter einer Föderation bzw. Konföde-ration genau zu verstehen ist, ist allerdings bei keiner Partei genau definiert. Beide Begriffe stehen eher als Synonym für einen engeren oder lockereren Zusammen-schluß von Staaten oder Regionen.

Für ein föderalistisches Europa traten u.a. die italienischen, französischen und belgischen Grünen ein, während die Parteien aus den EFTA-Staaten sowie aus Dänemark, Großbritannien und Irland eine lockere Konföderation von Regionen favorisierten. Dabei teilen die Föderalisten im wesentlichen die Kritik an der bishe-rigen EU, stehen aber auf dem Standpunkt, daß die EU mehr als historische Chance zur Überwindung des Nationalstaats und nicht als unvermeidbares Übel zu sehen sei.

Sie sehen die EU als Kristallisationspunkt des weiteren Integrationsprozesses in Europa und wollen diese deshalb von innen reformieren. Außerdem sind die Föde-ralisten tendenziell für eine Vertiefung der EU, bevor diese erweitert wird.

Einigen Konföderalisten galt die EG aber als nicht reformierbar. Sie traten dafür ein, daß ihre Länder entweder nicht der EG beitraten (EFTA-Länder) bzw. aus ihr austraten (De Grønne), oder daß ein weiterer Integrationsprozeß in der EG ge-stoppt wurde (Vgl.FEINSTEIN 1992:322). Im Gegensatz dazu waren die osteuro-päischen Grünen einhellig für einen schnellen Beitritt ihrer Länder zur EG.

Dieser Institutionendebatte, die auch im April 1991 auf einem ersten gemein-samen Seminar der grünen Fraktion und der EGC wieder ausbrach, lagen teilweise auch unterschiedliche Vorstellungen über die Rolle einer Minderheit in der Politik zugrunde: Den von Föderalisten und Konföderalisten als schädlich angesehenen Binnenmarkt wollten die Föderalisten durch Stärkung der demokratischen Kon-trolle über die EG-Politik bekämpfen, die Konföderalisten durch Schwächung der EG, da sie keine Chancen sahen, als Minderheit die EG-Politik in ihrem Sinne beeinflussen zu können (Green Leaves 2/1991:8f.). So forderten die Föderalisten eine starke Kommission als europäische Regierung und Mehrheitsentscheidungen im Rat, während dies für die Konföderalisten nicht in Frage kam.

Differenzen zwischen den Grünen gibt es auch bezüglich einer gemeinsamen Außen- und Sicherheitspolitik (GASP). Während einige grüne Parteien für eine gesamteuropäische Sicherheitspolitik inklusive der neutralen und ehemaligen Ostblockstaaten im Rahmen der KSZE streiten, stehen insbesondere die Grünen aus den bislang neutralen Ländern (Schweden, Finnland, Irland, Schweiz, Österreich) dem ablehnend gegenüber. Sie sehen in dieser Politik den Grundstein zu einer weiteren militärischen Supermacht. Nur wenige Parteien befürworten eine Sicherheitspolitik, die auf die EU beschränkt ist oder gar eine gemeinsame Verteidigung. Als kurzfristig geringstes Übel sollte etwa laut ECOLO die WEU ein gemeinsames Verteidigungssystem organisieren und sich einer demokratischen Kontrolle unterwerfen, da ein gesamteuropäisches Sicherheitssystem im Rahmen der KSZE nur ein weiteres ohne demokratische Kontrolle gewesen wäre (ECOLO 1990). De Groenen waren als einzige sogar für eine gesamteuropäische konventionelle Friedensarmee (DE GROENEN 1990).

Durch die unterschiedlichen Vorstellungen über eine Integration innerhalb oder außerhalb der EG sowie über ihr notwendiges Ausmaß lehnten die Grünen den Maastrichter Vertrag zwar ab, da er für sie immer noch eine marktorientierte und intergouvernemental zustandegekommene Reform war. Über das weitere Vorgehen in dieser Frage waren sich die Grünen jedoch nicht einig, und so konnte im Rahmen der EGC kein gemeinsamer Standpunkt zu Maastricht verabschiedet werden[155].

Die Haltung zu den Maastrichter Verträgen (Zustimmung oder Ablehnung) sagt aber noch nichts über das grundsätzliche Integrationskonzept grüner Parteien aus.

Nachstehend wird deshalb versucht, anhand von Parteiaussagen eine detaillierte Einstufung grüner Parteien in einen sogenannten Integrationsraum vorzunehmen und auch die Veränderung von Positionen einzelner Parteien abzubilden. Als Informationsquelle sind dabei bevorzugt zuerst Parteiprogramme oder Parteitagsresolutionen verwendet worden. Erst wenn diese nicht vorhanden waren, wurde auf Presseerklärungen, Vorstandsprotokolle oder Einzelinterviews zurückgegriffen, da bei den letzten drei Quellen nicht immer völlig klar ist, ob und inwieweit sie die Meinung der Gesamtpartei widerspiegeln (Vgl. BUDGE 1987:18)[156].

---

155 Die Maastrichter Verträge sorgten in fast allen grünen Parteien auch für schwere interne Meinungsverschiedenheiten über die Ratifizierung. Bei allen Mängeln der Verträge vertraten nämlich einige Parteimitglieder die Auffassung, man müsse das Vertragswerk unterzeichnen, um zu diesem Zeitpunkt aufkommende nationalistische Tendenzen in Europa nicht zu verstärken. So stimmte in Belgien zwar die Mehrheit der dortigen grünen Abgeordneten gegen Maastricht, eine Minderheit aber auch dafür. In Italien, den Niederlanden und Portugal stimmte umgekehrt eine Mehrheit für die Maastrichter Verträge und eine Minderheit dagegen. Les Verts vertraten aufgrund eines Patts in ihrem Conseil National-interrégional keine offizielle Parteiposition und die beiden Abgeordneten der GAP aus Luxemburg verließen den Saal vor der Abstimmung (JONCKHEER 1992:2).

156 Der Versuch, grüne Parteien auf ihre grundsätzliche Haltung zur Europäischen Integration hin zu untersuchen und vergleichend in eine Integrationsskala einzuordnen, ist bislang nur von V.D.EIJK/FRANKLIN (1991) unternommen worden. Dies geschah auch nur ansatzweise, da ein

Die Verortung einer Partei im Integrationsraum erfolgt dabei folgendermaßen: je mehr sich die Partei in ihren programmatischen Aussagen zum institutionellen System der EU bestehenden nationalstaatlichen föderalistischen Systemen nähert (Eigene Verfassung, Legislativrechte für das EP, Rat als zweite Kammer, die mit Mehrheit Entscheidungen fällt, Kommission als europäische Regierung) und je mehr Politikfelder der EU übertragen werden sollen, desto weiter links auf der Föderalismus/Konföderalismus-Achse wird sie verortet. Umgekehrt wird sie weiter rechts verortet, je weniger sie dies fordert[157]. Eine Einordnung auf der EU/Anti-EU-Achse erfolgt je nachdem, ob als Ausgangspunkt einer gesamteuropäischen Integration die EU oder eine andere Organisation, wie z.B. der Europarat, favorisiert wird. Den Endpunkt der Skala nach unten stellt dabei der Wunsch nach Austritt aus bzw. Nicht-Beitritt zur EU dar.

Wie Schaubild 4 zeigt, fielen Ende 1994 in den ersten Quadranten, der die EU-Föderalisten umfaßt, ECOLO, AGALEV, I Verdi, De Groenen, Groen Links, Los Verdes und Politiki Oikologia sowie mit etwas Abstand Alternattiva Demokratika sowie die deutschen und luxemburgischen Grünen. In den zweiten Quadranten, der die EU-Konföderalisten umfaßt, fallen Os Verdes, MDP, Comhaontas Glas, die Scottish Green Party, Vihreä Liitto, Die Grüne Alternative und die Green Party. Der dritte Quadrant umfaßt De Grønne aus Dänemark, die Grünen aus Schweden und Norwegen sowie mit etwas weniger radikalen Einstellungen die GPS. Die Position eines föderalistisch aufgebauten Europas außerhalb der EU wird von keiner Partei vertreten[158].

---

anderes Erkenntnisziel im Vordergrund ihrer Untersuchung stand. Die dort verwendete Vorgehensweise ist für die hier verfolgten Zwecke jedoch nicht ausreichend. Zum einen wurde in dieser Studie nur das Item „Einstellung zur Europäischen Gemeinschaft" abgefragt und zum anderen beruhte das Urteil, ob die Parteien der Europäischen Gemeinschaft negativ oder positiv gegenüberstehen, auf der Perzeption der jeweiligen nationalen Wählerschaft und nicht auf Materialien der Parteien. Nach dieser Untersuchung waren die grünen Parteien aus Italien, Frankreich, Belgien, den Niederlanden (Groen Links) und Deutschland für die Europäische Gemeinschaft (in der Reihenfolge ihrer Präferenz, d.h. I Verdi am meisten, Die GRÜNEN am wenigsten), die MDP und die CDU aus Portugal dagegen. Diese Aussage gilt allerdings nur zeitpunktbezogen für das Jahr 1989.

157 Die Wahl eines nationalen föderalistischen Systems als Bezugrahmen mag hier problematisch erscheinen, da die EU als System sui generis angesehen werden kann. Es existiert jedoch noch kein anderes Referenzsystem für die Einordnung eines solchen Gebildes in eine Kategorie lockere/engere Kooperation.

158 Klassifikationen BOGDANORS (1989) und SORENSENS (1979), die politische Parteien bezüglich ihrer Haltung zur EG in jeweils drei große Kategorien aufteilen (siehe hierzu ausführlicher SORENSEN (1979:186f.); BOGDANOR (1989:209)) wurden hier nicht übernommen, da die Haltung zur EG dort von beiden Autoren mit einer grundsätzlichen Haltung zur Europäischen Integration gleichgesetzt wird. Die genaue Verortung der Mitgliedsparteien basiert auf EFTA-GREENS (1994:2), JACOBS (1989:248, 310, 634), EGC (1990c), IMPULS 4/94:13 und 2/93:2 sowie auf eigenen Angaben der Parteien: GREEN PARTY (1987:473; 1989a:9; 1991:3; 1992b:2f.; 1993:11f.,19; Interview Niki Kortvelessy v.30.1.94), LES VERTS (1989; 1992; 1994:30-36), COMHAONTAS GLAS (1984:2; 1988:4-6; 1994; Interview Steve Rawson v.10.6.95), ECOLO (1984a; 1989, 1994), AGALEV (1984a; 1989; 1994a), MILJÖPARTIET DE GRÖNA (1993), DE

Größere Veränderungen im Integrationskonzept gab es über die Zeit bei der Green Party, Comhaontas Glas, Groen Links und den GRÜNEN. Stand die Green Party bis Mitte 1989 noch auf dem Standpunkt, Großbritannien müsse aus der EG austreten, kam es nach den Europawahlen, auch durch die hohe Zahl von Neueintritten, zu einem „breakthrough of realism". In dessen Folge wurde die Austrittsposition dahingehend verändert, daß die EG nun von innen reformiert werden sollte (Interview Niki Kortvelessy v. 29.1.1994). Auch Comhaontas Glas, 1984 noch für den Austritt aus der EG, übernahm diese Strategie später. Groen Links hatte noch 1989 im Europawahlkampf seine Opposition bzw. Reservation gegenüber einer weiteren Integration unterstrichen (V.D.EIJK /FRANKLIN 1991:124).

Bei den GRÜNEN war die Frage des EG-Austritts bis 1994 nie eindeutig geklärt worden. In ihren 84er und 89er Wahlprogrammen traten sie der EG jedoch sehr skeptisch gegenüber. Dies änderte sich erst im 94er Wahlprogramm, wo sie sich nun eindeutig für eine Reform der EU von innen aussprachen.

Bei einigen EFTA- und osteuropäischen Grünen beginnt die Ausarbeitung konkreter Positionen zum institutionellen System der EU erst langsam, jedoch haben sich die finnischen und österreichischen Grünen seit dem EU-Beitritt ihrer Länder grundsätzlich für eine Mitarbeit in der EU entschieden, um diese von innen zu reformieren. Diese beiden grünen Parteien haben sich damit vom dritten in den zweiten Sektor bewegt. Lediglich die schwedischen Grünen sind auch nach dem Beitritt ihres Landes für eine Bekämpfung der EU von Außen. Sie haben deshalb beschlossen zu versuchen, Schweden wieder zum Austritt aus der EU zu bewegen (Interview Claes Roxbergh v.10.6.95).

Zwischen 1984 und 1994 ist somit eine Konvergenz der Positionen im Integrationsraum in Richtung des ersten Quadranten zu beobachten gewesen. Dies bedeutet, daß sich die Interaktionsrestriktionen durch die EU/Anti-EU Konfliktlinie über die Zeit verringert haben.

GROENEN (1990; 1994:2-5), GAP (1992:2f.; 1994a:49; 1994b:20), DE GRØNNE (1988:4), DIE GRÜNEN (1984d:9; 1989a:11; 1989b:27; 1992, 1994:10-18,31), GPS (1988, 1990, 1991, Interview Hans-Beat Schaffner v.30.10.94), DIE GRÜNE ALTERNATIVE (1990; 1994:13), LOS VERDES (Interview J.L. Freijo Lizan v.11.6.95), OS VERDES (1992; 1994b:6f.), MDP (1989:4,18), FEDERAZIONE DEI VERDI (1991:513f.), GPA (1984:6a), GROEN LINKS (1989:11f.; 1990:25f.; 1993b:18; 1994a:13,20f.), POLITIKI OIKOLOGIA (Interview Nikos Galatis v.30.10.94), ALTERNATTIVA DEMOKRATIKA (Interview Arnold Cassola v.11.6.95), MILJØPARTIET DE GRØNNE (Interview Jan B.Vindheim v.27.6.95), GLEI (1994b:20), SCOTTISH GREEN PARTY (1994; Interview Marian Coyne v.11.6.95). Die hier nicht aufgeführten Mitgliedsparteien der EGF konnten mangels bestehender Stellungnahmen zu institutionellen Fragen der EU nicht im Integrationsraum verortet werden.

Schaubild 4: Die Verortung der EGF-Mitgliedsparteien im Integrationsraum

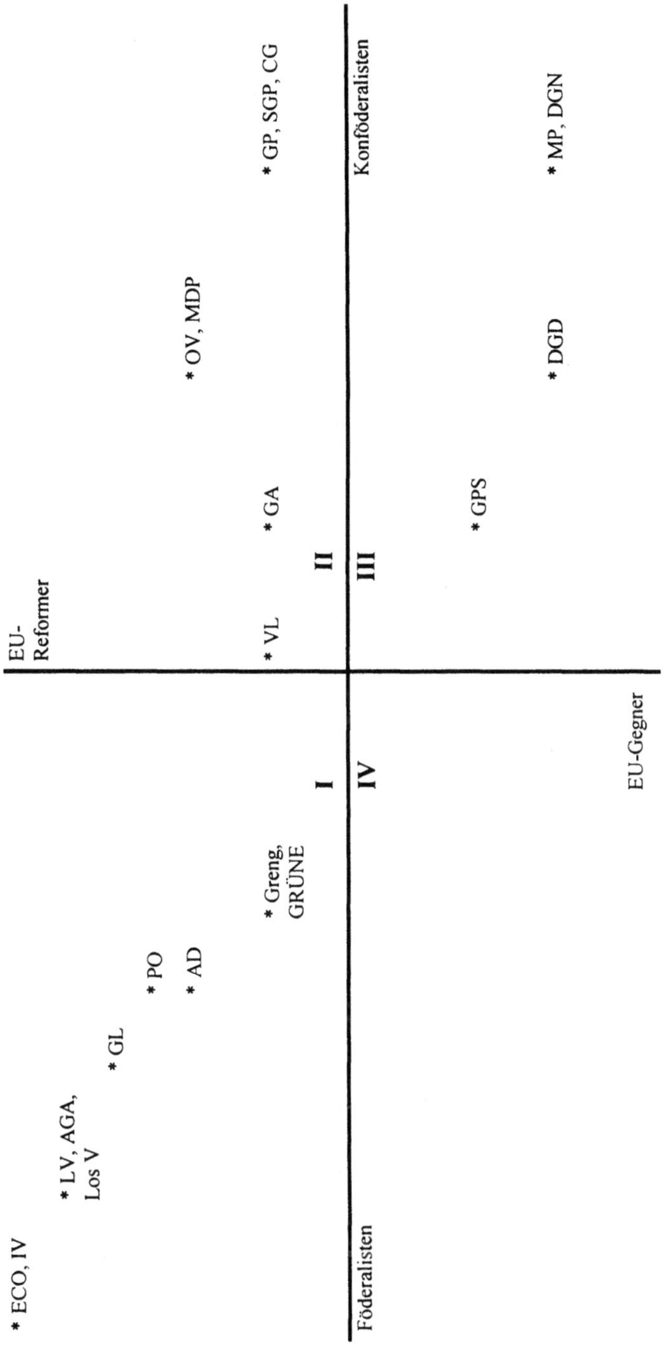

Mit der weitgehenden Akzeptanz der EU als Ausgangspunkt einer weiteren europäischen Integration haben sich die Unterschiede auf der zweiten Achse des Integrationsraums, also zwischen Föderalisten und Konföderalisten, aber noch keineswegs erledigt. Hier bestehen auch weiterhin sehr unterschiedliche Interpretationen von Föderalismus, Staat oder Supranationalität, die manchmal zu einer Angst führen, die EU würde sich zu einer Art neonationalistischem (zentralisiertem) Superstaat mit Weltmachtambitionen entwickeln.

Was einzelne Politikbereiche betrifft, so bestehen neben einer GASP der EU die größten Differenzen bei der Wirtschafts-und Währungsunion. Die Spannweite reicht bei der WWU von einer prinzipiellen Opposition (Green Party) bis zu einer grundsätzlich positiven Haltung, bei der die monetären Konvergenzkriterien allerdings durch soziale und ökologische Kriterien ergänzt werden sollen (z.B. De Groenen, Groen Links). Bei einer GASP der EU sehen einige Parteien die Gefahr einer dritten Supermacht, weil sie Sicherheitspolitik auf kurz oder lang nicht getrennt von einer gemeinsamen Verteidigungspolitik sehen können. Desweiteren erscheint ihnen dadurch die bisherige Neutralität einiger europäischer Länder gefährdet (z.B. Comhaontas Glas, Green Party). Andere Parteien (z.B.Los Verdes, ECOLO) stehen auf dem Standpunkt, daß gemeinsame europäische Aktionen im Sicherheitsbereich notwendig sind und ohne einen entsprechenden Souveränitätstransfer auf die EU nicht wirklich durchgeführt werden können (FRASSONI 1995:1).

Bei den Kompetenzen der Organe der EU herrscht mittlerweile bis auf einzelne Ausnahmen (z.B.Comhaontas Glas) Einigkeit darüber, daß das EP Legislativkompetenzen braucht. Große Differenzen bestehen aber noch bei der Rolle der Kommission und der Beschlußfassung im Rat sowie in der Frage, ob der Rat langfristig durch einen Senat der Regionen ersetzt werden sollte. Einige Parteien des zweiten Sektors bestehen auf einer grundsätzlich einstimmigen Beschlußfassung des Rates, während die Parteien des ersten Sektors grundsätzlich Mehrheitsentscheidungen favorisieren. Auch sehen die meisten Parteien des zweiten und einige des ersten Sektors die Kommission als eine Art „bürokratisches Monster" und wollen verhindern, daß sich die Kommission zu einer europäischen Regierung entwickelt. Dies könnte ihrer Meinung nach zu Strukturen eines klassischen Nationalstaats führen, den diese Parteien ablehnen[159]. Die meisten Parteien des ersten Sektors wollen die Kommission jedoch als starke, dem EP gegenüber verantwortliche Regierung mit begrenzten Kompetenzen sehen (Vgl.FRASSONI 1995:1).

Die mögliche Erweiterung der EU sahen Ende 1994 fast alle Parteien als wünschenswert an. Allerdings wäre eine Erweiterung für einige Parteien immer noch nur eine willkommene Möglichkeit, die EU zu schwächen (so etwa für die Miljöpartiet de Gröna).

Organisationsstrukturell hat diese enorme Bandbreite auf der Föderations/Konföderationsachse dahingehend Auswirkungen, daß nur die Parteien, die

---

159 Das mehr als kritische Verhältnis der meisten grünen Parteien zum Konzept des Nationalstaats ist darin begründet, daß übertriebenes Nationalstaatsdenken ihrer Meinung nach bisher immer treibende Kraft für Kriege in Europa und in der Welt waren.

sich strikt für eine einem Bundesstaat sehr nahe kommende Verfaßtheit der EU aussprechen, auch für einen organisatorisch verfestigten EU-Parteienbund eintreten (Interview Ludo Dierickx v.29.1.94; Interview Frithjof Schmidt v.30.10.93). Insofern ist die Unterstützung für ein solches Projekt bis Ende 1994 noch nicht stark genug ausgefallen. Allerdings haben sich einige Parteien auf der Föderalismusachse über die Zeit weiter nach links verschoben (so z.B. Groen Links), was die Interaktionsrestriktionen insgesamt verringert hat.

Eine wichtige Rolle bei der Haltung der nationalen Parteien zur Integration scheint die Haltung der Bevölkerung zur europäischen Integration zu spielen. So stammen die drei grünen EU-Parteien, die der EU am kritischsten gegenüberstehen, genau aus den drei Ländern, in denen sich die Bevölkerung am wenigsten mit mehr Rechten für das EP oder gar mit einer europäischen Regierung anfreunden kann (GB,IR,DK) (Siehe Tabelle 25). Auch in den EFTA-Ländern, in denen die Bevölkerung zunächst gegen einen EU-Beitritt war[160], sind fast alle grünen Parteien gegen einen Beitritt gewesen. Nur die finnischen Grünen hatten hierzu keine eindeutige Haltung.

Umgekehrt sind die grünen Parteien aus Osteuropa alle für einen möglichst schnellen Beitritt zur EU. Dies kann bei einem Anteil der Befürworter eines EU-Beitritts in den osteuropäischen Staaten von zwischen etwa 70 und etwa 90% und einem Anteil der Gegner eines solchen Beitritts von nur zwischen einem und sieben Prozent nicht verwundern (COMMISSION 1992: ANNEX FIGURE 38; 1993: ANNEX FIGURE 47).

Über die Haltung der Wählerschaft der Grünen zur europäischen Integration liegen nur wenig aufbereitete Daten vor. Nach Ergebnissen von FRANKLIN/V.D.EIJK (1991) wichen die Haltung der Wählerschaft und ihrer grünen Partei nur im Falle von Die GRÜNEN, Groen Links, Comhaontas Glas sowie der MDP und der CDU aus Portugal (erheblich) ab[161]. Die Wählerschaft war in diesen Fällen der EG gegenüber positiver eingestellt als die Parteien. Daß diese Parteien in den Europawahlen dennoch relativ gut abgeschnitten haben, läßt sich durch den second-order-elections-Charakter der Europawahlen erklären, d.h., daß ihre Stimmen nicht aufgrund europäischer, sondern nationaler issues vergeben wurden und Europa damit eine geringe Wichtigkeit beigemessen wurde (FRANKLIN/V.D.EIJK 1991:124).

---

160 Siehe hierzu ausführlicher Binnenmarkt '92 (10/92:3) und Europa ohne Grenzen (6/93:3; 9/93:3; 10/93:3; 1/94:3).

161 Die beiden letzten Parteien wurden von den Autoren offensichtlich nicht als grüne Parteien eingestuft. Für Griechenland, Dänemark, Großbritannien und Spanien lagen keine oder nur ungenügende Daten zu grünen Parteien vor. Eine konstatierte Abweichung auch im Falle Luxemburgs (S.124) konnte anhand der vorher präsentierten Ergebnisse (S.112) nicht nachvollzogen werden.

Tabelle 25: Haltung der Bevölkerung zum EP und zu einer europäischen Regierung[162]

	1984	1989	1994
Gewünschte wichtigere Rolle für das EP:	(73) I L F NL D B | IR | GB | DK (15)	(65) I F NL GR B P | E | D | IR | L | GB | DK (17)	(72) I GR F | B | NL | E | L | P | D | IR | GB | DK (18)

	1989	1994
Gewünschte EU mit einer europäischen Regierung	(74) I B F NL E GR P L | D | IR | GB | DK (17)	(64) B GR | I | L | E | F | IR | D | NL | P | GB | DK (11)

Damit bleibt festzuhalten, daß bestehende Unterschiede im Integrationskonzept der Mitgliedsparteien der EGC bzw. der EGF zunächst in zweierlei Hinsicht Interaktionsfortschritte verhindert haben. Erstens wurden Stellungnahmen zum politischen System der EG (EP, Rat, Kommission) bis zur Wahlplattform des SCEUA systematisch ausgeklammert und zweitens haben die Unterschiede im Integrationskonzept organisationsstrukturell bislang die Errichtung eines organisatorisch verfe-

---

162 In der Reihenfolge des Ausmaßes der Zustimmung zu den jeweiligen Aussagen. Links der Achse finden sich die Länder, in denen die Befragten mit mehr als 50% zugestimmt haben, rechts davon die Länder, in denen dies mit weniger als 50% der Fall war. Die Zahlen in Klammern geben die Prozentzahlen im jeweiligen Land wider.

stigten EU-Parteienbundes verhindert. Erst die Annäherung der unterschiedlichen Positionen zur europäischen Integration ab 1989 haben ab 1994 breitere Stellungnahmen zum politischen System der EU sowie die Errichtung einer EU-Untergruppe der EGF und damit eine Erhöhung des Interaktionsgrads ermöglicht.

Intensität der Programmorientierung

Existierende Unterschiede in der Intensität der Programmorientierung der einzelnen Parteien spielten zwar bei der KGRP eine wichtige Rolle, für die EGC bzw. die EGF waren sie aber bis Ende 1994 kein Problem. Da inhaltliche Positionen letztendlich nie verbindlich zu übernehmen waren und bis heute auch noch nicht sind, hatte jede Partei sowohl die Chance eines Opting-Outs, indem sie für sie unpassende Passagen national einfach nicht verwendete, als auch die Möglichkeit, gemeinsame Erklärungen oder Wahlplattformen entsprechend zu ergänzen.

Keine Partei mußte damit bis jetzt auf wichtige, als unverrückbar angesehene Positionen und/oder deren ausführliche Beschreibung im nationalen Rahmen verzichten. Da dieser Zustand über die Zeit gleich geblieben ist, kann die Intensität der Programmorientierung also nicht als Erklärungsfaktor für die Veränderung des Interaktionsgrads herangezogen werden.

2.4.3. Individualinteressen

Grundsätzlich sollten Delegierte der nationalen Parteien auf Treffen grenzüberschreitender Parteiorganisationen die Positionen und Interessen ihrer nationalen Partei vertreten. Wie schon in Kapitel 2.4.1.3. beschrieben, ist aber bis heute nicht immer klar, ob die jeweiligen Delegierten tatsächlich die offizielle Partei- oder nur ihre eigene Meinung repräsentieren. Die Überprüfung dieses Stellvertreter-Problems in jedem Einzelfall sowie die Untersuchung der Auswirkungen des Wunschs, auf nationaler Ebene durch ein Vertretungsmandat bei der EGC bzw. der EGF Einfluß, Macht und Ansehen zu steigern, würde den Rahmen dieser Arbeit sprengen. Es ist jedoch davon auszugehen, daß diese Faktoren sowie persönliche Animositäten nicht vernachlässigt werden dürfen (Interview Sara Parkin v.27.4.95)[163].

Was einen Posten im geschäftsführenden Vorstand der EGC betrifft, so sind die Anreize für ein solches Engagement bisher eher gering geblieben. Ein solcher Posten brachte oft mehr Unannehmlichkeiten als Annehmlichkeiten, besonders angesichts eines praktisch nicht vorhandenen Interesses seitens der Presse, extrem geringer materieller Ressourcen sowie geringem Einfluß, Macht und Ansehen, da die EGC so gut wie unbekannt geblieben ist. Zumindest bis Anfang 1994 war ein dem-

---

163 So berichtet etwa Leo Cox davon, daß ein Grund für die mangelnde Koordinierung der Hilfen der Westgrünen an ihre osteuropäischen Schwesterparteien darin zu suchen war, daß einzelne Delegierte daran interessiert waren, bei den Ost-Grünen quasi als „Weihnachtsmann" aufzutreten. Auch die stärkere Rolle der Co-Secretaries ab 1990 ging seiner Meinung nach teilweise auch auf das gute persönliche Verhältnis der Co-Secretaries untereinander zurück (Interview Leo Cox v.22.4.95).

entsprechendes Engagement in der EGC also eher etwas für Idealisten (Interview Leo Cox v.22.4.95).

Da davon ausgegangen werden kann, daß die Anreizstrukturen im Bereich der Individualinteressen damit über die Zeit gleich geblieben sind, können sie die Veränderung des Interaktionsgrads nicht erklären. Inwieweit sich die Bekanntheit und der Einfluß der Committee-Mitglieder und EGF-Delegierten durch die EGF ändern wird und damit auch die Anreizstrukturen auf individueller Ebene, läßt sich heute noch nicht sagen.

2.4.4 Fazit

Die Errichtung organisatorisch verfestigter Strukturen grüner Parteieninteraktion Anfang der achtziger Jahre beruhte vorrangig auf Fortschritten in der europäischen Integration und dem Wunsch der beteiligten Parteien nach gegenseitiger immaterieller Hilfestellung. Durch die Direktwahlen zum EP entstand bei den grünen Parteien und Listen der Wunsch, ihre Aktivitäten stärker zu koordinieren, um die Erstellung einer gemeinsamen Plattform für die Europawahlen und ein gemeinsames Auftreten im Wahlkampf zu ermöglichen. Dies sollte den beteiligten Parteien erstens ein grünes Label gegenüber anderen, im nationalen Rahmen konkurrierenden Parteien, sichern, und zweitens wollten die grünen Parteien damit mehr Einfluß auf eine künftige grüne Fraktion bekommen. Darüber hinaus bestand auch aus den Politikfeldern der Grünen heraus ein Anreiz zum Ausbau grenzüberschreitender Interaktionen.

Die Direktwahlen zum EP können eine Veränderung des Interaktionsgrads über die Zeit jedoch genausowenig erklären, wie unterschiedliche Rollen der grünen Parteien im nationalen Parteiensystem, die organisatorische Verfestigung ihrer Parteiapparate, das Agieren in einer Konkurrenz- oder Konkordanzdemokratie, die Intensität ihrer Programmorientierung oder die Eigeninteressen der an grenzüberschreitender Interaktion beteiligten Individuen. Struktur und Ausmaß dieser Interaktionsanreize oder -restriktionen sind über die Zeit gleich geblieben. Zwar haben im Gegensatz dazu die Aktivitäten grenzüberschreitend organisierter sozio-politischer Vermittlungsstrukturen seit 1979 zugenommen. Jedoch hatte auch dieser Anreizfaktor keinen Einfluß auf die Veränderung des Interaktionsgrads.

Die Erhöhung des Interaktionsgrads beruht stattdessen zunächst auf einer Abschwächung folgender Restriktionen:

Als erstes stand die basisdemokratische und antibürokratische Orientierung grüner Parteien einer weiteren Verfestigung der Interaktionen entgegen. Ab etwa 1989, als sich viele grüne Parteien auf nationaler Ebene eine etwas zentralisiertere innere Struktur gaben, wurde dieser Einflußfaktor jedoch schwächer. Ebenfalls ab etwa 1989 verlor der Links-Vorne-Konflikt an Bedeutung. Ein weiterer restriktiver Faktor lag in der sehr unterschiedlichen Haltung der Mitgliedsparteien der EGC zur europäischen Integration, die auch in der Haltung der Wählerschaft bzw. der Bevölkerung begründet war. Doch auch dieser Faktor verlor Anfang der neunziger

Jahre an Restriktivität, da sich die unterschiedlichen Positionen zur europäischen Integration ab diesem Zeitpunkt einander annäherten.

Die Restriktion der Dominanz des Nationalstaats als primäres Bezugsobjekt parteipolitischen Handelns hat zumindest bei den meisten starken grünen Parteien ab 1989 ebenfalls abgenommen.

Aber nicht nur die Abschwächung bestimmter Restriktionen, auch die zunehmende Bedeutung verschiedener Anreizfaktoren ist für die Erhöhung des Interaktionsgrads verantwortlich gewesen.

So war der Umbruch in Osteuropa und die dadurch abzusehenden zunehmenden Systemsteuerungsprobleme in Europa (Migrationen, neue Militärstrukturen) zusammen mit den Entwicklungslinien der europäischen Integration (Vertiefung und Erweiterung der EG) ab 1990 ein Hauptanreizfaktor für die Intensivierung der Interaktionen. Auch die Konkurrenz zu anderen europäischen Parteibünden spielte ab Anfang der neunziger Jahre im Gegensatz zur Aufbauphase der EGC eine interaktionsfördernde Rolle.

Den angeführten interaktionsfördernden Entwicklungen standen jedoch auch zwei über die Zeit restriktiver gewordene Einflußfaktoren gegenüber. Erstens die ständig gestiegene Anzahl der Mitgliedsparteien allgemein, und zweitens der ständig gestiegene Anteil von schwachen Parteien innerhalb der EGC bzw. der EGF. Diese schwachen Parteien machten organisationsstrukturelle Fortschritte in der Umbruchphase der EGC lange Zeit unmöglich, da sie versuchten, das Einstimmigkeitsprinzip als Garant für den Erhalt ihrer „europäischen Bühne" beizubehalten und getroffenen Entscheidungen möglichst keine Verbindlichkeit zukommen zu lassen.

Zwar läßt sich nicht quantifizieren, in welchem Ausmaß die angeführten Erklärungsfaktoren für die Veränderung des Interaktionsgrads verantwortlich waren. Jedoch ist der Einfluß der beiden zuletzt aufgeführten Faktoren von den wichtiger gewordenen Anreizfaktoren und den abgeschwächten restriktiven Faktoren überkompensiert worden. Nur so läßt sich der entscheidend höhere Interaktionsgrad der EGF verglichen mit der EGC erklären.

Eine weitere Entwicklung hin zur Integrationsstufe erscheint jedoch aufgrund immer noch bestehender Differenzen zwischen den Mitgliedsparteien bei den europäischen Integrationskonzepten und der damit verbundenen gewünschten Rolle der EGF (europäische Partei versus einfaches Koordinationsgremium), die auch die Entwicklung eines klaren inhaltlichen und organisationsstrukturellen Konzepts für das von den Grünen vertretene Europa der Regionen verhindert hat, zumindest in nächster Zeit zweifelhaft. Eine erste organisationsstrukturelle Orientierung auf die EU-Ebene hat allerdings mit der Gründung des Standing Committee on European Union Affairs (EU-Untergruppe) stattgefunden. Dieses hat sich auch inhaltlich auf die EU-Ebene orientiert. Ob die künftige Untergruppe der Grünen aus den EU-Staaten sich aber verfestigte Strukturen geben und sich weiter in Richtung Integrationsstufe entwickeln wird, erscheint aus den oben angeführten Gründen genauso zweifelhaft.

Über die Bestimmungsgründe für die Entwicklung des Interaktionsgrads anderer Parteienbünde liegen keine systematischen Längsschnittsanalysen vor, so daß hier kein Vergleich zu anderen Parteienbünden gezogen werden konnte. Die zeitpunktbezogenen Ergebnisse NIEDERMAYERs (1983:102-195) zugrunde legend, scheinen die Einflußfaktoren im Bereich der Parteiprofile bei den anderen Parteienbünden aber im Vergleich zu den Grünen unterschiedlich gewichtet zu sein. Der restriktive Faktor „dezentrale Orientierung" spielt dort z.B. keine Rolle.

3. Die parlamentarische Interaktion

3.1. Analysemodell

Fraktionen im Europaparlament bilden zusammen mit den Internationalen die am längsten bestehenden grenzüberschreitenden Interaktionsbeziehungen zwischen nationalen Parteien bzw. deren Eliten auf multilateraler Ebene. Die Fraktionen sind schon seit der Parlamentarischen Versammlung der Europäischen Gemeinschaft für Kohle und Stahl (EGKS) Zusammenschlüsse von Delegierten bzw. Abgeordneten, die über nationale Grenzen hinweg nach parteipolitischen Überlegungen gebildet werden und somit mehrere nationale Delegationen in sich vereinen (JACOBS/ CORBETT 1990:55)[164]. Diese Zusammenschlüsse wurden schon früh als ein Meilenstein für den europäischen Integrationsprozeß betrachtet (ZELLENTIN 1967: 419). Aufgrund der Teilnahme an transnationalen Kooperationsprozessen (in diesem Fall also die Teilnahme an der Arbeit des EP) wurde es als wahrscheinlich angesehen, daß sich Europafraktionen durch interne Regelungen und Lernprozesse zu kohärenten Akteuren auf europäischer Ebene entwickeln und sich anschließend durch die Tätigkeit der Abgeordneten ein Einstellungswandel oder eine Verstärkung einer bereits vorhandenen pro-europäischen Einstellung bei den nationalen Eliten und schließlich bei der nationalen Öffentlichkeit vollzieht (Vgl.GRESCH 1978:70f.).

Der Zusammenschluß einzelner Individuen zu Fraktionen und die Beteiligung dieser Fraktionen an der Arbeit des Europäischen Parlaments kann jedoch unter Integrationsgesichtspunkten unterschiedlich motiviert sein und wird je nach Beweggrund unterschiedliche Charakteristika aufweisen. So wäre als Extremfall beispielsweise ein Zusammenschluß von Individuen denkbar, die ausschließlich der Wunsch nach Verhinderung jedweder Souveränitätsabtretung ihres Landes an eine supranationale Organisation allgemein oder an die EU speziell eint.

Ob sich Fraktionen also tatsächlich durch Interaktionsprozesse zu kohärenten europäischen Akteuren entwickeln, wie sich diese Entwicklung genau messen ließe und welche Gründe dafür verantwortlich sein könnten, ist bisher nur von GRESCH (1976;1978) und PRIDHAM/PRIDHAM (1981) ansatzweise systematisch unter-

---

164 Ausnahmen bilden hier lediglich die 1965 durch eine Abspaltung von der liberalen Fraktion entstandene Europäische Demokratische Union der französischen Gaullisten, die sich später, nach dem Beitritt irischer Abgeordneter, in Europäische Progressive Demokraten umbenannten (JACOBS/CORBETT 1990:55), und die erst kürzlich gegründete Forza Europa, die zwischen Juli 1994 und Januar 1995 ausschließlich aus Abgeordneten der italienischen Partei Forza Italia bestand.

sucht worden. Dies geschah allerdings aufbauend auf Erfahrungen aus der Zeit vor der ersten Direktwahl des EP. Zu dieser Zeit hatten noch fast alle MdEPs ein Doppelmandat, d.h., sie waren gleichzeitig Abgeordnete im europäischen und im nationalen Parlament. Seit der ersten Direktwahl ging die Zahl der Doppelmandate aber stetig zurück und mittlerweile sind sie zur seltenen Ausnahme geworden[165].

Ungeachtet dessen konnten für die Messung und Erklärung der Veränderung der Intensität der Interaktionen zwischen Abgeordneten grüner Parteien im Europaparlament die Vorüberlegungen von GRESCH (1978) und PRIDHAM/PRIDHAM (1981) für ein entsprechendes heuristisches Analysemodell übernommen werden, da sich durch die Direktwahl nur das Gewicht, nicht aber die grundsätzliche Relevanz einzelner, bei GRESCH und PRIDHAM/PRIDHAM aufgeführter Erklärungsfaktoren, geändert hat.

Dieses Analysemodell weist zwar Ähnlichkeiten auf, ist aber nicht identisch mit NIEDERMAYERs Modell zur Messung und Erklärung des Interaktionsgrads auf außerparlamentarischer Ebene. Dies hat den Nachteil, daß ein direkter und systematischer Vergleich zwischen parlamentarischer und außerparlamentarischer Interaktion, z.B. um festzustellen zu können, welche der beiden Interaktionsformen fortgeschrittener ist, nicht ermöglicht wird. Allerdings läßt sich ein eigenes Analysemodell für die parlamentarische Interaktion durch grundsätzlich unterschiedliche Rahmenbedingungen begründen:

Im Moment der Gründung einer Fraktion im EP werden automatisch permanente Organisationsstrukturen geschaffen, die zumindest durch die Existenz eines Fraktionssekretariats und eines Fraktionsvorstands gekennzeichnet sind. Fraktionen können sich also im Gegensatz zu grenzüberschreitenden Parteiorganisationen im außerparlamentarischen Bereich per Definition nicht auf einer Kontaktstufe befinden. Auch eine Integrationsstufe, die sich strikt von einer Kooperationsstufe abgrenzen ließe, ist schwer vorstellbar. Im Gegensatz zum Konzept des party government für den außerparlamentarischen Bereich gibt es auch kein normatives Referenzsystem für die Rolle einer Fraktion im europäischen Parlament oder im politischen System der EU allgemein.

Schließlich kann ein Parteienbund den Gegenstand seiner Diskussionen, die Häufigkeit seiner Treffen und seine finanzielle Ausstattung selbst beeinflussen. Im EP jedoch ist dies für die Fraktionen durch die Tätigkeit von Kommission und Rat sowie durch das dortige Finanzierungs- und Sitzungssystem mehr oder weniger stark vorgegeben. Die Häufigkeit von Fraktionssitzungen läßt sich beispielsweise nur mit hohen Kosten weiter ausdehnen, da ein Abweichen vom Sitzungsplan des EP in der Regel mit der Anmietung eigener Räume und der Beschaffung eigener Dolmetscher verbunden ist.

---

165 So fiel der Anteil der Abgeordneten mit Doppelmandat von 31% im Dezember 1979 auf nur noch 6% im Juli 1988 (EUROPEES PARLEMENT 1989:112).

Die parlamentarische Interaktion erfordert also zunächst ein grundsätzlich anderes Meßverfahren.

Aber auch bei den Erklärungsfaktoren treten, verglichen mit der außerparlamentarischen Interaktion, grundsätzlich unterschiedliche Rahmenbedingungen auf:

Die Abgeordneten des EP werden seit 1979 direkt gewählt und nicht mehr nur durch die nationalen Parteien entsandt, so daß sie - anders als die Delegierten der Parteienbünde - sowohl durch ihre nationale Partei als auch durch die Wähler legitimiert sind. Dies führt dazu, daß eine Partei de facto wenig Einflußmöglichkeiten auf ihre Abgeordneten hat, es sei denn, sie unterwerfen sich diesem Einfluß freiwillig. Somit müssen z.B. Unterschiede in den Profilen der Parteien, die Abgeordnete ins EP entsenden, überhaupt nicht zur Geltung kommen.

Außerdem wirkt die zunehmende globale und europäische Verschränkung sozioökonomischer und politischer Systeme über die Tätigkeit des Rats und der Kommission direkt und permanent auf die Fraktion ein.

Schließlich ist die Zusammenarbeit innerhalb einer Fraktion durch eine viel größere Permanenz (die gleichen Abgeordneten arbeiten fünf Jahre lang mehr oder weniger ständig zusammen) und einen hohen Grad an Institutionalisierung (Plenums- und Ausschußarbeit, eigener Fraktionsmitarbeiterstab) gekennzeichnet, was der parlamentarischen Interaktion eine ganz andere Qualität verleiht (GRESCH 1978:32f.).

Aus all diesen Gründen erscheint es sinnvoll, für die parlamentarische Interaktion auf ein anderes heuristisches Analysemodell zurückzugreifen als für die außerparlamentarische Interaktion. Dieses soll im folgenden vorgestellt werden.

3.1.1. Meßvariablen

Der Interaktionsgrad im Bereich der parlamentarischen Interaktion wird in Anlehnung an die bereits erwähnte Integrationsdefinition von HAAS (1958:16) darüber definiert, inwieweit es nationalen Delegationen oder einzelnen Abgeordneten gelungen ist, zu einem auf die europäische Ebene orientierten, eigenständigen Akteur zu verschmelzen. Zur Messung des Interaktionsgrads dienen dabei zwei Variablenbündel:

Erstens die Loyalitäten einer Fraktion gegenüber der europäischen Ebene (Wertkomponente). Sie werden durch einmalig oder zumindest nicht häufig getroffene Grundsatzentscheidungen der Fraktion festgelegt und zeigen, welche Rolle das Kriterium „Nationalität" (oder auch „allgemeine nationale Orientierung") in der Fraktion spielt.

Zweitens die Verhaltenskomponente, die den Grad eines eigenständigen, geschlossenen Akteurs im ständig wiederkehrenden Parlamentsbetrieb zu messen versucht und stärker die programmatische Geschlossenheit als das Kriterium nationale Orientierung beschreibt.

Dabei wird der Interaktionsgrad nach unten jeweils durch einen „Interaktionsnullpunkt" begrenzt, kann sich ansonsten aber kontinuierlich auf einer nach oben offenen Skala bewegen. Der Interaktionsnullpunkt wäre beim parlamentarischen Verhalten durch eine „Ausbeutungsgemeinschaft" gekennzeichnet. Einzelne Abgeordnete, die keine oder nur minimale programmatische Gemeinsamkeiten haben, schließen sich in diesem Fall nur deswegen zusammen, um die mit dem Fraktionsstatus verbundenen organisatorischen und finanziellen Vorteile für sich auszunutzen. Eine solche Ausbeutungsgemeinschaft wäre auf die größtmögliche Autonomie ihrer Mitglieder angelegt.

Was die Loyalitäten betrifft, ist der Interaktionsnullpunkt durch einen Zusammenschluß von nationalen Delegationen gekennzeichnet, die inhaltlich nur der Wille nach Verhinderung einer Souveränitätsabgabe ihrer National- oder Regionalstaaten eint. Da erwartet werden kann, daß sich diese Einstellung auch auf die Zusammenarbeit nationaler Delegationen innerhalb einer Europafraktion überträgt, wird die interne Organisation einer solchen Fraktion auf die größtmögliche Autonomie ihrer nationalen Delegationen angelegt sein. Außerdem wären die Aktivitäten dieser Fraktion im EP eher destruktiv und darauf angelegt, dieser Institution so wenig Legitimität wie möglich zu verschaffen. Eine solche Fraktion ließe sich deshalb als eine „Destruktions-" oder zumindest „Negativgemeinschaft" bezeichnen.

Je einheitlicher nun das parlamentarische Verhalten ist und je stärker die europäisch orientierten Loyalitäten der Fraktion ausgeprägt sind, desto höher ist der Interaktionsgrad der Fraktion.

Die Variablen zur Messung dieses Interaktionsgrads sollen im folgenden vorgestellt werden. Durch eine möglichst hohe Zahl von Variablen, sowohl im Loyalitäts- als auch im Verhaltensbereich, die alle in die gleiche Richtung weisen, wurde dabei versucht, bei einzelnen Indikatoren bestehende Validitätsprobleme auszugleichen.

3.1.1.1. Loyalitäten

Die Dimension Loyalitäten umfaßt die Variablen

- Akzeptanz von Leitlinien des Parteienbunds
- Grundsätzliche Akzeptanz der EU als Form des staatlichen Souveränitätsverzichts
- Verteilung von Vorstands- und Parlamentsämtern auf die Fraktionsmitglieder
- Verteilung der Fraktionsmittel
- Art der Öffentlichkeitsarbeit
- Konfliktregulierung
- Verteilung der Berichte und Redezeiten.

Akzeptanz von Leitlinien des Parteienbunds

Bei der Bildung einer Fraktion stehen in der Regel zunächst zwei große Grundsatzentscheidungen an, die eng miteinander verknüpft sind: die konkrete Zusammensetzung der Fraktion und deren gemeinsame inhaltliche Arbeitsgrundlage.

Letztere wird normalerweise in einem gemeinsamen Grundsatz- oder Arbeitsprogramm konkretisiert, an dem sich später parlamentarische oder außerparlamentarische Aktivitäten der Fraktion orientieren. Dieses Programm kann von der Fraktion selbst ausgearbeitet, aber auch von außen kommend, z.B. in Form von Wahlplattformen einzelner nationaler Parteien oder einer gemeinsamen europäischen
Parteiorganisation, übernommen werden.

Auch nach der Fraktionsgründung stehen in der Fraktion Einzelentscheidungen
an, bei denen eine Rücksprache mit einem Parteienbund notwendig werden kann.
Der Wunsch nach Rücksprache kann dabei sowohl vom Parteienbund als auch von
der Fraktion ausgehen. Darunter fallen neben einzelnen inhaltlichen Fragen beispielsweise Zu- oder Abgänge von Fraktionsmitgliedern.

Schließlich berichtet eine Fraktion oder zumindest einzelne Mitglieder normalerweise in Rechenschaftsberichten über ihre Tätigkeit im Parlament.

Je mehr sich die Fraktion nun an inhaltliche Grundsatz- und Einzelbeschlüsse
eines existierenden Parteienbunds hält und je stärker organisatorische Interventi-
ons- (Zu- und Abgänge von Fraktionsmitgliedern) und Informationsrechte (Rechenschaftsberichte) des Parteienbunds anerkannt werden, desto ausgeprägter sind
die Loyalitäten der Fraktion gegenüber der europäischen Ebene. Eine zusätzliche
Orientierung in Richtung auf die EU wäre dann gegeben, wenn bei gleichzeitiger
Existenz zweier Parteienbünde der EU-Parteienbund größeren Einfluß eingeräumt
bekäme.

Bei einer Ausbeutungsgemeinschaft stellt sich die Frage der Akzeptanz von
Leitlinien eines Parteienbunds nicht, da nicht zu erwarten ist, daß die verschiedenen
Mitglieder der Fraktion einem gemeinsamen Parteienbund angehören. Bei einer
Destruktionsgemeinschaft wäre die Existenz eines Parteienbunds nur dann vorstell-
bar, wenn sich die nationalen Parteien von diesem mehr Vor- als Nachteile bei der
Bekämpfung eines nationalstaatlichen Souveränitätsverzichts erhoffen. Die Ak-
zeptanz von Leitlinien erscheint aber sehr unwahrscheinlich.

Grundsätzliche Akzeptanz der EU als Form des staatlichen Souveränitätsverzichts

Europäischer Integration liegt der Gedanke der Abgabe nationalstaatlicher Souveränität zugunsten einer übergeordneten europäischen Ebene zugrunde. Dabei gehen
die Auffassungen über das notwendige Maß an Souveränitätsverzicht auseinander.
Am weitgehendsten wäre die Bereitschaft zum Souveränitätsverzicht dann, wenn
eine den nationalen Regierungen vergleichbare Exekutive auch für die europäische
Ebene gefordert wird, einem europäischen Parlament Legislativ- und Initiativrechte
eingeräumt werden sollen und eine eventuelle zweite Kammer aus Vertretern der
Nationalstaaten nicht mehr einstimmig über Vorlagen der ersten Kammer zu entscheiden hätte.

Je mehr nun von einer Fraktion im Europaparlament die Aufgabe von Souverä-
nitätsrechten durch die Nationalstaaten als erstrebenswerte Form europäischer
Integrationsbemühungen anerkannt wird, und je detaillierter dies für institutionelle

Rahmenbedingungen und Prozesse der EU formuliert wird, desto mehr sind die Loyalitäten der Fraktion auf die EU-Ebene orientiert, und desto höher ist der Interaktionsgrad. Je stärker diese Loyalitätsbeziehung ausgeprägt ist, desto weniger wird sich im übrigen auch rechtfertigen lassen, nationalen Delegationen in einer Fraktion Vetorechte einzuräumen, und desto eher wird daraus in der Fraktion selbst die Notwendigkeit wirklich europäischer Fraktionen statt einer Koordination nationaler Delegationen abgeleitet werden.

Verteilung von Vorstands- und Parlamentsämtern auf die Fraktionsmitglieder

Jede Fraktion im EP verfügt über einen Vorstand, der sich um die laufenden Geschäfte der Fraktion kümmert, und sie nach außen repräsentiert. Außerdem sind im EP mit Prestige verbundene Posten, wie z.B. Ausschußvorsitze, zu vergeben, die proportional auf die einzelnen Fraktionen aufgeteilt werden. Fraktionen, die eher als Koordination nationaler Delegationen organisiert sind, werden versuchen, diese Posten so zu verteilen, daß jede nationale Delegation berücksichtigt wird, auch wenn z.B. Vorstandsgremien dadurch so groß werden, daß ihre Effizienz gefährdet wird. Je mehr deshalb auf eine national ausgewogene Besetzung von Posten innerhalb und außerhalb der Fraktion verzichtet und stattdessen einer möglichst hohen Effizienz der Fraktion Vorrang eingeräumt wird, desto ausgeprägter sind die Loyalitäten gegenüber der europäischen Ebene, und desto höher ist der Interaktionsgrad.

Verteilung der Fraktionsmittel

Die Fraktionen im EP bestreiten ihre politische Arbeit über finanzielle und organisatorische Mittel, die sie vom EP zur Verfügung gestellt bekommen, und zwar im wesentlichen aus den Posten 3705, 3706 und 3708 des EP-Haushalts[166]. Posten 3705 dient der Finanzierung der Sekretariatskosten einer Fraktion, worunter z.B. Kopien oder Druckkosten, Übersetzungsdienste oder auch Telefon- und Fax-Kosten fallen.

Posten 3706 dient der Finanzierung „zusätzlicher politischer Aktivitäten" der Fraktion, wie z.B. Pressekonferenzen, Seminare oder Kongresse. Diese Mittel lassen sich manchmal nur schwer von denen des Postens 3705 unterscheiden und werden auch nach demselben Schlüssel auf die einzelnen Fraktionen verteilt.

Aus Posten 3708 schließlich werden „europäische Informationskampagnen" finanziert, und dessen Mittel dürfen seit 1986 nur noch von der Fraktion oder deren Mitgliedern und nicht mehr von Dritten, wie z.B. den Parteienbünden oder nationalen Parteien, für Informationszwecke verwendet werden.

Diese Ressourcen (Geld, Mitarbeiterstellen) können grundsätzlich vier Adressaten zukommen: der Fraktion als Ganzes, den einzelnen MdEPs bzw. den natio-

---

166 Die nachfolgenden Ausführungen stützen sich im wesentlichen auf WIVENES (1993).

nalen Delegationen, denen sie angehören, einem europäischen Parteienbund, soweit er existiert, und schließlich den nationalen Parteien, denen die MdEPs angehören.

Die Loyalitäten der Fraktion gegenüber der europäischen Ebene sind nun umso größer, je mehr Mittel unter der Verfügungsgewalt der Fraktion als Ganzes, sprich dem Fraktionssekretariat, dem Fraktionsvorstand[167] und der Fraktionsarbeitsgruppen stehen, und je mehr Mittel an den Parteien-bund abgeführt werden. Eine stärkere Orientierung speziell auf die EU-Ebene wäre gegeben, wenn darüber hinaus ein existierender EU-Parteienbund stärker unterstützt würde als ein gleichzeitig existierender, nicht auf die EU zentrierter Parteienbund.

Dieser Indikator ist jedoch nicht ganz trennscharf, da beispielsweise Sitzungen der Fraktion, die diese in Mitgliedstaaten der EU abhält, Teil einer rein nationalen Wahlkampagne sein können, aber aus Fraktionsmitteln bezahlt werden.

Ähnliches gilt für persönliche Mitarbeiter der MdEPs oder Fraktionsangestellte, die aus ihrer Position heraus auch nationale Parteiarbeit verrichten (Vgl.WIVENES 1993:459f.).

Art der Öffentlichkeitsarbeit

Die Öffentlichkeitsarbeit einer Fraktion kann vom Fraktionssekretariat über eine zentrale Fraktionspublikation oder aber von den nationalen Delegationen über eigene, speziell für den nationalen Kontext konzipierte, Publikationen übernommen werden. Je mehr die Öffentlichkeitsarbeit der Fraktion in die Hände des Fraktionssekretariats und der Fraktionsmitarbeiter statt in die Hände der nationalen Sekretariate und Mitarbeiter gelegt wird, desto größer ist der Interaktionsgrad. Dagegen läßt sich einwenden, daß Fraktions- und Delegationspublikationen sich auch ergänzen, also komplementär statt substitutiv angelegt sein können. Um die Validität dieses Indikators nicht einzuschränken, muß deswegen jeweils noch eine inhaltliche Analyse vorgenommen werden.

Konfliktregulierung

Zu Beginn der Fraktionsarbeit wird, in der Regel in der Satzung, festgelegt, wie Konflikte innerhalb der Fraktion zu lösen sind. Handelt es sich bei der Fraktion lediglich um eine Destruktions- oder Ausbeutungsgemeinschaft, so wird für Entscheidungen innerhalb der Fraktion das Einstimmigkeitsprinzip notwendig sein. Je mehr daher Konflikte innerhalb der Fraktion durch Mehrheitsentscheidungen gelöst

---

167 Dem Fraktionssekretariat kommt entscheidende Bedeutung innerhalb der Fraktion zu. Es bereitet die Sitzungen des Vorstands, der Fraktion sowie der Arbeitsgruppen vor, entwirft Änderungsanträge, Anfragen oder auch Studien und leistet Öffentlichkeitsarbeit. Schließlich vertritt der Generalsekretär (oder ein Stellvertreter) die Fraktion zusammen mit den Fraktionsvorsitzenden in wichtigen Parlamentsgremien (GRESCH 1978:57). Der Vorstand kann je nach zugedachter Funktion eine wichtige Rolle übernehmen, indem er Art und Ausmaß politischer Diskussionen steuert und auf die Haltung der Gruppe als Ganzes Einfluß nimmt (JACOBS/CORBETT 1990:76).

werden und je weniger nationale Delegationen ein Vetorecht besitzen, desto höher ist der Interaktionsgrad.

Verteilung der Berichte und Redezeiten

Schon HAAS (1958:410) verwendet die Art der Verteilung der einer Fraktion zustehenden Berichte in der parlamentarischen Versammlung der EGKS auf die nationalen Delegationen als Indikator für die Orientierung der Fraktion auf die europäische Ebene. Je mehr der Anteil der erarbeiteten Berichte pro nationaler Delegation an der Gesamtzahl der von der Fraktion erarbeiteten Berichte dem Mitgliederanteil der nationalen Delegation an der Fraktion entspricht, desto geringer sind die Loyalitäten der Fraktion gegenüber der europäischen Ebene. In diesem Fall besteht die begründete Vermutung, daß die Verteilung nicht nach politischen Prioritäten der Fraktion, sondern rein nach Stärke der nationalen Delegationen erfolgt. Das gleiche gilt für die Aufteilung der Redezeiten im Plenum des EP auf die nationalen Delegationen[168].

3.1.1.2. Parlamentarisches Verhalten (Kohäsion)

Während die oben angeführten Indikatoren in der wissenschaftlichen Literatur bisher keine oder nur wenig Beachtung fanden, sind drei der nachfolgenden Indikatoren für das parlamentarische Verhalten der Fraktion unter dem Stichwort „Kohäsion" schon länger im Gespräch. Sehr viele Autoren, die sich über die Kohäsion einzelner Fraktionen im EP Gedanken gemacht haben, verzichteten jedoch entweder ganz auf eine Definition dessen, was unter Kohäsion eigentlich verstanden werden soll (PRIDHAM (1975), RUTSCHKE (1984)), oder machten diese lediglich am Abstimmungsverhalten der Fraktionen im Plenum fest (ZELLENTIN

---

168 Berichte im EP werden von einzelnen Abgeordneten erstellt und lassen sich grob in Berichte, die aus dem EP selbst heraus initiiert werden (Initiativberichte nach Art.63 der Geschäftsordnung des EP, wobei die Geschäftsordnung des EP hier seit Oktober 1993 von einer „Gesetzgebungsinitiative" und nicht mehr von Initiativberichten spricht) und in Berichte aufgrund von Kommissionsvorlagen im Wege des Legislativverfahrens der EU, unterscheiden. Beides sind jedoch zunächst interne Parlamentsdokumente, und erst nach Annahme im Plenum werden sie als „Stellungnahmen" des EP an andere EU-Organe und/oder die Öffentlichkeit als offizielle EP-Dokumente weitergegeben. Berichte sind dabei nicht in dem Sinne frei verfügbar, daß jeder Abgeordnete jederzeit Berichte erstellen kann. Vielmehr werden die Berichterstatter und die Themen dazu, soweit es sich bei letzterem um Initiativberichte handelt, vom jeweils zuständigen Ausschuß bestimmt. Die einzelnen Fraktionen können sich aber um die Erstellung des Berichts bewerben, wobei dies mit Hilfe eines Punktsystems geschieht. Die Berichte werden dann an diejenige Fraktion vergeben, die dafür die höchste Anzahl von Punkten bietet. Diese Punktzahlen sind für die einzelnen Fraktionen limitiert und fallen umso geringer aus, je kleiner die Fraktion ist (JACOBS/CORBETT 1990:107f.). Das heißt, auch wenn eine Fraktion versuchen sollte, den Nationalitätenproporz bei der Berichtsvergabe an ihre Mitglieder zu wahren, hat sie darauf umso weniger Einfluß, je kleiner sie ist. Dies beeinträchtigt die Validität dieses Indikators.

(1967), FITZMAURICE (1975: Kap.11)). Lediglich GRESCH (1976; 1978:43-58), PRIDHAM/PRIDHAM (1981: 53f.) und teilweise noch HAAS (1958:414-33) haben ein größeres Feld potentieller formaler Indikatoren vorgestellt, auf das aber nur bei GRESCH ausführlich eingegangen wird. Von ihm sind die ersten drei der nachfolgenden Variablen zur Messung des einheitlichen parlamentarischen Verhaltens (hier als Kohäsion bezeichnet) übernommen. Darunter fallen:

- Anzahl der Sprecher der Fraktion im Plenum
- dissenting votes bei Debatten im Plenum
- abweichende Haltungen bei Abstimmungen
- Kontrolltätigkeit der Fraktion gegenüber der Exekutiven und Legislativtätigkeit
- sonstige, einer Fraktionshaltung zuwider laufende Einzelaktionen.

Anzahl der Sprecher der Fraktion im Plenum

Im Plenum des EP ergreifen normalerweise Vertreter von Kommission und Rat, Berichterstatter, Antragsteller und sonstige Vertreter von Fraktionen, die gestaffelt nach Fraktionsstärke Redezeit zugeteilt bekommen und diese auf ihre MdEPs aufteilen, das Wort (JACOBS/CORBETT1990:133). Je größer die Vielfalt der in einer Fraktion vorhandenen nationalen, sektoralen (z.B. Landwirtschaft, Fischerei), regionalen und parteipolitischen Interessen ist, desto unwahrscheinlicher wird es, daß die Interessen durch nur eine Person, z.B. den Fraktionsvorsitzenden, repräsentiert werden können (JACOBS/CORBETT 1990:46).

Eine Fraktion ist daher umso kohäsiver, je weniger Sprecher einer Fraktion bei verschiedenen Debatten das Wort ergreifen. In diesem Fall muß es gelungen sein, die verschiedenen Interessen in einem vorherigen Diskussionsprozeß in Einklang gebracht zu haben. Wäre dies dauerhaft nicht der Fall, würden Abgeordnete, die sich nicht repräsentiert fühlen, früher oder später die Fraktion verlassen.

Dissenting votes bei Debatten im Plenum

Wie oben bereits erwähnt, lassen sich die vielfältigen Interessen in einer Fraktion nicht immer unter einen Hut bringen. Der entscheidende Unterschied zum vorangegangenen Punkt liegt bei den dissenting votes darin, daß Abgeordnete, die über den Fraktionsvorsitzenden hinaus in einer Debatte das Wort ergreifen, nicht ergänzend auf regionale oder sektorale Besonderheiten aufmerksam machen wollen, sondern sich explizit gegen eine von der Fraktion beschlossene Mehrheitshaltung wenden. Diese dissenting votes werden durch das in der Geschäftsordnung des EP festgelegte freie Mandat und geringe Sanktionsmöglichkeiten des Fraktionsvorstandes bei einem solchen Verhalten erleichtert (JACOBS/ CORBETT 1990:47). Je weniger nun bei ein und derselben Debatte Sprecher, die von einer festgelegten Fraktionsmeinung abweichende Haltungen einnehmen, zu Wort kommen, desto kohäsiver ist die Fraktion, und desto höher ist der Interaktionsgrad.

Abweichende Haltungen bei Abstimmungen

Im EP kommt es immer wieder zu fraktionsübergreifenden Themenkoalitionen, in denen Interessenvertreter einer Fraktion zusammen mit den Interessenvertretern anderer Fraktionen gegen eine festgelegte Fraktionshaltung verstoßen, um diese Interessen zu verteidigen (JACOBS/CORBETT 1990:46). Dies gilt besonders für die Bereiche Sozial-, Landwirtschafts-, Regional- und Integrationspolitik (siehe hierzu z.B.PRIDHAM/PRIDHAM 1981:76f.).

Je geringer die Anzahl der von einer festgelegten Fraktionshaltung abweichenden Abgeordneten bei Abstimmungen im Plenum ist, desto höher ist die Kohäsion. Der Unterschied zum vorhergehenden Punkt liegt darin, daß dissenting votes im Plenum in der Regel auch mit einem abweichenden Abstimmungsverhalten verbunden sein werden, aber nicht jedes abweichende Abstimmungsverhalten mit einem dissenting vote im Plenum verbunden sein muß. FITZMAURICE (1975:165) weist jedoch zurecht darauf hin, daß beim Abstimmungsverhalten wie auch bei den dissenting votes viele Abweichler schon durch fraktionsinterne Kompromisse verhindert werden können, und somit mit solch formalen Kriterien ein Kohäsionsbild entstehen kann, welches nicht der Realität entspricht. Die Beschränkung auf diese formalen Kohäsionsindikatoren ist aber deswegen sinnvoll, „weil die internen Transformations- und Aggregationsprozesse der Fraktionen der Öffentlichkeit weitgehend entzogen sind und es schwerfällt, die Willensbildung über einzelne politische "issues" durch die Fraktionsgremien hindurch zu verfolgen." (GRESCH 1978:43).

Außerdem können sich Abstimmungen nicht auf die konfliktträchtigste, sondern auch auf eine schon verwässerte, abschließende Kompromißresolution beziehen, was die Validität des Indikators erneut einschränkt (Vgl. JACOBS/CORBETT 1990:136). Schließlich kann auch das Fernbleiben von Abstimmungen (in der Regel nicht meßbarer) Ausdruck einer abweichenden Haltung sein.

Ein früher noch vorhandenes zusätzliches Problem bei der Erfassung abweichenden Abstimmungsverhaltens, nämlich die Seltenheit namentlicher Abstimmungen im Plenum, besteht heute nicht mehr, da diese seit der Direktwahl des EP sprunghaft zugenommen haben.

Kontrolltätigkeit der Fraktion gegenüber der Exekutiven und Legislativtätigkeit

Im Bereich der Legislativ- und Kontrollaktivitäten gibt es für eine Fraktion und ihre Mitglieder im EP eine Vielzahl von Möglichkeiten, aktiv zu werden. Darunter fallen u.a. die Ausarbeitung von Berichten und das Einbringen von Dringlichkeits- und Änderungsanträgen im Plenum des EP oder in den Ausschüssen, sowie schriftliche und mündliche Anfragen an Rat oder Kommission oder sonstige Organe der EU.

Bestimmte Kontrollinstrumente können im EP sowohl von Fraktionen als auch durch eine Mindestanzahl einzelner MdEPs wahrgenommen werden. Diese MdEPs können dabei aus verschiedenen Fraktionen stammen. Ist ein Abgeordneter mit der Haltung seiner Fraktion in bestimmten Fragen nicht einverstanden, so kann er aus der Fraktion ausscheren und versuchen, seine Meinung mit Hilfe von Abgeordneten anderer Fraktionen durchzusetzen. Eine Fraktion ist deshalb umso kohäsiver, je mehr in diesen Fällen Anträge und Anfragen der Gesamtfraktion im Verhältnis zu den Anträgen einzelner Mitglieder mit MdEPs anderer Fraktionen gestellt werden. Unter die Kategorie der Kontrollinstrumente fallen (als die wichtigsten)[169]:

- Anträge auf eine Aussprache im Anschluß an Erklärungen von Mitgliedern der Kommission, des Rates oder der EPZ (Art. 56, Abs.3 {37})
- Anträge auf eine baldige Abstimmung zur Beendigung einer Aussprache im Anschluß an Befragungen an die Kommission, den Rat oder die EPZ (Art. 58, Abs.7 [42, Abs.5] {40 i.V.m.37})
- die Beantragung einer Entschließung im Anschluß an eine Aussprache über aktuelle, dringliche und wichtige Fragen (Dringlichkeitsanträge) (Art. 64 [48] {47, Abs.1})[170]
- das Einbringen von Änderungsanträgen im Plenum (Art.69 [54,Abs.7] {72})
- Anfragen an Rat, Kommission oder die EPZ (Art.58, Abs.1 [Art.42, Abs.1] {40})
- die Beantragung einer Aussprache im Anschluß an eine Fragestunde (Art. 61, Abs.1 [Art.45] {-})
- die beabsichtigte Ablehnung eines gemeinsamen Standpunkts des Rats {Art. 69 und 71}
- Empfehlungen an den Rat im Bereich der GASP und der Zusammenarbeit in den Bereichen Justiz und Inneres{46}.

---

169 Die Artikelangaben in runden Klammern beziehen sich auf die GO vom Februar 1992, die eckigen Klammern auf diejenige vom April 1984 und die geschweiften Klammern auf diejenige vom Februar 1995. Zwischen 1987 und der GO vom Oktober 1993 waren die aufgeführten Kontrollinstrumente unter den Artikeln der GO vom Februar 1992 zu finden.

170 Eine solche Entschließung richtet sich dabei an Rat, Kommission, Drittstaaten oder internationale Organisationen (JACOBS/CORBETT 1990:132f.). Dringlichkeitsanträge können in Straßburg nach einer alten Gepflogenheit des Parlaments nur für bis zu maximal fünf Themen gestellt werden. Eines davon ist immer Menschenrechte und das zweite fast immer Naturkatastrophen, so daß nur noch drei Themen zur freien Auswahl bleiben. Dabei darf jede Fraktion ihre fünf Dringlichkeitsanträge im erweiterten Präsidium einbringen, das dann darüber entscheidet, ob sie in die Liste der Anträge für die Sitzung aufgenommen werden. Selbst dann werden manche Dringlichkeitsanträge oft auch noch durch das Plenum selbst von der Tagesordnung gesetzt, so daß die eingebrachten Texte nicht immer zur Abstimmung kommen (GRAEL 1987c:1). Deshalb bringen oft mehrere Fraktionen zum gleichen Thema Dringlichkeitsanträge ein, was die Chance erhöht, auf die Tagesordnung zu kommen. Anschließend wird meist ein gemeinsamer Kompromißantrag ausgearbeitet und verabschiedet (TELKÄMPER 1988:52). Ein zusätzlicher Antrag zum gleichen Thema, der von Einzelmitgliedern verschiedener Fraktionen gestellt wird, erhöht dann natürlich genauso die Wahrscheinlichkeit, daß dieser Punkt auf die Tagesordnung kommt. Anträge von Einzelpersonen außerhalb von Fraktionen haben in diesem Fall komplementären statt kompetitiven Charakter, was die Validität des Indikators hier einschränkt.

Neben einer Fraktion konnten diese Instrumente bis Ende 1994 auch von jeweils 23 Abgeordneten in Anspruch genommen werden, wobei im Fall von Art.61 dazu schon sieben ausreichten. Ab 1995 hat sich diese Zahl von 23 auf 29 erhöht und von 1984 bis 1989 wurden hierfür nur 21 Abgeordnete bzw. nur fünf bei Artikel 42, Abs.5 und Art.45 benötigt.

Eine Destruktionsgemeinschaft kann hier im übrigen ein sehr kohäsives Verhalten zeigen, da sich kaum Abgeordnete anderer Fraktionen finden werden, die bereit sind, mit einzelnen Abgeordneten der Destruktionsgemeinschaft gemeinsam Anträge einzubringen. Damit wird diese Gemeinschaft einen hohen Anteil an Fraktionsanträgen aufweisen. Auch beim Abstimmungsverhalten kann sie sich sehr kohäsiv zeigen, da sie durch ihre destruktive Grundhaltung im Ablehnen von Anträgen anderer Fraktionen sehr einheitlich auftreten wird.

Sonstige Einzelaktionen

Fraktionsmitglieder können ihrer Unzufriedenheit mit bestimmten Positionen der Fraktion auch durch sonstige Einzelaktivitäten, etwa der Abgabe von Presseerklärungen, die der Fraktionsmeinung zuwider laufen, Ausdruck verleihen.

Je größer deshalb Art und Ausmaß sonstiger, der Fraktionshaltung zuwider laufender Aktionen sind, desto geringer ist die Kohäsion der Fraktion.

3.1.2. Erklärungsfaktoren

Nach der Vorstellung möglicher Indikatoren zur Messung des Interaktionsgrads und dessen Veränderung sollen nun mögliche Erklärungsfaktoren einer Veränderung des Interaktionsgrads analysiert werden. PRIDHAM/PRIDHAM (1981:53-98) und GRESCH 1976;1978:70-75) sahen die Kohäsion von Fraktionen durch die Macht des EP, intra-fraktionelle Lernprozesse (GRESCH 1978:70-75) und die Einflüsse der nationalen Ebene bestimmt. Die Einflüsse der nationalen Ebene werden von PRIDHAM/PRIDHAM (1981:74-91) noch einmal in zwei größere Bereiche eingeteilt: erstens die Loyalität der Abgeordneten gegenüber ihrem Nationalstaat sowie gegenüber ihrer nationalen Partei, und zweitens der jeweilige parteipolitische Kontext, der sich in unterschiedlichen Haltungen der Abgeordneten zur europäischen Integration, unterschiedlichen ideologischen Grundorientierungen sowie in unterschiedlichen Sektoral- und Individualinteressen zeigt. Diese Überlegungen wurden für das vorliegende Analysemodell übernommen, weiter ausgebaut und durch den Erklärungsfaktor „Strukturen der Fraktionsgründungsphase" ergänzt. Die von der Fraktion verfolgten Loyalitäten und ihr parlamentarisches Verhalten werden somit im folgenden von vier Kategorien von Einflußfaktoren abhängig gemacht:

- politisches System der EU
- nationale Einflußfaktoren

- europäische Sozialisationsprozesse
- Strukturen der Fraktionsgründungsphase.

Die nachfolgend formulierten Hypothesen über den Zusammenhang von Interaktionsgrad und Erklärungsfaktoren sind zeitpunktbezogen formuliert, da sie auch für Querschnittsanalysen verwendbar sein sollen. Ihre Anpassung an die hier verfolgte Längsschnittsanalyse ist jedoch unproblematisch, da analog zum Analysemodell für die außerparlamentarische Interaktion Veränderungen des Interaktionsgrads über die Zeit auf Veränderungen der Erklärungsfaktoren zurückgeführt werden, und die Hypothesen nur entsprechend umformuliert werden müssen. Im empirischen Teil der Arbeit werden diese Veränderungen ausführlich untersucht werden.

3.1.2.1. Das politische System der EU `

Das politische System der EU umfaßt die beiden Erklärungsfaktoren „Kompetenzen des EP" und „geltende Wahlmodalitäten" für dessen Mitglieder.

Kompetenzen des EP

Die Stellung des Europäischen Parlaments im institutionellen System der EU ist, verglichen mit der Rolle nationaler Parlamente, relativ schwach, da seine Kompetenzen im wesentlichen auf die Bereiche Kontrolle und Beratung begrenzt sind. Ein echtes Initiativ- und Legislativrecht fehlte dem EP bisher genauso wie das Recht, eigenverantwortlich den Kommissionspräsidenten wählen und effektiv abwählen zu dürfen. Erst mit dem Inkrafttreten der Maastrichter Verträge wurden hier einige Annäherungen an die Rechte nationaler Parlamente erreicht (siehe zu den entsprechenden Bestimmungen ausführlicher SCHMUCK (1992), WESSELS (1992), DAUSES/FUGMANN (1995)). Dadurch existiert primär eine Konfliktlinie zwischen Gesamtparlament und Rat (bzw. Kommsission) anstelle einer Konfliktlinie Parlamentsmehrheit versus Opposition, in der die Mehrheit eine Regierung im Amt halten muß. Damit gibt es keinen großen Zwang, sich strengen Fraktionsnormen zu unterziehen und sich gegenüber anderen Fraktionen kompetitiv abzugrenzen (PRIDHAM 1975:275). Im Gegenteil, eine enge interfraktionelle Zusammenarbeit erscheint notwendig, um dem Parlament möglichst großes Gewicht zu geben (GRESCH 1978:73).

Wahlmodalitäten für die Abgeordneten des EP

Ein weiterer Punkt, der aus der relativ schwachen Stellung des EP resultiert, ist das geringe Interesse der Medien und der Öffentlichkeit am EP, die sich auch noch gegenseitig bedingen. Dies behindert eine Profilierung der Fraktion als Ganzes (GRESCH 1978:72f.), so daß die einzelnen Abgeordneten mehr Zeit und Energie in individuelle Aktionen, auch und besonders auf nationaler Ebene, investieren werden, um in den Medien präsent zu sein. Dies gilt umso mehr, wenn sie wieder-gewählt werden wollen, da mangels grenzüberschreitender Wahlkreise die Kandi-daten für das EP ausschließlich von den nationalen Parteien nominiert werden (Vgl. PRIDHAM/PRIDHAM 1981:98; JACOBS/CORBETT 1990:52).

Eine Änderung dieses Verhaltens wäre erst dann zu erwarten, wenn eine An-gleichung des in den Mitgliedsländern geltenden Wahlrechts zum EP gelänge, da dies die Voraussetzung für grenzüberschreitende Wahlkreise und europäische Wahllisten ist. Freilich wäre aber selbst damit noch nicht sichergestellt, daß eine grenzüberschreitende Parteiorganisation dann mehr Einfluß auf die Kandidaten-auswahl bekäme, da hier auch bilaterale Abkommen zwischen den Parteien der angrenzenden Länder denkbar sind. Allerdings wäre zumindest eine günstige Vor-aussetzung dafür geschaffen.

Somit bleibt zusammenfassend zu vermuten, daß der Interaktionsgrad ceteris pa-ribus umso höher sein wird,

- je mehr das EP den nationalen Parlamenten vergleichbare Wahl-, Legislativ- und Initiativrechte besitzt[171]
- je mehr transnationale Wahlkreise und europäische Wahllisten existieren.

3.1.2.2. Nationale Einflußfaktoren

Unter die nationalen Einflußfaktoren fallen die vier Erklärungsfaktoren

- Ausmaß von Instruktion und Kontrolle der nationalen Parteien gegenüber der je-weiligen nationalen Delegation
- Ideologisch-programmatische Positionen der Fraktionsmitglieder
- Haltung der Abgeordneten zu europäischer Politikformulierung und Loyalität ge-genüber ihrem National- oder Regionalstaat
- Individualinteressen der Fraktionsmitglieder.

---

171 PRIDHAM (1975:279) argumentiert allerdings im Gegensatz dazu, daß durch die Ausstattung des EP mit Legislativrechten die nationalen Parteien ihre jeweiligen nationalen Delegationen im EP stärker mandatieren könnten und der Kohäsionsgrad der Fraktion damit zurückginge. Dies sieht auch KOHLER-KOCH (1978:347) so. Wie sich die Entwicklung tatsächlich vollziehen wird, ist letztendlich eine empirische Frage. Es wird hier jedoch davon ausgegangen, daß mit der Legitimität der Direktwahl, einem wesentlich größeren Presseecho für die Fraktion sowie dem Zwang zur Er-haltung von Mehrheitsverhältnissen, der eine einzelne nationale Partei beim Versuch von In-struktionen eventuell auch unter Kritik der anderen, an einer „Regierungsmehrheit" beteiligten Par-teien, kommen läßt, sich das Eigenleben einer Fraktion und der an ihr beteiligten Delegationen durchsetzen wird.

Instruktion und Kontrolle durch nationale Parteien

Es kann vermutet werden, daß Abgeordnete, die über eine Partei ins EP gelangt sind, ein gewisses Loyalitätsverhalten gegenüber dieser Partei an den Tag legen werden, da sie ihren Einzug ins EP auch der Bereitschaft der Partei verdanken, sie als Kandidaten für die Wahlen aufzustellen. Dieses Loyalitätsverhalten wird in der Regel das Ausmaß der Bereitschaft jedes einzelnen Abgeordneten bestimmen, von der nationalen Partei Weisungen für sein Verhalten auf europäischer Ebene entgegen zu nehmen und auch weiterhin das Geschehen auf nationaler Ebene in seiner Partei zu verfolgen.

Eine Orientierung auf die nationale Partei erhöht die Wahrscheinlichkeit, daß parteiinterne Konflikte zuerst in die nationale Delegation und dann in die Fraktion hineingetragen werden. Sie beeinflußt darüber hinaus die Bedeutung, die der einzelne Abgeordnete einer nationalen Delegation innerhalb seiner Fraktion beimißt. Der Aufgabenbereich einer nationalen Delegation kann hier von der Regelung rein organisatorischer Fragen über programmatische Diskussionen bis hin zu dem Anspruch gehen, über für die Abgeordneten bindende Beschlüsse nationale Parteipositionen in der Fraktion zu vertreten. Dabei wird das Loyalitätsverhalten gegenüber der nationalen Partei umso ausgeprägter sein, je eher der Abgeordnete eine Wiederwahl und/oder eine spätere nationale Parteikarriere anstrebt (Vgl.PRIDHAM 1975:276 und JACOBS/CORBETT 1990:80).

Zeigen die Mitglieder einer Fraktion eine große Loyalität gegenüber ihrer nationalen Partei, so ist zu erwarten, daß sie von dort bereitwillig Instruktionen und Kontrollen akzeptieren werden. Unter der impliziten Annahme einer hinreichenden Heterogenität der nationalen Parteien stellen LOEB-MAYER/CLAES (1979:468) daher die These auf, daß die Kohäsion (im hier verwendeten Vokabular der Interaktionsgrad) einer Fraktion umso geringer sein wird, je mehr eine Instruktion und Kontrolle durch die nationalen Parteien vorgenommen wird: „Non-interference by party leaderships is probably one of the reasons, why transnational parliamentary groups have shown a high degree of cohesion." Zur gleichen Ansicht kommt auch BUCK (1986:25). Demgegenüber steht die These, daß durch die mangelnde Absicherung der Initiativen der MdEPs im EP bei den nationalen Parteien und damit einer mangelnden Legitimation ein wirkungsvoller fraktionsinterner Interaktionsprozeß gehemmt wird (MÜLLER-ROMMEL 1985a:403).

Dieser Meinungsstreit läßt sich per se und im vorhinein nicht lösen. So wäre es einerseits vorstellbar, daß erst durch die Instruktion nationaler Parteien ansonsten nicht lösbare Konflikte zwischen nationalen Delegationen oder Fraktionsmitgliedern, die die Fraktionsarbeit belasten, gelöst werden können. Andererseits nimmt bei zunehmender Heterogenität der Mitgliedsparteien einer Fraktion tatsächlich auch die Wahrscheinlichkeit zu, daß die Fraktion nicht an Kohäsion gewinnt, zumal die nationalen Delegationen sich dann auf ihren Parteibeschluß berufen und Kompromisse verweigern können. Deshalb wird hier davon ausgegangen, daß der Interaktionsgrad der Fraktion ceteris paribus umso geringer sein wird, je stärker eine Instruktion und Kontrolle der Abgeordneten durch die nationalen Parteien erfolgt.

Ideologisch-programmatische Positionen der Fraktionsmitglieder

Auch Abgeordnete des Europäischen Parlaments werden vor ihrer Wahl in der Regel eine längere politische Erfahrung innerhalb und/oder außerhalb nationaler Parteigremien aufweisen, in deren Verlauf sich ihre ideologisch-programmatischen Positionen und ihre Beziehungen zu Partei und Wählerschaft herausbilden. Ideologisch-programmatische Positionen auch gegenüber einzelnen europäischen Politikfeldern und der europäischen Integration allgemein werden also zuallererst im nationalen Kontext erworben (Vgl.KERR 1973:78).

In den Fraktionen des Europaparlaments treffen somit Abgeordnete zusammen, die zwar in der Regel zumindest in einem Minimum an Grundsatzfragen übereinstimmen werden, die aber in einzelnen ideologisch-programmatischen Positionen erheblich voneinander abweichen können. Je mehr nun eine wirksame Instruktion und Kontrolle durch die nationalen Parteien fehlt, desto eher gewinnen solche Unterschiede für den Interaktionsgrad an Wichtigkeit. Auch nehmen mit einer steigenden Anzahl von in der Fraktion vertretenen Ländern und Sprachen Unterschiede in der (politischen) Kultur zu, die zu Konflikten zwischen nationalen Delegationen führen können und nicht unterschätzt werden dürfen. Der Interaktionsgrad wird deshalb ceteris paribus umso geringer sein, je größer die Unterschiede in diesen Bereichen zwischen den einzelnen Abgeordneten sind.

Haltung zu europäischer Politikformulierung und Loyalität gegenüber dem National- oder Regionalstaat

In Kapitel 2.4.1.3. wurde bereits auf das Top-down und das Bottom-up-Prinzip als die beiden grundsätzlich möglichen Formen europäischer Politikformulierung hingewiesen. Je eher ein Fraktionsmitglied dem Top-down-Prinzip verpflichtet ist, desto eher wird es auch bereit sein, eigene, im nationalen Kontext erworbene Positionen, zugunsten einer Mehrheitsmeinung der Fraktion aufzugeben. Je größer also der Anteil der Anhänger des Top-down-Prinzips in einer Fraktion wird, desto größer wird ceteris paribus auch deren Interaktionsgrad. Umgekehrt wird der Interaktionsgrad umso niedriger sein, je mehr Fraktionsmitglieder eine starke Loyalität gegenüber ihrem National- oder Regionalstaat zeigen (PRIDHAM/PRIDHAM (1981:74) sprechen hier von „national loyalty").

Individualinteressen

Abgeordnete im EP können über die Interessen ihrer Wähler oder ihrer Partei hinaus Eigeninteressen verfolgen, um momentan oder künftig (durch eine Wiederwahl oder die Vorbereitung einer nationalen Karriere) in den Genuß von (mehr) Ansehen, Macht und Einfluß zu kommen. Dadurch entstehende Konflikte zwischen Abgeordneten und/oder ihren Mitarbeitern können durch die ständige Präsenz der Fraktionsmitglieder und durch den Druck, zumindest in bestimmten Bereichen zusammenarbeiten zu müssen, unter Umständen sehr belastend für das Fraktionsklima sein.

Die Versuchung, über eigene Aktivitäten und weniger über die Aktivitäten der Gesamtfraktion die eigene Wiederwahl oder die Vorbereitung der nationalen Karriere sicherzustellen, ist dabei für einen MdEP groß, da eine Öffentlichkeitsarbeit der Fraktion mangels Interesse bei den nationalen Medien nur begrenzte Wirkung zeigt. Im nationalen Rahmen bekannt zu bleiben bzw. zu werden ist aber wichtig, weil eine Wiederwahl immer noch über nationale und nicht über europäische Listen erfolgt. Dies wird er grundsätzlich umso eher schaffen, je mehr er gezielt eine eigene Presse- und Öffentlichkeitsarbeit verrichten kann. Folglich wird er auch immer an einem hohen Budget für die einzelnen nationalen Delegationen bzw. Abgeordneten interessiert sein. Hier überlagern sich also Individualinteressen und das politische System der EU als Erklärungsfaktoren für den Interaktionsgrad. Dies spricht die allgemeine Tatsache an, daß die hier vorgestellten Erklärungsfaktoren für den Interaktionsgrad teilweise interdependent sind.

Der Interaktionsgrad einer Fraktion wird zusammenfassend ceteris paribus umso höher sein

- je geringer das Ausmaß von Instruktionen durch nationale Parteien ist
- je geringer von Anfang an die Unterschiede in den ideologisch-programmatischen Positionen der Fraktionsmitglieder sind
- je größer der anfängliche Anteil der Anhänger des Top-down-Prinzips ist
- je weniger Abgeordnete von Anfang an ihre Individualinteressen verfolgen
- je weniger Fraktionsmitglieder starke Loyalitäten gegenüber ihrem National- oder ihrem Regionalstaat zeigen.

3.1.2.3. Europäische Sozialisation

Anfängliche Unterschiede zwischen den Abgeordneten in den oben angeführten Bereichen müssen nicht unverrückbar sein. Nach Ergebnissen von FEATHERSTONE (1979:99-103), die auf KERR (1973) aufbauen, unterliegen die Abgeordneten im EP über die Zeit einer „Sozialisation", die neben gewissen kognitiven Effekten[172] zur „Herausbildung eines Interaktionsstils gegenseitiger Rücksichtnahme und Aufgeschlossenheit" (GRESCH 1978:71) und eventuell auch zu Norm-

---

172 Darunter fallen nach den Ergebnissen KERRs (1973:79), daß MdEPs besser informiert sind über europäische Themen als nationale Abgeordnete, sich mehr über internationale als nationale Quellen informieren, vor allem mit steigendem Zeitraum der Zugehörigkeit zum EP, Differenzen zwischen MdEPs mehr bei einzelnen Themen liegen denn bei Grundsatzfragen, und europäische Fragen bei den MdEPs zentraler werden als bei ihren Kollegen im nationalen Parlament.

änderungen im affektiven Bereich, etwa der Aufgabe nationaler Positionen zugunsten einer gemeinsamen Fraktionsmeinung oder einem Einstellungswandel im Hinblick auf die europäische Integration allgemein, führen kann[173]. Verursacht wird dies u.a. durch den dauerhaften Kontakt mit ausländischen Kollegen und die Annahme nicht-nationaler Rollen, u.a. durch die Mitgliedschaft in einer transnationalen und nicht nationalen Fraktion[174] und die Erfahrung von Gruppennormen und -druck, wie etwa der Fraktionszwang oder die Einstellung des EP als pro-europäisch (KERR 1973:50-53).

Notwendige, wenn auch nicht hinreichende Voraussetzung für die Entwicklung einer Kohäsion ist also ein gegenseitiges Kennenlernen und ein Informationsaustausch im Wege gemeinsamer Aktivitäten und inhaltlicher Debatten zum Aufbau einer gemeinsamen Vertrauensbasis[175].

Eine Umorientierung erscheint damit umso wahrscheinlicher, je weniger Kontakt mit der nationalen und je mehr Kontakt mit der transnationalen Ebene gehalten wird (Vgl.KERR 1973:95), z.B. durch die ständige Präsenz auf Ausschuß-, Arbeitsgruppen-, Fraktions- und Parlamentssitzungen (Vgl.GRESCH 1978:46-52) und die Abwesenheit bei Sitzungen der nationalen Delegation oder der nationalen Parteigremien. Der Interaktionsgrad einer Fraktion wird also ceteris paribus umso höher sein, je mehr es im Laufe der Zeit bei den Abgeordneten zu einer europäischen Sozialisation kommt.

3.1.2.4. Strukuren der Fraktionsgründungsphase

Schließlich beeinflussen später nur noch schwer zu verändernde Strukuren aus dem Fraktionsbildungsprozeß den Interaktionsgrad. Darunter fallen Größe und Zusammensetzung der Fraktion sowie die in der Satzung festgelegte gemeinsame inhaltliche Arbeitsgrundlage.

Ähnlich wie bei einem Parteienbund macht eine steigende Anzahl nationaler Delegationen (und deren MdEPs) aus verschiedenen Ländern und mit unterschiedlichen Sprachen die Zusammenarbeit in einer Fraktion tendenziell konfliktträchtiger. Wichtig sind in diesem Zusammenhang auch die Anzahl und Wichtigkeit

---

173 KERR (1973:55) konnte allerdings noch keinen Zusammenhang zwischen der Teilnahme an transnationalen Aktivitäten und der affektiven Komponente der Einstellungen der Fraktionsmitglieder feststellen. Genauso HAAS (1958:437). Beide fertigten ihre Untersuchungen allerdings noch zu Zeiten des Doppelmandats an. Seit 1979 sind die Voraussetzungen für eine Sozialisation auch im affektiven Bereich mit dem weitgehenden Wegfall des Doppelmandats aber günstiger geworden.

174 Unter nicht-nationale Rollen fallen auch die Tätigkeit als Berichterstatter oder Fraktionssprecher, bei der ein Abgeordneter im Plenum die Meinung seines Ausschusses bzw. seiner Fraktion und nicht seine eigene Meinung vertreten muß sowie die Bekleidung eines Parlamentsamts (z.B. Vizepräsident des EP) (KERR 1973:52).

175 Diese Voraussetzung ist deswegen nicht hinreichend, da sich auch argumentieren ließe, daß über gegenseitige Kontakte Differenzen erst verdeutlicht und eher noch vertieft, statt ausgeräumt werden (NIEDERMAYER 1983:12).

der in einem Land miteinander konkurrierenden Formationen innerhalb einer Fraktion, da sich die zwischen den Parteien auf nationaler Ebene entstandenen Spannungen auch auf deren Abgeordnete im EP und damit auf die Fraktion übertragen
können. Auch wird es für die Fraktion bei einer zunehmenden Anzahl von Mitgliedern, die nicht der gleichen ideologischen Parteifamilie angehören, schwieriger,
Leitlinien nur eines Parteienbunds zu verfolgen.

Auf der anderen Seite wird die Fraktion mit zunehmender Größe aber auch immer mehr für Abstimmungskoalitionen im Plenum benötigt werden. Es wird vermutet, daß dies einen disziplinierenden und die beiden anderen aufgeführten Faktoren überlagernden Einfluß haben wird.

Tendenziell integrierend wird sich bei inhaltlichen Streitigkeiten auch ein bei der
Fraktionsgründung übernommenes, breites gemeinsames Arbeitsprogramm aus-
wirken. Dieses erleichtert die Festlegung gemeinsamer Prioritäten und einzelne
Fraktionsmitglieder oder nationale Delegationen können bei Berufung auf nationale
Positionen besser von der Fraktionsmehrheit diszipliniert werden, sofern zu einem
strittigen Punkt Aussagen im gemeinsamen Arbeitsprogramm getroffen wurden.

Damit bleibt zusammenfassend festzuhalten, daß der Interaktionsgrad ceteris paribus umso höher ist,

- je ideologisch homogener eine Fraktion ist
- je weniger auf nationaler Ebene in Konkurrenz zueinander stehende Parteien in
  einer Fraktion enthalten sind
- je breiter das gemeinsame Arbeitsprogramm ist
- je größer die Fraktion ist.

Abschließend bleibt noch darauf hinzuweisen, daß, wie schon bei der außerparlamentarischen Interaktion, über den erreichten Interaktionsgrad auch wieder feed-
back-Prozesse ausgelöst werden können, die auf die nationale Ebene zurückwirken.
Wie schon beim Parteienbund sollen diese hier aber nicht näher untersucht werden.

Nach Vorstellung des heuristischen Analysemodells soll sich nun dem empirischen
Teil der parlamentarischen Interaktion der Grünen gewidmet werden. Nach einem
historischen Überblick über die bisherigen grünen Fraktionen im Europaparlament
und ihre jeweilige Arbeitsweise wird zunächst die Entwicklung des Interaktionsgrads der jeweiligen Fraktionen untersucht und anschließend ein Blick auf die dafür
verantwortlichen Bestimmungsgründe geworfen.

3.2. Grüne Fraktionen im Europaparlament - ein historischer Überblick

3.2.1. Die technische Fraktion (TCDI) als eine Art Vorläufer (1979-84)

Wie Tabelle 26 zeigt, gelang es trotz teils beachtlicher Ergebnisse bei der ersten Direktwahl des EP im Jahr 1979 keiner grünen Formation, Abgeordnete ins Europäische Parlament zu entsenden.

Jedoch fanden sich drei Abgeordnete der Partito Radicale, die an der P.E.A.C.E.-Initiative beteiligt war, zusammen mit einigen Abgeordneten anderer Parteien, die keiner anderen Fraktion beitreten wollten oder konnten, zu einer technischen Fraktion, der sogenannten TCDI („Technical coordination for the defense of the groups and the independent parliamentarians") zusammen. Die TCDI war in drei Untergruppen aufgeteilt (LAMBERT 1984:1):

- die dänische Volksbewegung gegen die EG (vier Abgeordnete)[176]
- drei Mitglieder der PR und ein Mitglied der Democrazia Proletaria (DP)[177]
- jeweils ein Abgeordneter der PdUP (Partito d'Unita Proletaria per il communismo)[178] und der Volksunie (VU)[179] sowie ein unabhängiger irischer Abgeordneter.

Ein elfter Abgeordneter aus Wallonien, der erst 1982 beitrat, gehörte keiner Untergruppe an.

Die Grundlage der TCDI war der kleinste gemeinsame Nenner der Fraktionsmitglieder, nämlich „die gemeinsame Bindung an die Demokratie und ihre Entschlossenheit, dafür zu sorgen, daß sie ihr Mandat unter gleichen Voraussetzungen wie die anderen Mitglieder ausüben können". Darüber hinaus wurde nicht der Versuch unternommen, in „irgend einer Frage gemeinsame Positionen auszuarbeiten." (LAMBERT 1984:1). Somit diente die Technische Fraktion nur dazu, alle mit dem

---

176 Die „Folksbevaegelsen mod EF" agiert nur im Zusammenhang mit Europawahlen und ist ein Bündnis vorwiegend aus linken Parteien, die der Wunsch nach einem Austritt aus der EG eint (siehe hierzu ausführlicher BUCK 1986:12 und STUTH 1985:85)

177 Die DP wurde 1976 als Dachorganisation links von der PCI (Kommunistische Partei Italiens) stehender marxistisch-leninistischer Gruppen in Italien gebildet (MÜLLER-ROMMEL 1985a: 398). Im Zusammenhang mit der politischen "Revolution" in Italien löste sie sich 1992 auf und ging in die Rifondazione Communista, eine Abspaltung der PCI, über (HINE 1993:87).

178 Die PdUP (Demokratische Partei der proletarischen Einheit) entstand 1969 aus einer Abspaltung von der PCI, hatte sich Ende November 1984 aber aufgelöst und sich wieder der PCI angeschlossen (STUTH 1985:83).

179 Die VU ist eine flämische Regionalpartei, die in einen flämisch-nationalistischen und einen föderalistischen Flügel gespalten war (siehe hierzu ausführlicherMÜLLER-ROMMEL 1985a:398).

Tabelle 26: Ergebnisse grüner Parteien und Listen bei den Europawahlen (1979-94)

Land	Partei	1979		1984		1989		1994	
		%	Sitze	%	Sitze	%	Sitze	%	Sitze
Belgien[180]	ECOLO	5,1	(0)	9,9	(1)	16,6	(2)	13,0	(1)
	AGALEV	2,3	(0)	7,1	(1)	12,2	(1)	10,7	(1)
Dänemark	De GrØnne[181]	-		-		-	(0)	-	(0)
Deutschland	Die GRÜNEN/B '90	3,2	(0)	8,2	(7)	8,4	(8)	10,1	(12)
Frankreich	Les Verts	4,4[182]	(0)	3,4	(0)	10,6	(9)	2,9[183]	(0)
Griechenland	Politiki Oikologia	-		-		1,1	(0)	0,3[184]	(0)
Großbritan-nien	Green Party	0,1	(0)	0,1	(0)	14,9	(0)	3,2	(0)
Irland	Comhaontas Glas	-		0,5	(0)	3,7	(0)	7,9	(2)
Italien	Federazione dei Verdi	-		-		3,8	(3)	3,2	(3)
	Arcobaleno	-		-		2,4	(2)	-	
Luxemburg	GAP	1,0[185]	(0)	6,1	(0)	4,3	(0)	10,9[186]	(1)
	GLEI	-		-		6,1	(0)		
Niederlande	Groen Links	-		5,6[187]	(2)	7,0[189]	(2)	3,8	(1)
	De Groenen	-		1,3[188]	(0)	-		2,4	(0)
Portugal	Os Verdes[190]	-		-[191]	(0)	-	(1)	-	(0)
	MDP	-		0,5	(0)	1,4	(0)	-[192]	(0)
Spanien	Los Verdes	-		0,6[193]	(0)	1,1[194]	(0)	-[195]	(0)
Summe			(0)		(11)		(28)		(21)

Quelle: Eigene Angaben der Parteien und falls nicht anders angegeben CRAIG/MACKIE (1985), MACKIE (1990) und EUROPÄISCHES PARLAMENT (1994).

---

180 Ergebnisse jeweils für Wallonien und Flandern.

181 Angetreten jeweils auf der Liste der Volksbewegung gegen die EG.

182 Resultat für die Liste Europe Ecologie.

183 Ergebnis für die gemeinsame Liste von Les Verts, Société protectrice des animaux (SPA) und Ecologie Autrement.

184 1989 Ergebnis für die Föderation der Ökologisch-Alternativen Organisationen. Insgesamt traten zu den Europawahlen 1994 sechs grüne Listen an, die zusammen 2,2% der Stimmen erhielten (ROOTES 1995:254).

185 Resultat für die Alternative Lescht - Wehrt Ich (AL-WI).

186 Gemeinsame Liste von GLEI und GAP.

187 Ergebnis für den Groen Progessief Akkoord (GPA).

188 Angetreten unter dem Namen Europese Groenen (RÜDIG 1985c:22).

189 Ergebnis für die Liste Groen Links/Regenboog.

190 Jeweils angetreten auf der Wahlliste CDU.

191 Wahl 1987.

192 MDP verzichtete 1994 auf eine Kandidatur bei den Europawahlen.

193 Wahl 1987.

194 Resultat für die Lista Verde, bestehend aus Los Verdes und der Confederacion de Los Verdes.

195 Keine spanienweite Kandidatur von Los Verdes. Die einzige landesweit kandidierende 'Grupo Verde' der Madrider Föderation von Los Verdes kam auf 0,6%.

Fraktionsstatus verbundenen Vorteile für ihre Mitglieder zu nutzen[196]. Die Fraktion hatte drei „Co"-Vorsitzende, die sie jeweils für vier Monate in den Sitzungen des erweiterten Präsidiums und sonstigen Sitzungen von Parlamentsgremien vertraten. Für die Koordinierung der Untergruppen sowie die Kontakte zu den anderen Fraktionen sorgten drei Generalsekretäre, und die Finanzmittel und Redezeiten der Fraktion wurden proportional auf die Untergruppen aufgeteilt.

Die Bedeutung der TCDI für die nachfolgenden grünen Fraktionen liegt in ihrer Eigenschaft als eine Art „Brückenkopf", da sie eine gewisse Erfahrung mit dem Umgang der verfügbaren Einrichtungen erwarb, die für die folgende Regenbogenfraktion von nicht zu unterschätzendem Nutzen war. Außerdem führte sie Organisationsprizipien ein, auf die später teilweise auch die Regenbogenfraktion zurückgriff (LAMBERT 1984:3).

3.2.2. Die Regenbogenfraktion und der GRAEL (1984-89)

Mit der Europawahl 1984 zogen erstmals grüne Abgeordnete ins EP ein. Dabei standen schon vor der Wahl im Juni 1984 zwei grundsätzliche Fraktionsbildungsmodelle zur Diskussion.

Erstens gab es das von der EGC in ihren Presserklärungen vom Januar und April 1984 favorisierte Modell einer „rein" grünen Fraktion ohne Beteiligung links-alternativer Parteien, die einem noch zu gründenden europäischen Gremium der EGC verantwortlich sein sollte. Zweitens existierte ein Modell der GRÜNEN und des GPA eines breiteren links-alternativen Bündnisses ohne Verantwortlichkeit gegenüber der EGC, sondern nur gegenüber den nationalen Parteien.

Wie Tabelle 26 zeigt, machte der Ausgang der Wahlen zumindest den ersten Teil der EGC-Option obsolet, da nicht genügend „rein" grüne Abgeordnete ins EP gekommen waren, um eine eigene Fraktion bilden zu können. So konnte es im Folgenden bei der Bildung einer Fraktion unter Beteiligung grüner Parteien zunächst nur darum gehen, ob diese Fraktion einen rein technischen Charakter haben sollte wie schon die TCDI in der vorangegangenen Wahlperiode, oder ob es innerhalb einer technischen Allianz auch eine politische Gruppe mit einer programmati-

---

196 Im politischen Bereich ist dies u.a. die Teilnahme des Fraktionsvorsitzenden am erweiterten Präsidium des EP, das aus Präsident und Vizepräsidenten des EP, den Fraktionsvorsitzenden und den Generalsekretären der Fraktionen besteht und sich mit allen politischen Fragen, inklusive der Tagesordnung des EP befaßt (siehe zu den Aufgaben des erweiterten Präsidiums ausführlicher JACOBS/CORBETT (1990:85-90). Das erweiterte Präsidium wurde im Oktober 1993 in Konferenz der Präsidenten umbenannt). Im Bereich der parlamentarischen Verfahren fallen darunter die Beantragung einer namentlichen Abstimmung oder einer Sitzungsunterbrechung, im Verwaltungsbereich die Nutzungsmöglichkeit von Räumlichkeiten und Dolmetschern, Zugang zum Übersetzungsdienst und zur Druckerei des EP sowie die Möglichkeit zu Fraktionssitzungen außerhalb Brüssels und Straßburgs in einem Land der EU auf Kosten des EP. Schließlich umfassen die Vorteile einer Fraktion im Personalbereich den Anspruch auf Bedienstete auf Zeit, deren Gehälter und Sozialversicherungsbeiträge vom EP bezahlt werden. Zuguterletzt stehen einer Fraktion noch erhebliche Finanzmittel zur Verfügung (LAMBERT 1984:1-3).

schen Grundlage geben, und falls ja, unter Einschluß welcher Parteien bzw. Listen dies geschehen sollte.

Zu ersten Verhandlungen kam es bei einem von der alten TCDI Ende Juni im EP organisierten Treffen, zu dem die neuen Abgeordneten einiger bisher in der TCDI vertretenen Parteien (Volksbewegung gegen die EG, DP, PdUP, VU), der Partito Sardo d'Azione (PSdA)[197], der Socialistik Folkeparti (SF)[198], der belgischen und deutschen Grünen sowie des GPA eingeladen wurden (GOEHLER 1984:1). Alle Parteien der alten TCDI waren sich dabei einig, die Partito Radicale aufgrund schlechter Erfahrungen mit ihrem Vorsitzenden Marco Panella nicht an Sondierungs- oder Koalitionsgesprächen zu beteiligen (MÜLLER-ROMMEL 1985a: 393)[199].

Die VU und die Volksbewegung gegen die EG traten für eine gemeinsame Fraktion mit den neugewählten grünen Abgeordneten ein. Diese Fraktion sollte aber keine „politische" sein, da die EG-Gegner laut ihrer Beschlüsse keiner politischen Fraktion angehören durften und die VU frei sein wollte für wechselnde Bündnisse. Sie schlugen deshalb die Gründung einer neuen technischen Fraktion mit einer politischen Untergruppe vor.

Die deutschen und italienischen Parteien sowie der GPA, AGALEV und ECOLO wollten jedoch vorrangig Verhandlungen über eine politische Fraktion führen, die die alte TCDI als rein technischen Zusammenschluß ablösen sollte. Dabei hätte der GPA gerne noch die SF in der Fraktion gehabt, welche sich jedoch nicht interessiert zeigte (EGC 1984c:3)[200]. Außerdem wollte der GPA nur in einer Fraktion mitarbeiten, wenn auch die unorthodoxe kommunistische PdUP in der Fraktion vertreten war. Dieser Wunsch stieß aber auf Widerstand von ECOLO, da eine Zusammenarbeit mit Kommunisten in Belgien schwer vermittelbar gewesen wäre (SCHWALBA-HOTH 1984:2).

Schließlich wurden erste Fakten geschaffen: In einer Presserklärung zum Abschluß des ersten Treffens verkündeten die Vertreter von Die GRÜNEN, GPA, DP

---

197 Die PSdA kam über eine Allianz der sardischen und valdostanischen Regionalisten ins EP (BUCK 1986: 11).

198 Die SF ist eine kleine dänische Linkspartei, die in der ersten Wahlperiode Mitglied der kommunistischen Fraktion war (EGC 1984 c:2) (siehe zur SF ausführlicher MÜLLER-ROMMEL 1985c:46).

199 Diese Erfahrungen machte offenbar auch die Delegation der deutschen Grünen, die am Rande des zweiten Verhandlungstreffens zu einem Gespräch mit PR-Vertretern, um das diese gebeten hatten, zusammentrafen. Im Protokoll für den Bundeshauptausschuß wird noch einmal deutlich hervorgehoben: „Daß eine [...] Zusammenarbeit uns dennoch nicht realisierbar erscheint, liegt einzig und allein begründet in der Person Marco Panella und nicht - ich wiederhole- in der politischen Zielsetzung der "Partito Radicale". Und später im gleichen Text: „[...] kamen wir übereinstimmend zu dem Schluß, daß die notwendigen, persönlichen Voraussetzungen für eine befriedigende Zusammenarbeit nicht gegeben sind, solange die "Partito Radicale" durch Marco Panella vertreten wird." (PUPPE 1984:4).

200 Die dänische SF-Abgeordnete verließ das Treffen nach einem Tag aus innerdänischen Gründen, da es heftige Auseinandersetzungen mit der Liste der EG-Gegner im Wahlkampf gegeben hatte (GOEHLER 1984:1).

und PdUP eine parlamentarische und außerparlamentarische Zusammenarbeit auf
der Grundlage der Paris Declaration, die von ihren nationalen Parteien noch gebil-
ligt werden sollte. Dieser Zusammenarbeit sollten sich möglichst auch ECOLO und
AGALEV anschließen. Von diesen beiden war aber zunächst nur AGALEV zum
Einschwenken auf die grün-alternative Linie bereit und das auch nur hinsichtlich
der Bildung einer politischen Gruppe aus ECOLO, AGALEV, GRÜNEN und GPA,
also ohne Beteiligung der italienischen Vertreter. Desweiteren vertraten die beiden
belgischen Parteien immer noch den Anspruch, daß eine künftige Fraktion auch
anderen grünen Parteien, die nicht im EP vertreten waren, verantwortlich sein
müßte. Darüber hinaus sahen sie auch die Paris Declaration als nicht ausreichend
für eine programmatische Grundlage der politischen Gruppe an und wollten deswegen ein umfangreicheres politisches Dokument ausarbeiten (WINZEN/ROE-
LANTS 1985:3f.).

Trotz all dieser unterschiedlichen Positionen bestand aber zwischen den belgischen und deutschen Grünen darin Übereinstimmung, erst einmal eine technische
Fraktion zu gründen, an der auch die EG-Gegner aus Dänemark und die Vertreter
der regionalistischen Parteien teilnehmen konnten. Dieser Vorschlag wurde von
den GRÜNEN forciert, weil diese Parteien ebenfalls Alternativen zur bisherigen
EG anstrebten. Die Belgier hingegen favorisierten eine technische Fraktion, weil
sie mehr Zeit wollten, um sich untereinander kennenzulernen und ein gemeinsames
Arbeitsprogramm auszuarbeiten, um letztlich vielleicht doch noch eine politische
Untergruppe nur mit den GRÜNEN bilden zu können (WINZEN/ROELANTS
1985:3).

Beim zweiten Treffen der Delegationen Anfang Juli kam es daher zunächst
schnell zu einer Einigung unter allen Parteien, eine technische Fraktion unter Einschluß der Dänen und Regionalisten zu gründen. Um das Zustandekommen und das
Aussehen der politischen Untergruppe wurde jedoch noch gestritten. Vor diesem
Treffen hatte sich der Bundeshauptausschuß der GRÜNEN für eine politische
Gruppe innerhalb einer technischen Fraktion auf der Grundlage der Paris Declaration ausgesprochen (EUROPAGRUPPE 1984a:6), und AGALEV hatte eine politische Assoziierung mit dieser Untergruppe favorisiert. Nachdem die GRÜNEN
aufgrund dieser Tatsache versuchten, ECOLO von AGALEV zu isolieren, weil
ECOLO immer noch nicht zur politischen Zusammenarbeit mit kommunistischen
Parteien bereit war, schlossen die beiden belgischen Parteien ein separates Abkommen. In diesem verpflichteten sich beide, eine politische Untergruppe AGA-
LEV-ECOLO innerhalb der technischen Fraktion auf der Grundlage des Wahlprogramms der EGC zu gründen. Über einen eventuellen späteren Beitritt zu einer
neuen, größeren Untergruppe sollte auf einem Strategiekongreß der EGC im Frühjahr 1985 diskutiert werden (WINZEN/ROELANTS 1985:3f.).

Damit stand aber auch einer weiteren politischen Untergruppe aus GRÜNEN,
GPA, DP und PDUP, die sich dann „Green Alternative European Link" (GRAEL)
nannte, nichts mehr im Wege. Somit wurde am 17.7. vor der Presse die Gründung

einer „Regenbogenfraktion" bekanntgegeben, die die offizielle Rechtsnachfolgerin der alten TCDI wurde und die aus Tabelle 27 ersichtlichen Untergruppen enthielt.

Tabelle 27: Die Zusammensetzung der Regenbogenfraktion[201]

Partei/Liste	Sitze	Mitglieder	Nachrücker
1) GRAEL	12		
Die GRÜNEN	7	Dorothee Piermont	Wilfried Telkämper
		Michael Klöckner	Wolfgang v. Nostitz
		Frank Schwalba-Hoth	Jakob v. Uexküll
		Undine Bloch v. Blottnitz	Egbert Nitsch
		Benny Härlin	Frieder Otto Wolf
		Brigitte Heinrich	Edeltraud Ennich
		Friwi Graefe zu Baringdorf	Dieter Esche.
Democrazia Proletaria	1	Emilio Molinari	Alberto Tridente[202]
GPA	2	Bram van der Lek	Nel v.Dijk
		Herman Verbeek	John van Tilborg[203]
PdUP	1	Luciana Castellina	
2) AGALEV-ECOLO	2	Paul Staes	
		Francois Roelants	
3) EFA	3		
Volksunie	2	Jaak Vandemeulebroucke	
		Willy Kuijpers	
Partito Sardo d'Azione	1	Michele Columbu	
4) Volksbewegung gegen die EG	4	Else Hammerich	
		Jorgen Bogh	
		Jens Peter Bonde	
		Ib Christensen	
Insgesamt:	20		

Die Mitgliederzahl der Regenbogenfraktion blieb zwar fast über die gesamte Wahlperiode hinweg konstant bei 20, bis Ende 1987 hatten sich jedoch innerhalb der einzelnen Untergruppen einige personelle Veränderungen ergeben. So hatte be-

---

201 Der offizielle Name lautete: „Regenbogenfraktion: Föderation des Grün-Alternativen Europäischen Bündnisses, AGALEV-ECOLO, Dänische EG-Gegner und die Freie Europäische Allianz im Europaparlament".

202 BUCK (1986:11) spricht hier irrtümlicherweise von Cicciomessere, einem Abgeordneten der PR.

203 Als Nachrücker im Februar 1986 von Roel van Duyn (Groen Plattform) abgelöst (JURTSCHITSCH U.A.1986:314).

reits im Oktober 1984 Michael Klöckner den GRAEL wegen Streitigkeiten mit den GRÜNEN verlassen, war allerdings weiterhin Mitglied der Regenbogenfraktion[204].

Die PdUP-Vertreterin war zum 1.1.1985 aus der Fraktion ausgetreten und hatte sich der kommunistischen Fraktion angeschlossen.

Dafür war der AGALEV-Vertreter im Januar 1985 dem GRAEL beigetreten, um die Beziehungen zu den deutschen GRÜNEN nicht „unnötig zu verschlechtern" (ECOLO 1985:1), so daß es zunächst nur noch eine Untergruppe ECOLO gab. Diese Untergruppe wurde dann aber ein Jahr später endgültig aufgelöst, als auch der ECOLO-Abgeordnete auf Beschluß seiner Partei dem GRAEL beitrat. Als dieser im Januar 1987 aber aus der Partei ECOLO austrat, ohne sein Mandat zurückzugeben, mußte er vom GRAEL zur EFA wechseln.

Schließlich trat 1986 Juan Maria Bandres, ein Abgeordneter der Euskadiko Exkerra (EE)[205] aus Spanien, dem GRAEL als unabhängiger Abgeordneter bei, mußte diesen im Juni 1987 aber schon wieder verlassen, da die EE bei den Direktwahlen in Spanien nicht mehr die erforderliche Stimmenzahl für einen Sitz erhielt (SCHWALBA-HOTH 1988a:IIIf.). Dafür schaffte der Baske Juan Carlos Garaikoetxa von der Euska Alkartasuna (EA)[206] den Sprung ins Parlament, wo er sich innerhalb der Regenbogenfraktion der EFA anschloß.

Emilio Molinari von der DP rotierte aus gesundheitlichen Gründen schon Mitte 1985 (ROELANTS 1985:5) und wurde von Alberto Tridente abgelöst, und beim GPA kam im Dezember 1986 für den PPR-Vertreter Herman Verbeek jetzt Nel van Dijk (CPN) zum Abgeordnetenstatus.

Auch bei den GRÜNEN hätte Anfang 1987 eine Vollrotation angestanden, aber wie schon beim regionalistischen Abgeordneten der Partito Sarde, der nicht zugunsten eines Vertreters aus dem Aosta-Tal rotiert war, gab es hier Probleme. So rotierten nach der Hälfte der Legislaturperiode nur Frank Schwalba-Hoth und Dorothee Piermont, die durch Wilfried Telkämper und Wolfgang von Nostitz ersetzt wurden. Friwi Graefe zu Baringdorf, für den Jakob von Uexküll nachrückte, rotierte ein halbes Jahr später, und der vierte Nachrücker (Egbert Nitsch) kam nur durch den plötzlichen Unfalltod von Brigitte Heinrich zum Abgeordnetenstatus.

Nach diesen „Turbulenzen" blieb die personelle Besetzung der Fraktion und die Gruppenzugehörigkeit der einzelnen MdEPs bis zum Ende der Legislaturperiode konstant (SCHWALBA-HOTH 1988a:Vf.).

Die Gemeinsamkeiten der Mitglieder der Regenbogenfraktion bestanden wie bei der TCDI nach Art. 4 der Satzung zunächst darin, „sich dafür einzusetzen, daß die

---

204 MÜLLER-ROMMEL (1985a:394) behauptet irrtümlicherweise, Klöckner wäre ganz aus der Regenbogenfraktion ausgetreten.

205 Die EE („Baskische Linke") ist eine sozialdemokratische baskische Regionalpartei, die 1977 von Juan Maria Bandres gegründet wurde und als Brücke für baskische „Patrioten", die sich vom bewaffneten Kampf gegen Franco auf die politische Partizipation im Nach-Franco-Spanien umzustellen versuchten, diente (Green Leaves 9/1992:8).

206 Die EA ist eine zentristische baskische Regionalpartei, die sich von der baskischen nationalistischen Partei abgespalten hat (JACOBS/CORBETT 1990:73).

Mitglieder demokratischer Parteien und Bewegungen, die sich dafür entscheiden, nicht den etablierten Fraktionen beizutreten, volle Rechte und gleiche Behandlung genießen" sowie den einzelnen politischen Gruppierungen innerhalb der Fraktion völlige politische Autonomie zuzugestehen[207]. Dänen und Regionalisten hatten dabei aber genauso wie AGALEV-ECOLO und der GRAEL einen gemeinsamen Generalsekretär, und die beiden letzteren wollten auch politisch zusammenarbeiten.

Die finanziellen Mittel der Fraktion wurden durch 20 geteilt und nach der jeweiligen Mitgliederzahl an die Untergruppen verteilt. Die Fraktion hatte einen vierköpfigen Vorstand, der jeweils für 15 Monate gewählt wurde und in dem die Dänen, die Regionalisten (jeweils ein Mitglied) und der GRAEL (zwei Mitglieder) vertreten waren. Als Ausgleich für die fehlende innere Vertretung ECOLOs und AGALEVs wurden diesen zwei Ausschußsitze sowie zwei stellvertretende Ausschußsitze zugebilligt (WINZEN/ROELANTS 1985:5).

Die Konfliktregulierung innerhalb der Regenbogenfraktion mußte mit Ausnahme der Aufnahme neuer Mitglieder mangels entsprechender Bestimmungen in der Satzung auf Konsensbasis erfolgen. Innerhalb des Vorstands galt grundsätzlich das gleiche. Lediglich bei technisch-organisatorischen Beschlüssen war bei Nichteinigung eine einfache Mehrheit zur Beschlußfassung möglich, wobei die Stimmen der Vorstandsmitglieder dann in Abhängigkeit der Gruppe, die sie vertraten, gewichtet wurden (Art.6.3).

Fraktionssitzungen waren nach Art.8 der Satzung nur dann vorgesehen, wenn Satzungsänderungen oder Fraktionsaustritte bzw.-beitritte zu besprechen waren oder wenn auf Wunsch des Vorstands oder einer qualifizierten Mehrheit der Gruppen und/oder der Fraktionsmitglieder „spezifische Fragen" zu erörtern gewesen wären. Tatsächlich hat sich die Gesamtfraktion nach der Einigung über die Verteilung der Ressourcen nur anfangs noch aus inhaltlichen, später aber nur noch aus organisatorischen Gründen (Wahl des Vorstands) getroffen (SCHWALBA-HOTH 1988a:VI). Vor allem die Regionalisten hatten insbesondere unter dem Eindruck der Streitigkeiten unter den Deutschen bald kein Interesse mehr an solchen Sitzungen (Interview Herman Verheirstraeten v. 9.12.93).

Auch die Vorstandssitzungen der Regenbogenfraktion, die einmal im Monat stattfanden, waren organisatorischen Fragen wie der Verteilung der Ressourcen oder der Redezeiten im Plenum gewidmet, so daß von einer strukturellen politischen Zusammenarbeit zwischen Dänen und Regionalisten auf der einen und Grünen und Alternativen auf der anderen Seite keine Rede sein konnte.

Trotzdem gab es aber einige inhaltliche Gemeinsamkeiten, die die Regenbogenfraktion auch von der vorherigen TCDI unterschied. U.a. suchten „die einzelnen Gruppierungen auf jeweils eigene Weise Alternativen zur gegenwärtigen EG [...], sei es durch eine Änderung der EG oder durch Austritt." (Art.4). Diese Gemeinsamkeit führte dazu, daß im Plenum des EP oft gemeinsam abgestimmt wurde und

---

207 MÜLLER-ROMMEL (1985a:402) behauptet irrtümlicherweise, die Regenbogenfraktion hätte auch eine gemeinsame inhaltliche Plattform, nämlich die Paris Declaration, gehabt. Diese war jedoch nur inhaltliche Grundlage des GRAEL.

Anträge des GRAEL von Dänen und Regionalisten grundsätzlich unterstützt wurden, um Fraktionsanträge im Plenum einreichen zu können. Dies galt auch umgekehrt (Interview Herman Verheirstraeten v. 9.12.93).

Abschließend läßt sich feststellen, daß es sich bei der Regenbogenfraktion im großen und ganzen um ein Zweckbündnis handelte, das neben der Erlangung des Fraktionsstatus praktisch nur dem Meinungs- und Informationsaustausch zwischen den einzelnen Gruppen diente.

Die in inhaltlicher Hinsicht eigentlich erste Fraktion der Grünen im EP stellt daher der GRAEL dar (anfangs noch zusammen mit AGALEV-ECOLO, bis diese separate Untergruppe aufgelöst wurde), auch wenn es sich dabei formal nur um eine Gruppe und nicht um eine Fraktion handelte. Die erste auch formal rein grüne Fraktion bildete sich erst in der dritten Direktwahlperiode.

3.2.3. Die erste Grüne Fraktion: „Die Grünen im Europäischen Parlament" (I) (1989-94)

Die Europawahlen 1989 brachten für die Grünen in fast ganz Europa einen unerwartet großen Durchbruch, der die französischen, italienischen und portugiesischen Grünen erstmals sowie die schon bisher im EP vertretenen Grünen gestärkt ins EP einziehen ließ (siehe Tabelle 26). Die Ausgangssituation für die Verhandlungen zur Bildung der zweiten Europafraktion 1989 war aber inhaltlich zunächst ähnlich derjenigen von 1984. Wieder standen sich auf der einen Seite der Wunsch nach einer großen technischen Fraktion mit einer politischen Untergruppe und auf der anderen Seite der Wunsch nach einer rein grünen Fraktion gegenüber.

Die erste Option wurde von deren Verfechtern mit der Notwendigkeit eines breiteren Bündnisses der grünen mit den alternativen Parteien, den positiven Erfahrungen mit einer solchen Zusammenarbeit in der alten Regenbogenfraktion und der Möglichkeit von mehr Macht im EP durch mehr Posten und Einfluß begründet. Für die zweite Alternative wurde angeführt, daß die Grünen eine klare politische Identität bräuchten und die Wähler grüne und nicht eine „Sammlung verschiedener Perspektiven" gewählt hätten. Zudem hätten einige Regionalisten und Mitglieder anderer kleiner Parteien zu den Grünen gegensätzliche Positionen vertreten (LAMBERT 1991:1).

Die Option einer rein grünen Fraktion war zum erstenmal auch formal möglich, da die neue Geschäftsordnung des EP für eine Fraktionsbildung 23 Mitglieder aus einem Land bzw.18 aus zwei oder 12 aus drei Ländern vorsah (Art.26, Abs.5), und die französischen und italienischen Grünen zusammen mit den deutschen und belgischen Grünen auch tatsächlich eine rein grüne Fraktion hätten bilden können. Ein technisches Bündnis zur Erlangung des Fraktionsstatus war damit nicht mehr unbedingt nötig.

Belastet waren die Verhandlungen zunächst durch Streitigkeiten zwischen Les Verts und einigen deutschen Grünen, die im französischen Wahlkampf nicht für Les Verts, sondern für eine linke Partei geworben hatten. Besonders heftig waren diese zwischen Antoine Waechter, der ankündigte, die politische Vorherrschaft der GRÜNEN im GRAEL brechen zu wollen (Frankfurter Rundschau v.4.4.1989:4), und der deutschen Spitzenkandidatin Dorothee Piermont. Daraus resultierten Befürchtungen, das Lager der grünen Parteien könnte sich im EP in zwei Fraktionen spalten. Ein vom GRAEL organisiertes Treffen der Spitzenkandidaten aller grünen Listen kurz vor der Europawahl konnte aber zur Schlichtung der Streitigkeiten beitragen (Interview Juan Behrend v.27.4.95).

Bei den insgesamt fünf Verhandlungsrunden der Delegationen der nationalen Parteien bzw. Listen und der Delegation der EGC, die diesmal stärker am Verhandlungsprozeß beteiligt war, ging die Delegation der GRÜNEN mit dem Auftrag ihres Bundeshauptausschusses in die Verhandlungen, „ein möglichst breites Bündnis grüner, alternativer und regionaler Parteien und Gruppen in einer gemeinsamen Regenbogenfraktion [...]" zu errichten (DIE GRÜNEN 1989a). Unterstützt wurde diese Position dabei von den italienischen Abgeordneten, die unabhängig von ihren Listen waren[208] und damit autonom verhandelten. Sie wollten grundsätzlich auch anderen Parteien mit Ressourcen helfen (so Paolo Bergamaschi auf einem Treffen der EGC (EGC 1989c)) und plädierten deshalb für eine möglichst große technische Fraktion unter Einschluß nicht nur von Regenboog/Groen Links, DP und der EE[209], sondern auch von Dänen und Regionalisten. Zwischen diesen Gruppen sollte es eine nur minimale politische Zusammenarbeit geben (MAIER 1989:3f.; Interview Alexander Langer v.27.4.95).

ECOLO, AGALEV, Os Verdes, die britische Green Party und Comhaontas Glas wollten dagegen eine rein politische und eine rein grüne Fraktion (LAMBERT 1991:1; EGC 1989c:5f.; Interview Frieder O.Wolf v.11.6.95), was nach dem Beschluß des Conseil national-interrégional, dem Äquivalent zum deutschen Bundeshauptausschuß, auch die grundsätzliche Position der französischen Grünen war.

Die holländischen Abgeordneten der Liste Regenboog/Groen Links wurden von diesen Parteien relativ schnell als Partner akzeptiert, da eine baldige Aufnahme dieser Gruppierung in die EGC abzusehen war. So kam rasch eine erste grüne „Kernfraktion" mit den Abgeordneten der Belgier, Franzosen, Holländer, Deutschen und Portugiesen zustande (MAIER 1989:3).

Ins Stocken geraten waren die Verhandlungen in der Kernfraktion aber bei einer möglichen Aufnahme der Dänen und Regionalisten, bei denen unklar war, ob sie alleine eine neue technische Fraktion hätten gründen können, und die selbst nur als Block oder gar nicht in eine technische Fraktion mit den Grünen eintreten wollten.

---

208 „Verdi Arcobaleno per l'Europa" und „Verdi Europea Lista Verde Il sole che ride". Die Liste Verdi Arcobaleno ging im wesentlichen aus der erst kurz zuvor im italienischen Parlament von Mitgliedern der PR, die bis dahin unterschiedlichen Fraktionen angehörten und Ex-Mitgliedern der DP gegründeten Fraktion Verdi Arcobaleno hervor (LANGER 1989a). Il sole che ride war die Europa-Liste der grünen Parteien und Listen in Italien (Federazione delle Liste Verdi). Auf dieser Liste kandidierte übrigens auch der spätere Europa-Abgeordnete der GRÜNEN Daniel Cohn-Bendit.

209 EE hatte gemeinsam mit anderen kleinen regionalistischen Links-Parteien auf einer gemeinsamen Liste, der Izquierda de los Pueblos, kandidiert (JACOBS/CORBETT 1990:67).

GRÜNE und GPA hatten dabei in einem Anhang des Gründungsprotokolls der Kernfraktion explizit erklärt, daß sie sehr an einer Zusammenarbeit mit den Dänen interessiert seien (GFEP 1989a:3). Für die Belgier jedoch kam eine weitere Zusammenarbeit mit der VU nicht mehr in Frage.

An diesem Punkt traten die Italiener, darunter auch der Vertreter der Lista Antiprohibizionista, eines der „zahlreichen Zerfallsprodukte der Partito Radicale"[210] (LANGER 1989a), der auf Wunsch der beiden anderen italienischen grünen Listen in die Verhandlungen einbezogen wurde, der Kernfraktion bei. Dadurch änderten sie die Mehrheitsverhältnisse und ermöglichten einen Beschluß zugunsten einer technischen Zusammenarbeit mit Dänen und Regionalisten.

Daraufhin bedienten sich ECOLO, AGALEV, Les Verts und die Green Party der sogenannten „Alarmglocke". Diese Alarmglocke war ein in den Abstimmungsmodalitäten der Kernfraktion festgelegter Passus, mit dem Mehrheitsentscheidungen auf bestimmte Zeit ausgesetzt werden konnten. Die Italiener und Teile der Deutschen wollten die schon beschlossene politische Zusammenarbeit in der Kernfraktion aber wieder in Frage stellen, falls die Dänen und Regionalisten nicht an der Fraktion beteiligt würden. In dieser Situation faßte der Bundeshauptausschuß der GRÜNEN den Beschluß, das Zustandekommen einer politischen Fraktion nicht wegen einer technischen Fraktion mit mehr Geld und Posten aufs Spiel zu setzen. Er forderte die deutschen Abgeordneten auf, einstweilen auf eine technische Zusammenarbeit zu verzichten und der grünen Fraktion geschlossen beizutreten. Dieser Forderung kamen die deutschen MdEPs nach (MAIER 1989:4). Zuletzt wurde dann noch Juan Bandres von der EE in die Fraktion aufgenommen[211].

Damit stand am Ende der Verhandlungen folgender Kompromiß: Es wurde eine politische und keine technische Fraktion mit dem Namen „Die Grünen im Europäischen Parlament" (GFEP) gegründet. Als inhaltliche Grundlage wies sie die Wahlplattform der EGC auf und ließ eine künftige technische oder politische Zusammenarbeit mit der neuen Regenbogenfraktion der Dänen und Regionalisten als Option offen. Dazu kamen noch einige Sondervereinbarungen, so z.B. die volle Mitgliedschaft der Green Party im Fraktionsplenum und -vorstand, die dieser aus

---

210 Die PR hatte sich im Frühjahr 1989 offiziell aufgelöst (LANGER 1989b). Auf nationaler Ebene trat im April 1992 aber wieder eine Lista Panella an, in die auch die Lista Antiprohibizionista aufging (RHODES 1992:439). Zu den Parlamentswahlen 1994 schloß sich Panella mit seiner neuen Liste „Panella Riformatori" dem rechten Wahlbündnis Silvio Berlusconis an.

211 Bei der EE gaben die Franzosen und Belgier ihre Bedenken aber erst auf, als ein Abkommen zwischen EE und Los Verdes abgeschlossen war, das eine Art Nichtangriffspakt für die nächsten nationalen und europäischen Wahlen enthielt. Ebenso konnten die französischen Einwände gegen die Aufnahme des DP-Vertreters erst ausgeräumt werden, als in das Gründungsabkommen der Kernfraktion ein Passus aufgenommen wurde, in dem sich sämtliche Mitglieder der Fraktion verpflichteten, die Einrichtungen der Fraktion nicht dazu zu verwenden, andere Fraktionsmitglieder oder Mitgliedsparteien der EGC zu bekämpfen. Der Abgeordnete der DP war auf der Liste Arcobaleno ins EP gekommen war und seine Partei hatte nach Ansicht der französischen Grünen im französischen Europawahlkampf eine kommunistische Gruppierung und nicht Les Verts unterstützt (MAIER 1989:3).

Solidaritätsgründen zugestanden wurde (GFEP 1989a). Die GFEP enthielt damit zu Beginn ihrer Tätigkeit 30 Mitglieder (Tabelle 28).

Tabelle 28: Die Gründungsmitglieder der ersten GFEP

Partei/Liste	Sitze	Mitglieder	Nachrücker
Die GRÜNEN	8	Hiltrud Breyer	Rudko Kawczinski
		Birgit Cramon-Daiber	
		Friwi Graefe zu Baringdorf	
		Karl Partsch	
		Dorothee Piermont	
		Eva Quistorp	
		Claudia Roth	
		Wilfried Telkämper	
Les Verts	8	Didier Anger	Bruno Boissière
		Marie-Christine Aulas	Renée Conan
		Yves Cochet	M.-M. Dinguirard
		Solange Fernex	Yves Frémion
		Claire Joanny	M.A. Isler Béguin
		Gérard Monnier-Besombes	Gérard Onesta
		Djida Tazdait	Jean-Pierre Raffin
		Antoine Waechter	Dominique Voynet
Democrazia Proletaria	1	Eugenio Melandri	
Lista Verde	3	Gianfranco Amendola	Luigi Delgatto
		Enrico Falqui	Francesca Scopelliti
		Alexander Langer	Gianni Tanino
Verdi Arcobaleno	2	Adelaide Aglietta	Franco Corleone
		Edo Ronchi	Virginio Bettini
Lista Antiprohibizionista	1	Marco Taradash	
Os Verdes	1	Maria Santos	
Groen Links	2	Nel van Dijk	John Hontelez
		Herman Verbeek	
AGALEV	1	Paul Staes	
ECOLO	2	Brigitte Ernst de la Graete	
		Paul Lannoye	
Euskadiko Ezkerra	1	Juan Maria Bandres Molet	
Green Party	1	Jean Lambert	

Insgesamt (MdEPs):   **30**

Bis zum Ende der Legislaturperiode unterlag die Zusammensetzung der Fraktion aber wie schon bei der Regenbogenfraktion einigen personellen Veränderungen. Schon im September 1989 verließ Dorothee Piermont die Fraktion und wechselte zur neuen Regenbogenfraktion[212].

---

212 Sie begründete ihren Schritt u.a. damit, daß trotz des ursprünglichen Beschlusses des Bundeshauptausschusses keine technische Fraktion zustande kam und die neue Fraktion nicht die Be-

Nach der deutschen Einheit wurde im März 1991 Ulrich Meisel von den ost-deutschen Grünen als einer der 18 ostdeutschen Beobachter im EP in die GFEP aufgenommen (GFEP 1991d:2), und im Sommer 1991 verließ Maria Santos wegen Flügelkämpfen innerhalb von Os Verdes die Fraktion, um sich der sozialistischen Gruppe anzuschließen (Green Leaves 5/1991:13).

Karl Partsch folgte im Dezember 1991 in Richtung Liberale Fraktion (HUGEN-ROTH 1993:21).

Die französischen Grünen rotierten bis auf Djida Tazdait alle ordnungsgemäß nach Ablauf der ersten Hälfte der Wahlperiode, wobei vier der bisherigen MdEPs auch weiterhin an Fraktionssitzungen teilnahmen (DIE GRÜNEN IM EURO-PÄISCHEN PARLAMENT 1995:203). Für die im Juli 1992 verstorbene Renée Conan rückte Aline Archimbaud nach (Green Leaves 10/1992:13).

Zum gleichen Zeitpunkt stieß John Iversen von der SF zur Fraktion. Bis dahin Mitglied der Vereinigten Europäischen Linken im EP, verließ er die Fraktion, als sich Meinungsverschiedenheiten zwischen ihm und dem Rest der Fraktion bezüg-lich der Unterzeichnung der Maastrichter Verträge nicht beilegen ließen (Green Leaves 10/1992:13).

Schließlich verließ Marco Taradash die Fraktion mit Wirkung zum 1.5.1994, da er ins italienische Parlament gewählt worden war (GFEP 1994g:1).

3.2.4. Die zweite Grüne Fraktion: „Die Grünen im Europäischen Parlament" (II) (ab 1994)

Die Wahl zum Europaparlament im Juni1994 brachte auch diesmal mehrere Über-raschungen für die Grünen. Allerdings waren diese nicht mehr durchweg positiv wie noch 1989. So schafften zwar einerseits zum erstenmal Vertreter der luxem-burgischen und irischen Grünen den Sprung ins EP und die deutschen GRÜNEN konnten zwölf, statt bisher acht MdEPs entsenden. Andererseits hatten die engli-schen Grünen ihre sensationelle Leistung von 1989 auch nicht annähernd wieder-holen können, und sowohl die portugiesischen als auch die französischen Grünen, die in der letzten Fraktion die stärkste Gruppe stellten, waren nicht mehr im EP vertreten. Auch die italienischen Grünen konnten nur noch drei statt bisher fünf Abgeordnete stellen (siehe Tabelle 26).

Auf dem ersten Treffen der neugewählten grünen Abgeordneten, das unter Ein-beziehung von Vertretern der nationalen Parteien und der EGF stattfand, bildeten alle 21 Abgeordneten der Mitgliedsparteien der EGF bereits am ersten Tag eine grüne Kernfraktion. Diese Anzahl reichte nach der neuen Geschäftsordnung des EP vom Oktober 1993 bereits für eine eigene Fraktion aus, da hierfür nach Art. 29 13 MdEPs aus vier Mitgliedstaaten, 16 aus drei, 21 aus zwei oder 26 aus einem Mit-gliedstaat benötigt wurden.

---

zeichnung „alternativ" enthielt, was für sie auch inhaltlich einen Ruck nach rechts bedeutete (PIERMONT 1989).

Um im EP als Fraktion aber mehr Macht und Einfluß zu bekommen, sollte diese Kernfraktion möglichst noch erweitert werden. Dafür standen grundsätzlich vier Gruppen zur Diskussion: die Regionalisten, die „Anti-Europäer" aus Dänemark, Linke Gruppen (die SF aus Dänemark[213], die Izquierda Unida (IU) aus Spanien, die mit Teilen von Los Verdes auf regionaler Ebene gemeinsame Listen aufgestellt hatten, und Synaspismos aus Griechenland) sowie zusätzlich einzelne Abgeordnete anderer Listen wie etwa der Vertreter von La Rete aus Italien[214] oder zwei Ex-Mitglieder der Génération Ecologie aus Frankreich.

Als Konsenspunkte kristallisierten sich dabei schnell heraus, daß die neue Fraktion wieder eine Politische werden sollte und eine Erweiterung um die beiden Synaspismos-Vertreter aus Rücksichtnahme auf die griechischen Grünen nicht erwünscht war. Bezüglich der anderen Gruppen sowie der auch jetzt wieder aufgetauchten Frage, ob die politische Fraktion nicht alleine stehen, sondern Kern einer größeren technischen Fraktion sein sollte, gab es jedoch teilweise erhebliche Meinungsverschiedenheiten, sowohl unter den Parteien als auch unter den Abgeordneten (GFEP 1994n:1-3).

Einige deutsche Abgeordnete, die schon Mitglied im GRAEL gewesen waren, plädierten erneut für die Gründung einer technischen Fraktion unter Einbeziehung der Dänen[215] und Regionalisten, weil sie sich davon eine bessere Außendarstellung der grünen politischen Untergruppe erwarteten. Die Italiener wollten eine technische Öffnung aber nur dann akzeptieren, wenn sie nach beiden Seiten (links und rechts) erfolgte. Der Rest der Abgeordneten sowie alle Parteien standen einer technischen Fraktion allgemein kritisch gegenüber und wollten besonders die Aufnahme der Volksbewegung gegen die EG verhindern.

Schließlich wurde eine Verhandlungskommission eingesetzt, die in den folgenden Wochen mit allen in Frage kommenden Partnern Gespräche und Verhandlungen über eine Fraktionsmitgliedschaft führte. Während die SF und La Rete relativ unumstritten waren und bald in die Fraktion aufgenommen wurden (GFEP 1994r:1; 1994p:3), blieben die Verhandlungen mit der IU erfolglos. Auch die anderen potentiellen Partner schlossen sich nicht den Grünen an (GFEP 1994q:2), so daß die neue grüne Fraktion, die sich wiederum „Die Grünen im Europäischen Parlament" nannte, am Ende nur noch um die SF und La Rete erweitert werden konnte.

Bereits zum 1.1.1995 kam es wieder zu ersten personellen Änderungen innerhalb der Fraktion.

Nach dem zu diesem Zeitpunkt erfolgten Beitritt Österreichs, Schwedens und Finnlands zur EU stießen Heidi Hautala von den finnischen, Per Gahrton von den schwedischen sowie Johannes Voggenhuber von den österreichischen Grünen zur

---

213 Die dänische SF erhielt 8,6% und einen Sitz.

214 La Rete-Movimento Democratico ist die 1992 von Leoluca Orlando gegründete Anti-Mafia-Bewegung Italiens. Sie erzielte bei den Europawahlen 1,1% und erhielt einen Sitz.

215 Die Anti-EG-Bewegung in Dänemark hatte sich angesichts des Maastrichter Vertrages gespalten. Die Juni-Bewegung trat zwar für eine Ablehnung der Maastrichter Verträge, aber nicht mehr für einen Austritt aus der EG ein, so wie dies die Volksbewegung gegen die EG auch weiterhin tut.

Fraktion. Zum gleichen Zeitpunkt verließ dafür Lilli Gyldenkilde von der SF die Fraktion und schloß sich zusammen mit den Abgeordneten der kleinen Linksparteien aus Schweden (Vänsterpartiet) und Finnland (Vasemmistoliitto) der GUE (Gauche unifiée européenne = Vereinte Europäische Linke) an, die sich fortan Konföderale Fraktion der Europäischen Unitaristischen Linken - Nordische Grüne Linke nannte. Somit existieren seit Januar 1995 zumindest formal zwei grüne Fraktionen im EP[216].

Tabelle 29: Die Zusammensetzung der zweiten GFEP (Stand 1.1.1995)

Partei/Liste	Sitze	Abgeordnete
AGALEV	1	Magda Aelvoet
ECOLO	1	Paul Lannoye
Die GRÜNEN	12	Claudia Roth
		Undine Bloch v. Blottnitz
		Wolfgang Ullmann
		Daniel Cohn-Bendit
		Hiltrud Breyer
		Wolfgang Kreissl-Dörfler
		Frieder O. Wolf
		Irene Soltwedel
		Elisabeth Schroedter
		Wilfried Telkämper
		Friwi Graefe zu Baringdorf
		Edith Müller
Comhaontas Glas	2	Patricia McKenna
		Nuala Ahern
Dei Gréng	1	Jup Weber
Groen Links	1	Nel v. Dijk
Federazione dei Verdi	3	Alexander Langer
		Carlo Ripa di Meana
		Adelaide Aglietta
La Rete (Italien)	1	Leoluca Orlando
Vihreä Liitto	1	Heidi Hautala
Die Grüne Alternative	1	Johannes Voggenhuber
Miljöpartiet de Gröna	1	Per Gahrton
Insgesamt:	**25**	

---

216 Das Ausscheiden der SF-Vertreterin wurde dadurch verursacht, daß sich sowohl die schwedischen als auch die finnischen Grünen vehement gegen eine gleichzeitige Mitgliedschaft der Vertreter der Linksparteien aus ihrem Land aussprachen, da sie diese Parteien als „zu weit links'" ansahen und vor allem innenpolitische Probleme angesichts der nationalen Wahlen in Finnland Anfang 1995 und den kommenden Europawahlen befürchteten. Aufgrund der traditionell engen Beziehungen der SF zu diesen Linksparteien entschloß sich diese dann, lieber die grüne Fraktion zu verlassen und der GUE beizutreten (Interview Wilfried Telkämper vom 5.4.1995).

Einen Überblick über die Zusammensetzung der grünen Fraktion seit Januar 1995 gibt Tabelle 29. Sie zeigt auch, daß es in der neuen Fraktion zum erstenmal in der Geschichte grüner Fraktionen oder Gruppen im EP keine Nachrücker mehr gibt, da sämtliche an der Fraktion beteiligten Parteien das Rotationsprinzip abgeschafft haben[217].

Somit bleibt zunächst festzuhalten, daß Größe und Zusammensetzung der grünen Fraktionen im Europaparlament bislang erheblichen Schwankungen unterlagen, die Konflikte bei der Fraktionsbildung sich aber immer ähnelten. Auch handelte es sich bei diesen bislang nie um „reine" grüne Fraktionen, da immer auch Vertreter nicht-grüner Parteien in die Fraktion aufgenommen wurden. Dies geschah vor allem deshalb, um innerhalb des EP mehr Einfluß und öffentlichkeitswirksame Posten zu erlangen.

3.2.5. Arbeitsweise der Fraktionen

Nachdem in den obigen Kapiteln der jeweilige Fraktionsgründungsprozeß und die personelle Veränderung der Fraktion über die Zeit beschrieben wurde, soll im folgenden kurz auf die vom GRAEL und der ersten GFEP geleistete politische Arbeit und den internen Arbeitsablauf eingegangen werden.

3.2.5.1. GRAEL

Das erste halbe Jahr der Arbeit des GRAEL war hauptsächlich der Auswahl und Einstellung des Mitarbeiterstabs sowie dem Aufbau des Fraktionssekretariats gewidmet. (EUROPAGRUPPE 1984:4).

Eine gemeinsame politische Arbeit der Gruppe wurde in dieser Zeit durch langwierige Debatten über Personal-, Verwaltungs- und Finanzprobleme erschwert, die politische Diskussionen weitgehend unmöglich machten. Deshalb war die Arbeit des GRAEL zunächst „[...] von den jeweiligen, momentanen Interessen der Mitglieder und Mitgliedsparteien bestimmt und ließ damit eine eindeutig erkennbare Stoßrichtung inhaltlich und strategisch vermissen." (EUROPAGRUPPE 1984:6).

Die individuellen Interessen und Aktivitäten der Abgeordneten lagen insbesondere bei Menschenrechtsfragen (Nicaragua, Chile, Haftbedingungen der RAF-Mitglieder in Deutschland), einem anti-amerikanisch eingefärbten Pazifismus (Nachrüstung, SDI) sowie der Beschäftigung mit rechtsextremistischen Strömungen, die 1984 mit der französischen Front National Einzug ins EP gehalten hatten (ROELANTS 1985:2).

Obwohl seit Anfang Januar 1985 mit einem Mitarbeiterstab (Team) von 18 Personen die organisatorischen Voraussetzungen für eine gezielte parlamentarische und außerparlamentarische Arbeit geschaffen worden waren, war es dem GRAEL auch im Frühjahr 1985 noch nicht gelungen, sich im Parlament oder in der Öffent-

---

217 Einzig Les Verts hätten das Rotationsprinzip auch in der neuen Fraktion aufrechterhalten.

lichkeit zu profilieren (LAMBERT 1985). Der GRAEL sollte deshalb jetzt gemeinsame Schwerpunkte und Strategien für die politische Arbeit innerhalb und außerhalb des EP setzen. Zu diesem Zweck sollte zunächst in den Arbeitsgruppen des GRAEL inhaltlich diskutiert und die Ergebnisse der Diskussionen in entsprechende parlamentarische oder außerparlamentarische Aktionen des GRAEL umgesetzt werden. Jedoch gab es sowohl bei der Festlegung gemeinsamer Prioritäten als auch bei der inhaltlichen Arbeit an diesen Prioritäten Schwierigkeiten. So gelang zwar auf der ersten Klausurtagung des GRAEL in Kortenberg 1985 nach langen Diskussionen die Einigung auf die sechs Prioritäten

- Kritik an Militarismus und Militarisierung
- Weltwirtschaft, Welthandel, Agro-Industrie und Umweltvernichtung
- Verteidigung und Ausweitung demokratischer Freiheiten und Rechte
- ökologische und soziale Konversion der Produktion
- demokratische Kontrolle von Wissenschaft und Forschung
- Kritik der politischen Institutionen der EG (GRAEL 1985a).

Die Umsetzung in konkrete politische Arbeit scheiterte jedoch an Koordinationsproblemen, da die MdEPs zu selten in Brüssel waren, um effektiv mit dem Team arbeiten zu können. Die Maßnahmen in den gesetzten Prioritäten waren eher „dürftig und zufallsbedingt", so daß selten eine Politik aus einem Guß zustande kam, zu der jeder seinen Teil beitrug (STAES 1986:1-4), und „das Arbeiten in der Gruppe wurde zunehmend als Last und Behinderung der eigenen Aktivitäten empfunden." (GOERLICH 1988:79).

Als Ergebnis fanden z.B. in der AG Dritte Welt/Menschenrechte genausowenig inhaltliche Diskussionen statt wie in der AG Umwelt und Energie, die selten vollständig und meist nur von einem MdEP besucht war.

Deshalb wurde auf der nächsten Klausurtagung des GRAEL in Terschelling 1986 erneut eine Debatte über eine effizientere Arbeitsweise der Gruppe geführt. Dort konnte man sich zwar noch darauf einigen, daß der GRAEL maximal fünf Prioritäten verfolgen sollte (GRAEL 1986c:1). Welche Prioritäten dies konkret sein sollten, konnte aber nicht festgelegt werden, da jeder Abgeordnete auf seinen eigenen Vorstellungen bestand. Auch zwei spätere Versuche, Prioritäten des GRAEL festzulegen, scheiterten, und Ende 1986 wurde das Prioritätenkonzept endgültig fallengelassen.

Nicht nur bei diesem Punkt, sondern auch allgemein wurde es nun immer schwieriger, im Plenum des GRAEL Entscheidungen zu fällen. Der Vorstand blieb ebenfalls ineffizient, da von den vier Vorständen oft nur zwei, wenn nicht sogar nur einer auf den Sitzungen anwesend war (V.DIJK 1986b). Durch den ausgeprägten basisdemokratischen Anspruch aller GRAEL-Mitglieder wollte der Vorstand auch keine Entscheidungen über das GRAEL-Plenum hinweg fällen. Damit war die Arbeit als Gruppe praktisch gelähmt.

Schließlich hatte sich Mitte 1988 Resignation breitgemacht. Einige Mitarbeiter hatten die Fraktion verlassen, und die Beteiligten regten sich weniger darüber auf, daß der GRAEL kein politisches Konzept entwickelt hatte und verschiedene Abgeordnete oder Nachrücker ganz nach Gefallen im Namen des GRAEL Stellungnahmen abgaben, ohne dazu von diesem autorisiert zu sein (GRAEL 1988c:2) (siehe hierzu ausführlicher Kapitel 3.3.2.4.).

Bis zum Ende der Legislaturperiode im Mai 1989 war der GRAEL dann damit beschäftigt, die Europawahlen vorzubereiten und eine Erfahrungsbilanz für die Nachfolgefraktion anzufertigen. In diesen Zusammenhang fiel auch die Durchführung eines ersten Treffens der Spitzenkandidaten der jeweiligen Europalisten in Brüssel, an dem knapp 40 Personen teilnahmen (GRAEL 1989c:3).

Das Fehlen politischer Prioritäten für die Gesamtgruppe bedeutete aber nicht, daß der GRAEL überhaupt keine gemeinsamen Anträge ins Parlament eingebracht hätte. Allerdings beschränkten sich diese fast ausschließlich auf Dringlichkeitsanträge nach Art. 48 (64) der GO des EP, die sich insbesondere auf Menschenrechtsfragen sowie auf das Thema Frieden und Abrüstung konzentrierten.

Die Zusammenarbeit des GRAEL bzw. der Regenbogenfraktion mit anderen Fraktionen war sehr begrenzt. So wurden insgesamt nur 17 Anträge zusammen mit anderen Fraktionen eingebracht, davon sechs bezogen auf rein organisatorische Angelegenheiten wie etwa das Verfahren für die Zusammensetzung von Ausschüssen oder interparlamentarischen Delegationen. Von den verbliebenen inhaltlichen Anträgen wurden die meisten mit den Sozialisten oder Kommunisten eingebracht. Mit der Europäischen Volkspartei sowie der Fraktion der Europäischen Demokraten konnte in nur jeweils zwei Fällen erfolgreich zusammengearbeitet werden.

Zu einer weiteren Zusammenarbeit mit anderen Fraktionen fehlte einerseits die dazu notwendige Kompromißbereitschaft beim GRAEL, andererseits waren auch die anderen Fraktionen an einer engeren Zusammenarbeit nicht interessiert (Interview Alexander de Roo v.6.4.1995).

Von einzelnen Abgeordneten wurde dagegen teilweise sehr umfangreiche parlamentarische Arbeit im EP geleistet. Dies gilt besonders für die schriftlichen und mündlichen Anfragen. Für schriftliche Anträge wurde teilweise auch mit Abgeordneten anderer Fraktionen zusammengearbeitet, die insbesondere bei der sozialistischen und kommunistischen Fraktion zu finden waren. So kamen fraktionsübergreifende Initiativen hauptsächlich mit Mitgliedern der Labour Party, mit holländischen und belgischen Sozialisten und mit italienischen Kommunisten zustande, und zwar vor allem in den Bereichen „Menschenrechte", „Dritte Welt" und „Frieden". Im Umweltbereich gab es auch Einzelinitiativen zusammen mit Christdemokraten (SCHEUER 1989:201) [218]. Schließlich wurden von den GRAEL-Mit-

---

[218] Die Zusammenarbeit zwischen MdEPs verschiedener Fraktionen wurde dabei durch das System der Intergroups begünstigt. Intergroups, von denen seit 1984 ungefähr 50 Stück existieren, sind nicht offiziell registrierte Gesprächszirkel von Abgeordneten unterschiedlicher Fraktionen mit Interesse für das gleiche politische Thema außerhalb der Ausschußstruktur. Sie wurden erstmals nach der Direktwahl 1979 errichtet und haben unterschiedliche Strukturen, Finanzmittel und auch unter-

gliedern insgesamt 32 Berichte erarbeitet, die allerdings nicht alle vom EP angenommen wurden.

Erfolgreicher als in der parlamentarischen Arbeit fiel die Bilanz des GRAEL bei den außerparlamentarischen Aktivitäten aus, da die klassische Parlamentsarbeit beim GRAEL zugunsten dreier außerparlamentarischer Zielsetzungen in den Hintergrund trat.

Erstens die Vernetzung sozialer, ökologischer, feministischer bzw. pazifistischer Basisbewegungen sowie die Unterstützung nationaler Befreiungsbewegungen wie PLO, ANC oder Polisario, für die das EP eine nicht unbedeutende diplomatische Hilfestellung darstellte (EUROPAGRUPPE 1985:4).

Zweitens die Nutzung des EP als Forum, in dem den Forderungen der Sozialen Bewegungen Gehör verschafft und die „anderen Partner innerhalb der EG, die anderen Verwaltungen [...], erstmals mit ökologischen, d.h. mit grün-alternativen Fragestellungen" konfrontiert werden sollten.

Und selbst die klassische Parlamentsarbeit diente drittens primär dazu, „um das mitzubekommen, was innerhalb der EG abläuft, um frühzeitig vor Gefahren negativer Entwicklungen aus EG-Direktiven [...] warnen zu können" (SCHWALBA-HOTH 1989:199) sowie „in den einzelnen Ausschüssen und im Plenum verzögernd zu wirken [...] und dem geringsten Übel zum Durchbruch zu verhelfen" (SCHWALBA-HOTH 1989:206). Das Engagement zielte also mit anderen Worten darauf ab, das Forum und den Apparat des EP „nicht kampflos der politischen Konkurrenz zu überlassen" und wenigstens als „Sandkörnchen in der EG-Maschinerie zu wirken." (SCHEUER 1989:185).

Zur Vernetzung der Bewegungen fanden regelmäßig Kongresse alternativer Organisationen statt, denen vom GRAEL EP-Räume und Dolmetscher, Reisekostenzuschüsse und ein Teil des Fraktionsapparats zur Verfügung gestellt wurden. Themen dieser Kongresse waren u.a. Kleinbauern, Tschernobyl, Prostitution, Abholzung des tropischen Regenwalds, Homosexuelle, gesetzlicher Mindestlohn oder Ausländerwahlrecht (siehe hierzu ausführlich REGENBOGENFRAKTION 1988).

Schließlich veranstaltete der GRAEL des öfteren auch öffentlichkeitswirksame Aktionen wie Demonstrationen in der Lobby des EP oder Plakataktionen im Plenum (GRAEL 1985e:2).

Der Vorrang der außerparlamentarischen Aktivitäten zeigte sich auch anhand der in den Arbeitsgruppen vertretenen Politikfelder und der Besetzung der Ausschüsse. Diejenigen Ausschüsse, über die das EP noch am meisten Einfluß auf Rat und Kommission ausüben konnte (z.B. der Haushaltsausschuß), blieben vom GRAEL unbeachtet, und auch die Arbeitsgruppen waren nicht vorrangig an den Ausschüssen des EP orientiert. Das EP besaß zu diesem Zeitpunkt z.B. weder einen Ausschuß für Gentechnik noch für Menschenrechte oder Frieden und Abrüstung. Genau diejenigen Arbeitsgruppen, die sich mit diesen Themen beschäftigten, er

---

schiedlichen Einfluß auf den Parlamentsbetrieb (JACOBS/CORBETT 1990:146-55). Auch einzelne Mitglieder des GRAEL waren dort stark engagiert. Zu Gründen der Entstehung und Aufrechterhaltung von Intergroups siehe JACOBS/CORBETT (1990:147f.)

freuten sich aber innerhalb des GRAEL der größten Beliebtheit (siehe hierzu ausführlicher BUCK (1986:13); REGENBOGENFRAKTION (1988)).

3.2.5.2. Die erste GFEP

Wie schon beim GRAEL war das erste halbe Jahr der Fraktionsarbeit der GFEP durch die Auswahl des Mitarbeitstabs bestimmt. Dazu kamen Auseinandersetzungen um die Aufteilung der Fraktionsgelder und um die Fraktionsstatuten (GGEP 1994:18; EUROPAGRUPPE 1990:1). Diese Streitigkeiten führten in den ersten Monaten zu Spannungen zwischen den nationalen Delegationen, die im GRAEL in dieser Schärfe nicht aufgetreten waren.

So waren im ersten Vorstand zwar nicht alle Parteien, aber zumindest alle Sprachen vertreten. Dies sollte zunächst einmal für mehr Vertrauen zwischen den nationalen Delegationen und den kulturell germanisch-nordeuropäisch geprägten und den romanisch-südeuropäisch geprägten Fraktionsmitgliedern sorgen (GGEP 1994:11).

Schon bei der Besetzung der vier politisch sensibelsten Stellen innerhalb der Fraktion (Generalsekretär, Presse, Öffentlichkeitsarbeit, Organisationssekretariat) hatte sich gezeigt, wie unüberwindlich die Grenzen der nationalen Delegationen zunächst waren. So war die Übereinkunft, daß Entscheidungen über die Besetzung dieser Posten mit Zweidrittel-Mehrheit fallen mußten, Ausdruck von Mißtrauen und der Suche nach gleichberechtigter Repräsentation besonders der großen Delegationen (GFEP 1989e:1). Die Fraktion konnte die Auseinandersetzungen um die Besetzung der Stelle des Generalsekretärs, die am meisten umkämpft war, schließlich nur durch die Schaffung zweier Stellvertreterposten lösen (Vgl.GFEP 1990h:1-4; GGEP 1994:11).

Die Spannungen innerhalb der Fraktion wurden in der Folgezeit durch inhaltliche Differenzen bei den Themen „Deutsche Einheit", „Art der gesamteuropäischen Integration", „Rollen internationaler Organisationen" und „Nationalismus" zunächst auch noch weiter verstärkt.

Politische Debatten wurden in Fraktion und Vorstand zunächst kaum geführt, und es war nicht möglich, Konflikte systematisch und ohne allzu großen Zeitverlust zu lösen. In den Arbeitsgruppen fanden ebenfalls noch wenig politische Debatten statt (GFEP 1990k:2f.).

Im Vorstand gab es oft Vertrauenskrisen und Schwierigkeiten, Entscheidungen zu treffen, wenn auch ein mangelndes Quorum im Gegensatz zum GRAEL dessen Arbeit selten behinderte (GFEP 1991b:2). Um die Rolle des Vorstands - starkes Leitungs- versus einfaches Koordinationsgremium im Sinne einer möglichst großen Basisdemokratie - gab es ebenfalls starke Auseinandersetzungen.

So trat die GFEP im ersten Jahr ihrer Zusammenarbeit noch oft mehr als Konglomerat einzelner nationaler Gruppen anstatt als kohärente Fraktion auf (GFEP 1990l:1) und beschäftigte sich mehr mit sich selbst als mit der Außenwelt (GFEP 1990k:1).

Erst ab Ende 1990 kam die Fraktionsarbeit besser in Schwung. Es wurde nun pro Monat mindestens eine große inhaltliche Debatte in der Fraktion geführt, die anfängliche Konfrontation zwischen den nationalen Delegationen begann langsam, einer Zusammenarbeit zu weichen (GFEP 1991b:2), und eine dadurch ermöglichte Verkleinerung des Vorstands von acht auf fünf Mitglieder hatte sich bewährt.

Im Gegensatz zum GRAEL gelang es der GFEP jetzt, gemeinsame Prioritäten nicht nur festzulegen, sondern sie auch umzusetzen.

Die politische Priorität des Jahres 1990 war „Osteuropa". Hauptereignis im Rahmen dieser Priorität war das „Grüne Europäische Parlament" im Juli 1990 in Straßburg, auf dem über 100 Teilnehmer aus 20 Ländern über „Demokratie", „Frieden", „Umwelt", „Zukunft der europäischen Institutionen" und „Zukunft der Grünen" diskutierten. Diese Priorität war aber schwer in die Parlamentsarbeit einzubringen.

Anders verhielt sich dies mit der Priorität des Jahres 1991. Mit dem Thema „What sustainable regions for what Europe?" orientierten sich die Grünen hier an einer Konferenz der EG zum Thema Regionen in Europa im September 1991 (GGEP 1994:20).

Am Ende des Jahres hatte es sich aber als unrealistisch erwiesen, die ganze Fraktion über ein Jahr hinweg vorrangig mit einem Thema beschäftigen zu können. Es gab zu geringe finanzielle Mittel, zu wenig damit beschäftigte Mitarbeiter und zu wenig Interesse bei den Abgeordneten. Außerdem machte der Golfkrieg als zweite unvorhergesehene Entwicklung innerhalb der Legislaturperiode viele Planungen obsolet (GGEP 1994:20f.). So war am Ende des Jahres das Regionenprojekt noch nicht abgeschlossen, obwohl der Rio-Gipfel und die Vollendung des Binnenmarkts schon als nächste Prioritäten in Angriff genommen werden sollten (Green Leaves 6/1991:11).

Aus diesen Gründen entschied sich die Fraktion 1992 auf ihrer Klausurtagung in Herbeumont, von der Konzentration auf ein großes Thema abzurücken, um mehr Gewicht auf möglichst viele laufende politische Entwicklungen und nützliche Grundlagen für die Arbeit der nächsten grünen Europafraktion legen zu können. Bis zum Ende der Legislaturperiode wurde deshalb an mehreren kleinen Prioritäten gleichzeitig gearbeitet. Darunter fielen die Themenbereiche Europäische Institutionen, Sicherheitspolitik, nachhaltige Entwicklung, neue Nord-Süd-Politik, Ausweitung und Vertiefung von Demokratie und Bürgerrechten (Vgl. GGEP 1994: 21f.). Ebenfalls breiten Raum nahmen die Erarbeitung der Plattform zur Europawahl und des „Agreement on the re-establishing of the GGEP" sowie gegen Ende die Ausarbeitung künftiger Organisationsprinzipien der neuen Fraktion in Anspruch.

Die Fraktion vollzog 1990 auch einen Wandel in ihrer Schwerpunktsetzung zugunsten der parlamentarischen und zuungunsten der außerparlamentarischen Aktivitäten. Diese Linie wurde insbesondere nach dem Grünen Europäischen Parlament und der Klausurtagung im September 1990 festgeschrieben. In einem dazu von der Fraktion verabschiedeten Dokument hieß es:

„Our identity in the institution of the European Parliament is that of a Parliamentary Group representing a party, not the totality of all the means of political action available to the international environment, eco-pacifist, non-violence, freedom and emancipatory movement. We cannot confuse our role with that of particular constituencies from which we come. We have, instead, to take up the role entrusted to us by the electorate, to construct a new Europe ....“ (LAMBERT 1991:2).

Unter dem Gesichtspunkt einer effizienten parlamentarischen Arbeit wurde dann auch der zweite Vorstand der GFEP besetzt (GGEP 1994:19; GFEP 1990o:1-5). Schon ab 1990 hatte sich das Effizienzprinzip gegenüber dem Prinzip der Basisdemokratie durchgesetzt, und schließlich wurde sogar die Rotation des Vorstands aufgegeben (GFEP 1993h:3f.).

Die Schwerpunktverschiebung spiegelte sich neben der Wahl der politischen Priorität „Regionen“, einem Themenbereich, in dem das EP über die Strukturfonds einen relativen hohen Einfluß hat, auch in der Besetzung der Arbeitsgruppen und der Ausschüsse wider. Danach lagen die politischen Prioritäten der GFEP bei den Themen Umweltschutz, Energie, Entwicklung und Kooperation, Landwirtschaft und EG-Institutionen. Dies waren diejenigen Bereiche, in denen das EP seit der EEA mehr Rechte im Legislativprozeß, d.h., eine Beteiligung über das Zusammenarbeitsverfahren statt einer bloßen Konsultation, erhalten hatte (Vgl. JACOBS/ CORBETT 1990:93f., 185). Auch die Arbeitsgruppen waren jetzt stärker am Parlamentsbetrieb orientiert, so daß etwa die Arbeitsgruppen Menschenrechte oder Frieden und Abrüstung, beim GRAEL noch an der Spitze des Interesses, bei der GFEP eine relativ geringe Rolle spielten.

Was die konkrete parlamentarische Arbeit betrifft, nutzten wie schon beim GRAEL die Abgeordneten der GFEP grundsätzlich alle Legislativ- und Kontrollmöglichkeiten (GGEP 1994:13f.). Hierfür arbeiteten sie auch wieder oft mit einzelnen Abgeordneten anderer Fraktionen zusammen.

Da es den Grünen als kleine Fraktion schwer fiel, wichtige Berichte zu bekommen, gab es verstärkte Aktivitäten bei mündlichen Anfragen mit Debatte und anschließender Resolution sowie bei Änderungsanträgen zu anderen Berichten und anfangs auch bei Dringlichkeitsanträgen. Bei den Dringlichkeitsanträgen hatte sich die Fraktion dabei auf Resolutionen über Menschenrechtsverletzungen und ökologische Katastrophen konzentriert (Interview Juan Behrend v.20.7.93).

Bei anderen parlamentarischen Instrumenten neben den Dringlichkeitsanträgen gelang es im Vergleich zum GRAEL auch wesentlich besser, Anträge der Gesamtfraktion einzubringen (siehe Tabelle 30). Dazu hatten die effizienteren Arbeitsstrukturen der GFEP und eine größere Anzahl von Arbeitsgruppen entscheidend beigetragen. Der GRAEL hatte neben seinen 295 Dringlichkeitsanträgen im Laufe der Legislaturperiode als Gruppe nur 11 Anträge nach Art. 42,5 (58,5) eingebracht. Ansonsten hatte sich die Gruppenaktivität auf das Stellen jeweils eines Antrags nach Art. 40,3 (Abschluß der Aussprache über das Kommissionsprogramm), 203,8 (globale Haushaltsablehnung) und 56,3 beschränkt[219].

---

219 Eigene Erhebung des Autors aufgrund interner Aufstellungen des GRAEL und Daten aus EPO-
QUE (European Parliament Online QUEry System).

Tabelle 30: Fraktionsanträge der ersten GFEP

GO-Artikel	1989	1990	1991	1992	1993	1994	Summe
56,3 (37,2)	7	22	16	23	31	14	113
58,5 (40,5)	4	24	23	14	29	5	99
64 (47,1)	31	123	116	143	167	55	635
58,1	10	38	36	32	32	4	152
109	1	0	0	2	0	0	3
126	1	0	0	1	1	0	3
203,8	0	1	0	0	0	0	1

Quelle: eigene Erhebung des Autors aufgrund von Daten aus der Datenbank EPOQUE (European Parliament Online QUEry System)

Die Zusammenarbeit mit anderen Fraktionen und damit das Eingehen von Kompromissen bereitete auch der GFEP anfangs noch Schwierigkeiten. Dabei standen zunächst zwei strategische Alternativen zur Auswahl: Zum einen eine einzelfallorientierte Zusammenarbeit und zum anderen die Strategie der sogenannten „Progressiven Mehrheit", d.h., einer dauerhaften Zusammenarbeit aller linken, grünen und progressiven Fraktionen im EP unter Ausschluß der EVP und sonstiger Fraktionen. Daß man sich letztendlich für die einzelfallorientierte Zusammenarbeit entschied, hing mit kritischen Stimmen innerhalb der Fraktion selbst und der Unwilligkeit der meisten anderen Fraktionen für eine progressive Mehrheit zusammen (BEHREND 1991:1).

Zu den anderen Fraktionen gab es zunächst wenig regelmäßigen Kontakt (GFEP 1991i:1f.). Eine Zusammenarbeit mit den Sozialisten wurde erschwert, weil diese versuchten, Politikfelder der Grünen zu besetzen. Auch war nur ein Teil der sozialistischen Fraktion, darunter insbesondere die deutschen, britischen und niederländischen Abgeordneten, einer Zusammenarbeit gegenüber aufgeschlossen. Die anderen sahen die Grünen oft als nicht verläßlich an (JACOBS/CORBETT 1990:82). Die Zusammenarbeit mit anderen Fraktionen war noch schlechter (BEHREND 1991:1f.).

Ab 1991 jedoch, als sich die pragmatische Linie insbesondere der Belgier und Italiener in der Fraktion durchsetzte, stieg die Bereitschaft innerhalb der GFEP, mehr Verantwortung über die Beteiligung an Kompromißresolutionen zu tragen und damit verstärkt mit den anderen Fraktionen zusammenzuarbeiten (Interview Juan Behrend v.28.4.95). Mit 53 Anträgen, die im Namen der grünen Fraktion gemeinsam mit anderen Fraktionen eingebracht wurden (davon acht bezogen auf organisatorische Angelegenheiten), war hier dann auch eine deutliche Steigerung gegenüber dem GRAEL zu beobachten.

Die GFEP hat sich damit von der Konfrontationstaktik des GRAEL entfernt und mehr Kompromißbereitschaft sowie eine engere Zusammenarbeit mit den anderen Fraktionen entwickelt (BOMBERG 1992:180f.), auch wenn diese zumindest anfangs als immer noch nicht sehr ausgeprägt angesehen werden muß.

Obwohl die GFEP ihren Arbeitsschwerpunkt auf die parlamentarischen Aktivitäten legte, hielt sie noch Kontakt zu der „außerparlamentarischen Welt", um deren Forderungen ins Parlament zu bringen. Dies geschah über die Organisation von Konferenzen, über Anträge oder über Solidaritätsreisen einzelner MdEPs, z.B. nach Litauen, in die Türkei oder nach Kiew zum Jahrestag von Tschernobyl (LAMBERT 1991:14f.). Allerdings dienten diese Aktivitäten nicht mehr so sehr der Vernetzung der Bewegungen, da diese mittlerweile weitgehend vernetzt waren, sondern mehr der inhaltlichen Diskussion bestimmter Themen. Umfang und Häufigkeit der von der GFEP organisierten Kongresse waren dabei durchaus mit denen des GRAEL vergleichbar (Interview Alexander de Roo v.6.4.1995).

Auch öffentlichkeitswirksame Aktionen gab es noch vereinzelt (ABELES 1992:181f.; LAMBERT 1991:7) [220].

Die erste GFEP zeigte damit bezüglich der Effizienz ihrer Arbeitsweise erhebliche Fortschritte gegenüber dem GRAEL [221]. Inwieweit dies auch im Bereich der von der Fraktion verfolgten Loyalitäten und der Geschlossenheit nach außen im parlamentarischen Verhalten der Fall war, und wie groß in dieser Beziehung die Fortschritte waren, die gegenüber dem GRAEL gemacht wurden, soll im folgenden untersucht werden.

3.3. Die Entwicklung des Interaktionsgrads

Nach dem historischen Überblick über Größe, Zusammensetzung und Arbeitsweise der jeweiligen grünen Fraktionen soll sich nun dem systematischen Teil der Untersuchung, der Entwicklung des Interaktionsgrads, gewidmet werden. Dabei werden, dem Analysemodell in Kapitel 3.1. folgend, zuerst die Loyalitäten der Fraktion und danach ihr parlamentarisches Verhalten einer genaueren Untersuchung unterzogen.

Über die Entwicklung der parlamentarischen Aktivitäten der zweiten GFEP kann aufgrund der Beendigung der Untersuchung im Herbst 1994 nichts sytematisches

---

220 BOMBERG (1992:180f.) erklärt den shift von den Grass-root- zu den Parlamentsaktivitäten damit, daß sich die grüne Fraktion im Prinzip mit den gleichen Möglichkeiten und Dilemmata wie der GRAEL konfrontiert sah, da auch ihr Erfolg u.a. davon abhing, wie sie Partei- und Bewegungsanforderungen versöhnte. Das GRAEL-Beispiel hatte ihrer Meinung nach jedoch gezeigt, daß Basisdemokratie die MdEPs nicht mit der nötigen Kohärenz oder dem nötigen Engagement ausgestattet hatte, um das Bewegungs-Partei Mandat auszuführen. Dazu wäre ein ständiger Kontakt und Input der Basis notwendig gewesen. Alternativ hierzu gab es die Möglichkeit, sich stärker der Parlamentarisierung zu öffnen. Das sei die Strategie der ersten GFEP gewesen, akzeptiert durch die deutschen Mitglieder. Diese Erklärung ist, wenn überhaupt, aber nur ein Teil einer ganzen Reihe zusätzlicher Erklärungsfaktoren, auf die in Kapitel 3.4.2.2. eingegangen werden wird.

221 Was die Effizienz im Sinne einer wirksamen Außendarstellung betrifft, wurde aber der GRAEL von den meisten MdEPs und Mitarbeitern, die sowohl dem GRAEL als auch der GFEP angehörten, als effizienter eingestuft (Interview Wilfried Telkämper v.7.4.95, Frieder O.Wolf v.27.4.95; Alexander de Roo v.6.4.95; Hannes Lorenzen v.27.4.95; Ali Yurttagül v.5.4.95).

mehr gesagt werden. Allerdings bestehen erste Vergleichsmöglichkeiten im Bereich der Loyalitäten.

3.3.1. Die Entwicklung der Loyalitäten

Die Kategorie der Loyalitäten einer Fraktion beschreibt, welche Rolle das Kriterium Nationalitätsbezug (allgemeine nationale Orientierung) im Verhältnis zur Orientierung auf eine europäische und speziell auf die EU-Ebene spielt. Die Messung dieser Orientierungen und deren Veränderung über die Zeit erfolgt anhand der Komponenten:

- Akzeptanz von Leitlinien des Parteienbunds
- Verteilung der Fraktionsmittel
- grundsätzliche Akzeptanz der EU als Form des staatlichen Souveränitätsverzichts
- Art der Öffentlichkeitsarbeit
- Verteilung von Vorstands- und Parlamentsämtern auf die Fraktionsmitglieder
- Konfliktregulierung
- Verteilung der Berichte und Redezeiten.

3.3.1.1. Akzeptanz von Leitlinien des Parteienbunds

Die Orientierung einer Fraktion auf die europäische Ebene ist umso stärker, je mehr sie Leitlinien von einem europäischen Parteienbund akzeptiert. Mögliche Leitlinien eines solchen Parteienbunds gegenüber seiner Fraktion im EP können sich auf die organisatorische (Zusammensetzung der Fraktion und ihres Mitarbeiterstabes) und inhaltliche Ebene (programmatische Leitlinien, Abnahme von Rechenschaftsberichten) beziehen.

Vom Parteienbund der Grünen wurden mehrmals Versuche unternommen, in diesen Bereichen Einfluß auf die Fraktion zu bekommen. So betonte die EGC 1984 ihren Willen, in einer künftigen grünen Europafraktion durch ein noch zu schaffendes internationales, die Europaparlamentarier begleitendes Gremium, „auch grüne Parteien aus denjenigen Ländern zu vertreten, die aufgrund ihres Wahlsystems keinerlei Chancen haben, einen Sitz im EP zu erhalten." (ECOLO 1984:7;EGC 1984b). Von den Parteien, die Abgeordnete ins EP entsenden konnten, wurde diese Idee aber nur von ECOLO und AGALEV unterstützt. Dies reichte nicht aus, um sich gegen die deutschen Grünen durchzusetzen.

In Fragen des Mitarbeiterstabes mischte sich die EGC von vornherein nicht ein. Dies betraf eher die Interessen der nationalen Parteien, an die auch die jeweiligen Rechenschaftsberichte der Mitglieder des GRAEL gingen.

Bei der Gründung und Zusammensetzung der Regenbogenfraktion trat die EGC nicht in Erscheinung. Das Ziel einer rein grünen Fraktion ließ sich „mangels Masse" nicht verwirklichen, und über die gewünschte Zusammensetzung einer technischen Fraktion unter Beteiligung der Grünen wurde kein offizieller Beschluß gefaßt (EGC 1984c:8).

Zwischen 1984 und 1989 kam es verschiedentlich zu Anbahnungen eines Beitritts anderer MdEPs zum GRAEL, die jedoch folgenlos blieben, so daß sich die Frage einer möglichen Intervention der EGC nicht stellte. Auch beim Abgang Francois Roelants und Michael Klöckners aus dem GRAEL oder bei der Wiederwahl des umstrittenen Generalsekretärs John Lambert versuchte die EGC nicht, Empfehlungen abzugeben.

Schließlich wurde im inhaltlichen Bereich anstatt der Wahlplattform der EGC die Paris Declaration als programmatische Grundlage des GRAEL übernommen, wenn auch wiederum ECOLO und AGALEV lieber mit der Plattform der EGC gearbeitet hätten.

Die erste GFEP hingegen übernahm diesmal auf Wunsch der EGC deren 89er Wahlplattform als programmatische Grundlage und räumte der EGC auch die Möglichkeit eines „Alarmverfahrens" ein, das nach Art. 4.3 der Satzung der GFEP die Durchführung eines Beschlusses der Fraktion für maximal zehn Tage, in denen nach Kompromißlösungen gesucht werden sollte, aussetzte. Auch bei der Zusammensetzung der Fraktion spielte die EGC 1989 eine wichtigere Rolle als noch 1984. Eine zur Fraktionsbildung vorgelegte gemeinsame Erklärung beinhaltete u.a. folgende Forderungen:

- die neue Fraktion sollte ein sichtbares grünes Profil haben
- die Sonnenblume und der Ausdruck Grün sollten im Logo der Fraktion erscheinen
- die Abgeordneten aller Mitgliedsparteien der EGC sollten in derselben Fraktion vertreten sein
- die Solidarität mit den nicht gewählten grünen Parteien sollte durch die Aufnahme ihrer Kandidaten in den Mitarbeiterstab gezeigt werden
- die Fraktion sollte Initiativen nationaler Parteien und der EGC unterstützen und stimulieren
- die EGC sollte einen Repräsentanten ernennen können, der Vorstandssitzungen besuchen und EGC- und Fraktionsaktivitäten koordinieren sollte.

Diese Forderungen wurden alle erfüllt, und der Green Party wurde auf Wunsch der EGC sogar ein Sonderstatus eingeräumt: ein Repräsentant hatte Stimmrecht und konnte auch in den Vorstand gewählt werden.

In der GFEP standen nun im Gegensatz zum GRAEL zwei Fraktionsbeitritte an[222]. Allerdings war die EGC als Ganzes hier nicht an einer Intervention interes-

---

222 Im Dezember 1991 hatte ein Dissident der irischen Worker's Party einen Aufnahmeantrag gestellt, der trotz erheblicher Interventionen der irischen Grünen nur knapp abgelehnt wurde (GFEP 1991n:2), und im Juni 1992 wurde John Iversen, Mitglied der SF aus Dänemark, trotz der Einwände aller skandinavischen Grünen, die sich hierfür aber nicht der EGC bedienten, da sie diese in einem finanziellen und organisatorischen Abhängigkeitsverhältnis von der GFEP sahen (Interview Leo Cox v.22.4.95), mit klarer Mehrheit aufgenommen.

siert. Auch beim Weggang von Dorothee Piermont, Maria Santos und Karl Partsch sowie in die Diskussion um einen möglichen Ausschluß Marco Taradashs aus der Fraktion griff die EGC nicht ein. Schließlich gingen auch von der GFEP keine Rechenschaftsberichte an die EGC.

Somit hat die EGC gegenüber dem GRAEL bei der ersten GFEP de jure stärkere Mitspracherechte erhalten. Da das Alarmverfahren von der EGC aber nie in Anspruch genommen wurde, und es auch in der konkreten politischen Arbeit nie dazu kam, daß die GFEP eine von der EGC verabschiedete Resolution einbringen oder sonstige politische Leitlinien beachten sollte (Interview Alexander de Roo v.6.4.1995; Interview Leo Cox v.22.4.95; Interview Nel van Dijk v.20.4.95), muß offenbleiben, ob diese in einem de-facto Konfliktfall berücksichtigt worden wären. Was die einzige inhaltliche Vorgabe der EGC betrifft, nämlich ihre Wahlplattform, war dies zumindest bei einem Beispiel nicht der Fall: die Plattform drückte eigentlich Verständnis aus für die dänische EG-Opposition und die Position der grünen Parteien der EFTA-Länder, die der EG nicht beitreten wollten, aber „as it turned out, this statement represented an outlook that would soon be left behind by the new Group." (GGEP 1994:8). Somit wuchs zwar der Einfluß der EGC im Fraktionsgründungsprozeß, die GFEP hat sich aber wie der GRAEL insgesamt gesehen inhaltlich und organisatorisch eine relativ große Eigenständigkeit bewahrt, die auch bezüglich einzelner nationaler Parteien galt[223].

Anfängliche Versuche der EGC, auch der zweiten GFEP inhaltliche oder organisatorische Leitlinien für ihre Arbeit im EP vorzugeben, wurden Anfang 1993 vorübergehend nicht weiter verfolgt. Zu diesem Zeitpunkt wurde klar, daß der Vorstand der (ersten) GFEP die künftige Fraktion zwar näher an die EGC angebunden sehen, jedoch nicht deren Repräsentant im EP, sondern eher der Repräsentant einer EG-Untergruppe der EGC sein wollte[224]. Trotzdem blieb die EGC bzw. jetzt die EGF dann aber doch nicht ohne Einfluß auf die neue Fraktion, da das vom SCEUA ausgearbeitete „Agreement on the re-establishment of the GGEP", mit dem der Versuch inhaltlicher und organisatorischer Leitlinien für die zweite GFEP unternommen wurde, von der EGF gutgeheißen werden mußte.

In diesem Agreement, das innerhalb eines Jahres von den EG-Grünen in Zusammenarbeit mit dem Vorstand der ersten GFEP ausgearbeitet wurde, waren Grundsätze zur Fraktionsbildung festgelegt, die u.a. Forderungen zur Prozedur bei

---

223 So machte der Vorstand der GFEP in einem Schreiben klar, daß er sich aus Diskussionen mit Parteivertretern oder -organen grundsätzlich heraushalten wolle, und zwar mit der Begründung, daß der Fraktionsvorstand sonst in die schwierige Situation kommen könne, jedem einzelnen Vorstandsmitglied der Mitgliedsparteien „Rede und Antwort stehen zu müssen" (LANGER 1990).

224 In einem Brief des Fraktionsvorstands wurde betont: „il ne semble évident qu'il [die Fraktion] ne peut pas représenter la totalité du partis de la Fédération [...]. Une étroite concertation politique et une coopération ablutissant à des initiatives communes comme on envisage déjà pour le futur proche et on l'a constaté dans le passé ne doit pas empêcher l'autonomie de notre Groupe dans sa specificité parlementaire. [...] En outre, le Groupe des Verts au Parlement Européen n'est pas une entité abstraite. Il est composé de députés verts de partis nationaux en étroite relation avec leur partis respectifs." (GFEP 1993x:1f.).

der Aufnahme neuer Mitglieder und zur programmatischen Grundlage der Fraktion enthielten.

Am Ende konnten aber bei weitem nicht alle im Agreement festgelegten Forderungen des SCEUA gegenüber der Fraktion durchgesetzt werden. So nahmen die Abgeordneten das Agreement nicht als verbindlichen Text, sondern nur als Grundlage der Debatte über die Fraktionsbildung und über die Beziehungen zur EGF und zum SCEUA (GFEP 1994m:2). Jedoch übernahm die Fraktion die Wahlplattform des SCEUA als Arbeitsgrundlage und Regelungen aus denjenigen Teilen des Agreements, in denen die Beziehungen zwischen der EGF und der Fraktion geregelt waren (siehe hierzu ergänzend Kapitel 4.3.). Außerdem bekam die EGF, wie schon 1989 die EGC, wieder die Möglichkeit eines Alarmverfahrens in der (vorläufigen) Satzung der Fraktion eingeräumt.

Zusammenfassend läßt sich damit sagen, daß der Parteienbund der Grünen über die Zeit de jure bei den jeweiligen Fraktionen mehr Mitspracherechte im inhaltlichen und organisatorischen Bereich erhalten hat. De facto hat er diese Rolle bislang aber nur beim jeweiligen Fraktionsgründungsprozeß genutzt. Trotzdem sind damit die europäisch orientierten Loyalitäten bei der GFEP stärker ausgeprägt gewesen als beim GRAEL. Der Interaktionsgrad ist deshalb bei der GFEP, verglichen mit dem GRAEL, gestiegen.

3.3.1.2. Verteilung der Fraktionsmittel

Die finanziellen Mittel, die einer Fraktion im EP zur Verfügung stehen, können der Fraktion als Ganzes, den nationalen Delegationen, den einzelnen Abgeordneten sowie einem Parteienbund zukommen. Je mehr die finanziellen Mittel der europäischen Ebene, sprich dem Parteienbund und den Fraktionseinrichtungen (Sekretariat, Arbeitsgruppen, Vorstand) zufließen, desto stärker ist die Orientierung der Fraktion auf die europäische Ebene.

Bestimmungen des GRAEL zur Mittelverteilung fanden sich in zwei Protokollen, die Bestandteil der Satzung waren. Im „Finanz- und Verwaltungsprotokoll" wurde festgelegt, daß die dem GRAEL zustehenden Stellen aus dem Etat der Regenbogenfraktion für die Errichtung eines GRAEL-Sekretariats eingesetzt werden sollten, das für den gesamten GRAEL arbeitete. Die Mittel aus dem Posten 3705 (Sekretariatskosten der Fraktion) sollten aber nur zum Teil für die Kosten gemeinsamer Tätigkeiten des GRAEL verwendet werden. Auch konnten Mittel für die Sekretariatsarbeit, die am Ende eines bestimmten Zeitraums nicht verbraucht waren, den Mitgliedsparteien proportional zufließen. Die 3706-Mittel (Finanzierung zusätzlicher politischer Aktivitäten der Fraktion) sollten ebenfalls nur zum Teil vom GRAEL selbst ausgegeben werden und ansonsten an die Mitgliedsparteien fließen, wobei über die genaue Aufteilung von Fall zu Fall zu beschließen war. Die 3708-Mittel (Finanzierung europäischer Informationskampagnen) flossen bis zu einem Urteil des EuGH zu den erlaubten Verwendungsmöglichkeiten dieser Mittel im Jahre 1986 zunächst ganz den nationalen Parteien zu, dann unter Einverständnis der GRAEL-Mitgliedsparteien den nationalen Delegationen. Für den GRAEL war lediglich eine zehnprozentige Reserve vorgesehen (siehe auch Tabelle 31). Für einzelne nationale Delegationen (EE, DP, ECOLO) gab es zeitweise abweichende Regelungen, allesamt jedoch zu ihren Gunsten und zu Lasten der Gesamtfraktion.

Tabelle 31: Die Mittelverteilung im GRAEL (in %)

Budgetposten des EP	Fraktion	MdEPs	nationale Delegationen	EGC
3705	60	-	40	-
3706	50	-	50	-
3708	0 (10)[225]	-	100 (90)	-

In der GFEP war nach Art.13 der Statuten die Verteilung der vom EP erhaltenen Mittel wie folgt geregelt:

Tabelle 32: Die Mittelverteilung in der ersten GFEP (in %)

Budgetposten des EP	Fraktion	MdEPs	nationale Delegatio-nen[226]	EGC
3705	50	50[227]	-	-
3706	60	-	35	5
3708	0-20	-	80-100	-

Auch die tatsächliche Aufteilung der Mittel folgte strikt diesem Schema, wobei im Jahr 1993 bei den Mitteln aus 3705 ausnahmsweise 60% auf die Fraktion und nur 40% auf die MdEPs entfielen (Interview Pierre Daxhelet v.9.12.1993; GFEP 1992y:4f.). Was die 3708-Mittel anbetrifft, so bekam die Fraktion jedes Jahr 20%, die nationalen Delegationen 80% (GFEP 1990i:2, 1991h:5, 1992t:4). Die Mittel für die Fraktionseinrichtungen waren damit höher als noch beim GRAEL. Wie aus der Tabelle ersichtlich, wurden auch der EGC hier zum erstenmal erhebliche Mittel zur Verfügung gestellt. Außerdem wurden eineinhalb Stellen der GFEP faktisch an die EGC abgetreten.

Die MdEPs selbst führten sowohl im GRAEL als auch in der ersten GFEP nur an die nationalen Delegationen bzw. Parteien Mittel ab und stellten der EGC auch keine Assistenten zur Verfügung.

Einen Anhaltspunkt über die Höhe der jedes Jahr im GRAEL und der GFEP zu verteilenden Beträge gibt Tabelle 33 (in Tausend belgischen Francs).

---

225 Bis Ende 1986 0%, danach 10%.

226 Die weitere Verteilung der Mittel auf die nationalen Delegationen richtete sich nach der Anzahl ihrer Mitglieder.

227 Diese Mittel sollten den nationalen Delegationen explizit nicht zur Verfügung stehen.

Tabelle 33: Finanzielle Mittel der Fraktionen im Jahre 1988 und 1993

Jahr	3705	3706	3708	Summe	DM
1988	7 307	5 010	21 285	33 602	1 680 000
1993	20 802	11 471	26 595	58 868	2 943 000

Quelle: interne Finanzaufstellungen des GRAEL und der GFEP

Bei der zweiten GFEP war die Verteilung der Fraktionsmittel bis Ende 1994 noch nicht satzungsmäßig geregelt. Für das Jahr 1995 galt jedoch die in Tabelle 34 ersichtliche Regelung, die den Fraktionseinrichtungen im Vergleich zur ersten GFEP noch einmal mehr Mittel zur Verfügung stellte. Zusätzlich zu den im gemeinsamen Protokoll zwischen GFEP und EGF festgelegten fünf Prozent der 3706-Mittel für die EGF waren etwa zehn Prozent aus den 3705 und 3706-Mitteln für gemeinsame Projekte von GFEP und EGF vorgesehen (Interview Frieder O.Wolf v.7.4.1995).

Außerdem finanzierte auch die zweite GFEP der EGF wieder eineinhalb Stellen für deren Information Office.

Tabelle 34: Die Mittelverteilung in der zweiten GFEP für das Jahr 1995 (in %)

Budgetposten des EP	Fraktion	MdEPs	nationale Delegationen	EGF
3705	60	40	-	-
3706	70	-	25	5
3708	20	-	80	-

Damit sind die Mittel, die dem Parteienbund von den jeweiligen Fraktionen zur Verfügung gestellt wurden, seit dem GRAEL kontinuierlich gestiegen. An das SCEUA hat die Fraktion bislang aber noch keine Mittel abgeführt. Auch der Anteil der Mittel für die Fraktionseinrichtungen war bei der ersten GFEP nun höher als noch beim GRAEL[228]. Der Interaktionsgrad hat sich also bei der GFEP im Vergleich zum GRAEL erhöht. Zur zweiten GFEP läßt sich noch nichts abschließendes sagen.

---

228 Als Vergleichsmöglichkeit zu anderen Fraktionen liegt hier nur eine Zahl aus der dritten Direktwahlperiode vor. Danach gingen bei den Sozialisten 70% der 3708-Gelder an die nationalen Delegationen (JACOBS/CORBETT 1990:79).

3.3.1.3. Grundsätzliche Akzeptanz der EU als Form des staatlichen Souveränitäts-verzichts

Ein weiterer Indikator für Loyalitäten, die eine Fraktion der europäischen Ebene allgemein und der EU speziell entgegenbringt, ist das Ausmaß der Unterstützung eines Souveränitätsverzichts von Nationalstaaten im Rahmen der EU.

Im GRAEL war der Begriff „Europäische Union" negativ besetzt. Eine solche Union stand für Zentralismus, Bürokratismus und eine militärische und wirtschaftliche Supermacht, die mit der Umsetzung des Binnenmarktprojektes und der damit verbundenen EEA, die mit der Europäischen Politischen Zusammenarbeit erstmals eine gemeinsame Außenpolitik der EG einführte, nur noch forciert werden sollte. Einig war man sich im GRAEL auch, daß an die Stelle einer solchen Europäischen Union ein „Europa der Regionen" gesetzt werden sollte. Keine Einigkeit konnte man jedoch darüber erzielen, wie dieses Europa der Regionen (institutionell) genau aussehen und über welchen Weg (Reform der EG, Gründung einer ganz neuen Organisation) man dorthin gelangen sollte. So konnte der GRAEL trotz mehrmaliger Versuche seit Anfang 1985 und ständiger Präsenz des Themas auf den Tagesordnungen der Klausurtagungen bis Ende der Legislaturperiode zu den Fragen des europäischen Wahlrechts, zum Entwurf einer europäischen Verfassung, zur Einheitlichen Europäischen Akte oder zur Aufnahme neuer Mitglieder in die EG keine Gruppenmeinung festlegen (NOSTITZ 1986:6).

Auch in der ersten GFEP spielte die Diskussion eines grünen europäischen Integrationskonzeptes und den damit verbundenen Vorstellungen von Art und Machtausstattung (auch künftiger) europäischer Institutionen zunächst keine Rolle. Erst im April 1990 wurde von interessierten Fraktionsmitgliedern eine AG „Institutionelle Fragen" ins Leben gerufen (FRASSONI 1990), die im weiteren Verlauf der Diskussionen innerhalb der GFEP über ein europäisches Integrationskonzept eine entscheidende Rolle gespielt hat. Sie hatte schon frühzeitig für eine föderalistisch verfaßte EG als Startpunkt einer gesamteuropäischen Integration votiert und die Stellungnahmen und Konzepte der GFEP zur politischen und zur Wirtschafts- und Währungsunion wesentlich beeinflußt. Die wichtigsten Punkte dieser Konzepte zur Realisierung des auch von der GFEP angestrebten Europa der Regionen sollen im folgenden beschrieben werden.

Als institutionellen Rahmen für den weiteren europäischen Integrationsprozeß nach dem Umbruch in Osteuropa, der zu einem „demokratischen, sozialen und ökologischen Europa der Regionen" führen sollte (Vgl.GFEP 1992b), hat sich die Fraktion von Beginn an eindeutig für die EG entschieden. Sie sollte aber von ihrer bisherigen Form in eine Union föderalen Typs umgewandelt werden, was nach dem Subsidiaritätsprinzip Hand in Hand gehen sollte „with a process of decentralisation and transfer of competences from States to regions." (GFEP 1992c:1f). Die gleichzeitig gewünschte Stärkung der europäischen Ebene zeigt sich u.a. an der Forderung nach der Einführung einer europäischen Staatsbürgerschaft, der Ausweitung der gemeinschaftlichen Politikfelder einschließlich der grundsätzlichen Einbeziehung einer GASP, einer gemeinsamen Innen- und Justizpolitik sowie der Wirtschafts- und Währungspolitik in den Zuständigkeitsbereich der EG und der Forderung nach einer wirklichen „politique commune" im Bereich der Umwelt-, Gesundheits-, Fiskal- und Sozialpolitik (GFEP 1991a:1; 1993e:1).

Der grundsätzlichen Begrüßung einer GASP und WWU folgten jedoch erwünschte Korrekturen im Einzelnen, und eine gemeinsame Verteidigungspolitik auf militärischer Ebene hielt die Fraktion nicht für erforderlich.

Für die GFEP hatte eine Vertiefung der EG bzw. der EU auch eindeutig Vorrang vor einer Erweiterung, da man ansonsten „la dissolution de la Communauté dans une vaste zone de libre échange, ou le blocage complet du fonctionnement de ses institutions" in Kauf genommen hätte (GFEP 1992d:2; Vgl. auch SCEUA 1994b:29).

Um die Effizienz und demokratische Legitimität der künftigen föderalen Union sicherzustellen, sollte vom bisherigen Weg der graduellen Vertragsänderung über intergouvernementale Regierungskonferenzen abgegangen und stattdessen dem EP ein Mandat erteilt werden, als eine Art europäische Konstituante eine europäische Verfassung zu erarbeiten (GFEP 1992e:2; 1993d:3; SCEUA 1994b:3). Als Ziele einer EU sollten in dieser Verfassung die bisherigen Werte „growth, competitivity and free trade" durch „eco-development, cooperation and fair trade" ersetzt werden (SCEUA 1994b:3).

Diese Verfassung sollte auch eine „Unizität", also eine einheitliche Handhabung aller mit dem EUV in einzelne Säulen aufgeteilten Politikfelder der Union, sicherstellen und das EP innerhalb dieser Unizität zusammen mit dem Rat gleichberechtigtes Legislativorgan der EU werden (GFEP 1991a:3; 1993e:2; SCEUA 1994b:30). Dies bezog sich ebenfalls auf Verfassungsänderungen, die im übrigen auch gegenüber der Opposition einer Minderheit der Mitgliedstaaten Rechtskraft erhalten sollten (GFEP 1993e:2). Das EP sollte auch das Recht haben, die Kommission zu ernennen und den Kommissionspräsidenten zu wählen (GGEP 1994:49).

Der Rat sollte in einen Senat der EU umgewandelt werden und zumindest seine gesetzgebenden Sitzungen öffentlich abhalten (GFEP 1992c:4). Einstimmige Entscheidungen des Rates sollten abgeschafft und qualifizierte zugunsten einfacher Mehrheitsentscheidungen eingeschränkt werden (GFEP 1993e:2). Die Kommission sollte in eine echte europäische Regierung umgewandelt werden, der neben der Initiierung und Teilhabe an Gesetzgebungsprozessen auch die Vertretung der Union in auswärtigen Angelegenheiten und sowohl die Aushandlung als auch der Abschluß internationaler Abkommen oblag.

Der Ausschuß der Regionen sollte in einem ersten Schritt ein Anrufungsrecht beim EuGH erhalten (SCEUA 1994b:30f.), Legislativrechte wurden für ihn jedoch noch nicht gefordert.

Um ihren konstruktiven Ansatz gegenüber der europäischen Integration im Rahmen der EG noch einmal unter Beweis zu stellen, stimmte die GFEP erst dann endgültig gegen Maastricht, als drei von der GFEP gestellte Forderungen an den

Europäischen Rat von Edinburgh zur Beseitigung des Demokratiedefizits vom EP nicht in einen entsprechenden Bericht zu den Maastrichter Verträgen eingearbeitet wurden (GGEP 1994:44).

Somit bleibt festzuhalten, daß die erste GFEP gegenüber dem GRAEL, was die Bejahung einer Integration im Rahmen der EG bzw. der EU, die konkreten Vorstellungen eines institutionellen Systems der EU und das Ausmaß des als notwendig erachteten Souveränitätsverzichts zugunsten der europäischen Ebene betrifft, erhebliche Fortschritte gemacht hat. Der Interaktionsgrad hat sich damit hier entscheidend erhöht. Die zweite GFEP hatte bis zur Beendigung der Untersuchung noch keine Stellungnahme zu ihrem verfolgten Integrationskonzept abgegeben. Es ist jedoch zu vermuten, daß es von ihrer Seite keine so eindeutigen Stellungnahmen zu einer föderalistisch verfaßten EU mehr geben wird (siehe hierzu ausführlicher Kapitel 3.4.2.2.)

3.3.1.4. Art der Öffentlichkeitsarbeit[229]

Die Orientierung einer Fraktion auf die europäische Ebene ist grundsätzlich umso stärker, je mehr ihre Öffentlichkeitsarbeit durch gemeinsame Fraktionseinrichtungen (Fraktionssekretariat, Fraktionsarbeitsgruppen) übernommen wird.

Beim GRAEL gab es verschiedene Versuche, ein regelmäßig erscheinendes, gruppeneigenes Informationsblatt herauszugeben. Diese scheiterten jedoch alle. Gründe dafür waren zum einen, daß die Bereitschaft für gemeinsame Veröffentlichungen bei den meisten Mitgliedern des GRAEL nicht sehr stark und daher die dafür vorgesehenen Gelder minimal waren. Zum anderen gab es sehr wenig Themen, bei denen man eine gemeinsame Position des GRAEL hätte „verkaufen" können (Interview Paul Staes v. 24.4.95), und so war eine gewisse Mindestbandbreite, die Voraussetzung für eine solche Publikation gewesen wäre, nicht vorhanden (Interview Juan Behrend v.28.4.95).

Eine Öffentlichkeitsarbeit des GRAEL als Ganzes kam deshalb erst Ende 1988 im Zuge der Vorbereitung der Europawahl in Gang. Vorher gab es lediglich eine begrenzte Pressearbeit.

Die Öffentlichkeitsarbeit der nationalen Delegationen war ähnlich schwach. Lediglich der GPA verfügte von Anfang an über eine eigene Publikation („Straßburg Times"), Francois Roelants hatte ein Infoblatt herausgegeben („Les Verts au Parlement Européen"), und die Deutschen vertrieben erst ab Mitte 1988 eine eigene Publikation (ebenfalls „Straßburg-Times"). AGALEV und die DP verfügten über keine eigenen Informationsblätter (Interview Paul Staes v.24.4.95).

Dies änderte sich in der ersten GFEP, wenn auch anfangs die Situation der im GRAEL ähnelte. Von Anfang 1991 bis Ende 1992 gab die Fraktion ein regelmäßiges Informationsbulletin („Green Leaves") heraus und veröffentlichte mehrere Broschüren in der Reihe „Green Papers" und „Cahiers Verts". Schließlich wurde

---

229 Siehe zur Öffentlichkeitsarbeit ausführlicher Kapitel 5.1.

Anfang 1993 ein regelmäßig erscheinendes „Green Fax" und 1994 ein Buch über die Aktivitäten der Fraktion in der abgelaufenen Legislaturperiode herausgegeben.

In der GFEP gab es erneut regelmäßige Publikationen der nationalen Delegationen. Groen Links produzierte weiterhin die „Straßburg Times", Les Verts gaben ihr Informationsblatt „Verts Europe" heraus, die ECOLO-Abgeordneten „Les Verts au Parlement Européen" und die Deutschen bis Mai 1992 weiterhin die „Straßburg Times". Danach berichteten sie auf drei bis vier Seiten in der Mitgliederzeitung von Bündnis '90/Die GRÜNEN („PUNKT" bzw. später „SCHRÄGSTRICH").

Die Berichterstattung war dabei wie schon beim GRAEL in allen Fällen komplementär und nicht kompetitiv zu den Fraktionspublikationen angelegt. Gegenüber dem GRAEL ist es aber bei der ersten GFEP zu einer erhöhten Aktivität im Bereich eigener Öffentlichkeitsarbeit gekommen.

Die europäisch orientierten Loyalitäten sind damit bei der ersten GFEP im Vergleich zum GRAEL größer geworden. Somit ist auch ein Anstieg des Interaktionsgrads zu konstatieren.

Die zweite GFEP hatte Anfang 1995 nur das Green Fax als Fraktionspublikation übernommen und sich über weitere Öffentlichkeitsarbeit noch keine Gedanken gemacht (Interview Alexander de Roo v.6.4.1995). Nationale Publikationen wurden bis zu diesem Zeitpunkt von Groen Links, den GRÜNEN und Vihreä Liitto herausgegeben.

3.3.1.5. Verteilung von Vorstands- und Parlamentsämtern auf die Fraktionsmitglieder

Die Orientierung einer Fraktion auf die europäische Ebene ist umso geringer, je weniger die Besetzung von internen (Vorstands-) und externen (Parlaments-) Posten durch Fraktionsmitglieder nach Effizienzkriterien und je mehr sie nach Nationalitätsgesichtspunkten erfolgt.

Das am meisten mit Prestige verbundene Organ innerhalb einer Fraktion ist der Fraktionsvorstand. Dieser bestand beim GRAEL aus zwei Vorsitzenden (Co-Präsidenten), die beide für jeweils 15 Monate amtierten, und zwei Stellvertretern (Beisitzer), die überlappend alle sechs Monate rotieren sollten (GRAEL 1985b). Außerdem hatte der GRAEL einen eigenen Schatzmeister. Die Besetzung dieser Posten nach einem bestimmten Schema war in der Satzung nicht explizit geregelt, folgte jedoch de facto einem System, bei dem alle Mitglieder der kleinen Listen mindestens einmal im Vorstand als Co-Präsidenten oder Beisitzer vertreten waren (siehe Tabelle 35). Somit war auch jede Nationalität im Vorstand vertreten, wobei die Deutschen ein klares Übergewicht hatten.

Tabelle 35: Die Vorstände des GRAEL

Zeitraum	Co-präsidenten	Beisitzer	Schatzmeister
7/84-1/86	F. Graefe zu Baringdorf (D) B. van der Lek (NL)	E.Ennich (D) P. Staes (B)	F.O.Wolf (D)
1/86-6/87	B.Heinrich (D)/ F.Schwalba-Hoth (D)/ W.Telkämper (D)	N. van Dijk (NL)/ R.Galtieri (I)/ E. Nitsch (D) P. Staes (B)	F.O.Wolf (D)
6/87-6/89	W.Telkämper (D) P.Staes (B)	F.O.Wolf (D)/ A.Tridente (I)/ H.Verbeek (NL)	F.O.Wolf (D)[230]

Neben fraktionsinternen können Abgeordnete auch fraktionsexterne Posten, etwa in Ausschüssen oder Delegationen bekleiden. Über die Aufteilung der repräsentativen Posten in Ausschüssen und den parlamentarischen Delegationen des EP[231] findet sich in der Satzung der Regenbogenfraktion eine Formulierung in Art.9, nach der die erhaltenen Ämter vom Vorstand unter Berücksichtigung der Mitgliederzahl der der Fraktion angehörenden Gruppierungen „gerecht verteilt werden" sollten (Art.9.1). Nach dem d'Hondtschen Verfahren hätte die Regenbogenfraktion eigentlich auch einen Anspruch auf einen Ausschußvorsitz und einen Parlaments-Vizepräsidenten gehabt. Beides wurde der Fraktion aber von den anderen Fraktionen verweigert, weil dann u.a. auch die französischen Rechtsextremen einen Ausschußvorsitz innegehabt hätten. So blieben „nur" drei Vizepräsidenten in den Ausschüssen „Landwirtschaft, Fischerei und Ernährung", „Umwelt, Volksgesundheit und Verbraucherschutz" sowie „Geschäftsordnung und Petitionen" (BUCK 1986:16). Alle drei Posten konnten vom GRAEL besetzt werden, und zwar ausschließlich mit deutschen Mitgliedern (Friwi Graefe zu Baringdorf, Undine Bloch von Blochnitz und Frank Schwalba-Hoth, der später von Wolfgang v.Nostitz abgelöst wurde).

Der Vorstand der ersten GFEP, dessen Amtszeit offiziell 15 Monate (mit einmaliger Verlängerungsmöglichkeit) betrug, bestand nach Art.9.1 der Satzung aus zwei Vorsitzenden, zwei Vize-Vorsitzenden, einem Schatzmeister, dem General-

---

230 Von September 1987 bis September 1988 nur kommissarisch, da F.O.Wolf gleichzeitig als Beisitzer im Vorstand saß.

231 Die Ausschüsse des EP werden von einem Vorsitzenden und seinen drei Stellvertretern geleitet (JACOBS/CORBETT 1990:104). Die Aufgaben der interparlamentarischen Delegationen bestehen im Wesentlichen darin, enge Beziehungen zu Nicht-AKP-Staaten (für diese gibt es eigens eine AKP-Versammlung) außerhalb der EG zu entwickeln und zu pflegen, und zwar über Kontakte zu nationalen oder regionalen Parlamentariern oder regionalen Organisationen. Jede Delegation wird dabei von einem Vorsitzenden und zwei Vize-Vorsitzenden geleitet (JACOBS/CORBETT 1990:119-122).

sekretär, einem Team-Vertreter (beide ohne Stimmrecht) sowie zunächst aus drei zusätzlichen Beisitzern. Dabei war bei den Vorsitzenden und Vize-Vorsitzenden Geschlechterparität zu wahren, und „die Diversität der Fraktion [sollte sich] so weit wie möglich in der Zusammensetzung des Vorstandes widerspiegeln." Ein Blick auf die tatsächliche Besetzung der Posten (siehe Tabelle 36) zeigt, daß hinter dieser Formulierung der Wunsch stand, möglichst jeder nationalen Delegation mindestens einmal eine Vertretung im Vorstand zukommen zu lassen.

Über die Verteilung der den Grünen zustehenden Posten der Vorsitzenden bzw. Vize-Vorsitzenden fand sich in der Satzung keine Regelung. Ein Blick auf die tatsächliche Verteilung (Tabelle 37) zeigt eine nur leichte Dominanz der großen nationalen Delegationen (D,I,F), die allerdings den Platz des Vizepräsidenten des EP unter sich aufgeteilt hatten. Somit wurde auch hier wieder auf eine nach Nationalitäten möglichst ausgeglichene Besetzung geachtet.

Tabelle 36: Die Vorstände der ersten GFEP

Zeitraum	Co-Präsidenten	Stellvertreter	Schatzmeister
7/89-10/90[232]	M.Santos (P) A.Langer (I)	C.Roth (D) Y.Cochet (F) B.Ernst (B) J.Lambert (GB) P.Staes (B)	J.M.Bandres (E)
10/90-1/92	A.Aglietta (I) P.Lannoye (B)	S.Fernex (F) E.Quistorp (D)	J.M.Bandres (E)
1/92-4/93	A.Aglietta (I) P.Lannoye (B)	B. Cramon-Daiber (D) B.Boissière (F)	J.M.Bandres (E)
4/93-6/94[233]	A.Aglietta (I) P. Lannoye (B)	B.Cramon-Daiber (D) B.Boissière (F)	J.Iversen (DK)

Quelle: GFEP (1990o:1;1990q:3;1990r:2f.); Green Leaves 7/1992:4

---

232 Bis zur Verabschiedung der Statuten im Mai 1990 galt eine interne Vereinbarung vom Juli 1989 über die Struktur des Fraktionsvorstands, nach der dieser aus zwei Co-Präsidenten, zwei Stellvertretern, einem Schatzmeister sowie drei weiteren Beisitzern bestehen sollte (GFEP 1989a:10f.), so daß jeweils ein Vertreter aus einem Land vertreten sein konnte. Mit der Annahme der Statuten wurden die Beisitzer zugunsten einer effizienteren Funktionsweise des Vorstands gestrichen.

233 Mangels Bewerbern wurde die Amtszeit des Vorstands bei einer leichten Umverteilung der Aufgaben bis zum Juni 1994 verlängert.

Tabelle 37: Die Vertretung der GFEP in den Parlamentsgremien

Zeitraum	Vizepräsident EP	Delegationen	Ausschüsse	AKP-Versammlung
7/89-1/92	W.Telkämper (D)			
Vorsitze		A.Langer (I)	A.Waechter (F)	-
Vize-Vorsitze		D.Tazdait (F) H.Breyer (D) P.Staes (B) V.Bettini (I)	M.C.Aulas (F) P.Lannoye (B) Graefe zu Baringdorf (D) Monnier-Besombes(F)	E.Melandri (I)
1/92-7/94	M.A.Isler-Beguin (F)			
Vorsitze		A.Langer (I)	N.vanDijk (NL)	-
Vize-Vorsitze		D.Tazdait (F)	Graefe zu Baringdorf (D)	W.Telkämper (D)
		B.Boissière (F) V.Bettini (I)	G.Amendola (I) R.Conan (F) J.Iversen (DK)	

Quelle:Verts Europe 44/1992:1-3; GFEP (1989a:15); GVPE (1991a,1992); Green Leaves 8/1992:3-5.

Damit bleibt festzuhalten, daß die Besetzung wichtiger Posten innerhalb und außerhalb der Fraktion, die bei den Medien auf nationaler Ebene auf größeres Interesse stoßen (TELKÄMPER 1986:13), wie etwa das Amt des stellvertretenden EP-Präsidenten, das „enormes Gewicht auf nationaler Ebene hat" (so Claudia Roth (GFEP 1991o:2)), über die ganze Legislaturperiode hinweg immer noch auch nach Nationalitäten austariert und nicht nur am Effizienzprinzip orientiert war. Dabei wurden die großen Delegationen stärker berücksichtigt als die Kleinen, wenn dies auch nicht vollständig proportional geschah. Mit Ausnahme des ersten Vorstands der GFEP wurden aber nicht zusätzlich Vorstandsposten geschaffen, um allen Delegationen eine Vertretung zu sichern. Damit ist in diesem Bereich der Interaktionsgrad zwischen GRAEL und GFEP gleich geblieben.

Der Vorstand der zweiten GFEP, der diesmal für einen Zeitraum von zweieinhalb Jahren gewählt wird (GFEP 1994q:4), besteht nur noch aus zwei Vorsitzenden, zwei Vize-Vorsitzenden und einem Schatzmeister. Satzungsregeln für dessen Besetzung fanden sich bis Ende 1994 genausowenig wie für die Besetzung der Parlamentsgremien, jedoch sind faktisch auch im ersten Vorstand der zweiten GFEP die deutsche Delegation ihrer Stärke entsprechend zweimal und alle anderen mit Ausnahme Luxemburgs und von Groen Links einmal vertreten. Die Abgeordnete von Groen Links hat den einzigen grünen Ausschußvorsitz inne.

Tabelle 38: Die Vorstände der zweiten GFEP

Zeitraum	Co-Präsidenten	Stellvertreter	Schatzmeister
7/94 -	C.Roth (D)	M.Aelvoet (B)	F.O.Wolf (D)
	A.Langer (I)	P.McKenna (IR)	

Tabelle 39: Die Vertretung der zweiten GFEP in den Parlamentsgremien

Zeitraum	Vizepräsident EP	Delegationen	Ausschüsse	AKP-Versammlung
7/94 -	-			
Vorsitzende		-	N.v.Dijk (NL)	-
Vize-Vorsitzende		-	F.Graefe zu Baringdorf (D) D.Cohn-Bendit (D) N.Ahern (IR)	

Quelle: Europa-Forum 6/7/94:3.

Tabelle 40: Die Nationalität der Fraktionsmitarbeiter (Anteile in Prozent)

Land	GRAEL		GFEP I		GFEP II	
	Mitarbeiter-anteil	Delegationsstärke	Mitarbeiteranteil	Delegationsstärke	Mitarbeiter-anteil	Delegations-stärke
Belgien	5	12,5	26,8	10,6	18,8	8,0
Spanien	0	0	2,4	3,5	0	0
Frankreich	0	0	17,1	28,3	3,1	0
Italien	15	8,3	15,9	24,7	9,4	16,0
Niederlande	20	16,6	7,3	7,1	15,6	4,0
Portugal	0	0	2,4	3,4	0	0
Deutschland	60	58,3	15,9	23,0	25,0	48,0
Luxemburg	-	-	-	-	0	4,0
Irland	-	-	-	-	6,2	8,0
Finnland	-	-	-	-	0	4,0
Schweden	-	-	-	-	0	4,0
Österreich	-	-	-	-	0	4,0
Sonstige	-	-	9,8	-	21,9	0

Quelle: Eigene Auswertung aus GFEP (1990u), Regenbogenfraktion (1988:111) und Interview Alexander de Roo v.12.7.1995

Für den Umstand, daß nur die medienwirksamen Posten nach einem Nationalitätenproporz verteilt wurden, ansonsten aber kein großer Wert auf eine proportionale Vertretung der Nationalitäten in der Fraktion gelegt wurde, spricht ein Blick auf die Nationalität der Mitarbeiter der Fraktion (Tabelle 40). Ihre Verteilung stand weder beim GRAEL noch bei der ersten GFEP in einem engen Verhältnis zur Stärke der nationalen Delegationen. Auch in der zweiten GFEP war man sich mehrheitlich darüber einig, daß Nationalität kein Kriterium für die Besetzung des Fraktionsmitarbeiterstabs darstellen sollte (Interview Frieder O.Wolf v.11.6.95).

3.3.1.6. Konfliktregulierung

Die Orientierung einer Fraktion auf die europäische Ebene ist umso größer, je eher Konflikte innerhalb der Fraktion nach dem Mehrheitsprinzip gelöst werden können und je weniger einzelne nationale Delegationen ein Vetorecht besitzen.

Innerhalb des GRAEL sollten Entscheidungen, egal ob politischer oder organisatorischer Art, nach Möglichkeit einstimmig getroffen werden. Konnte man sich nicht auf eine gemeinsame Lösung einigen, so fielen Entscheidungen grundsätzlich durch Abstimmungen mit einfacher Mehrheit. Dabei hatte jeder MdEP zwei Stimmen, da diejenigen, die nach der Hälfte der Legislaturperiode rotieren sollten, eine Stimme an ihre Nachrücker abtreten mußten, um eine gleichberechtigte Partizipation innerhalb der Gruppe sicherzustellen (Art.10, 1-4). Um eine mit Mehrheit gefällte Entscheidung wieder rückgängig zu machen oder deren Umsetzung zumindest zu verzögern, gab es die Möglichkeit eines sogenannten Alarmverfahrens. Dieses konnte von drei verschiedenen Listen aus drei verschiedenen Ländern in Anspruch genommen werden und hatte de jure eine aufschiebende, de facto eine Veto-Wirkung (Art.4.3). Auf dieses Verfahren wurde im GRAEL auch verschiedentlich zurückgegriffen (Interview Juan Behrend v.21.4.95).

Auch innerhalb der GFEP sollten Beschlüsse laut Satzung zunächst wieder möglichst einstimmig gefaßt werden. Sie konnten jedoch, wenn sich dies aufgrund nicht auszuräumender Meinungsverschiedenheiten als unmöglich erwies, grundsätzlich mit einfacher Mehrheit gefällt werden. Dabei wurde die Stimmverteilung des GRAEL und das Alarmverfahren, für das diesmal aber mindestens vier Listen aus drei verschiedenen Ländern notwendig waren, in die Satzung übernommen (Art.4.2 und 4.3). Allerdings konnte das Alarmverfahren jetzt auch vom Vertreter der EGC im Namen einer nicht im EP vertretenen Mitgliedspartei ausgelöst werden. De facto wurde es in der GFEP allerdings nie in Anspruch genommen (Interview Juan Behrend v.28.4.95).

Die Möglichkeit von Mehrheitsentscheidungen wurde am Anfang wegen des gegenseitigen Mißtrauens nur wenig genutzt. Obwohl sie im Laufe der Zeit immer mehr an Bedeutung gewannen, wurden auch noch am Ende der Legislaturperiode in sehr strittigen und für die Beteiligten wichtigen Fragen Kampfabstimmungen vermieden und Kompromisse gefunden. Dies endete manchmal in der Ausklammerung bestimmter Punkte, so etwa bei den Themen UNO und GATT (GFEP 1993r:2).

Regelungen zur Entscheidungsfindung bei der zweiten GFEP fanden sich bis Ende 1994 nur in dem vorläufig - bis zur Verabschiedung einer vollständigen Satzung - festgelegten Abstimmungsverfahren. In ihm wird festgelegt, daß die Fraktion sich bemühen soll, Beschlüsse zunächst im Konsens zu fassen. Falls dies nicht gelingt, kann auch mit Zweidrittel-Mehrheit entschieden werden. Dabei verfügt aber, da das Rotationsprinzip jetzt bei keiner Mitgliedspartei der Fraktion mehr vorhanden ist, jeder Abgeordnete nur noch über eine Stimme. Das Alarmverfahren ist für die Fraktionsmitglieder bislang wie bei der ersten GFEP geregelt.

Damit hat sich im Bereich der Konfliktregulierung de jure zwischen GRAEL und erster GFEP praktisch nichts verändert. Es wurden in der ersten GFEP jedoch öfter Mehrheitsentscheidungen getroffen, die auch von den nationalen Delegationen nicht mehr durch das Betätigen des Alarmverfahrens blockiert wurden. Doch schon beim GRAEL war dies nie aus nationalen, sondern immer nur aus inhaltlichen Gründen der Fall. Ein Vetorecht für eine einzelne nationale Delegation hat es weder beim GRAEL noch bei den beiden GFEPs gegeben. Bei der GFEP ist, verglichen mit dem GRAEL, damit nur eine leichte Erhöhung des Interaktionsgrads zu beobachten gewesen. Über die zweite GFEP läßt sich hier noch nichts abschließendes sagen.

3.3.1.7. Verteilung der Berichte und Redezeiten

Die Orientierung einer Fraktion auf die europäische Ebene ist umso stärker, je weniger die Verteilung der Berichte und Redezeiten sich an der Stärke der nationalen Delegationen in der Fraktion orientiert.

Wie Tabelle 41 zeigt, scheint zumindest beim GRAEL ein Zusammenhang zwischen der Verteilung der Berichte und der Delegationsstärke gerade bei der deutschen und belgischen Delegation auf den ersten Blick nicht abwegig zu sein. Daß dies aber mehr zufällig und durch die individuellen Aktivitäten einzelner Abgeordneter bedingt ist (Interview Alexander de Roo v.6.4.95), zeigt sich etwa daran, daß von den 17 Berichten der deutschen Delegation allein 9 von der Abgeordneten Bloch von Blochnitz angefertigt wurden.

Auch bei der ersten GFEP wurde nicht auf eine proportionale Verteilung der Berichte auf die nationalen Delegationen geachtet. So hatte die deutsche Delegation nur die Hälfte der Berichte angefertigt, die ihnen bei einer proportionalen Aufteilung zugestanden hätten. Auch hier gab es wieder starke Unterschiede bei der Ausarbeitung. So fertigten Alexander Langer und Paul Lannoye von den insgesamt 80 Berichten der GFEP je sieben, Wilfried Telkämper z.B. jedoch überhaupt keinen an.

Die Verteilung der Berichte auf die einzelnen Mitglieder der jeweiligen grünen Fraktionen erfolgte bislang also immer mehr nach Prioritäten der Fraktion und weniger, um eine ausgeglichene Repräsentation der nationalen Delegationen sicherzustellen (Interview Leo Cautereels v.21.6.1994; Interview Alexander Langer v.27.4.95).

Tabelle 41: Die Verteilung der Berichte

Jahr	D			B			NL			I			F			SP			P[234]			Σ
	abs.	%[235]	%[236]	a.	%	%	a.	%	%	a.	%	%	a.	%	%	a.	%	%	a.	%	%	
GRAEL																						
1984	0	0	53,8	0	0	15,4	1	100	15,4	0	0	15,4	-	-	-	-	-	-	-	-	-	1
1985	2	50	58,3	1	25	16,6	1	25	16,6	0	0	8,3	-	-	-	-	-	-	-	-	-	4
1986	3	50	53,8	1	16,7	15,4	2	33,3	15,4	0	0	7,7	-	-	-	0	0	7,7	-	-	-	6
1987	6	75	58,3	1	12,5	8,3	1	12,5	16,6	0	0	8,3	-	-	-	0	0	8,3	-	-	-	8
1988	3	33,3	63,6	1	11,1	9,1	5	55,6	18,2	0	0	9,1	-	-	-	-	-	-	-	-	-	9
1989	3	0	63,6	0	0	9,1	0	0	18,2	1	25	9,1	-	-	-	-	-	-	-	-	-	4
1984-1989	17	53,1	58,3	4	12,5	12,5	10	31,1	16,6	1	3,1	8,3	-	-	-	0	0	4,3	-	-	-	32
GFEP																						
1989	1	100	24,1	0	0	10,3	0	0	6,9	0	0	24,1	0	0	27,6	0	0	3,4	0	0	3,4	1
1990	0	0	24,1	0	0	10,3	1	8,3	6,9	2	16,7	24,1	8	66,7	27,6	0	0	3,4	1	8,3	3,4	12
1991	2	13,3	24,6	3	20	10,5	0	0	7,0	4	26,7	24,6	6	40	28,1	0	0	3,5	0	0	1,8	15
1992	0	0	21,8	2	15,4	10,9	3	23,1	7,3	5	38,5	25,5	0	0	29,1	3	23,1	4,0	0	0	2,0	13
1993	1	7,7	21,4	2	13,3	10,7	3	23,1	7,1	5	38,5	25	1	7,7	28,6	1	7,7	3,8	0	0	3,8	13
1994	5	20	21,4	3	12	10,7	1	4	7,1	8	32	25	8	32	28,6	0	0	3,8	0	0	3,8	25
1989-1994	9	11,3	23,0	10	12,5	10,6	8	10	7,1	24	30	24,7	23	28,8	28,3	4	5	3,5	1	1,3	3,5	80

234 Ab 1992 Zahlen für die SF.
235 Anteil an der Gesamtzahl der Berichte.
236 Anteil an der Fraktionsstärke.

Tabelle 42: Anteile der nationalen Delegationen an der Gesamtzahl der Wortmeldungen

Jahr	D			B			NL			I			F			SP			P237			Σ
	a238	%239	%240	a	%	%	a	%	%	a	%	%	a	%	%	a	%	%	a	%	%	
GRAEL																						
1984	9	37,5	53,8	8	33,3	15,4	6	25	15,4	1	4,2	15,4	-	-	-	-	-	-	-	-	-	24
1985	97	50,8	58,3	44	23	16,6	49	25,7	16,6	1	0,5	8,3	-	-	-	-	-	-	-	-	-	191
1986	94	59	53,8	30	18,9	15,4	33	20,8	15,4	2	1,3	7,7	-	-	-	3	1,9	7,7	-	-	-	162
1987	109	57,7	58,3	30	15,9	8,3	45	23,8	16,6	5	2,6	8,3	-	-	-	1	0,5	8,3	-	-	-	190
1988	97	61,4	63,6	12	7,6	9,1	40	25,3	18,2	9	5,7	9,1	-	-	-	-	-	-	-	-	-	158
1989	54	64,3	63,6	4	4,8	9,1	18	21,4	18,2	8	9,5	9,1	-	-	-	-	-	-	-	-	-	84
1984-1989	460	57,1	58,3	128	15,9	12,5	191	23,7	16,6	26	3,2	8,3	-	-	-	4	-	4,3	-	-	-	809
GFEP I																						
1989	44	36,3	24,1	5	17,4	10,3	17	14,0	6,9	30	24,8	24,1	21	4,1	27,6	4	3,3	3,4	0	0,0	3,4	121
1990	67	17	24,1	48	24,1	10,3	36	9,1	6,9	129	32,7	24,1	95	12,2	27,6	24	6,1	3,4	6	1,5	3,4	395
1991	77	19,4	24,6	76	14,9	10,5	43	10,8	7,0	126	31,7	24,6	59	19,1	28,1	11	2,8	3,5	5	1,3	1,8	397
1992	102	24,0	21,8	81	14,8	10,9	46	10,8	7,3	121	28,5	25,5	63	19,1	29,1	9	2,1	4,0	/3	0,7	2,0	425
1993	95	19,6	21,4	89	18,4	10,7	47	9,7	7,1	128	26,4	25	113	23,3	28,6	9	1,9	3,8	/4	0,8	3,8	485
1994	49	20,7	21,4	38	16,0	10,7	22	9,3	7,1	83	35,0	25	44	18,6	28,6	6	2,5	3,8	/5	2,1	3,8	237
1989-1994	444	20,3	23,0	337	15,4	10,6	211	9,6	7,1	719	32,8	24,7	395	18,0	28,3	63	2,9	3,5	11,5	0,5	3,5	2192

237 Ab 1992 Zahlen für die SF.
238 Absolute Anzahl.
239 Anteil an der Gesamtzahl der Meldungen.
240 Anteil an der Fraktionsstärke.

Da die Länge der jeweiligen Wortmeldungen im Plenum nicht exakt erfaßt werden konnte, wurde die Aufteilung der Redezeiten auf die nationalen Delegationen durch die Anzahl der Wortmeldungen im Plenum abgebildet. Wie Tabelle 42 zeigt, ist zumindest bei der ersten GFEP diese Aufteilung offensichtlich nicht nach Nationalitätsgesichtspunkten erfolgt. Der Anteil der Wortmeldungen der Gesamtheit aller Mitglieder einer nationalen Delegation an der Gesamtzahl der Wortmeldungen wich hier noch stärker von der personellen Stärke in der Fraktion ab als beim GRAEL. Aber auch die Annäherung der Anteile beim GRAEL war durch die Auswahl der Themen im Plenum des EP bestimmt (Interview Alexander de Roo v.6.4.1995). Allerdings sprach bei Erklärungen der Ratspräsidentschaft zu ihrer Tätigkeit in der Regel ein Abgeordneter aus dem betreffenden Land, soweit dieses im GRAEL vertreten war.

Diese Gepflogenheit wurde bei der GFEP teilweise durchbrochen, da bei solch wichtigen Anlässen verstärkt die Fraktionsvorsitzenden sprachen (Interview Wilfried Telkämper v.13.7.95).

Zusammenfassend läßt sich damit sagen, daß eine bewußte Aufteilung der Redezeiten nach der Stärke der nationalen Delegationen weder beim GRAEL noch bei der GFEP zu erkennen war und eine Erhöhung des Interaktionsgrads über die Zeit damit nicht stattgefunden hat.

Was die Loyalitäten der Fraktion betrifft, bleibt abschließend festzuhalten, daß sich bei sechs der acht Indikatoren der Interaktionsgrad über die Zeit erhöht hat und bei den restlichen beiden zumindest nicht gesunken ist. Damit hat sich auch insgesamt der Interaktionsgrad der GFEP, verglichen mit dem GRAEL, erhöht. Für die zweite GFEP läßt sich hier noch nichts abschließendes sagen.

3.3.2. Die Entwicklung des parlamentarischen Verhaltens

Nach der abschließenden Betrachtung der Loyalitäten wird sich nun der Kohäsion im parlamentarischen Verhalten als zweitem Variablenbündel zur Messung des Interaktionsgrads zugewandt. Dieses Variablenbündel versucht, die inhaltliche Geschlossenheit der Fraktion im laufenden Parlamentsbetrieb zu messen. Als Variablen wurden hierzu ausgewählt:

- die Anzahl der Sprecher der Fraktion im Plenum
- dissenting votes bei Debatten im Plenum
- abweichende Haltungen bei Abstimmungen
- Kontrolltätigkeit der Fraktion gegenüber der Exekutiven und Legislativtätigkeit
- sonstige, einer Fraktionshaltung zuwider laufende Einzelaktionen.

Die Voraussetzungen für ein einheitliches parlamentarisches Verhalten waren, zumindest nach den Satzungsbestimmungen zu urteilen, in der GFEP erheblich besser als beim GRAEL. Satzungsbestimmungen, die ein gemeinsames Auftreten als Gruppe hätten begünstigen können, fanden sich beim GRAEL nämlich so gut wie nicht. Lediglich in Art.7.1 wurde darauf hingewiesen, daß für alle Initiativen, die in den Themenbereich der Paris Declaration fielen, im EP versucht werden sollte, gemeinsame Aktionen durchzuführen und einen gemeinsamen Standpunkt zu finden. Gleichzeitig sollte dies jedoch explizit nicht „das Recht jedes Unterzeichners auf eigene selbstverantwortliche Tätigkeit" berühren (Art.7.3).

In der Satzung der ersten GFEP wurde hingegen eine möglichst hohe Bedeutung der Arbeit der Gesamtfraktion gewünscht. So forderte Abschnitt 13 der Statuten, daß sich die Mitgliedsparteien bzw. -listen der Fraktion „sich in erster Linie für die politische Arbeit und Initiativen der Fraktion interessieren" und die Assistenten der Fraktionsmitglieder „eine aktive Rolle in der Fraktionsarbeit" spielen sollten (Art.9.5).

Auch sonst spiegelte die Satzung der GFEP den Wunsch der Mehrheit der Mitglieder der Fraktion nach einem möglichst geschlossenen Auftreten wider. Bei Parlamentsdokumenten, die im Namen der Fraktion eingereicht werden konnten, sollte die Fraktion möglichst auch tatsächlich eine gemeinsame Haltung festlegen. Erst wenn dies nicht der Fall war, sollten einzelne Abgeordnete die Möglichkeit haben, andere Initiativen zu ergreifen (Art.6). Desweiteren sollte sich die Fraktion innerhalb des Parlaments sowie nach außen bei festgelegten gemeinsamen Positionen nur „mit einer einzigen Stimme" äußern, d.h., abweichende Meinungen einzelner MdEPs oder nationaler Gruppen sollten in diesen Fällen unterbleiben (Art.7). In der Satzung wurde allerdings explizit festgelegt, daß die der Fraktion im Plenum zugeteilte Redezeit teilweise auch für das Vorbringen von dissentig votes genutzt werden konnte (Art.5). Bei der Auswahl der Parlamentsdokumente, die im Namen der Fraktion eingebracht wurden, sollte sich um eine „Ausgewogenheit zwischen den Vorschlägen der verschiedenen Abgeordneten und Listen" bemüht werden (Art.6).

Inwieweit die Satzung der GFEP hier aber tatsächlich hielt, was sie im Hinblick auf ein geschlossenes Auftreten versprach, soll im nachfolgenden überprüft werden.

3.3.2.1. Anzahl der Sprecher der Fraktion

Grüne Parteien pflegen die nach außen vertretene Toleranz gegenüber verschiedenen Kulturen und Meinungen auch im innerparteilichen Prozeß umzusetzen. Es verwundert daher zunächst nicht, daß in einer nicht unerheblichen Anzahl von Fällen bei der inhaltlichen Diskussion im Plenum des Parlaments mehr als ein Sprecher zum gleichen Thema das Wort ergriffen hat (siehe Tabelle 43). So sprachen beispielsweise bei Agrardebatten regelmäßig sowohl der deutsche als auch der holländische Agrarexperte des GRAEL. Auch ganz allgemein ergriffen im GRAEL bei inhaltlichen Debatten die jeweiligen Experten das Wort und nicht etwa die Fraktionsvorsitzenden.

Auch in der GFEP sprachen mehrere Abgeordnete bei Debatten, u.U. drei bis vier zu einem Thema. Bei wichtigen Anlässen (Maastricht, Gipfeltreffen) äußerten sich jedoch gegen Ende der Legislaturperiode verstärkt die Fraktionsvorsitzenden.

Der Vorstand hätte auch grundsätzlich lieber nur einen Sprecher pro Debatte gehabt, es sei denn bei dissenting votes (GFEP 1992q:2).

Wie Tabelle 43 zeigt, ist es aber auch in der GFEP nicht gelungen, die vielen Fälle, in denen mehr als ein Sprecher zum gleichen Thema Stellung bezog, zu reduzieren. Im Gegenteil, im Vergleich zum GRAEL hat sich die Situation hier auf den ersten Blick verschlechtert. Allerdings muß berücksichtigt werden, daß die GFEP im Schnitt gut doppelt soviel Abgeordnete umfaßte wie der GRAEL.

Dabei waren die Wortmeldungen in beiden Fällen nicht gleichmäßig auf einzelne Abgeordnete verteilt. So gingen im GRAEL knapp 18% allein auf das Konto Undine Bloch von Blochnitz, und in der ersten GFEP entfielen jeweils knapp 10% auf Virginio Bettini, Alexander Langer und Brigitte Ernst.

Die inhaltliche Geschlossenheit der GFEP im Vergleich zum GRAEL ist hier also in etwa gleich geblieben. Damit hat sich auch der Interaktionsgrad über die Zeit nicht verändert.

Tabelle 43: Wortmeldungen der Mitglieder des GRAEL und der ersten GFEP im Plenum

Jahr	Anzahl der Sprecher[241]				Gesamtzahl der inhaltlichen Debatten[242]	Anteil in %[243]
	1	2	3	>4		
GRAEL						
1984	31	4	5	3	43	27,9
1985	97	6	1	1	105	7,6
1986	101	28	2	1	132	23,5
1987	100	28	3	1	132	24,2
1988	100	22	0	0	122	18,0
1989	50	8	0	0	58	15,3
1989-1994	**479**	**96**	**11**	**6**	**592**	**19,1**
GFEP I						
1989	59	18	5	0	82	28,0
1990	143	53	16	20	232	38,4
1991	167	49	17	11	244	29,2
1992	137	45	18	22	222	38,3
1993	178	56	18	21	273	34,8
1994	92	25	11	8	136	32,4
1989-1994	**776**	**246**	**85**	**82**	**1189**	**34,7**

Quelle: eigene Auswertung des Autors aus den Sitzungsprotokollen des EP (jeweils abgedruckt im Anhang des Amtsblatts der EG, Reihe C) für den Zeitraum von Juli 1984 bis Mai 1994.

241 Pro inhaltlicher Debatte oder Erklärung zur Abstimmung

242 Debatten, bei denen grüne Sprecher zu Wort kamen.

243 Anteil der Wortmeldungen mit mehr als einem Sprecher zum gleichen Thema an der Gesamtzahl der Debatten. Meldungen zur GO wurden hier nicht berücksichtigt, da diese meist nicht vorher in den Fraktionssitzungen bei der Aufteilung der Redezeit besprochen werden.

3.3.2.2. Dissenting Votes bei Redebeiträgen und Abstimmungsverhalten im Plenum

Ein Abgeordneter des EP genießt nach dessen Geschäftsordnung ein freies Mandat (JACOBS/CORBETT 1990:47). Trotzdem versuchen die meisten Fraktionen nach Möglichkeit, nach außen als Einheit aufzutreten, um Geschlossenheit und Stärke zu demonstrieren. Von einer festgelegten Fraktionsmeinung abweichende Haltungen, die noch einmal explizit deutlich gemacht werden sollen, können im Plenum des EP durch zwei verschiedene Möglichkeiten zum Ausdruck gebracht werden: erstens durch Redebeiträge während der Debatte im Plenum, zweitens durch eine Stimmerklärung des Abgeordneten nach der erfolgten Abstimmung über einen bestimmten Themenbereich (offene dissenting votes). Eindeutig und noch mit vertretbarem Aufwand messen lassen sich aber nur offene dissenting votes, da während der Plenardebatten vom Redner nur selten explizit darauf hingewiesen wird, daß er von der Fraktionsmeinung abweicht. Somit müßte für jede Rede erst genau verglichen werden, welche Meinung die Fraktionsmehrheit vertritt, und ob der jeweilige Redner tatsächlich von dieser Haltung abweicht. Die Erhebung dieser Daten wäre mit unverhältnismäßig hohem Arbeitsaufwand verbunden gewesen und ist deshalb unterblieben.

Offene dissenting votes gab es im GRAEL nur bei sechs Abstimmungen. Auch in der ersten GFEP war dies nur zehnmal und damit in Relation gesehen in ungefähr dem gleichen Ausmaß vorgekommen wie beim GRAEL. Für eine verläßliche Beurteilung der Kohäsion einer Fraktion reicht der Indikator 'dissenting votes' damit nicht aus. Ein besseres Bild über die abweichenden Meinungen kann durch die Betrachtung des Abstimmungsverhaltens selbst erreicht werden.

Als Indikator für die Geschlossenheit der Fraktion bietet sich hier zunächst der Anteil der mit Einstimmigkeit erfolgten Abstimmungen an der Gesamtzahl der Abstimmungen an. Ein Blick auf Tabelle 44 zeigt, daß der GRAEL nach diesem Kriterium im jeweiligen Jahr der Legislaturperiode immer kohäsiver war als die erste GFEP. Aufgrund der negativen Grundhaltung einiger Abgeordneter zum EP kam es beim GRAEL aber öfter zu erhöhter Abwesenheit während der Plenarsitzungen in Straßburg, so daß teilweise bei Abstimmungen im Plenum nur zwei oder drei Abgeordnete anwesend waren. Damit war aber natürlich auch die Wahrscheinlichkeit abweichenden Abstimmungsverhaltens kleiner als bei der ersten GFEP[244].

Sinnvollerweise ist deshalb auch das Ausmaß des jeweiligen abweichenden Verhaltens für die Bestimmung der Kohäsion heranzuziehen. Aus diesem Grund wird hier zusätzlich ein Heterogenitätsindex (HI) eingeführt, der definiert wird als Anteil der bei einer Abstimmung abgegebenen (Summe der) Minderheitsvoten an den

---

244 Ein krasses Beispiel bietet hier die Plenarsitzung vom April 1987. 13 von 29 Abstimmungen mit Einstimmigkeit kamen dort dadurch zustande, daß nur ein grüner Abgeordneter im Plenum anwesend war.

Mehrheitsvoten. Dieser Index ist im Idealfall (Einstimmigkeit) gleich Null und kann nicht größer werden als zwei[245].

Bezogen auf das Abstimmungsverhalten der grünen MdEPs des GRAEL und der GFEP bei namentlichen Abstimmungen ergibt sich danach das in Tabelle 44 dargestellte Bild.

Es zeigt sich, daß die erste GFEP mit einem Heterogenitätsindex von 0,241 im Abstimmungsverhalten erheblich kohäsiver war als der GRAEL (HI = 0,492). Dabei verteilte sich das abweichende Verhalten mit Ausnahme einiger Abgeordneter, die überdurchschnittlich oft von der Mehrheitsmeinung der Fraktion abwichen[246], relativ gleichmäßig auf die Fraktionsmitglieder. Auch die Anwesenheit der Abgeordneten im Plenum nahm bei der ersten GFEP gegenüber dem GRAEL durchschnittlich zu, wenn auch immer noch einige Abgeordnete bewußt bei Abstimmungen im Plenum nicht anwesend waren, um ihrer abweichenden Meinung Ausdruck zu verleihen.

Dissenting votes oder abweichendes Stimmverhalten aufgrund von fraktionsübergreifenden nationalen oder sektoralen Koalitionen waren im GRAEL mit einer Ausnahme nicht explizit zu beobachten[247].

Auch bei der ersten GFEP waren dissenting votes aufgrund fraktionsübergreifender Koalitionen nicht explizit zu erkennen. Jedoch gab es diese implizit, d.h., die entsprechenden Abgeordneten gaben zwar nicht ausdrücklich zu, daß sie aufgrund von Issuekoalitionen gegen die eigene Fraktion gestimmt hatten, aber „man konnte sich erklären, warum bestimmte Leute so abstimmen und nicht anders" (Interview Juan Behrend v.28.4.95). Dies war der Fall im Bereich der Regional-, Agrar- und Fischereipolitik. Auch an Koalitionen nationaler Delegationen aufgrund „nationaler Fragen" waren wieder nur einzelne Mitglieder beteiligt und auch wieder nur implizit (Interview Juan Behrend v.28.4.95)[248].

---

245 GRESCH verwendet hier aufbauend auf ZELLENTIN (1967) zur Messung der Geschlossenheit bei Abstimmungen einen sogenannten Kohäsionsindex, der definiert wird als Zahl der von der Einstimmigkeit abweichenden abgegebenen Stimmen im Verhältnis zur Anzahl der abgegebenen Stimmen (GRESCH 1976:197, 203; ZELLENTIN 1967:420). Bei diesem Index treten jedoch Probleme auf, da nicht klar ist, wie bei einer Konstellation, bei der sowohl Enthaltungen als auch positive und negative Stimmabgaben vorkommen (z.B. drei pro, vier contra und zwei Enthaltungen) verfahren werden soll. Der Heterogenitätsindex (in diesem Fall 5/4 und bei einer Konstellation 3:3:3 = 6/3 =2) ist bei solchen Konstellationen dem Kohäsionsindex von ZELLENTIN überlegen und wurde deshalb vorgezogen.

246 Im GRAEL waren dies die Abgeordneten Bloch von Blochnitz, Roelants und Staes, in der ersten GFEP die Abgeordneten Partsch, Verbeek und Langer.

247 Diese Ausnahme stellt Juan Bandres dar, der 1986 für die Annahme des EG-Haushaltes stimmte, da er ansonsten Nachteile für Spanien erwartete.

248 So waren selbst die Franzosen in der Frage, ob Frankreich mit Straßburg einen gleichberechtigten Sitz des Europaparlaments behalten sollte, gespalten und nicht etwa einstimmig dafür (Interview Bruno Boissière v.20.4.95).

Tabelle 44: Abweichendes Stimmverhalten bei namentlichen Abstimmungen

GRAEL		Abs.	%	HI	GFEP		Abs.	%	HI
1984	Einstimmig	67	77,9	0,423	1989	Einstimmig	112	72,4	0,272
	Nicht einst.	19	22,1			Nicht einst.	40	27,6	
1985	Einstimmig	377	77,4	0,348	1990	Einstimmig	387	77,1	0,269
	Nicht einst.	110	22,6			Nicht einst.	115	22,9	
1986	Einstimmig	413	82,3	0,619	1991	Einstimmig	335	79,9	0,217
	Nicht einst.	89	17,7			Nicht einst.	89	20,1	
1987	Einstimmig	255	86,4	0,424	1992	Einstimmig	364	83,1	0,223
	Nicht einst.	40	13,6			Nicht einst.	74	16,9	
1988	Einstimmig	329	83,1	0,619	1993	Einstimmig	420	80,8	0,231
	Nicht einst.	67	16,9			Nicht einst.	100	19,2	
1989	Einstimmig	160	89,4	0,559	1994	Einstimmig	232	80,2	0,22
	Nicht einst.	19	10,6			Nicht einst.	39	19,8	
1984-1989	**Einstimm.**	**1597**	**86,7**	**0,492**	**1989-1994**	**Einstimm.**	**1850**	**85,6**	**0,241**
	Nicht einst.	**244**	**13,3**			**Nicht einst.**	**457**	**14,4**	

Quelle: Eigene Erhebung des Autors[249]

---

[249] Die Daten wurden durch die Auswertung aller namentlichen Abstimmungen im EP zwischen Juli 1984 und Mai 1994 gewonnen. Deren Ergebnisse werden jeweils in den monatlichen Sitzungsberichten des EP abgedruckt (Amtsblatt der EG, Reihe C). Namentliche Abstimmungen im EP haben zwar seit 1979 ständig zugenommen, stellten aber z.B. in der ersten Direktwahlperiode nur 15% aller Abstimmungen über Initiativ- und Dringlichkeitsresolutionen (ATTINÁ 1990:562). Die Untersuchung der namentlichen Abstimmungen liefert deshalb nur ein eingeschränktes Bild über die allgemeine Abstimmungskohäsion. Über das Verhalten bei nicht-namentlichen Abstimmungen liegen aber weder externe noch interne Statistiken vor. Eine Beschränkung auf die Untersuchung von Schlußabstimmungen und damit das Ausklammern von Abstimmungen über Änderungsanträge, wie dies etwa ATTINÁ (1990:563) tut, erschien nicht sinnvoll, da in solchen Schlußabstimmungen meist schon die strittigen Punkte ausgeklammert oder durch Kompromisse entschärft sind. Der durchschnittliche Heterogenitätsindex (HI) ist der Mittelwert aus der Summe des jeweiligen Heterogenitätsindexes bei den einzelnen nicht-einstimmigen Abstimmungen, geteilt durch die Gesamtzahl aller nicht-einstimmigen Abstimmungen. Abstimmungen, an denen nicht mindestens ein Viertel aller Abgeordneten teilgenommen haben (beim GRAEL entspricht dies drei, bei der ersten grünen Fraktion anfangs acht, später sieben Abgeordneten), wurden als nicht hinreichend repräsentativ angesehen und fanden keinen Eingang in die Berechnung. Zwischen 1984 und 1989 war dies aber nur bei 31 und zwischen 1989 und 1994 nur bei 29 Abstimmungen der Fall.

Vergleichbare Erhebungen für andere Fraktionen liegen bislang eigentlich nur mit ATTINÁ (1990:574) für die erste und zweite Direktwahlperiode vor. Da ATTINÁ jedoch nur Schlußabstimmungen untersucht hat, sind die Ergebnisse nicht vergleichbar. Daß er zusätzlich auch ein anderes

Somit bleibt festzuhalten, daß abweichendes Verhalten aufgrund nationaler oder sektoraler Interessenkoalitionen sowohl beim GRAEL als auch bei der GFEP nur eine untergeordnete Rolle gespielt hat. Die Abstimmungsdisziplin hat sich bei der GFEP gegenüber dem GRAEL jedoch erheblich verbessert. Der Kohäsions- und damit der Interaktionsgrad ist hier also über die Zeit gestiegen.

3.3.2.3. Kontroll- und Legislativtätigkeit der Fraktion

Einzelne Abgeordnete einer Fraktion können durch Koalitionen mit Abgeordneten anderer Fraktionen versuchen, die in der eigenen Fraktion nicht mehrheitsfähige Meinung über gemeinsame Anträge im Plenum doch noch durchzusetzen. Wäre dies z.B. bei den Grünen oft der Fall, so müßte der Anteil der Anträge grüner Abgeordneter, die diese im Namen der Fraktion einbringen, an der Gesamtzahl der von ihnen eingebrachten Anträge erheblich von 100% abweichen.

Wie Tabelle 45 zeigt, waren unter den von den GRAEL-Mitgliedern eingereichten Anträgen im Schnitt tatsächlich nur knapp 50% vom GRAEL initiiert und von der Regenbogenfraktion eingebracht worden. Der Rest wurde von einzelnen GRAEL-Mitgliedern in Zusammenarbeit mit Abgeordneten anderer Fraktionen verfaßt. Bei der ersten GFEP hat sich der durchschnittliche Anteil der Fraktionsanträge zwischen 1989 und 1994 auf gut 72% erhöht, wobei der Anteil von Parlamentsjahr zu Parlamentsjahr (mit der Ausnahme von 1992, als viele kontroverse Themen innerhalb der GFEP zur Debatte standen) kontinuierlich auf etwa 90% gestiegen ist. Dieser kontinuierliche Anstieg konnte auch bei der Mehrzahl der einzelnen Abgeordneten und nicht nur im Schnitt über alle Abgeordnete beobachtet werden.

Allerdings dürfen die hier bestehenden signifikanten Unterschiede zwischen GRAEL und erster GFEP nicht überbewertet werden. Anträge von Fraktionsmitgliedern außerhalb der Fraktion waren in beiden Fällen fast ausschließlich taktisch motiviert und nicht Ausdruck einer abweichenden Haltung der einzelnen Fraktionsmitglieder. Gerade beim GRAEL, der im Plenum kein großes Ansehen genoß, war es taktisch besser, mit bekannten Abgeordneten anderer Fraktionen zusammen Anträge einzubringen. Dadurch konnte man eher hoffen, Abgeordnete anderer

---

Verfahren zur Berechnung der Heterogenität wählt, indem er die Summe der Minderheitsmeinungen von der Mehrheitsmeinung abzieht und diese Zahl dann durch die Gesamtzahl der Stimmen teilt, stellt hier kein Problem dar, da man den hier verwendeten Heterogenitätsindex (HI) aus ATTINÁs 'Index of Agreement' (IA) unter Verzicht auf Angaben von Prozentzahlen aus der Formel $HI = (1-IA)/(IA+1)$ berechnen kann (Herleitung siehe Anhang). Der Vollständigkeit halber seien aber trotzdem die (umgerechneten) Werte für die einzelnen Fraktionen in der zweiten Direktwahlperiode angegeben:

Fraktion	Sozialisten	EVP	ED	Komm.	SdED	Liberale	Regenbog.	Rechte
HI	0,233	0,086	0,093	0,168	0,171	0,18	0,191	0,02

Fraktionen zur Zustimmung zu bewegen, als wenn der Antrag alleine von der noch mit einem schlechten Ruf ausgestatteten Regenbogenfraktion kam (Interview Alexander de Roo und Wilfried Telkämper v.12.7.1995). Ungeachtet dessen läßt sich gegenüber dem GRAEL eine verstärkte Bereitschaft einzelner Abgeordneter erkennen, über die Zeit immer mehr Anträge im Namen der Fraktion mitzutragen. Dies war im GRAEL, bei dem der diesbezügliche Anteil oszillierte, noch nicht der Fall. Der Indikator erweist sich alles in allem aber als nicht robust genug, um hier mit Sicherheit sagen zu können, daß die GFEP gegenüber dem GRAEL kohäsiver geworden und der Interaktionsgrad damit gestiegen wäre.

Tabelle 45: Anträge der Mitglieder des GRAEL und der ersten GFEP im Namen der Fraktion

GRAEL	in % durchschnittlich pro MdEP	GFEP I	in % durchschnittlich pro MdEP
		1989	45,7
1985	53,1	1990	67,3
1986	45,1	1991	88,4
1987	55,2	1992	66,6
1988	44,9	1993	90,9
1989	44,9	1994[250]	87,5
1985-1989[251]	48,6	1989-1994	72,1

Quelle: Eigene Erhebung des Autors aus Daten der Datenbank EPOQUE[252]

3.3.2.4. Sonstige Einzelaktionen

Im GRAEL gab es verschiedentlich Aktionen einzelner Abgeordneter, die der Mehrheitshaltung des GRAEL zuwiderliefen und diesem in der Öffentlichkeit schadeten. So fuhr beispielsweise Dorothee Piermont Ende 1985 ohne Kenntnis des GRAEL-Pressesprechers anläßlich der dortigen französischen Atomtests auf die Mururoa-Inseln, um dort die offizielle Delegation des GRAEL zu „begleiten". Anschließend gab sie Interviews, in denen sie die Delegationsmitglieder persönlich angriff (ESDERS 1985).

Ein weiteres Beispiel bot 1987 eine Pressekonferenz des GRAEL im Baskenland, auf der Brigitte Heinrich entgegen der GRAEL-Haltung bestimmte Positionen

---

250 Im Parlamentsjahr 1994 gehen 9 von 24 Fällen, in denen von den jeweiligen Abgeordneten nur Anträge im Namen der Fraktion gestellt wurden, auf sehr geringe Fallzahlen zurück (ein bis drei Anträge). Dieses Problem bestand auch 1989 beim GRAEL.

251 1984 gab es noch keine Fraktionsmitarbeiter und ein nur minimales Fraktionssekretariat, so daß so gut wie keine Fraktionsanträge eingebracht wurden.

252 Einbezogen wurden alle Entschließungsanträge nach den Art.56,3, 58,5, 64, 109, 126 und 203,8 (bzw. ihre jeweiligen Pendants in den neueren Geschäftsordnungen) zwischen Juli 1984 und Mai 1994, an denen grüne Abgeordnete beteiligt waren.

der Herri Batasuna, dem politischen Arm der ETA, unterstützte. Dies hatte der EE erheblichen Schaden zugefügt (STAES 1987b:2) und zu Spannungen mit Juan Bandres geführt (GRAEL 1987f:2). Als weiteres wichtiges Ereignis ist noch ein öffentlichkeitswirksamer Besuch Frank Schwalba-Hoths bei einem Kongreß der irischen Sinn Fein, dem politischen Arm der IRA, zu nennen (Interview Juan Behrend v.28.4.95).

In der Anfangsphase der GFEP verbreiteten einige Verantwortungsträger der Fraktion ebenfalls noch öffentlichkeitswirksam ihre Privat-, nicht aber die Fraktionsmeinung (DELEGATION 1990:1).

Im großen und ganzen spielten Einzelaktionen in der ersten GFEP aber keine so große Rolle mehr wie noch beim GRAEL (Interview Juan Behrend v.28.4.95), womit die GFEP hier eine größere Geschlossenheit und damit, verglichen mit dem GRAEL, einen höheren Interaktionsgrad erreicht hat.

Bezüglich der Kohäsion insgesamt läßt sich damit zusammenfassen, daß es bei zwei der vier Meßvariablen zu einer Erhöhung des Interaktionsgrads gekommen ist und bei den restlichen Variablen zumindest keine Verschlechterung zu beobachten war. Der Interaktionsgrad ist damit wie bereits bei den Loyalitäten auch beim parlamentarischen Verhalten bei der GFEP im Vergleich zum GRAEL insgesamt gestiegen. Über das parlamentarische Verhalten der zweiten grünen Fraktion kann aufgrund der Beendigung der Untersuchung im Herbst 1994 nichts mehr gesagt werden.

3.3.3. Fazit

Gegenüber dem GRAEL hat die erste GFEP sowohl bei den Loyalitäten als auch bei der Kohäsion im parlamentarischen Verhalten eindeutige Fortschritte erzielt. So wurden den Fraktionseinrichtungen und der EGC mehr Mittel zur Verfügung gestellt als noch beim GRAEL, es gab erstmals eine regelmäßige Publikation der gesamten Fraktion, die Wahlplattform der EGC wurde als inhaltliche Grundlage der Fraktionsarbeit akzeptiert, und die EGC hatte wesentlich größeren Einfluß auf die Fraktionsbildung als zu Zeiten des GRAEL. In der Haltung zur EG kam es ebenfalls zu großen Fortschritten. Konnte der GRAEL noch keine Gruppenmeinung zur EG festlegen, so verfolgte die GFEP ein klares Konzept der Reform der EG von innen in Richtung eines föderal verfaßten Europa der Regionen. Die Besetzung wichtiger Posten innerhalb und außerhalb der Fraktion ist aber immer noch auch nach Nationalitäts- und nicht ausschließlich nach Effizienzgesichtspunkten erfolgt. Schließlich wurden die Berichte und Redezeiten weder im GRAEL noch bei der GFEP nach nationalen Kriterien vergeben.

Bei der Kohäsion im parlamentarischen Verhalten haben sich zwar bei der Anzahl der Sprecher im Plenum, bei den dissenting votes und bei den Kontroll- und Legislativaktivitäten der Fraktion keine erkennbaren Fortschritte ergeben. Jedoch wurde bei der GFEP weniger stark von der Fraktionsmeinung abgewichen als noch beim GRAEL. Auch das Ausmaß gegen die Fraktion gerichteter Einzelaktionen nahm ab. Die erste GFEP ist damit im Vergleich zum GRAEL auf einer höheren Interaktionsstufe zu verorten. Tabelle 46 faßt die Ergebnisse im Bereich des Interaktionsgrads noch einmal tabellarisch zusammen, und Schaubild 5 versucht, die Fortschritte zwischen GRAEL und GFEP graphisch deutlich zu machen.

Tabelle 46: Der Interaktionsgrad der Fraktionen im EP

Dimension	Indikatoren	GRAEL	GFEP I	Δ IAG[253]	GFEP II
Loyalitäten	1) Akzeptanz von Leitlinien des Parteienbunds	keine	vorhanden	+	vorhanden (größeres Ausmaß)
	2) Mittelabführung an den Parteienbund	keine	vorhanden	+	vorhanden (gleiches Ausmaß)
	3) Mittel für die Gesamtfraktion	gut 30%	knapp 40%	+	gut 40% (1995)
	4) Fraktionspublikationen (regelmäßig)	keine	vorhanden	+	vorhanden (geringeres Ausmaß)
	5) Akzeptanz der EU	keine Fraktionshaltung	Ja. Reform von Innen	+	Ja. Reform von Innen
	6) Ämterverteilung	nach Nationenschlüssel	nach Nationenschlüssel	o	nach Nationenschlüssel
	7) Verteilung der Berichte und Redezeiten	nicht nach Nationenschlüssel	nicht nach Nationenschlüssel	o	?
	8) Konfliktregulierung	keine Vetomöglichkeit für einzelne nationale Delegationen	keine Vetomöglichkeit für einzelne nationale Delegationen	+	keine Vetomöglichkeit für einzelne nationale Delegationen
Parlamentarisches Verhalten	1) Abstimmungsverhalten	HI = 0,49	geschlossener (HI = 0,22)	+	?
	2) Dissenting Votes	geringer Umfang	geringer Umfang	o	?
	3) Anteil mehrerer Sprecher	hoch	hoch	o	?
	4) Anteil der Anträge von Fraktionsmitgliedern im Namen der Fraktion	48,6%	72%[254]	o	?
	5) sonstige Einzelaktionen	vorhanden	vorhanden (geringeres Ausmaß)	+	?

---

253 Veränderung des Interaktionsgrads.
254 Damit zwar gestiegen, aber nicht eindeutig interpretierbar.

Über den Interaktionsgrad der zweiten GFEP kann noch nichts abschließendes gesagt werden.

Ein Vergleich mit anderen Fraktionen im EP und der Entwicklung ihres Interaktionsgrads über die Zeit, wie dies analog schon bei der außerparlamentarischen Interaktion versucht wurde, wäre sicherlich auch hier wünschenswert gewesen. Da hierzu aber bislang noch keine ausführlichen Studien vorliegen, konnte ein solcher Vergleich nicht vorgenommen werden.

Schaubild 5: Der Interaktionsgrad des GRAEL und der ersten GFEP

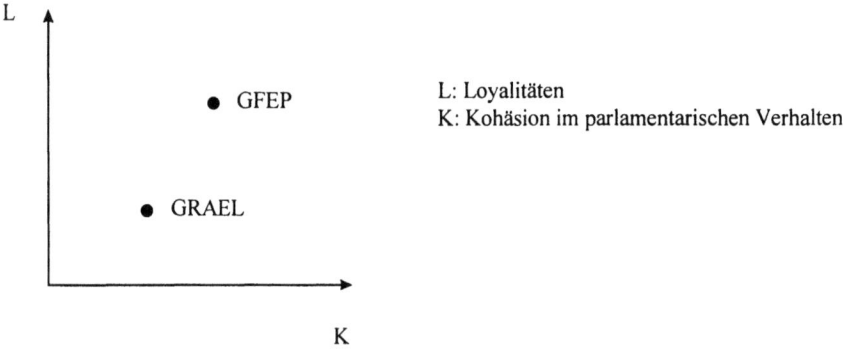

3.4. Die Bestimmungsgründe der Entwicklung des Interaktionsgrads

Nachdem im vorangegangenen Abschnitt im Vergleich zum GRAEL eine deutliche Erhöhung des Interaktionsgrads bei der GFEP konstatiert wurde, soll sich nun den Bestimmungsgründen dieser Entwicklung zugewandt werden. Diese werden im nachfolgenden, dem Analysemodell in Kapitel 3.1. folgend, in vier große Kategorien aufgeteilt:

- politisches System der EU
- nationale Einflußfaktoren
- europäische Sozialisationsprozesse
- Strukturen der Fraktionsgründungsphase.

3.4.1. Das politische System der EU

Das politische System der EU bzw. der EG wurde in den letzten zehn Jahren zweimal grundlegend reformiert, doch bis heute läßt es sich nur schwer in ein klassisches Gewaltenteilungsschema einpassen. So kommt dem Rat die wichtigste Rolle zu, da er gleichzeitig Legislativ- und Exekutivrechte wahrnimmt. Die Europäische Kommission kann trotz einiger Exekutivbefugnisse nicht als echte Regierung bezeichnet werden, und das EP hat lediglich Beratungs- und Kontrollaufgaben, aber keine Legislativrechte im klassischen Sinn (siehe hierzu ausführlicher EUROPA 2000 1993:21-36).

Die erste Reform, die Einheitliche Europäische Akte (EEA) aus dem Jahr 1986, diente primär der Verwirklichung des europäischen Binnenmarktes bis zum Jahre 1992. Neben neu in den Vertrag einbezogenen Politikbereichen wie Außen-, Umwelt, Sozial- sowie Forschungs- und Technologiepolitik bestand der eigentliche Fortschritt dieses Reformpakets in der Zuweisung neuer Kompetenzen für das EP. Dieses erhielt neben einem Zustimmungsrecht beim Beitritt neuer Mitglieder (Art.237) und beim Abschluß künftiger Assoziierungsverträge der EG mit Drittstaaten (Art.238) über ein „Verfahren der Zusammenarbeit" (Art.149 des damaligen EWGV) mehr Einwirkungsmöglichkeiten auf die Beschlüsse des Rats (JACOBS/CORBETT 1990:169). Für die Zustimmung nach Art. 237 und 238 oder zur Abänderung oder der Ablehnung eines im Zuge des Zusammenarbeitsverfahrens vertretenen gemeinsamen Standpunkts des Rates (legislative Abstimmungen) war aber eine absolute Mehrheit der Mitglieder des EP nötig. Wie Tabelle 47 zeigt, bedurfte es somit - die ständige durchschnittliche Abwesenheit von Parlamentsmitgliedern berücksichtigend - einer Koalition aus EVP und Sozialisten. Andere Abstimmungskoalitionen, gleich ob aus einem rechten Block oder einem linken Block geschmiedet, hätten entweder rein rechnerisch nicht gereicht oder wären zu knapp bemessen gewesen, um dieses Recht des EP dauerhaft zu sichern (Vgl.JACOBS/CORBETT 1990:82). So hat die Einführung des Zusammenarbeitsverfahrens zwar Einfluß auf die Kohäsion von Sozialisten und EVP gehabt, der GRAEL war davon aber nicht betroffen. Er wurde von den meisten Abgeordneten der anderen Fraktionen schon bei nicht-legislativen Abstimmungen, z.B. bei Dringlichkeitsanträgen, als nicht verläßlicher und im Parlament allgemein nicht gern gesehener Partner eingestuft und als ein genauso vorübergehendes Phänomen gesehen wie die französischen Rechtsextremisten (Interview Alexander de Roo v.6.4.1995).

Mit knapp dreißig Mitgliedern war die erste GFEP 1989 zur viertgrößten Fraktion im EP aufgestiegen, und ihre Stimmen besaßen ein größeres Gewicht als noch zu Zeiten des GRAEL. Jedoch ließen sich anfängliche Überlegungen zu einer dauerhaften „progressiven Allianz", bestehend aus Sozialisten, Kommunisten, Grünen und Regenbogenfraktion, die rein rechnerisch für die absolute Mehrheit bei den legislativen Verfahren gereicht hätte, nicht verwirklichen. Damit blieb die Koalition aus Sozialisten und EVP auch weiterhin bestehen. Allerdings gab es in der ersten Hälfte und gegen Ende der Legislaturperiode bei nicht-legislativen Verfahren in bestimmten Bereichen eine dauerhafte Zusammenarbeit zwischen Sozialisten, Kommunisten und Grünen, die jetzt auch von der Mehrzahl der EP-Abgeordneten als ernstzunehmende Partner angesehen wurden (Interview Alexander de Roo v.6.4.95). Der Anreiz zu einer größeren Kohäsion ist damit gegenüber dem GRAEL gewachsen. Er war aber immer noch nicht sehr groß, da die GFEP nicht dauerhaft, vor allem nicht bei den legislativen Verfahren, als Mehrheitsbeschaffer gebraucht wurde.

Die zweite, wesentlich bedeutendere Reform der EG, war der Vertrag über die Europäische Union (EUV), besser unter „Maastrichter Verträge" oder „Vertrag von Maastricht" bekannt. In ihm wurde der EWG-Vertrag geändert und in die umfassendere Konstruktion einer „Europäischen Union" eingebettet. Unter diese Reformen fielen u.a. eine Ausweitung der Zuständigkeitsbereiche der EG und eine Ausdehnung der Zustimmungspflicht des EP sowie die Einführung eines sogenannten Mitentscheidungsverfahrens und eines indirekten Initiativrechts für das EP. Desweiteren umfaßten die Reformen dessen Anhörung vor der Ernennung des Kommissionspräsidenten sowie die Zustimmung zur gesamten Kommission ebenfalls vor deren Ernennung durch den Europäischen Rat (siehe hierzu ausführlicher WESSELS (1992), SCHMUCK (1992), DAUSES/FUGMANN 1995)). Mit der Einführung des Verfahrens der Mitentscheidung (Art.189b EUV), welches dem EP eine Art Vetorecht im Legislativverfahren einräumt, kam es zu einer erneuten Ausweitung seiner Kompetenzen, ohne jedoch ein echtes Legislativrecht nach nationalem Muster geschaffen zu haben.

Die erste GFEP war von diesen Reformen praktisch überhaupt nicht mehr betroffen, da der EUV erst im November 1993 in Kraft trat. Aber auch bei einem früheren Inkrafttreten des Vertrags hätte für sie die gleiche Argumentationslinie wie bei der EEA gegolten. Auch beim Mitentscheidungsverfahren ist zur Wahrnehmung der dem EP hier zugestandenen Rechte die absolute Mehrheit der Mitglieder notwendig.

Es bleibt abzuwarten, ob die 1996 nach Art.N des EUV tagende neue Regierungskonferenz diesmal echte Legislativrechte für das EP und die Umwandlung der Kommission in eine europäische Regierung bringt. Nur damit könnten vom politischen System der EU her wirklich entscheidende Impulse für eine größere Geschlossenheit aller Fraktionen im parlamentarischen Verhalten gesetzt werden.

Ein einheitliches europäisches Wahlrecht ist die Voraussetzung für die Errichtung grenzüberschreitender Wahlkreise und europäischer Wahllisten. Trotz mehrmaliger Anläufe konnte dieses Wahlrecht aber bis heute nicht vom EP verabschiedet werden. Abgeordnete, die (wieder-) gewählt werden wollen, müssen sich daher zwangsläufig mehr (bei Listenwahlen) oder weniger (bei Personenwahlen) auf die nationale Partei und nicht auf die Fraktion hin orientieren. Durch die im Vergleich zu nationalen Parlamenten geringen Rechte des EP und seiner bei Bevölkerung und Presse dadurch perzipierten „Unwichtigkeit" verspricht diese Vorgehensweise für eine Wiederwahl die besten Erfolgsaussichten (siehe hierzu auch Kapitel 3.4.2.4.). Es ist aber zu vermuten, daß, selbst wenn es grenzüberschreitende Wahlkreise und Wahllisten gäbe, die Grünen aufgrund ihrer dezentralen Ideologie die Besetzung ihrer Liste nicht auf der Ebene einer europäischen Partei, sondern durch Absprachen zwischen den Parteien der angrenzenden Länder regeln würden. In diesem

Fall hängt eine stärkere Orientierung der Abgeordneten auf die Europafraktion davon ab, ob gemeinsame Aktivitäten der Fraktion ein größeres Presseecho finden als individuelle Aktivitäten der Abgeordneten.

Tabelle 47: Mitgliederzahl und Zusammensetzung des EP von 1979 bis 1994

Ideologische Grundrichtung	Fraktionsname	1979[255]	1984[256]	1989[257]	1994[258]	1995[259]
Christdemokraten	Fraktion der Europäischen Volkspartei	117	110	121	157	173
Konservative	Fraktion der Europäischen Demokraten[260] (ED)	63	50	34	-	-
	Fraktion der „Sammlungsbewegung der Europäischen Demokraten" (SdED)	22	29	20	26	26
Liberale	Liberale und Demokratische Fraktion[261]	39	31	49	43	52
Sozialisten	Sozialistische Fraktion[262]	124	130	180	198	221
Kommunisten	Kommunistische Fraktion[263]	48	41	-	28	31
	Vereinte Europäische Linke[264]	-	-	28	-	-
	Koalition der Linken	-	-	14	-	-
Grüne	Grüne Fraktion	-	-	30	23	25
Rechte	(Technische) Fraktion der Europäischen Rechten	-	16	17	-	-
Sonstige	Regenbogenfraktion	-	20	14	-	-
	Technische Fraktion	11	-	-	-	-
	Forza Europa	-	-	-	27	29
	Radikale Europäische Allianz	-	-	-	19	19
	Europa der Nationen	-	-	-	19	19
Fraktionslose		10	7	11	27	31
Summe		**434**	**434**	**518**	**567**	**626**
Absol. Mehrheit		**218**	**218**	**260**	**284**	**314**

Quellen: RUTSCHKE (1986:15); EUROPA 2000 (1991:34); Europa Forum 6/7/1994:1; Europa Forum 1/1995:1.

---

255 Stand 8.3.1982.

256 Stand 10.8.1984.

257 Stand September 1989.

258 Stand Juli 1994.

259 Nach der Erweiterung des EP um 59 Abgeordnete aus Schweden, Österreich und Finnland.

260 Im Mai 1992 vollständig der EVP beigetreten.

261 Seit Ende 1993 Fraktion Liberale und Demokratische Partei Europas.

262 Seit Ende 1992 Fraktion Sozialdemokratische Partei Europas.

263 Seit Juni 1994 Bund der Vereinten Europäischen Linken. Ab 1.1.1995 Konföderale Fraktion der Europäischen Unitaristischen Linken - Nordische Grüne Linke (Europa-Forum 1/1995:4).

264 Im Januar 1993 aufgelöst, da die 20 Abgeordneten der italienischen PCI vollständig zu den Sozialisten übergetreten sind (Europa Forum 3/1993:1).

Da die Reformen des politischen Systems der EG bislang nichts grundlegendes an
der dortigen Stellung des EP geändert und auch noch keine grenzüberschreitenden
Wahlkreise und Wahllisten ermöglicht haben, bleibt somit festzuhalten, daß diese
Reformen die Veränderungen im Interaktionsgrad zwischen GRAEL und erster
GFEP nicht erklären können.

3.4.2. Nationale Einflußfaktoren

Die umfangreichste Kategorie von Bestimmungsfaktoren für den Interaktionsgrad
einer Fraktion stellen die nationalen Einflußfaktoren dar. Sie bestehen aus den
Variablen:

- Ausmaß der Instruktion und Kontrolle der nationalen Parteien gegenüber der jeweiligen nationalen Delegation
- ideologisch-programmatische Positionen der Fraktionsmitglieder
- Haltung der Abgeordneten zu europäischer Politikformulierung und Loyalität gegenüber ihrem National- oder Regionalstaat
- Individualinteressen der Fraktionsmitglieder.

3.4.2.1. Instruktion und Kontrolle durch nationale Parteien

Für die Wahlen zum EP gibt es bis heute keine grenzüberschreitenden Wahlkreise,
so daß allein die nationalen Parteien für die Nominierung ihrer Kandidaten zu den
Europawahlen zuständig sind. Dies läßt bei den Abgeordneten und Kandidaten eine
hohe Akzeptanz von Instruktion und Kontrolle durch die nationalen Parteien erwarten, die sich negativ auf den Interaktionsgrad der Fraktion auswirken kann.

Mit Ausnahme des Fraktionsgründungsprozesses waren beim GRAEL Instruktion und Kontrolle der nationalen Parteien nur in geringem Ausmaß zu beobachten
und lediglich bei AGALEV und ECOLO etwas stärker ausgeprägt. Diese schlossen
bereits im Juli 1984 ein separates Abkommen, in dem sich beide u.a. verpflichteten,
eine politische Untergruppe AGALEV-ECOLO innerhalb der technischen Fraktion
auf der Grundlage der Wahlplattform der EGC zu gründen und ihre Aktivitäten von
einem politischen Organ der EGC, an die auch ein Teil ihrer Mittel abgeführt werden sollte, unterstützen und kontrollieren zu lassen. Außerdem traten die beiden
Parteien in zwei späteren Abkommen dafür ein, über ihre Abgeordneten Druck
auszuüben, damit u.a. im GRAEL mehr inhaltliche Debatten geführt wurden und
dieser kohärenter auftrat (WINZEN/ROELANTS 1985).

Das Bedürfnis nach Instruktion und Kontrolle war bei den GRÜNEN nur anfangs vorhanden. Spätestens Ende 1985 machte sich dort aber eine mehr oder weniger große laisser-faire Haltung breit, teils bedingt durch den von Außenstehenden
nicht zu bearbeitenden Papierberg der EP-Arbeit, teils durch die geringe Einschätzung der Bedeutung des EP. So wurden die 1984 und 1985 von der Europagruppe
verfaßten Rechenschaftsberichte praktisch nicht zur Kenntnis genommen. Dies

hatte zur Folge, daß danach keine mehr vorgelegt wurden. Lediglich einzelne deutsche MdEPs fertigten 1988 noch einmal individuelle Rechenschaftsberichte an. Die Parteibasis zeigte praktisch permanentes Desinteresse, und der Vorstand tauchte nur bei größeren Streitigkeiten auf:

> „Die grüne Partei, sonst immer dabei, richtige Wege anzuweisen, blieb stumm und interessierte sich - von Ausnahmen abgesehen - lediglich für die abzuzockenden Gelder oder von den Nicht-Rotierern abgezockten Mandate. Berichte der Europa-Fraktion über ihre Arbeit wurden hinten auf die Tagesordnung gesetzt und fielen letztendlich herunter." (ESDERS 1988a:14). Dabei sollten Bundesvorstands- und Bundeshauptausschuß-Vertreter an Sitzungen der Europagruppe eigentlich grundsätzlich teilnehmen (EUROPAGRUPPE 1984a:1).

Ähnlich war die Situation auch bei den Abgeordneten des GPA, der sich aus drei unterschiedlichen Parteien zusammensetzte. Auch dort fand eine Instruktion und Kontrolle der Abgeordneten mangels Interesse der nationalen Parteien nicht statt (Interview Alexander de Roo v.6.4.1995). Das gleiche gilt für die DP (Interview Paul Staes v.24.4.95).

Somit bleibt festzuhalten, daß das Bedürfnis der nationalen Parteien, ihre jeweilige nationale Delegation zu instruieren und zu kontrollieren, mit Ausnahme des Fraktionsbildungsprozesses im Prinzip nur dann auftauchte, wenn Gelder von der Europafraktion an die nationalen Parteien fließen sollten oder wenn sich die jeweiligen Abgeordneten selbst, meist in Krisenzeiten, mit ihren Anliegen an die Parteien wandten.

Bei einigen Abgeordneten wäre es jedoch auch zweifelhaft gewesen, inwieweit die nationalen Parteien bei entsprechendem Interesse Instruktionen oder Kontrollen hätten durchsetzen können. So vertraten 1986 zumindest Frieder O.Wolf und Friwi Graefe zu Baringdorf die Ansicht, daß es die Abgeordneten waren, die den GRAEL gegründet hatten, und die Verantwortlichen der Mitgliedsparteien zwar an den Sitzungen teilnehmen und ihre Standpunkte bei Diskussionen deutlich machen konnten, die letztliche Entscheidung aber beim GRAEL liegen mußte (GRAEL 1986e:1f.).

In der ersten GFEP blieb die Situation bei denjenigen Mitgliedsparteien, die schon dem GRAEL angehörten, weitgehend unverändert.

Groen Links aus Holland zeigte weiterhin wenig Interesse an Europapolitik (so Nel van Dijk auf der ersten Sitzung der neuen Fraktion am 22.6.1994) und übte keine Kontrolle oder Instruktion ihrer Abgeordneten im EP aus (Interview Alexander de Roo v.5.4.95).

Auch AGALEV und ECOLO waren laut Aussage von Paul Staes wieder primär an EP-Geldern interessiert, wenngleich sich die politische Zusammenarbeit mit AGALEV durch seine Initiative etwas verbessert hatte (Interview Paul Staes v.24.4.95). Bei ECOLO war das Interesse an Europapolitik etwas stärker. Dies lag zum einen an der stärkeren Stellung Paul Lannoyes in seiner Partei, zum anderen an der räumlichen Nähe zu den Institutionen der EG (Rat, Kommission und EP) in Brüssel (Interview Paul Lannoye v.27.4.95). Letzteres gilt auch für AGALEV und ist der Grund für das im Verhältnis zu den anderen grünen Parteien stärkere Interesse an Europapolitik (Interview Leo Cox v.20.7.93).

Bei den deutschen Grünen zeichnete sich ab Ende 1992 mit der Verfassungsbeschwerde vier deutscher MdEPs gegen die Maastrichter Verträge vor dem deutschen Bundesverfassungsgericht langsam ein höheres Interesse an der Europafraktion ab. Eine stärkere Instruktion und Kontrolle war damit aber nicht verbunden. Außerdem waren es wiederum die Abgeordneten, die dieses Thema in die nationale Partei einbrachten und nicht die Partei, die von sich aus auf die Abgeordneten zugekommen wäre (Interview Wilfried Telkämper v.7.4.95).

Die italienischen Abgeordneten waren vollkommen unabhängig von ihren Listen und Parteien (Interview Alexander Langer v.27.4.95; Interview Frieder O.Wolf v.27.4.95), weil eine Verantwortlichkeit grüner Abgeordneter gegenüber ihrer Partei in Italien als zu dogmatisch und bürokratisch angesehen wird (DOHERTY 1992:109).

Bei den französischen Abgeordneten war die Zusammenarbeit mit der nationalen Partei sehr intensiv. Sie berichteten regelmäßig über ihre Arbeit und initiierten inhaltliche Debatten, die in Beschlüsse mündeten, welche von der Delegation dann auch umgesetzt wurden (Interview Solange Fernex v.18.7.94). Allerdings ging auch hier die Initiative stets von den Abgeordneten aus, und die Partei war primär an EP-Geldern interessiert (Interview Bruno Boissière v.25.4.95).

Juan Maria Bandres schließlich hatte als Vorsitzender seiner Partei (EE) sowohl im GRAEL als auch in der GFEP großen Freiraum (Interview Juan Behrend v.5.10.95).

Weder beim GRAEL noch bei der ersten GFEP übten die nationalen Parteien damit einen nennenswerten Einfluß auf die nationalen Delegationen aus. Da sich dies über die Zeit nicht geändert hat, können Instruktion und Kontrolle der Delegationen durch die nationalen Parteien kein Erklärungsgrund für den höheren Interaktionsgrad der GFEP im Vergleich zum GRAEL sein.

3.4.2.2. Unterschiede in den ideologisch-programmatischen Positionen und der politischen Kultur der Fraktionsmitglieder

Erfolgt keine Instruktion oder Kontrolle der nationalen Delegationen durch ihre Parteien, gewinnen für die Interaktionen innerhalb einer Fraktion Unterschiede in den ideologisch-programmatischen Positionen und der politischen Kultur der Fraktionsmitglieder an Bedeutung[265]. Unterschiedliche politische Kulturen können dabei zu Spannungen zwischen nationalen Delegationen führen, die die Fraktions-

---

265 Zum theoretischen Konzept der politischen Kultur und der Unbestimmtheit des Begriffs in der politischen Diskussion siehe KAASE (1983). Auch die Interviewpartner konnten auf Nachfrage nicht genau erklären, wie sie politische Kultur definieren würden, gaben jedoch die nachfolgend aufgeführten Beispiele an. Für die Zwecke der vorliegenden Arbeit erschien diese Selbsteinschätzung ausreichend.

arbeit als Ganzes belasten. Aber auch aus den Delegationen selbst können sich interne Konflikte auf die Fraktion übertragen. Auf diese inter- und intra-delegationären Spannungen soll als erstes eingegangen werden, bevor im Anschluß daran Unterschiede im ideologisch-programmatischen Bereich untersucht werden.

Inter-delegationäre Konflikte

Im GRAEL waren 11 bzw. am Anfang 13 Abgeordnete aus vier verschiedenen Ländern mit fünf verschiedenen Sprachen vertreten. Sie stammten von fünf, teilweise sechs verschiedenen Listen und wiesen verschiedene Hintergründe bezüglich der bisherigen politischen und parlamentarischen Aktivität sowie der im jeweiligen Land herrschenden politischen Kultur auf (BEHREND 1988:18). Die personelle Stärke der deutschen Delegation, die sieben Abgeordnete und sieben Nachrücker umfaßte, führte zusammen mit den vom GRAEL eingestellten 18 Mitarbeitern, davon zwölf den GRÜNEN verbundene Deutsche und drei dem GPA verbundene Holländer, im Ergebnis zu einer sehr nord- und insbesondere deutschzentrierten Gruppe (ROELANTS 1987:5). Da Deutsche und Holländer sich in der politischen Kultur sehr ähnlich und Südländer in der Fraktion marginalisiert waren, führte dies im Ergebnis zu keinen nennenswerten Streitigkeiten zwischen den nationalen Delegationen.

In der ersten GFEP löste die französische die deutsche Delegation als größte nationale Gruppe ab. Die hohe Präsenz der Franzosen (acht Abgeordnete und acht Nachrücker) sowie der restlichen Südländer in der Fraktion führte dazu, daß Deutsch als Hauptarbeitssprache in der Fraktion durch Französisch ersetzt wurde, was auch symptomatisch für eine kulturelle Wandlung in der Fraktion war (GGEP 1994:9).

Unterschiede in der politischen Kultur verursachten nun größere Probleme als noch beim GRAEL. Differenzen gab es in der Anfangszeit vor allem über die Rolle der neuen sozialen Bewegungen und das Ausmaß an notwendiger Basisdemokratie in der Fraktionsarbeit.

Besonders ausgeprägt waren diese Differenzen zwischen ehemaligen GRAEL-Mitgliedern, die sich in ihrem Selbstverständnis und ihrem Politikstil an die sozialen Bewegungen der siebziger und achtziger Jahre anlehnten, und einigen Italienern, die ein (mehr) institutionelles Politikkonzept verfolgten (GGEP 1994:10). Dieses war gekennzeichnet durch die starke Bereitschaft zur Mitarbeit in bestehenden Institutionen, um diese von dort aus zu reformieren. Dahinter wiederum stand die in Italien weitverbreitete Bereitschaft zum „compromismo" (Interview Diana Johnstone v.21.4.95). Die deutsche Delegation sprach sich gegen eine Hierarchie zwischen Vorstand und Abgeordneten sowie zwischen Abgeordneten und Mitarbeitern aus und kritisierte die wenig basisdemokratische Organisation des Europäischen Grünen Parlaments 1990 (GFEP 1990h:2). Für die Italiener hingegen war der Vorstand ein entscheidendes Organ, das politisch mandatiert sein sollte (GFEP 1990b:2). Sie favorisierten zusammen mit den Franzosen einen vollkommen

Neuanfang einer grünen Fraktion und wollten deshalb weder alte Strukturen noch alte Mitarbeiter des GRAEL für den Fraktionsapparat übernehmen. Die Verkleinerung des Vorstands von acht auf fünf Mitglieder im Jahre 1990 wurde dann auch gegen die Stimmen der Deutschen durchgesetzt.

Dieser „Nord-Süd-Konflikt" war hauptsächlich verantwortlich für die Spannungen zwischen den nationalen Delegationen bis Anfang bzw. Mitte 1990. Erst zu diesem Zeitpunkt war die Auswahl des Mitarbeiterstabes mit „Paketlösungen" für beide Seiten zufriedenstellend gelöst und die Satzung endgültig verabschiedet.

Gerade in der Anfangszeit führten also das „Aufeinanderprallen verschiedener Kulturen und ein unterschiedliches Verständnis von Politik und Macht [...] zu hitzigen Debatten." Und auch die „einjährige Satzungsdebatte könnte [man] bei gutmütiger Betrachtungsweise als interkulturellen Kommunikationsversuch beschreiben." (HUGENROTH 1993:21). Die Besetzung des ersten Vorstands, dessen Umfang ausreichend groß gewählt wurde, um zumindest jede in der Fraktion vertretene Sprache zu repräsentieren, war ebenfalls Ausdruck eines anfänglichen Mißtrauens zwischen den nationalen Delegationen (GGEP 1994:10).

Unterschiede in der politischen Kultur stellten somit zumindest anfangs bei der ersten GFEP eine größere Interaktionsrestriktion dar als noch beim GRAEL.

Die zweite GFEP enthielt Anfang 1995 25 Abgeordnete aus 9 Ländern mit 8 verschiedenen Sprachen, die von 11 verschiedenen Listen oder Parteien stammen und ist nun wieder sehr nord- und besonders deutschzentriert, was sich auch am erneuten Wechsel der Hauptarbeitssprache von französisch zu deutsch gezeigt hat. Über Art und Ausmaß daraus resultierender Konflikte kann aufgrund der Beendigung der Untersuchung im Herbst 1994 allerdings nichts mehr gesagt werden. Das gleiche gilt auch für alle nachfolgenden Punkte im Bereich der nationalen Erklärungsfaktoren.

Intra-delegationäre Spannungen

Die ins EP gewählten deutschen Abgeordneten und ihre Nachrücker gehörten im GRAEL alle der sogenannten Europagruppe an. Diese umfaßte somit zu Beginn 14 Mitglieder, die alle an den Fraktionssitzungen des GRAEL teilnehmen durften und auch sollten. Zwar schmolz die Europagruppe im Laufe der Zeit zusammen[266], jedoch nicht so sehr, daß der GRAEL nicht mehr anfällig für Streitigkeiten unter den Mitgliedern der Europagruppe, die immer noch zwei Drittel aller Fraktionsmitglieder stellte, anfällig gewesen wäre.

Die Europagruppe war von Anfang an politisch sehr heterogen. Von den ersten sieben Kandidaten waren beispielsweise vier keine grünen Mitglieder, und von

---

266 Die Nachrücker Edeltraud Ennich und Dieter Esche schieden frühzeitig aus, Brigitte Heinrich verunglückte im Dezember 1987 tödlich und Michael Klöckner war bereits 1984 aus der Europagruppe ausgetreten. Dafür stieß Alfred Horn im Mai 1987 als Nachrücker zur Europagruppe (EUROPAGRUPPE 1987:4).

diesen vier standen zwei (Benny Härlin, Michael Klöckner) nur deshalb auf der Europaliste der GRÜNEN, um sie vor strafrechtlicher Verfolgung zu schützen[267].

Innerhalb der Europagruppe, die sich nur alle drei Monate vor Beginn der Straßburg-Woche traf, nahmen organisatorische Fragen erheblichen Platz ein. Sie verdrängten inhaltliche Auseinandersetzungen weitgehend, so daß auch nicht an eine gemeinsame Weiterentwicklung der unterschiedlichen inhaltlichen Positionen der Abgeordneten zu denken war.

Aber nicht nur ihre inhaltliche Heterogenität, auch die schlechte persönliche Atmosphäre machte der Europagruppe und damit dem GRAEL zu schaffen. So hatte bei den Abgeordneten im Streit um Einflußbereiche grundsätzlich die Behauptung eigener Positionen Vorrang vor Gemeinsamkeiten (V.NOSTITZ 1986:4f.). Zu einer zusätzlichen Verschlechterung dieser Atmosphäre trug die Weigerung einiger MdEPs bei, Gelder aus ihren Abgeordnetenbezügen in ausreichender Höhe an die Bundespartei bzw. die Europagruppe abzuführen (SCHWALBA-HOTH 1988:XVIf.).

Ende 1986 schließlich hätte die vollständige Rotation der Mitglieder der Europagruppe angestanden. Daß einige Abgeordnete ihren Platz jedoch nicht für die Nachrücker frei machten, führte zu noch größeren Spannungen in der Europagruppe und wirkte besonders stark in die Arbeit des GRAEL hinein. So war mit den GRÜNEN ab Oktober 1986 „wegen ihres Rotationsfiebers nichts mehr anzufangen." (V.DIJK 1986b).

Die Heterogenität der deutschen GRÜNEN, aber auch die schlechte persönliche Atmosphäre innerhalb ihrer Delegation, waren somit dafür verantwortlich, daß statt inhaltlicher Debatten interne Konflikte zuoberst auf der Tagesordnung des GRAEL standen.

Ähnliche Konflikte aus den anderen nationalen Delegationen waren im GRAEL nicht zu beobachten:

Die vier Abgeordneten und Nachrücker aus Holland bildeten die nationale Delegation „Werkoverleg Europese Fraktie" (WOEF), die sich regelmäßig traf und in der auch inhaltlich diskutiert wurde. Obwohl der GPA zu diesem Zeitpunkt lediglich eine gemeinsame Liste der Parteien PSP, PPR, Groene Partij und CPN war und insbesondere PSP und CPN der Vereinigung der drei kleinen Linksparteien zu einer einzigen Partei bis Ende der achtziger Jahre noch ablehnend gegenüber standen (Vgl. RÜDIG 1985c:21), spielten interne Konflikte in der Delegation keine Rolle (Interview Alexander de Roo v.5.4.1995).

Die italienische Delegation bestand nach dem Ausscheiden von Luciana Castellina Ende 1984 nur noch aus DP-Mitgliedern, die nach der vorgezogenen Rotation nur noch selten bzw. gar nicht mehr bei GRAEL- und Plenarsitzungen des Parlaments anwesend waren, und auch aus der belgischen Delegation kamen keine internen Konflikte, die die Fraktionsarbeit belastet hätten.

---

267 Zu den Hintergründen siehe ausführlicher STUTH (1985:82f.).

In der ersten GFEP war die deutsche Delegation ebenfalls inhaltlich heterogen, wenn auch nicht so extrem wie noch zu Zeiten des GRAEL. Der erneut errichteten Europagruppe, die sich sich wieder nur zu organisatorischen Zwecken traf, gehörten diesmal nicht alle der ursprünglich acht deutschen Abgeordneten an. So waren Dorothee Piermont, Karl Partsch und Eva Quistorp keine Mitglieder der Europagruppe (EUROPAGRUPPE 1990b:2).

Auch in der GFEP kamen aus der deutschen Delegation zumindest anfangs destruktive persönliche Konflikte. Sie hatten jedoch keine so großen Auswirkungen mehr auf die Fraktion wie noch zu Zeiten des GRAEL. Diese Konflikte drehten sich diesmal auch nicht um Rotationsprobleme, sondern traten bei Entscheidungen über Vorstands- und Parlamentsposten auf, die von Mitgliedern der deutschen Delegation besetzt werden sollten.

Die französische Delegation, die sich einmal pro Woche traf, um sowohl inhaltliche als auch organisatorische Fragen zu besprechen, war allgemein sehr homogen (Interview Bruno Boissière v. 25.4.95). Wie bei den GRÜNEN zu Zeiten des GRAEL teilten die Abgeordneten mit ihren Nachrückern Arbeit, Gehalt, Büro und Stimmrecht in der Fraktion. Die Spannungen, die die Deutschen im GRAEL mit der Rotation erlebt hatten, blieben ihnen allerdings erspart. Lediglich in der Zeit vor der Rotation, nach der die Mehrheit der französischen Abgeordneten nicht mehr die bis dahin dominante Vorne-Position Antoine Waechters, sondern die Links-Position Dominique Voynets vertraten, kam es zur Isolierung einzelner Abgeordneter. Größere Auswirkungen auf die Fraktionsarbeit hatte dies aber nicht (Interview Juan Behrend v.21.4.95).

Auch die holländische Delegation war zunächst sehr homogen und traf sich wie beim GRAEL regelmäßig zu inhaltlichen Diskussionen. Allerdings war das Verhältnis innerhalb der Delegation ab 1992 gespannt, da sich Herman Verbeek weigerte, zugunsten seines Nachrückers John van Tilborg zu rotieren. Schließlich wechselte Herman Verbeek Anfang 1994 sogar zu De Groenen. Auswirkungen auf die Fraktionsarbeit hatten diese internen Spannungen jedoch nicht (Interview Alexander de Roo v.6.4.1995).

Die italienische Delegation setzte sich aus Vertretern vier unterschiedlicher Listen zusammen. Sie trat vor allem bei organisatorischen Fragen als einheitlicher Block auf, um ihren Einfluß in der Fraktion zu stärken bzw. zu erhalten (Interview Juan Behrend v.28.4.95). Bei ihren regelmäßigen Treffen führte sie auch inhaltliche Debatten und arbeitete enger zusammen, als dies eigentlich zu erwarten gewesen wäre. Dies war vor allem bei einem institutionellen Konzept für die europäische Integration der Fall, wo die europakritische Haltung der deutschen Abgeordneten die Italiener stärker zusammenbrachte. Angefangen mit dem Austritt Alexander Langers, der ab Anfang 1992 aufgrund nationaler Konkurrenzverhältnisse mit anderen Delegationsmitgliedern nicht mehr an den Delegationstreffen teilnahm, brach die italienische Delegation nach der Neuverteilung der internen und externen Fraktionsposten zur Hälfte der Legislaturperiode aber langsam auseinander. Diese

Spannungen übertrugen sich jedoch nicht auf die GFEP (Interview Juan Behrend v.5.10.95).

Die Abgeordneten ECOLOs und AGALEVs arbeiteten nicht institutionalisiert zusammen und bildeten auch keine gemeinsame belgische Delegation. Sie standen mehr über ihre Parteien in Kontakt als über persönliche Beziehungen. Konflikte für die Fraktionsarbeit erwuchsen daraus nicht (Interview Paul Staes v. 24.4.95; Interview Paul Lannoye v.27.4.95).

Insgesamt betrachtet spielten intra-delegationäre Konflikte in der GFEP im Vergleich zum GRAEL keine so große Rolle mehr. Dies hat zu geringeren Interaktionsrestriktionen geführt und damit den höheren Interaktionsgrad der GFEP begünstigt.

Nach Vorstellung der intra- und interdelegationären Konflikte im GRAEL und der GFEP soll sich nun den Unterschieden in den ideologisch-programmatischen Positionen der Fraktionsmitglieder gewidmet werden.

Ideologisch-programmatische Positionen

Beim GRAEL lagen die grundsätzlichen Auffassungen der Abgeordneten in den meisten Bereichen („Umwelt, Frauen, Landwirtschaft, Frieden und Abrüstung, "Dritte Welt", Energie, Menschenrechte, Biotechnologie, Wirtschaft und Soziales, Migrationspolitik und Kampf gegen Ausländerfeindlichkeit" (BEHREND 1988: 18)) sehr eng beieinander (STAES 1985c:3). Unterschiede in der Budget-, Wirtschafts-, und Sozialpolitik, insbesondere zwischen ECOLO und den anderen Delegationen, führten zu keiner Belastung, da sich die Gruppe als solche nicht darum kümmerte (ROELANTS 1985:3). Ein weiteres einigendes Glied war neben der ablehnenden Haltung, die die anderen Fraktionen gegenüber dem GRAEL einnahmen, vor allem die große Übereinstimmung in der Zielrichtung der GRAEL-Mitglieder, Alternativen zur bisherigen EG anzustreben (Vgl.BEHREND 1988:18; Interview Juan Behrend v.21.4.95). Wichtige grundsätzliche Unterschiede gab es jedoch im europäischen Integrationskonzept, in der ideologischen Verortung und in der Haltung zum Parlamentarismus (Fundi-Realo-Konflikt).

Alles in allem gab es auch in der ersten GFEP in grundsätzlichen Fragen von Anfang an nur sehr geringe Differenzen. Bei einzelnen Problemfeldern fielen die Positionen aber teilweise doch stark auseinander. Dies gilt besonders für die Frage einer militärischen Intervention der UNO in Jugoslawien, die Rolle von NATO und WEU, die deutsche Einheit, den EWR sowie für Fragen der Immigrations-, Drogen- und Frauenpolitik (Interview Juan Behrend v. 20.7.93; Interview Paul Lannoye v.27.4.95). Inhaltliche Differenzen in diesen Punkten waren für die Entwicklung des Interaktionsgrads aber nicht so wichtig. Entscheidend waren vielmehr die drei Konfliktfelder, die schon beim GRAEL die wichtigste Rolle gespielt hatten (Fundi-Realo-Konflikt, Integrationskonzept, ideologische Verortung). Sie werden im folgenden ausführlicher dargestellt.

- Fundi-Realo-Konflikt

Der seit Mitte der achtziger Jahre bei den GRÜNEN schwelende Kernkonflikt zwischen den sogenannten „Fundis" und „Realos", welche Strategie man gegenüber „staatlichen Gebilden und Systemen" verfolgen sollte[268], setzte sich innerhalb der Europagruppe auf europäischer Ebene fort.

Der Realo-Flügel plädierte für eine Mitarbeit in Parlamenten, um mehr Medienaufmerksamkeit, besseren Zugang zu Informationsquellen und Ressourcen zu erhalten, und um grüne Politikinhalte auf die Tagesordnung der Parlamente und ins öffentliche Bewußtsein zu bringen. Der Fundi-Flügel hingegen warnte vor den Gefahren einer Parlamentarisierung für die sozialen Bewegungen durch Anpassungsprozesse und die Schwächung der außerparlamentarischen Bewegungen durch parlamentarische Präsenz (BOMBERG 1992:164-170).

Bezüglich des Europaparlaments stellte sich die Frage, ob die GRÜNEN mit ihrer „gutgemeinten" parlamentarischen Arbeit nicht die „Zentralisierung" und den Aufbau „formaldemokratischer Strukturen" innerhalb der EG legitimierten.

Frank Schwalba-Hoth kam hier zu der Überzeugung, daß, selbst wenn über Anträge oder die Beteiligung an Abstimmungen eine zentralisierte Entscheidungsstruktur ohne Gewaltenteilung und binnendemokratische Entscheidungswege legitimiert würde, eine solche parlamentarische Arbeit trotzdem notwendig war, um Schlimmeres zu verhüten bzw. dem geringeren Übel zum Durchbruch zu verhelfen (SCHWALBA-HOTH 1988b:17).

Jakob von Uexküll schlug hingegen zur Vermeidung einer integrierenden, legitimierenden Alibifunktion eine „weniger parlamentsfixierte Ausnutzung der EP-Einrichtungen" vor, um „grün-alternative Positionen offensiv zu vertreten", statt „oft verwässerte Kompromiß-Resolutionen" mitzutragen (V.UEXKÜLL 1988:84).

Am radikalsten vertrat die Anti-Legitimierungslinie Dorothee Piermont. Sie hatte nach eigenen Worten meistens „Wichtigeres zu tun, als hier im Plenum rumzusitzen." (SCHEUER 1989:189). Ihrer Strömung diente das EP mehr als Tribüne für das Anprangern von Mißständen (vgl. BUCK 1986:18)[269].

Im Gegensatz dazu waren Friwi Graefe zu Baringdorf oder auch Undine Bloch von Blottnitz zu „konstruktiver Mitarbeit" im EP bereit (SCHEUER 1989:189). Sie sahen als ihre zentralen Aufgaben im EP die „Schadensbegrenzung" sowie die

---

268 Siehe hierzu etwa DOHERTY (1992), der auch in drei anderen grünen Parteien diesen Konflikt analysiert hat.

269 Dies war auch der Grund für das wiederholte Fehlen einiger Abgeordneter bei wichtigen Abstimmungen, die die Fraktion auch noch teilweise selbst beantragt hatte, wie z.B. bei einem Bericht über die Kontrolle gemischter Atomanlagen oder einem EG-weiten Verbot verstrahlter Lebensmittel (SCHEUER 1989:197). Zwar gab es zu diesen Anlässen Abstimmungslisten, wo den GRAEL-Mitgliedern bei den jeweiligen Punkten die Anwesenheit und ein bestimmtes Abstimmungsverhalten empfohlen wurde. Deren Einhaltung war jedoch eine andere Frage (Interview Juan Behrend v.21.4.95), denn „wer nicht im Sandkasten mitspielen wollte, wurde nicht bestraft" (Interview Wilfried Telkämper v.26.4.95).

Sammlung von Informationen und die öffentliche Diskussion von Themen, die sonst nicht auf der Tagesordnung gestanden hätten.

Die dritte Gruppe, bestehend aus AGALEV- und ECOLO-Vertretern sowie den niederländischen Abgeordneten, standen dem Parlamentarismus grundsätzlich positiv gegenüber und nutzten verstärkt die klassischen parlamentarischen Möglichkeiten (BUCK 1986:10). Die belgischen Abgeordneten empfanden es deshalb auch durchaus nicht als alternatives Verhalten, wenn Teile des GRAEL das Plenum verließen, um dadurch Beschlußunfähigkeit feststellen zu lassen (ROELANTS 1985:2). Auch die Mitglieder der DP engagierten sich stark im Palamentsbetrieb[270].

Angesichts dieser Differenzen über Art und Ausmaß der Beteiligung an der Parlamentsarbeit und damit dem Stellenwert der „reinen Lehre" gegenüber pragmatischen Kompromissen einerseits sowie dem primären Verfolgen von außerparlamentarischen Zielsetzungen andererseits können die geringe Zahl von GRAEL-Anträgen, die geringe Zusammenarbeit als Gruppe mit den anderen Fraktionen sowie die geringe Abstimmungsdisziplin im Plenum kaum verwundern.

In der GFEP spielte der Fundi-Realo-Konflikt keine Rolle mehr. Dorothee Piermont hatte die Fraktion schon nach zwei Monaten verlassen und laut Wilfried Telkämper war 1989 bei den Deutschen klar, daß, „wer kandidierte, auch die parlamentarische Arbeit bis zu einem gewissen Grad mitmachen mußte" (Interview Wilfried Telkämper v.26.4.95). Allerdings gab es zwischen den einzelnen nationalen Delegationen immer noch Unterschiede bezüglich des Stellenwerts von parlamentarischer und außerparlamentarischer Arbeit.

So brachen die Franzosen und die institutionell orientierten Italiener 1990 auf der Klausurtagung der Fraktion im belgischen Spa die bisherige GRAEL-Tradition, das EP mehr als Bühne für außerparlamentarische Forderungen und als Mittel für die Vernetzung von Bewegungen zu gebrauchen, anstatt klassische Parlamentsarbeit zu betreiben.

---

270 BOMBERG (1992:174-76) bezeichnet die Abgeordneten der ersten Gruppe wegen ihrer Fundamentalopposition und ihrem disruptiven Politikstil als „obstructionists", die Mitglieder der zweiten Gruppe wegen ihrer pragmatischen parlamentarischen Arbeit als „colluders" oder „constructive coworkers" und die dritte Gruppe als „reformists". Sie führt als Beweggründe des Verhaltens der Mitglieder dieser drei Gruppen bei den obstructionists den Wunsch nach einer Lähmung der EG-Arbeit auf, bei den colluders das Erzielen von Öffentlichkeit und Schadensbegrenzung und bei den reformists die Vernetzung der Basisbewegungen. Der von ihr hier vorgenommenen strikten Trennung nach unterschiedlichen Beweggründen ist jedoch zu widersprechen. Die Rechtfertigung für die Mitarbeit im Parlament war bei den einzelnen Gruppen bezüglich der drei aufgeführten Beweggründe nämlich höchstens unterschiedlich gewichtet. Grundsätzlich waren aber alle drei Gründe bei allen drei Gruppen für ihr jeweiliges Verhalten verantwortlich (Interview Juan Behrend v.21.4.95; Interview Frieder O.Wolf v.27.4.95).

Die GRÜNEN standen dieser Entscheidung skeptisch gegenüber und sprachen sich gegen die Konzentrierung der Mitarbeiter auf die Verfolgung der Parlamentsarbeit aus (EUROPAGRUPPE 1990:2)[271].

Durch diese Streitigkeiten über den Stellenwert der Parlamentsarbeit und durch die teilweise sehr unterschiedliche parlamentarische Erfahrung der Abgeordneten war die Fraktion zunächst nicht in der Lage, mit anderen Fraktionen breiter zusammenzuarbeiten (GFEP 1991r:3). Dies änderte sich erst langsam nach der Grundsatzentscheidung von Spa.

In ihr ist die relativ geringe Anzahl der dissenting votes ab Ende 1990, der zunehmende Anteil einstimmiger Entscheidungen über die Zeit und das Einpendeln des Heterogenitätsindexes bei etwa 0,23 begründet. Wollten die Grünen in der parlamentarischen Arbeit etwas erreichen, so mußten sich diese jetzt den anderen Fraktionen als ernstzunehmender und verläßlicher Abstimmungspartner empfehlen. Mit einem Abstimmungsverhalten wie zu Zeiten des GRAEL wäre dies aber nicht möglich gewesen.

Es wurde deshalb so lange wie möglich in der Fraktion über strittige Punkte diskutiert, dann aber mit Mehrheit eine Fraktionsmeinung festgelegt, die von der unterlegenen Minderheit auch meistens akzeptiert wurde (Interview Bruno Boissière v.25.4.95). Als Folge fand die Fraktion im Gegensatz zum GRAEL nur bei wenigen Punkten keine gemeinsame Haltung (GFEP 1991b:6; Interview Paul Lannoye v.27.4.95).

Auch die bessere finanzielle Ausstattung der Fraktionseinrichtungen erklärt sich aus dem Wunsch der Mehrheit der Fraktionsmitglieder nach einer an Parlamentsarbeit orientierten Fraktion, „die diesen Namen auch verdiente" (Interview Juan Behrend v.5.10.95).

Die zweite GFEP ist bislang ebenfalls wieder stark an der Parlamentsarbeit und der politischen Agenda der EU orientiert gewesen (Interview Juan Behrend v. 5.10.95).

- Integrationskonzept

Ein weiterer, den Interaktionsgrad des GRAEL ganz entscheidend hemmender Faktor waren die Differenzen zwischen den Fraktionsmitgliedern in der Haltung zu den Institutionen der EG. Diese waren wiederum in der Europagruppe am ausgeprägtesten. Im Grundsatz standen sich hier drei Lager gegenüber.

---

271 Die starke parlamentarische Orientierung war bei den Franzosen auch durch die Hoffnung bedingt, sich über eine gute Parlamentsarbeit in Straßburg und Brüssel für das nationale Parlament, in dem sie bislang noch nicht vertreten waren, zu empfehlen (Interview Paul Lannoye v.27.4.95). Darüber hinaus standen einige Abgeordneten auf dem Standpunkt, daß für die außerparlamentarische Arbeit die EGC zuständig sein sollte (GFEP 1991i:3), so z.B. Bruno Boissière: „[...] le groupe du Parlement Européen se doit de faire un travail esentiellement institutionel et [...] la Coordination, elle, fait un travail extra-parlementaire." (Verts Europe 10/90:1).

Die erste Gruppe war die der "radikalen Kritiker" der EG. Sie fürchtete, daß die EG auf dem Weg zu einer dritten atomaren Supermacht sei, die mit einer neuen Form von „Euro-Chauvinismus" statt einer neuen Qualität von Internationalismus die internationalen Spannungen noch verschärfen würde. Die EG-Kritiker versuchten deshalb, jede Weiterentwicklung der EG in horizontaler (Aufnahme neuer Mitglieder) und vertikaler (neue Zuständigkeitsbereiche, mehr EP-Rechte) Richtung zu verhindern (Vgl.BOMBERG 1992:174). Ihr Ziel war stattdessen die Auflösung der EG, die dann durch „ein umweltgerechtes Gebilde, dessen Entscheidungsstrukturen vorwiegend auf lokaler und regionaler Ebene basieren und das weder die Völker der "Dritten Welt" noch Osteuropa" ausgrenzen sollte (BEHREND 1988:19), zu ersetzen war.

Am radikalsten vertrat diese Position Dorothee Piermont, die sich auch strikt gegen eine Stärkung der Kompetenzen des EP aussprach (siehe hierzu ausführlicher BUCK 1986:17), da damit die EG insgesamt als ein „Europa der Multis und Konzerne" und nicht der Bürger legitimiert worden wäre (SCHEUER 1989:197).

Die zweite Gruppe war die der „Befürworter der gegenwärtigen Struktur und des Ausbaues der EG", die sich durch die Einbindung der Nationalstaaten in die Strukturen der EG eine friedenssichernde Wirkung versprach. Für sie war die grundsätzliche Ablehnung der EG pure Utopie (BEHREND 1988:19) und sie forderte eine Stärkung des EP.

Schließlich gab es als dritte Gruppe noch die „Pragmatiker", die sich für eine Demokratisierung der Entscheidungsstrukturen innerhalb der EG und deshalb ebenfalls für eine Stärkung des EP einsetzten. Bis zu einer solchen Demokratisierung wollten sie aber keine neuen Kompetenzen für die EG zulassen. Einige dieser Kompetenzen sollten sogar wieder zurückgeben werden, und zwar gleich an die regionale Ebene (BEHREND 1988:19)[272].

Durch den Gegensatz zwischen jenen, die Reformen der EG für möglich und wünschenswert hielten, und jenen, die die EG als unreformierbar erklärten, wurde der Entwurf europäischer Konzepte blockiert. So konnte der GRAEL, trotz verschiedener Versuche, zu den Debatten über die EEA, über eine Erweiterung der EG oder die Schaffung einer politischen Union nichts originäres beisteuern (SCHEUER 1989:190f.). Die anderen Mitglieder des GRAEL nahmen „ständig Anstoß daran, daß die deutschen GRÜNEN keine transparente Haltung zum Europäischen Parlament haben" (V.NOSTITZ 1986:8). Somit behinderte das Fehlen einer einheitlichen europapolitschen Konzeption bei den GRÜNEN die konstruktive Arbeit im EP.

Auch in der ersten GFEP waren die Positionen zur europäischen Integration nicht einheitlich. Die Option der Auflösung der EG wurde aber nicht mehr vertreten, und neu hinzugekommen war eine von allen französischen, belgischen und

---

272 BOMBERG (1992:176f.) setzt die erste Gruppe mit den von ihr klassifizierten obstructionists, die zweite mit den co-workers und die dritte mit den reformists gleich und suggeriert damit eine Kongruenz zwischen Haltung zur EG und Engagement im EP, die so nicht bestand (Interview Juan Behrend v.28.4.95; Interview Frieder O.Wolf v.27.4.95).

italienischen Grünen vertretene, stark föderalistische Strömung, die in der GFEP schnell mehrheitsfähig wurde.

Die Deutschen hingegen, die Zentralisierungstendenzen in einem Bundesstaat am Beispiel der Bundesrepublik miterleben konnten, sowie die Holländer befürchteten einen europäischen „Superstaat". Sie glaubten, eine föderalistische EU würde zu einer militärischen Supermacht und zu einer „Festung" ausgebaut werden (Green Leaves 2/1991:2). Die deutsche Delegation war sich deshalb auch einig, daß die EG künftig weniger bundesstaatliche denn staatenbündische Formen (zusammengefaßt unter dem Stichwort „Staatenverbund") annehmen sollte.

Einzelne Politikfelder, wie etwa die GASP oder die WWU, die gewünschte Rolle von Rat und Kommission sowie die Frage, ob die EG zuerst erweitert oder vertieft werden sollte, waren auch innerhalb der nationalen Delegationen umstritten. Allerdings waren sich die Abgeordneten über die Notwendigkeit von Legislativrechten für das EP mittlerweile einig.

So war der Streit um das europäische Integrationskonzept in der ersten GFEP immer noch ein wichtiger Konfliktfaktor. Durch entsprechende Mehrheiten konnte sich die Fraktion aber klar für eine Integration im Rahmen einer föderalistisch aufgebauten EG bzw. EU aussprechen.

In der zweiten GFEP hat die Meinungsbreite mit dem Eintritt der österreichischen, schwedischen, finnischen und irischen Grünen wieder erheblich zugenommen. Die gleichzeitige Schwächung der föderalistischen Position durch das Ausscheiden der Franzosen und die verkleinerte italienische Delegation lassen keine so eindeutigen Stellungnahmen zugunsten einer föderalistisch aufgebauten EU mehr vermuten wie noch zu Zeiten der ersten GFEP, zumal die Europawahlplattform des SCEUA, eigentlich gemeinsame Grundlage der Fraktionsarbeit, hier bislang ignoriert wurde.

- Links-Vorne-Konflikt

Der Streit der EGC-Mitgliedsparteien, ob die Grünen strategisch eher ein Bündnis mit kleinen Linksparteien anstreben oder lieber „autonom" bleiben sollten, setzte sich auf individueller Ebene auch innerhalb des GRAEL fort. Er spielte dort aber keine so wichtige Rolle wie bei der EGC. Die Mehrheit der deutschen Mitglieder des GRAEL konnte genauso wie die Abgeordneten des GPA, der DP, der PduP und auch der EE nach dieser Klassifikation als „links" eingestuft werden. Lediglich Francois Roelants, Friwi Graefe zu Baringdorf, Undine Bloch von Blochnitz und Paul Staes vertraten explizit die „Vorne"-Linie. Daß die belgischen Abgeordneten dennoch gut mit Vertretern ausgesprochener Links-Parteien zusammenarbeiteten, ließ sich trotz grundsätzlicher Bedenken gegen die kommunistischen Parteien DP und CPN durch positive Erfahrungen in der gemeinsamen Parlamentsarbeit erklären. Außerdem betrachteten ECOLO und AGALEV die Zusammenarbeit eher als kurzfristig. Sie sollte eine künftige, rein grüne Fraktion vorbereiten und bis dahin, was unter der gegebenen Situation „an sinnvoller und nützlicher parlamentarischer und außerparlamentarischer Arbeit geleistet werden kann", auch umsetzen (STAES 1985c:1).

Aus den unterschiedlichen ideologischen Verortungen der Abgeordneten erwuchsen so wenig Probleme[273].

Mit der Präsenz der französischen und italienischen Grünen in der GFEP bekamen unterschiedliche ideologische Verortungen im Vergleich zum GRAEL zunächst eine größere Bedeutung. Einige Mitglieder der Europagruppe beschwerten sich, daß die Italiener und Franzosen ihre „konservativen Eliten" nach Europa geschickt hätten. Umgekehrt hatten diese eine relativ geringe Meinung vom GRAEL, der ihrer Meinung nach zu linksorientiert und zu zerstritten war. Der Links-Vorne-Konflikt verlor jedoch spätestens seit Anfang 1992 an Bedeutung. Zu diesem Zeitpunkt verließ der strikte „Vorne-Vertreter" Antoine Waechter und mit ihm viele seiner Richtung bei der Rotation der französischen Grünen das EP.

Damit läßt sich für den Bereich der ideologisch-programmatischen Positionen und der politischen Kultur folgendes zusammenfassen: Nach den vorliegenden Daten zu urteilen, hatten die im Vergleich zum GRAEL bei der GFEP wichtiger gewordenen inter-delegationären und Links-Vorne-Auseinandersetzungen nur Auswirkungen auf interne Abläufe der GFEP, nicht aber auf deren Loyalitäten oder deren Kohäsion. Entscheidend für den höheren Interaktionsgrad der GFEP im Vergleich zum GRAEL waren die geringeren Auswirkungen intra-delegationärer Konflikte sowie die Tatsache, daß die für den GRAEL so restriktiven Unterschiede in der Haltung zum Parlamentarismus und zur europäischen Integration in der ersten GFEP erheblich an Bedeutung verloren hatten oder durch entsprechende Mehrheiten unterdrückt werden konnten. Dies erklärt die größere Geschlossenheit im Abstimmungsverhalten, die bessere finanzielle Ausstattung der Fraktionseinrichtungen und die größere Akzeptanz der EU als wünschenswerte Form europäischer Integrationsbemühungen.

---

273 Allerdings stellte sich in diesem Zusammenhang die Tätigkeit des Generalsekretärs des GRAEL (John Lambert) und der mit ihm verbundenen Organisation AGENOR, die als Diskussionsforum für Vertreter kleiner, stark reformistisch orientierter Linksparteien und -gruppen gegründet wurde (Interview F.O.Wolf v.27.4.95), als problematisch heraus. John Lambert, der schon bei der TCDI Generalsekretär war, versuchte seine Stellung dort seit Anfang der achtziger Jahre zum Umbau AGENORs von einem Personen- zu einem Parteiennetzwerk zu nutzen, was er auch als Generalsekretär des GRAEL weiterverfolgte. Sein Ziel war es, Grüne und Alternative, darunter die PSU in Frankreich, die DP in Italien und die EE im Baskenland, zu einer „Neuen Linken" zu verschmelzen. Der GRAEL war seines Erachtens dabei das Anfangsstadium (ROELANTS 1985:6f.). Dieses Engagement wurde von einigen Mitgliedern des GRAEL zurecht als Versuch angesehen, die EGC langfristig zu ersetzen oder sie in eine andere Struktur einzubinden (Interview Frieder O.Wolf v.27.4.95). Da AGALEV drohte, den GRAEL zu verlassen, falls John Lambert in der bisherigen Form weiterarbeiten konnte (Interview Leo Cox v.22.4.95), wurde deshalb 1987 zunächst sein Kompetenzbereich eingeschränkt, bevor er 1988 den GRAEL endgültig verließ.

3.4.2.3. Haltung zu europäischer Politikformulierung und Loyalität gegenüber dem National- oder Regionalstaat

Mit dem Bottom-up und dem Top-down-Prinzip gibt es zwei grundsätzlich unterschiedliche Herangehensweisen an die Formulierung und Implementierung europäischer Politik, die auch die Rolle einer Europafraktion bestimmen.

Das Bottom-up-Prinzip führt zu einer Koordinationsrolle der Fraktion für die nationalen Delegationen oder Abgeordneten, die grundsätzlich an der nationalen oder regionalen Ebene orientiert bleiben. Das Top-down-Prinzip formt die Fraktion zu einem einheitlichen, auf die europäische Ebene orientierten Akteur.

Zwar fehlen hierzu ausführlichere Daten, jedoch scheinen im GRAEL nur wenige Abgeordnete bereit gewesen zu sein, in der eigenen politischen Arbeit Souveränitätsverzicht zugunsten einer europäischen Ebene zu üben. So wurde der GRAEL von den meisten Mitgliedern zwar als nützliches Instrument zur Vernetzung von Bewegungen und zur Verhinderung oder zumindest zur Bekanntmachung auf die nationale Ebene wirkender EG-Beschlüsse gesehen. Der Wunsch oder das Gefühl, mit dem GRAEL einen eigenständigen, auf die europäische Ebene orientierten Akteur im Sinne der vorliegenden Untersuchung zu haben, war außer bei ECOLO und AGALEV aber nicht sehr ausgeprägt. Dies war mit ein Grund, warum der EGC so wenig inhaltlicher Einfluß und organisatorische und finanzielle Hilfe durch den GRAEL eingeräumt wurde. Die EGC sollte vielmehr durch die nationalen Parteien unterstützt werden (Interview Ali Yurttagül v.6.4.1995).

Auch für die erste GFEP fehlen ausführlichere Daten zum Bottom-up und Top-down-Prinzip. Die Kräfteverhältnisse schienen sich hier jedoch etwas zugunsten der Top-down-Anhänger verschoben zu haben, wenn diese auch mit etwa einem Drittel immer noch in der Minderheit waren (Interview Alexander Langer v.27.4.95). Trotzdem trat mit den Italienern, Franzosen und Belgiern eine Mehrheit zumindest für eine kohärentere Fraktion ein (Interview Alexander Langer v.27.4.95; Interview Frieder O.Wolf v.27.4.95). Dies schuf grundsätzlich eine günstige Ausgangsposition, um die Mittel für die Gesamtfraktion auf Kosten der nationalen Delegationen auszuweiten. Einzelne Verfechter des Top-down-Prinzips, die nicht nur marginal, sondern entscheidend mehr Mittel für die Fraktionseinrichtungen forderten, konnten sich aber dennoch nicht durchsetzen. Die Italiener plädierten nicht geschlossen für mehr Fraktionsmittel (Interview Paul Lannoye v.27.4.95), die Franzosen benötigten diese Mittel dringend für die nationale Parteiarbeit (Interview Bruno Boissière v.25.4.95), und die meisten Deutschen waren aus grundsätzlichen (Bottom-up) Gründen gegen eine Stärkung des Fraktionssekretariats[274].

---

274 Ein Vorschlag, 1992 60 statt bisher 50% der 3705- und 3706-Gelder bei der Fraktion zu belassen, bekam deshalb keine Unterstützung durch die Europagruppe. Stattdessen sollten zur Lösung der damaligen Finanzprobleme der Fraktion durch den Abbau der zentralen Fraktionspublikationen Mittel eingespart werden. Die nationalen Delegationen sollten zudem wegen des bevorstehenden Wahlkampfs eher noch finanziell gestärkt werden (EUROPAGRUPPE 1992:1f.).

Ob der größere Anteil der Top-down-Anhänger in der GFEP im Vergleich zum GRAEL einen Einfluß auf die stärkere Akzeptanz der EGC als zweites Organ europäischer Politikformulierung neben der Fraktion hatte, war nicht mit Sicherheit festzustellen. Ohne ausführlichere Daten hierzu läßt sich daher nicht sagen, ob und in welchem Ausmaß der gestiegene Anteil der Top-down-Verfechter in der GFEP, verglichen mit dem GRAEL, Auswirkungen auf die Loyalitäten und die Kohäsion und damit auf den Interaktionsgrad hatte.

Was die Loyalitäten grüner Abgeordneter gegenüber ihrem Nationalstaat betrifft, liegen zwar ebenfalls keine umfassenden Daten, etwa durch entsprechende Selbsteinstufungen, vor. Jedoch lassen sämtliche vorliegenden Dokumente sowie Beobachtungen des Autors den Schluß zu, daß solche Loyalitäten weder beim GRAEL noch bei der ersten GFEP in größerem Ausmaß vorhanden waren. Dies erleichterte die Interaktion zwischen grünen Abgeordneten auf europäischer Ebene aber damit schon immer und kann folglich nicht als Erklärungsfaktor für den gestiegenen Interaktionsgrad dienen.

3.4.2.4. Individualinteressen

Daten zu den Individualinteressen der Abgeordneten konnten nicht systematisch erhoben werden. Erstens gaben die vorliegenden Dokumente hierzu keinen ausreichenden Aufschluß, und zweitens wäre die Erhebung dieser Daten durch Interviews mit allen GRAEL- und GFEP-Abgeordneten auf methodische Probleme gestoßen. Die Antworten wären von persönlicher Wahrnehmung geprägt und mit hoher Wahrscheinlichkeit im Nachhinein „geschönt" gewesen. Dieses Problem gilt im übrigen auch für die im vorangegangen Abschnitt beschriebenen Erklärungsfaktoren.

Während der verschiedenen Aufenthalte des Autors in Brüssel und Straßburg wurde jedoch der Eindruck gewonnen, daß persönliche Konflikte und der Wunsch nach Erhalt von Macht und Ansehen eine sehr wichtige Rolle für die politische Zusammenarbeit in der Fraktion spielten.

Die Versuchung, über eigene Aktivitäten und weniger über die Aktivitäten der Gesamtfraktion die eigene Wiederwahl, die von der Mehrzahl der GRAEL- und GFEP-Abgeordneten angestrebt wurde, sicherzustellen, war schon beim GRAEL vorhanden. So GOERLICH (1988:79): „Inzwischen gilt es - verschärft durch Bemühungen, bei den nächsten Europawahlen wieder aufgestellt zu werden - den eigenen Namen so oft wie möglich in die [nationale] Presse zu bringen."

In der ersten GFEP hatte sich daran nichts grundsätzliches geändert (Interview Wilfried Telkämper v.7.4.95; Interview Alexander de Roo v.6.4.95; Interview Paul Staes v.24.4.95). So mußte etwa der erste Vorstand der GFEP in seinem Rechenschaftsbericht feststellen: „Egoismus und Individualismus treiben viele Blüten, Machtkämpfe (um relativ kleine Machtpositionen), Verteidigung persönlicher Anliegen und Interessen und der Hang, sich vorzudrängen haben dabei [gemeint ist das gegenseitige Mißtrauen in der Fraktion] eine ziemliche Rolle gespielt." (GFEP 1990s:2).

Dieser Individualismus verhinderte auch, daß die Fraktion bei wichtigen allgemeinpolitischen Debatten nur mit einer Stimme sprach (GFEP 1991b:2). Ein Abgeordneter konnte bei solchen Gelegenheiten nämlich hoffen, mit seiner Rede oder zumindest Auszügen davon in den nationalen Medien zitiert zu werden.

Da sich nach den vorliegenden Daten Ausmaß und Struktur der Individualinteressen in der GFEP im Vergleich zum GRAEL nicht verändert haben, können diese auch nicht zur Erklärung der Erhöhung des Interaktionsgrads herangezogen werden. Die Existenz dieser Interessen erklärt aber sehr wohl den hohen Anteil an Debatten im Plenum des EP, in denen mehr als ein grüner Sprecher zu Wort kam, den nur relativ gering gefallenen Anteil der Fraktionsmittel für die nationalen Delegationen und die jeweiligen Abgeordneten sowie die Berücksichtigung möglichst aller nationaler Delegationen bei der Besetzung mit Medieninteresse verbundener Posten innerhalb und außerhalb der Fraktion[275].

3.4.3. Europäische Sozialisation

Das Loyalitätsverhalten, Individualinteressen und Unterschiede in den ideologisch-programmatischen Positionen der Fraktionsmitglieder müssen nicht unveränderbar sein. Im Gegenteil, durch den dauerhaften Kontakt mit ausländischen Kollegen kann es hier zu einer europäischen Sozialisation kommen[276].

---

275 Wie sensibel dieses Thema z.B. in der ersten GFEP war, zeigt vor allem das Beispiel der Neubesetzung des Vorstands und der EP-Ämter nach der Hälfte der Legislaturperiode. Hier kam es zu Spannungen zwischen den nationalen Delegationen, die die Fraktion praktisch einen Monat lang lähmten und sie regelrecht vor eine Zerreißprobe stellten. So wollten beispielsweise die Franzosen bei der Suche nach einem Kompromiß bei der Ämterverteilung nicht akzeptieren, „daß [...] fünf Jahre lang die EP-Vize-Präsidentschaft von den Deutschen und der Fraktionsvorsitz von den Italienern monopolisiert wird, wo doch die französische Delegation zahlenmäßig die größte ist und seit zweieinhalb Jahren bei den Stellen für ihre Mitglieder im EP in einer schwachen Position ist." (DELEGATION 1991).

Auch bei der letzten anstehenden Umbesetzung des Vorstands war nach Ansicht von Bruno Boissière „die Lage [im Prinzip] genauso explosiv wie früher". Der Wunsch nach einer größeren Kontinuität der Vorstandsarbeit zum Ende der Legislaturperiode verhinderte jedoch eine Neubesetzung des Vorstands und damit das Ausbrechen von erneuten Konflikten zwischen den nationalen Delegationen (GFEP 1993r:1-3).

276 Erschwert wird dies allerdings durch den „Wanderzirkus EP": Durch die Aufteilung der Ausschuß- und Plenumsarbeit zwischen Straßburg, Brüssel und Luxemburg befinden sich die Abgeordneten oft in einem Reisezustand. Dabei finden die Plenarsitzungen des EP hauptsächlich in Straßburg statt. Dort müssen die Redezeiten auf die Fraktionsmitglieder aufgeteilt, falls notwendig Fraktionshaltungen festgelegt und sonstige Tagesordnungspunkte erledigt werden. Die Fraktionssitzungen in Straßburg stehen unter dem Druck der gleichzeitig stattfindenden Plenartagungen, was ausführliche Diskussionen erschwert (SCHWALBA-HOTH 1988:VI). Der Plenarwoche in Straßburg folgen zwei „Ausschußwochen" in Brüssel oder anderen Tagungsorten, denen sich eine „Fraktionswoche", ebenfalls in Brüssel, anschließt (JACOBS/CORBETT 1990:31). Die Treffen der

Die Fraktionssitzungen sind hierbei normalerweise das maßgebliche Entscheidungsorgan, in dem unterschiedliche Interessen zusammengefaßt, nationale oder ideologische Gegensätze gefiltert und auf eine Kompromißformel gebracht werden (GRESCH 1978:47).

Im GRAEL waren die Voraussetzungen für eine Sozialisation sehr schlecht. Die Abgeordneten waren in den Ausschüssen relativ schwach vertreten und arbeiteten dort teilweise auch nicht mit, die Fraktions- und AG-Sitzungen wurden von den MdEPs kaum besucht, und über weite Strecken herrschte eine Stimmung gegenseitigen Mißtrauens. Außerdem gab es selbst nach zwei Jahren im GRAEL Fraktionsmitglieder, die noch nie ohne Dolmetscher miteinander gesprochen hatten (SCHWALBA-HOTH 1986b:34).

Bei einzelnen Fraktionsmitgliedern konnten jedoch trotzdem Sozialisationswirkungen beobachtet werden. So wandelte sich etwa bei Paul Staes die ursprüngliche Ablehnung einer Kooperation mit kommunistischen Parteien durch den ständigen Kontakt und die gute Zusammenarbeit mit den DP- und GPA-Vertretern in die Einsicht, daß es sich hier um Parteien handelte, mit denen man „in der ferneren Zukunft mit Sicherheit noch sehr vernünftig zusammenarbeiten kann". (STAES 1985c:1f.). Diese Zusammenarbeit offenbarte beispielsweise, daß trotz einer befürchteten traditionellen Machtpolitik, die als Form des Politikstils auch Teil des Links-Vorne-Konflikts war, in Wirklichkeit weder in Politikinhalt noch in Politikstil große Unterschiede zwischen den einzelnen Parteien bestanden (Interview Paul Staes v.24.4.95). Bei anderen Abgeordneten gab es ebenfalls eine Sozialisation in einzelnen inhaltlichen Bereichen, wie etwa in der Biotechnologie oder der Energie-, Sozial-, und Frauenpolitik (Interview Juan Behrend v.21.4.95). Diese Sozialisationstendenzen reichten aber nicht aus, um die von Anfang an bestehenden Unterschiede bei den GRAEL-Mitgliedern so zu verringern, daß daraus ein einheitlicher, auf die europäische Ebene orientierter Akteur geworden wäre.

Die Voraussetzungen für eine mögliche Sozialisation hatten sich bei der GFEP gegenüber dem GRAEL wesentlich verbessert. Sowohl die Fraktions- als auch die

---

Fraktion in dieser Woche dauern normalerweise zwei bis drei Tage und dienen der Vorbereitung der Straßburgwoche, der Diskussion über eigene Themen oder Aktivitäten und dem Empfang von Besuchsdelegationen. Begleitet wird die Fraktionswoche von einer Reihe von Sitzungen der Arbeitsgruppen und nationalen Delegationen (JACOBS/CORBETT 1990:78). Zusätzlich zu den Ausschuß- und Fraktionssitzungen gibt es noch Sitzungen der Interparlamentarischen Delegationen und der AKP-Versammlung (GGEP 1994:14). Schließlich müssen noch sonstige Fahrten innerhalb der EU getätigt werden, um Veranstaltungen der Partei oder potentieller Wählerschichten zu besuchen. Dies alles erschwert Sozialisationstendenzen, da man als Abgeordneter grundsätzlich wenig Zeit findet, unterschiedliche Standpunkte und/oder Mißverständnisse in Ruhe auszudiskutieren und seinen Gegenüber besser kennen zu lernen. Ein weiteres Problem stellt die Abhängigkeit von Dolmetschern dar, da dadurch informelle Kontakte weniger leicht zustande kommen und innerfraktionelle Diskussionsprozesse, z.B. durch Verzögerungen bei Übersetzungen von Diskussionspapieren, erschwert werden können. Je mehr Arbeitssprachen in der Fraktion vorhanden sind, desto mehr ist die Fraktion auf die Dolmetscher angewiesen und desto eher treten Mißverständnisse mit eventuellen Folgen auf (PRIDHAM/PRIDHAM 1981:82)

Sitzungen der Arbeitsgruppen waren besser besucht, und in den Fraktionssitzungen
wurde öfter über inhaltliche Fragen diskutiert.

Nach der Besetzung des Mitarbeiterstabes und der endgültigen Verabschiedung
der Satzung im Mai 1990 kam es bei den Abgeordneten dann auch tatsächlich zu
teilweise erheblichen Sozialisationswirkungen[277]. Die französische Delegation
hatte sich nach der Rotation Ende 1991 mehr an die deutsche Delegation angenähert, da sich nach dem Weggang Antoine Waechters eine mehr links-orientierte
Linie durchsetzte, und Differenzen zu den Deutschen nicht mehr so betont wurden.
Bereits vor der Rotation hatte sich bei entsprechenden Diskussionen in der Fraktion
gezeigt, daß es politisch zwischen den „Rechten" und den „Linken" nicht so viele
Differenzen gab wie erwartet (Interview Alexander Langer v.27.4.95). So erwiesen
sich die Deutschen als pragmatische und nicht unbedingt dogmatische Linke
(Interview Frieder O.Wolf v.27.4.95).

Umgekehrt hatte sich die deutsche Delegation der italienischen Delegation angenähert, weil sich deren anfängliche Konfrontationspolitik nach und nach gelegt
hatte. Die Mitglieder der ehemaligen PR verfolgten nun eine Integrationspolitik,
um ihre starke Stellung in der Fraktion zu behaupten und hatten sich auch allgemein durch die Arbeit in der Fraktion in ihren Methoden zumindest etwas angepaßt
(siehe zu dieser Problematik ausführlicher Kapitel 3.3.4.).

So war das Verhältnis zwischen den drei großen nationalen Delegationen ab Anfang 1992 relativ harmonisch geworden[278] (Interview Ali Yurttagül v.4.4.1995),
und die Grenzen zwischen den nationalen Delegationen begannen nun, sich immer
mehr abzubauen (Interview Juan Behrend v.21.4.95; Interview Bruno Boissière
v.25.4.95).

Auch in der GFEP hatten grüne Abgeordnete gute Erfahrungen mit der Zusammenarbeit mit nicht-grünen Fraktionsmitgliedern gemacht. So favorisierten bei
einer Diskussion im Jahre 1993 über das mögliche Aussehen einer künftigen grünen Fraktion diejenigen, die sich 1989 noch für eine rein grüne Fraktion ausgesprochen hatten, die Erweiterung einer grünen Kernfraktion um Abgeordnete aus
dem linken oder anderen politischen Spektren. Paul Lannoye sprach zusätzlich von
einer durch die gemeinsame Arbeit bedingten Bereitschaft vieler Abgeordneter,
mehr Mittel an die Fraktionseinrichtungen zu geben als noch zu Zeiten der Fraktionsbildung (Interview Paul Lannoye v.27.4.95).

Als ein gutes Beispiel für die allmähliche Überwindung nationaler Grenzen und
die Erzeugung von Gruppenbewußtsein durch gegenseitige Kontakte außerhalb der
Fraktion führt LAMBERT (1991:14) die fraktionsübergreifende Zusammenarbeit

---

277 Dies berichteten übereinstimmend alle elf hierzu befragten Abgeordneten oder Mitarbeiter der
    ersten GFEP.

278 Dies hing nach Meinung Wilfried Telkämpers bei der deutschen Delegation aber auch damit zu-
    sammen, daß sich deren Mitglieder ab diesem Zeitpunkt wieder verstärkt dem politischen Gesche-
    hen in Deutschland zuwendeten und weniger versuchten, bestimmte Verhaltensweisen der Fraktion
    zu beeinflussen, sondern die „Fraktion ihre Fehler machen zu lassen" (Interview Wilfried Tel-
    kämper v.7.4.1995).

vieler Frauen an. Alexander Langer sah die Überwindung nationaler Grenzen besonders bei denjenigen, denen es gelungen war, in den jeweiligen Ausschüssen „etwas zu bewegen" (Interview Alexander Langer v.27.4.95).

Über das Ausmaß einer Sozialisation bei den Abgeordneten und ihre Bestimmungsgründe lassen sich mangels hinreichender Daten[279] keine exakten Angaben machen. Sicher scheint jedoch, daß es eine Sozialisation nicht nur in Einzelfällen gegeben hat, und daß diese Sozialisation den Interaktionsgrad der Fraktion begünstigt hat.

Dafür spricht z.B. auch die Tatsache, daß der Anteil der einstimmigen Abstimmungen innerhalb der des GRAEL und der GFEP zwischen 1984 und 1989 von 77,9 auf 89,4 % und zwischen 1989 und 1994 von 72,4 auf 80,2% gestiegen ist. Bei der GFEP ist zusätzlich noch der Heterogenitätsindex fast stetig von 0,27 auf 0,22 gefallen und damit eine Erhöhung der Abstimmungskohäsion von fast 20% zu beobachten gewesen (siehe Tabelle 44). Letzteres erklärt sich allerdings auch durch den stärkeren Stellenwert der Parlamentsarbeit innerhalb der GFEP.

Nicht vernachlässigt werden darf in diesem Zusammenhang, daß Änderungen in den programmatisch-ideologischen Positionen und im Loyalitätsverhalten auch auf Diskussions- und Erfahrungsprozesse in der eigenen Partei und nicht auf eine europäische Sozialisation zurückgehen können. So führte etwa Wilfried Telkämper seine Positionsänderung bezüglich einer Integration im Rahmen der EG besonders auf Diskussionsprozesse in der eigenen Partei zurück (Interview Wilfried Telkämper v.7.4.1995). Umgekehrt wies Nel van Dijk darauf hin, daß solche nationalen Diskussionsprozesse oft erst durch Europaabgeordnete angestoßen wurden, die sich in der Fraktion entsprechend mit anderen Meinungen auseinandersetzen mußten (Interview v.20.4.1995).

Wenn dies auch noch genauer überprüft werden müßte, so scheint es hier doch zu von den Integrationstheoretikern vorhergesagten Feed-back-Prozessen gekommen zu sein.

Abschließend bleibt festzuhalten, daß in der GFEP, verglichen mit dem GRAEL, größere Sozialisationseffekte auftraten, die zu stärkerer innerer Geschlossenheit und in der Folge zu einem einheitlicheren parlamentarischen Verhalten führten. Diese Sozialisationseffekte waren somit mitverantwortlich für das Ansteigen des Interaktionsgrads.

---

279 Hierzu hätten alle Fraktionsmitglieder zu Beginn und zu Ende der Legislaturperiode entsprechend befragt werden müssen, was in der vorliegenden Arbeit jedoch nicht geleistet werden konnte.

3.4.4. Strukturen der Fraktionsgründungsphase

3.4.4.1. Größe

Als ein wichtiger Grund für das wenig geschlossene parlamentarische Verhalten des GRAEL und die geringe parlamentarische Aktivität der Gruppe ist deren geringe Größe anzuführen, da die wenigen Stimmen des GRAEL für Abstimmungskoalitionen nicht benötigt wurden. Mit dem Anwachsen der neuen Fraktion auf fast 30 Mitglieder hatte sich die strategische Position der GFEP geändert. Sie war jetzt viertstärkste Fraktion und hatte größere Aussichten als der GRAEL, bestimmte Entscheidungen im Plenum zu beeinflussen. Außerdem war sie nun in parlamentarisch wichtigen Gremien vertreten und konnte dort versuchen, parlamentarische Abläufe in ihrem Sinne zu beeinflussen. Die gestiegene Mitgliederzahl der GFEP im Vergleich zum GRAEL ist daher ein Grund für die größere Kohäsion der GFEP und für den gestiegenen Interaktionsgrad.

Die zweite GFEP ist hier wieder in eine schlechtere Position geraten, da sie nur die siebtstärkste Fraktion im neuen EP geworden ist (siehe auch Tabelle 47).

3.4.4.2. Gemeinsame Arbeitsgrundlage

Die inhaltliche Grundlage für die Zusammenarbeit des GRAEL bildete nach Art.3 der Satzung die Paris Declaration vom 28.4.84 (siehe Anhang). Ein breiteres und konkreteres Arbeitsprogramm für die Gruppe sollte zwar noch ergänzend ausgearbeitet werden, faktisch ist es dazu aber nie gekommen. So konnte dieses zur Lösung von Streitigkeiten auch nicht als Referenzdokument herangezogen werden. Das Fehlen eines breiteren, gemeinsamen Programmes war laut Francois Roelants mit ein Grund, warum der GRAEL so gut wie kein gemeinsames Profil erlangen konnte (ROELANTS 1985:2).

Die erste GFEP arbeitete laut Satzung auf der Grundlage der Wahlplattform der EGC und damit auf einer wesentlich breiteren politischen Arbeitsbasis als der GRAEL. Es stellte sich jedoch heraus, daß dieses Dokument lediglich für die Fraktionsbildung und als gemeinsamer politischer Rahmen von EGC und GFEP Bedeutung erlangte (Interview Nel van Dijk v.20.4.95; Interview Frieder O.Wolf v.27.4.95). Ansonsten wurde auf die Plattform nur in Krisenzeiten zurückgegriffen. Aber auch dann ließ sich diejenige Seite, die eine von der Wahlplattform abweichende Meinung vertrat, nicht von ihrer eigenen Position abbringen (Interview Juan Behrend v.21.4.95).

Die zweite GFEP arbeitet auf der Grundlage der Wahlplattform des SCEUA und damit auf einer noch breiteren Basis als ihre Vorgängerin (Art.3). Allerdings lassen Beobachtungen im Zusammenhang mit der Vorbereitung einer gemeinsamen Haltung der Fraktion zur Regierungskonferenz 1996 vermuten, daß die Wahlplattform des SCEUA ähnlich wie die 89er Plattform nur als wichtiges Dokument im Fraktionsgründungsprozeß eine Rolle gespielt hat und ansonsten in Vergessenheit geraten wird[280]. Dieses Vorgehen scheint innerhalb der Grünen kein Einzelfall zu sein. So klagten führende oder ehemals führende Delegierte oder Fraktionsmitglieder grüner Parteien in Europa über ein mangelndes historisches Bewußtsein und die Tendenz, Diskussionen über Themen wieder aufzunehmen, bei denen man früher schon zu Kompromißlösungen gekommen war (Interview Leo Cox v.22.4.95; Interview Ludo Dierickx v.28.4.1995; Interview Bruno Boissière v.20.4.1995).

Die bei der GFEP im Vergleich zum GRAEL breiter gewordene Arbeitsgrundlage hat somit keine Erklärungskraft für die Veränderung des Interaktionsgrads über die Zeit.

3.4.4.3. Konkurrierende Listen oder Parteien

Miteinander im nationalen Rahmen konkurrierende Parteien oder Listen fanden sich im GRAEL zunächst mit der DP und der PduP, was aber in der kurzen Zeit der Zugehörigkeit Luciana Castellinas zum GRAEL zu keinen Spannungen führte (Interview Juan Behrend v.21.4.95; Interview Frieder O.Wolf v.27.4.95). Auch die im GPA vertretenen Parteien sorgten nicht für Schwierigkeiten.

In der ersten GFEP waren innenpolitische Konkurrenzsituationen nur bei den italienischen Listen zu erwarten. Davon war anfänglich jedoch nichts zu spüren. Im Gegenteil: da es zur Zeit der Europawahlen in Italien schon von verschiedenen Seiten Bemühungen zur Umgestaltung des alternativen Spektrums gab, sahen die italienischen Abgeordneten durch eine enge Zusammenarbeit auf europäischer Ebene die Möglichkeit, Vorreiter einer nationalen Fusion grüner, radikaler und linker Kräfte zu sein. Tatsächlich schlossen sich 1990 ARCOBALENO und Federazione delle Liste Verdi zu einer einzigen Partei zusammen. Das Verhältnis der Italiener änderte sich jedoch schlagartig, als Anfang 1992 bei der nationalen Wahl in Italien zwei Mitglieder der grünen Fraktion auf der Lista Panella standen, die gegen Alexander Langer Wahlkampf führten und damit versuchten, die bozischen Grünen zu spalten. Als Folge nahm Alexander Langer nicht mehr an den Treffen der italienischen Delegation teil (Interview Alexander Langer v.27.4.95). Auf die Fraktion übertrugen sich diese Spannungen jedoch genauso wenig wie bei der holländischen Delegation der Wechsel Herman Verbeeks von Groen Links zu De Groenen Anfang 1994.

Somit schlugen innenpolitische Konkurrenzsituationen in der GFEP formal zwar stärker zu Buche als noch beim GRAEL. Faktisch hatten sie jedoch keine Auswir-

---

280 So wurde in den Fraktionssitzungen vom dritten und vierten April 1995, in denen das Vorgehen der Fraktion bei einem Bericht zur Regierungskonferenz besprochen wurde, und in denen die unterschiedlichen Grundsatzpositionen der Fraktionsmitglieder aufeinander trafen, nicht ein einziges Mal auf die Plattform als mögliche Kompromißgrundlage zurückgegriffen.

kungen auf die Fraktion und können somit die Veränderung des Interaktionsgrads nicht erklären.

3.4.4.4. Ideologische Homogenität

Die Einbeziehung der kleinen Linksparteien aus Italien als „ideologiefremde" Mitglieder des GRAEL sowie des GPA und zeitweise auch der EE war neben dem schlechten Verhältnis der deutschen GRÜNEN zu der EGC mit verantwortlich dafür, daß nicht die Europawahlplattform der EGC, sondern nur die Paris Declaration als gemeinsame inhaltliche Grundlage des GRAEL übernommen, und der EGC auch sonst keine großen Einwirkungsmöglichkeiten und nur wenig finanzielle Hilfe eingeräumt wurden (Interview Nel van Dijk v.20.4.95).

In der ersten GFEP waren mit den Abgeordneten der EE, DP und später der SF erneut ideologiefremde Mitglieder vertreten. Zählt man noch die Mitglieder der ehemaligen PR (Adelaide Aglietta, Marco Taradash und Virginio Bettini) hinzu, so waren es diesmal fünf, später sechs, womit der Anteil ideologiefremder Mitglieder von etwa einem Drittel beim GRAEL auf gut ein Fünftel gesunken war. Diese nicht-grünen Fraktionsmitglieder konnten einen größeren Einfluß und die stärkere finanzielle Unterstützung der EGC durch die Fraktion im Gegensatz zum GRAEL nicht mehr verhindern, da die große Mehrheit der Fraktionsmitglieder jetzt den Wunsch hatte, stärker mit anderen grenzüberschreitend organisierten grünen Strukturen zusammenzuarbeiten.

Jedoch gingen von den ehemaligen PR-Mitgliedern Spannungen aus, die sich auf die ganze Fraktion übertrugen. So stimmten diese Anfang 1990 entgegen der Fraktionsmeinung für die Aufhebung der Sanktionen gegen Südafrika, was zu erheblichen Verstimmungen innerhalb und außerhalb der Fraktion führte. Im Bereich der Entwicklungspolitik und der europäischen Institutionen vertraten sie ebenfalls Extrempositionen in der Fraktion (Interview Juan Behrend v.28.4.95). Dies läßt sich darauf zurückführen, daß die 1989 in Italien offiziell aufgelöste PR sehr liberal und streng antikommunistisch orientiert sowie Verfechterin einer freien Marktwirtschaft und eines extremen europäischen Föderalismus war (Vgl. PANEBIANCO 1988: 111)[281].

Wichtiger als diese an konkreten Punkten festzumachenden inhaltlichen Differenzen waren deren subtile Methoden zur Erlangung und Sicherung möglichst vieler Mitarbeiterstellen sowie von Machtpositionen innerhalb und außerhalb der Fraktion. Mit Hilfe der anderen italienischen Delegationsmitglieder sowie anfänglich auch mit Hilfe ECOLOs und der französischen Abgeordneten gelang dies relativ gut. Die dabei eingesetzten „harten Bandagen" (MAIER 1992:385) führten zu einer Verstimmung mit der deutschen Delegation, die sich bis Ende der Legislaturperiode nie wieder vollständig beheben ließ, wenn auch später in Einzel-

---

281 Laut Alexander Langer (1989b) forderten die Radicali hier „Die Vereinigten Staaten von Europa -
   sofort".

bereichen mit den PR-Mitgliedern eng zusammengearbeitet wurde (Interview Frieder O.Wolf v.27.4.95)[282].

Die starke Position ehemaliger PR-Mitglieder führte ab Anfang 1990 bei weiten Teilen der Fraktion zur Befürchtung, die grüne Fraktion könnte durch diese Abgeordneten bzw. Mitarbeiter, die der PR nahestanden, infiltriert werden, um sie für die Zwecke Marco Panellas zu mißbrauchen. Tatsächlich war die Strategie der PR, die sich stark auf die charismatische Person Marco Panellas konzentrierte (Interview Ali Yurttagül v.4.4.1995; PANEBIANCO 1988:128), „radikales Gedankengut (und die dazugehörigen Personen) in möglichst viele Parteien einzuschmuggeln; andere und größere Parteien dazu bringen, Anliegen der Radikalen zu übernehmen und mehrheitsfähig zu machen." (LANGER 1989b).

Nach Meinung von Paul Lannoye ging es den Radicali dabei aber nicht um die allgemeine Machtübernahme in der GFEP, sondern nur um die Besetzung einzelner Themengebiete (Interview Paul Lannoye v.27.4.95). Außerdem waren Radicali-Mitglieder nicht gleich Radicali-Mitglieder. So hatten der stellvertretende Generalsekretär der GFEP, Gianfranco Dell'Alba, und Adelaide Aglietta auch einen großen Teil zur effizienten Funktionsweise der Fraktion im Parlamentsbetrieb beigetragen (Interview Paul Lannoye v.27.4.95)[283].

Verbunden mit der offiziellen Auflösung der PR war die „ [...] Verwandlung in eine „transnationale Partei", die im Ausland Mitglieder wirbt und sich übernationalen Anliegen widmet [...] ohne sich nationalen Wahlen direkt zu stellen" auf einem Parteitag im Frühjahr 1989 in Budapest (LANGER 1989b). Aufgrund dieses transnationalen Anspruchs der PR gab es von ihrer Seite auch den Versuch, nach Osteuropa zu expandieren. Dies wurde durch PR-Mitglieder in der GFEP unterstützt[284]. Wäre eine solche Osterweiterung gelungen, so hätte dies eine potentielle

---

282 Später griff auch die französische Delegation anläßlich der Neubesetzung parlamentarischer Ämter im EP und des GFEP-Vorstands die Mitglieder der PR wegen ihrer „Methoden" an: „Ein anderer ausschlaggebender Faktor im Bruch dieser Suche nach einem Kompromiß ist der zunehmende Einfluß innerhalb der Fraktion von G.O. Methoden des Partito Radicale. Wir sind der Meinung, daß diese Methoden der Blockierung, Abstimmungen hinauszuzögern, von Redebeiträgen, um eine verfahrene Lage zu erzielen, im Widerspruch zu dem politischen Geist und der Dynamik stehen, den die Grünen in Europa zu fördern versuchen. Diese Methoden vergiften heute die Praktiken anderer Delegationen. Dies muß aufhören. Der Zusammenhalt der Fraktion darf nicht von den Methoden einer nicht-grünen Partei [...] infragegestellt werden." (DELEGATION 1991:2).

283 Die Abgeordnete Aglietta hatte im Laufe der Jahre auch eine gewisse Sozialisation durchlebt, die sie den Grünen näher als der PR brachte. Sie schloß sich daher 1994 nicht der Europäischen Radikalen Allianz an, sondern blieb in der neuen grünen Fraktion (Interview Juan Behrend v.28.4.95). Dafür trat Gianfranco Dell'Alba, wie auch die anderen Abgeordneten der Panella Riformatori, der Europäischen Radikalen Allianz bei. Eine mögliche Fortsetzung der Infiltrationsstrategie der PR durch Aglietta wäre hier zwar auch denkbar, ist aber eher unwahrscheinlich, da die PR in Italien mittlerweile über Schlüsselpositionen im Parlament und in der EU sogar über eine Kommissarin verfügt (Emma Bonnino) (Interview Juan Behrend v.28.4.95; Interview Paul Lannoye v.27.4.95) und damit ihr Überleben bis auf weiteres gesichert hat.

284 So verteilte die Fraktionsvorsitzende Aglietta auf einem Kongreß in Bukarest 1990 nur Material der PR, nicht aber der Grünen (Interview Paul Staes v.24.4.95), und im Juni 1993 hatte sich Bruno

Konkurrenz zu den dortigen Grünen dargestellt. Dies machte die Aktivitäten der PR zu einem Problem der gesamten grünen Bewegung (Interview Juan Behrend v.28.4.95).

Ideologiefremde Fraktionsmitglieder sorgten somit im GRAEL wie in der GFEP für Interaktionsrestriktionen. Während dies beim GRAEL aber Auswirkungen auf den Loyalitätsbereich hatte (keine EGC-Plattform als gemeinsame Arbeitsgrundlage, keine regelmäßigen Fraktionspublikationen), verursachte dies bei der GFEP nur interne Probleme. Der gesunkene Anteil ideologiefremder Mitglieder in der GFEP, verglichen mit dem GRAEL, ist also mit verantwortlich für die Erhöhung des Interaktionsgrads.

Ideologiefremde finden sich in der zweiten GFEP nur noch mit Leoluca Orlando von La Rete. Für ihn und für eventuelle künftige ideologiefremde Mitglieder der Fraktion enthält die vorläufige Satzung der GFEP explizit den Hinweis, daß „Besondere Regelungen zur Wahrung der politischen Identität von Fraktionsmitgliedern oder Listen, die nicht zur grünen Föderation gehören, [...] in der Fraktionssatzung verankert [werden]. Die Fraktion verbürgt sich für die volle politische und praktische Wahrung dieser Identitäten." (GFEP 1994p:1-3).

Auch in dem gemeinsamen Protokoll zwischen der EGF und der zweiten GFEP, das die Beziehungen zwischen beiden regelt, wurde diesmal explizit darauf hingewiesen, daß das Protokoll nur für die Mitglieder der Fraktion galt, die aus Mitgliedsparteien der EGF stammten.

Konflikte durch ideologiefremde Mitglieder sind damit in der zweiten GFEP nicht mehr zu erwarten.

3.4.5. Fazit

Wie in Abschnitt 3.3. beschrieben, zeichnete sich der GRAEL durch einen geringeren Interaktionsgrad aus als die nachfolgende GFEP.

Die Kontrolle und Einflußnahme der nationalen Parteien auf ihre Abgeordneten im GRAEL war zwar unterschiedlich ausgeprägt, jedoch mit Ausnahme des Fraktionsgründungsprozesses praktisch nicht vorhanden. Sie führte deshalb zu keinen gruppeninternen Konflikten. Hauptgrund für den geringen Interaktionsgrad des GRAEL waren stattdessen, neben stark ausgeprägten Individualinteressen, Differenzen in den ideologisch-programmatischen Positionen der Fraktionsmitglieder bei der Haltung zur EG und zum Parlamentarismus allgemein. Der bei den Parteien zu diesem Zeitpunkt so wichtige Links-Vorne-Konflikt spielte eher eine untergeordnete Rolle. Hinzu kamen erhebliche Konflikte innerhalb der deutschen Delegation, die aufgrund ihrer Wichtigkeit im GRAEL die Gruppenarbeit lähmten. Sozialisationstendenzen konnten bei einzelnen Abgeordneten zwar beobachtet werden,

---

Boissière offiziell darüber beschwert, daß sich Aglietta und der Generalsekretär dell'Alba auf einem PR-Kongreß in Osteuropa aufhielten und in Straßburg bei einer wichtigen Abstimmung fehlten (Interview Bruno Boissière v.20.4.1995).

reichten jedoch nicht aus, um die anfangs bestehenden Differenzen zwischen den Fraktionsmitgliedern hinreichend zu harmonisieren.

An der schwachen Stellung des EP im politischen System der EG hat sich mit den Reformen der Einheitlichen Europäischen Akte (EEA) nichts wesentliches geändert. Sie räumten dem EP zwar mehr Rechte ein und übten zumindest auf die beiden großen Fraktionen einen gewissen Druck zu mehr Kohäsion aus, zeigten auf den GRAEL jedoch keine Wirkung.

Im nationalen Rahmen konkurrierende Formationen innerhalb des GRAEL spielten für dessen Interaktionsgrad nur eine geringe Rolle, jedoch wirkte sich der hohe Anteil ideologiefremder Mitglieder restriktiv auf die vom GRAEL gezeigten Loyalitäten aus.

Der Anstieg des Interaktionsgrads der GFEP im Vergleich zum GRAEL ist auf Veränderungen im Bereich der nationalen Bedingungsfaktoren, der Sozialisations-tendenzen und der Strukturen der Fraktionsgründungsphase zurückzuführen.

Zwar kann nicht genau quantifiziert werden, in welchem Ausmaß die Verände-rung der jeweiligen Erklärungsfaktoren für den Anstieg des Interaktionsgrads ver-antwortlich waren. Die vorliegenden Daten lassen jedoch darauf schließen, daß die von Anfang an vorhandene größere Geschlossenheit der Fraktionsmitglieder be-züglich des Integrationskonzepts, die Marginalisierung des Fundi-Realo-Konflikts sowie die gestiegene Mitgliederzahl der GFEP die Hauptgründe hierfür waren. Gegenüber dem GRAEL ausgeprägtere Sozialisationstendenzen, die einen anfangs bestehenden Links-Vorne-Konflikt und inter-delegationäre Konflikte aufgrund unterschiedlicher politischer Kulturen im Laufe der Zeit praktisch eingeebnet hat-ten, trugen hierzu aber ebenso bei wie die größere ideologische Homogenität der GFEP gegenüber dem GRAEL und die weniger starken Auswirkungen intra-delegationärer Spannungen.

Unverändert über die Zeit blieben die schwache Stellung des EP im politischen System der EG bzw. der EU sowie dessen Wahlmodalitäten. Gleich geblieben sind ebenfalls das geringe Ausmaß an Instruktion und Kontrolle nationaler Delegationen durch ihre nationalen Parteien, der geringe Bezug auf die gemeinsame inhaltliche Arbeitsgrundlage, die Loyalitäten der Abgeordneten gegenüber ihrem National-bzw. Regionalstaat, der geringe Einfluß miteinander konkurrierender Parteien in der Fraktion sowie die Struktur und das Ausmaß von Individualinteressen. Diese Faktoren können einen Anstieg des Interaktionsgrads somit nicht erklären.

Über den Einfluß des gestiegenen Anteils von Top-down-Anhängern in der Fraktion auf den Interaktionsgrad kann aufgrund fehlender Daten nichts fundiertes gesagt werden.

Für den Interaktionsgrad der GFEP scheinen also vor allem die Startbedingun-gen bei der Fraktionsgründung, sprich, die im Vergleich zum GRAEL homoge-neren Haltungen der Fraktionsmitglieder, ausschlaggebend gewesen zu sein. Zwar kann eine europäische Sozialisation an diesen Startbedingungen noch einiges än-dern, jedoch scheint es so zu sein, daß, wagt man einmal den (nicht unproble-matischen) Versuch einer Verallgemeinerung auf künftige grüne oder momentan bestehende andere Fraktionen, diese Sozialisation spätestens dort ihre Grenzen findet, wo sie eine angestrebte Wiederwahl der Abgeordneten gefährdet oder als gefährdet erscheinen läßt.

Da für die dritte Fraktion nach deren Gründung keine systematischen Daten mehr erhoben werden konnten, ist hier ein fundierter Ausblick auf die künftigen Wirkungen der oben angeführten Bedingungsfaktoren nicht möglich.

Ein abschließender systematischer Vergleich mit den Bedingungsfaktoren des Interaktionsgrads bzw. deren Entwicklung bei anderen Fraktionen im Europaparlament wäre zwar wünschenswert, doch liegen wie schon bei der Entwicklung des Interaktionsgrads selbst hierzu so gut wie keine Daten vor. Eine Untersuchung von HRBEK/SCHWEITZER (1989) läßt jedoch die Vermutung zu, daß auch die Abgeordneten anderer Fraktionen stark an ihrer nationalen Partei und/oder Wählerschaft orientiert sind, um ihre Wiederwahl zu sichern (S.6,17) und dies gleichzeitig als einen „wichtigen hemmenden Faktor im Integrationsprozeß" sehen. Auch auf die nicht zu unterschätzende Rolle von unterschiedlichen politischen Kulturen und das Vorhandensein von Sozialisationstendenzen wird dort hingewiesen (S.9). Schließlich werden als wichtigste hemmende Faktoren für die Kohäsion der Fraktion nationale Egoismen und gruppenspezifische Interessen angeführt, während ideologisch-programmatische Unterschiede als weniger relevant angesehen werden (S.9).

4. Das Zusammenwirken von parlamentarischer und außerparlamentarischer Interaktion

Im nachfolgenden Kapitel soll untersucht werden, ob und in welchem Ausmaß zwischen den beiden in Kapitel zwei und drei besprochenen institutionalisierten Formen grenzüberschreitender Parteieninteraktion der Grünen Kommunikationsbeziehungen bestanden haben, zu welchen Kooperationsformen dies geführt hat und ob die Existenz der einen Interaktionsform für die jeweils andere Auswirkungen auf deren Programmatik oder Organisation gehabt hat. Damit soll überprüft werden, ob die These, daß Parteienbünde durch die Vorgabe von politischen Leitlinien zur Verankerung von Europafraktionen in europäischen Parteiorganisationen dienen (HRBEK 1978:299), für die Grünen zutrifft, oder ob hier nicht eher umgekehrt Auswirkungen von der Europafraktion und damit den institutionellen Rahmenbedingungen der EG bzw. der EU auf den organisatorisch wie inhaltlich gesamteuropäisch angelegten Parteienbund der Grünen zu beobachten waren.

4.1. Koordination grüner und radikaler Parteien und Technische Fraktion

Schon im Anfangsstadium grüner Parteieninteraktion gab es Kontakte zwischen einzelnen Mitgliedern der P.E.A.C.E.-Initiative (bzw. später der KGRP) und der TCDI. Seit 1979 war z.B. Roland Vogt, wenn auch offiziell nur für die GRÜNEN, als Beobachter bei der TCDI aktiv (BEECKMANS-WIENERT 1984a:8). Umgekehrt waren Vertreter der TCDI (Gianfranco Dell'Alba, Jean Fabre) mehrmals auf Treffen der KGRP anwesend, um über die Arbeit der technischen Fraktion im EP zu berichten (OHNE VERFASSER 1981:3). Diese Kontakte spielten sich aber mehr auf individueller Ebene ab und waren zwischen beiden Gruppen nicht institutionalisiert (Interview Ludo Dierickx v.29.4.95; Interview Bruno Boissière v.20.4.95), obwohl beispielsweise Petra Kelly dafür plädierte, die Abgeordneten der PR bei der Anfertigung schriftlicher und mündlicher Anfragen im EP durch ECOROPA oder P.E.A.C.E. als Ganzes zu unterstützen (KELLY 1979). Eine finanzielle Unterstützung der TCDI für die KGRP oder P.E.A.C.E. gab es nicht (Interview Paul Beeckmans v.4.4.1995).

4.2. European Green Coordination und GRAEL

Mit der mittlerweile fester etablierten EGC und der Bildung des GRAEL im Europaparlament bestand in der zweiten Direktwahlperiode des Europaparlaments erstmals die Möglichkeit von Beziehungen zwischen rein grünen parlamentarischen und außerparlamentarischen Interaktionsformen. Institutionelle Beziehungen zwischen der EGC und dem GRAEL sucht man jedoch noch vergeblich. Weder in der Satzung der EGC vom November 1985 noch in der GRAEL-Satzung war eine personelle oder finanzielle Beteiligung der jeweils anderen Gruppe vorgesehen, und als programmatische Grundlage des GRAEL wurde die Paris Declaration statt der Wahlplattform der EGC gewählt. Weiterhin war keine Konsultation, geschweige denn ein Interventionsrecht der EGC bei der Politikformulierung des GRAEL oder bei Fraktionszugängen vorgesehen. Selbst die institutionalisierte Teilnahme von EGC-Vertretern an GRAEL-Sitzungen wurde von der Mehrheit des GRAEL abgelehnt (DEIJNCKENS 1990:2). Allerdings beteiligte sich der GRAEL ab 1985 finanziell an allen EGC-Kongressen. Dies war im GRAEL jedoch nicht unumstritten (Interview Juan Behrend v.27.4.95).

Selbst einfache Kontakte waren aufgrund eines gespannten Verhältnisses zwischen EGC und GRAEL lange Zeit praktisch nicht vorhanden. Lediglich die belgischen Mitglieder des GRAEL berichteten auf den EGC-Treffen regelmäßig über die Arbeit im EP.

Für eine bessere Ausgestaltung der Kontakte setzten sich zunächst nur einzelne Mitglieder des GRAEL ein, bis 1987 die Wahrnehmung der Außenbeziehungen des GRAEL vom bisherigen Generalsekretär John Lambert auf den politischen Sekretär Juan Behrend übergingen. Dieser besuchte fortan die EGC-Treffen regelmäßig, wenn auch noch nicht im offiziellen Auftrag des GRAEL (Interview Juan Behrend v.21.4.95).

Die EGC wollte angesichts dieser Entwicklungen die gegenseitigen Beziehungen verbessern (EGC 1987b:4), wobei dieses Vorhaben aber erst im Oktober 1988 durch den anstehenden Europawahlkampf konkretere Formen annahm. Auf Anfrage (EGC 1989m) stellte der GRAEL im Februar 1989 der EGC dann auch ein eigenes Büro zur Koordinierung des Europawahlkampfes zur Verfügung (GRAEL 1989c:1). Für die Erarbeitung einer gemeinsamen Wahlplattform war es allerdings schon zu spät.

Bis kurz vor Ende der Legislaturperiode hatte der GRAEL damit kein Interesse an einer Zusammenarbeit mit der EGC gezeigt. Doch auch die EGC „did not want any kind of contact with the GRAEL (and doing so, they left those GRAEL-members all alone who [...] wanted to defend real green politics in the GRAEL)" (STAES 1990). Durch die Existenz des GRAEL bzw. der EGC waren also keine wechselseitigen Auswirkungen auf Organisation oder Programmatik zu erkennen. Der Verankerung des GRAEL in einer europäischen Parteiorganisation diente die EGC ebenfalls nicht.

Die Gründe für diese Distanz liegen neben dem Verhalten einiger deutscher Grüner vor und nach den Europawahlen 1984 in der Tatsache, daß die EGC zwischen 1984 und 1989 noch stark mit grundsätzlichen Fragen beschäftigt war. Konkrete Tagespolitik, die auf der Agenda des EP stand, spielte in diesem Zeitraum noch keine Rolle (Interview Paul Beeckmans v.4.4.1995).

Das Hauptproblem waren aber strategische und inhaltliche Differenzen zwischen EGC und GRAEL. Die Mehrzahl der GRAEL-Mitglieder hatte ein links-alternatives Selbstverständnis, während die Mehrzahl der EGC-Mitgliedsparteien sich „Vorne" verortete. Hinzu kam, daß der Generalsekretär des GRAEL (John Lambert) ein eigenes Netzwerk aus kleinen Links- und einzelnen grünen Parteien errichten wollte, das mit der EGC konkurriert hätte. Außerdem sah der GRAEL seine Aufgabe mehr in der Vernetzung von Basisbewegungen als in der Unterstützung von Parteien. Schließlich gewährte der GRAEL durch Sitzungen des Vorstands oder der Gesamtfraktion in den Ländern der EG zwar vor allem seinen Mitgliedsparteien, aber auch anderen Parteien des links-alternativen Spektrums öffentlichkeitswirksame Unterstützung. Diese Unterstützung ideologiefremder Parteien mußte zu Spannungen mit der EGC führen, da diese ja gerade die Entstehung und Weiterentwicklung grüner und nicht links-alternativer Parteien in Europa fördern wollte[285].

Die Verbesserung der Beziehungen am Ende der Legislaturperiode gehen neben der von beiden Seiten gewünschten Bündelung der Kräfte angesichts der bevorstehenden Europawahlen vor allem auf zwei Gründe zurück. Erstens verloren ab 1987 sowohl die Links- als auch die Vorne-Positionen an Radikalität und näherten sich einander an, und zweitens wurde die EGC angesichts ihrer gestiegenen Mitgliederzahl von Seiten des GRAEL ernster genommen (Interview Paul Beeckmans v.5.4.1995). Diese Entwicklungen sowie der Anspruch insbesondere des ersten Vorstands der ersten GFEP, das „Herz der grünen Bewegung in Europa" zu sein und diese grüne Bewegung durch weitergehende Zusammenarbeit schlagkräftiger zu machen, erleichterten die gegenseitigen Beziehungen in der nachfolgenden Legislaturperiode.

4.3. European Green Coordination und erste GFEP

Legte der GRAEL den Schwerpunkt seiner Aktivitäten noch auf die Vernetzung von Bewegungen und erst dann auf die Unterstützung grüner und/oder alternativer Parteien, so kam es in der ersten GFEP zu einer erheblichen Umverteilung der Prioritäten. Jetzt standen Kontakte zu den grünen Parteien im Vordergrund, und auch zur EGC und anderen grünen Interaktionsformen (GiPN, EWD, GGN) wurden bessere Kontakte geknüpft. Es gab nun erstmals institutionelle Beziehungen

---

285 So ließ der GRAEL beispielsweise EE finanzielle Unterstützung im spanischen Europawahlkampf 1986 zukommen (GRAEL 1987d:2) und erklärte sich trotz der Kenntnis der Existenz von Los Verdes bereit, dort auch keine anderen Parteien zu unterstützen (GRAEL 1986a).

zwischen der EGC und der GFEP. Die programmatische Grundlage der Fraktion war laut ihrer Statuten die Wahlplattform der EGC für die Europawahl 1989 (Art.3), und Vertreter der EGC sollten an den Vorstandssitzungen der GFEP teilnehmen (Art.9.1). Ferner gab es für die EGC bei Entscheidungen der GFEP die Möglichkeit eines Alarmverfahrens (Art.4.3), und es wurde ihr ein jährlicher fester Anteil an den Fraktionsgeldern zugestanden (Art.13). Schließlich bekam die EGC in einem „Technischen Protokoll" von der GFEP Büroraum und zwei von der GFEP bezahlte Mitarbeiter zur Verfügung gestellt.

Umgekehrt wurde in der Satzung der EGF dem GFEP-Vorstand im Council ein Beobachterstatus eingeräumt (Art.10e), und die GFEP sollte die einzige Fraktion im EP sein, die die EGF dort vertreten konnte.

In einem weiteren Anhang zu den Statuten der GFEP wurden einige Grundprinzipien für die inhaltliche Zusammenarbeit von GFEP und EGC festgelegt. Diese sollte danach so komplementär wie möglich gestaltet werden (EGC 1990g:9f.).

Die auf gegenseitigem Einvernehmen beruhende, konkrete inhaltliche Zusammenarbeit entwickelte sich aber nicht so wie vorgesehen. Zwar wurde das „Europäische Grüne Parlament" von GFEP und EGC noch gemeinsam vorbereitet, ein halbes Jahr später traten aber auf dem EGC-Meeting in Bonn Probleme auf. Der GFEP wurde dort vorgeworfen, zu EG-freundlich zu sein und damit die Wahlplattform der EGC als inhaltliche Grundlage der Fraktion zu mißachten. Folglich fühlten sich viele EGC-Mitgliedsparteien von der grünen Fraktion nicht repräsentiert (FEINSTEIN 1992:322): „The common declaration had envisaged the EP-Group being also the voice of Green Parties outside the EC and therefore opposing further EC-integration, but the practical policy of the Group's majority ignores the Common Declaration." (MAIER 1992c:385).

Um diese Spannungen abzubauen, kamen EGC und GFEP überein, im April 1991 ein gemeinsames Seminar über die EG zu veranstalten (BEHREND 1990:1f.). Weil sich an den grundsätzlichen Meinungsverschiedenheiten zwischen EGC und GFEP aber nichts änderte, blieb es das erste und letzte gemeinsame Seminar, obwohl das Co-Secretariat ursprünglich schon für Oktober 1991 ein weiteres geplant hatte (EGC 1991b:4).

Weitere Versuche inhaltlicher und organisatorischer Zusammenarbeit wurden im Zusammenhang mit der UNO-Konferenz in Rio, mit der Hilfe an osteuropäische grüne Parteien und mit der Errichtung der GGN gestartet. In allen drei Fällen verlief die Zusammenarbeit jedoch nicht sehr glücklich.

Somit beschränkten sich bis Herbst 1992 die Beziehungen zwischen der GFEP und der EGC mehr auf den Informationsaustausch, anstatt gemeinsame Positionen auszuarbeiten oder gemeinsame Initiativen durchzuführen (BEHREND 1991:3f.). Der Informationsaustausch gelang allerdings zufriedenstellend, da der Generalsekretär der GFEP regelmäßig im Auftrag der Fraktion an den Treffen des Meetings und der Co-Secretaries der EGC und umgekehrt der Generalsekretär der EGC öfter an Sitzungen des GFEP-Vorstands teilnahm (Interview Heidi Hautala v.24.4.95; Interview Leo Cox v.20.7.93).

Im Herbst 1992 ergriff die GFEP, deren Vorstand an einem „qualitativen Sprung" bei den politischen und finanziellen Beziehungen zu den EG-Grünen interessiert war (GFEP 1992w:3), die Initiative zur Vorbereitung der Europawahlen im Juni 1994. Sie lud Vertreter der grünen Parteien aus den EG-Mitgliedstaaten sowie die Co-Secretaries der EGC zu einem gemeinsamen Treffen ein, auf dem besprochen wurde, wie die verschiedenen inhaltlichen Positionen der Parteien besser aufeinander abgestimmt und die verschiedenen Initiativen stärker koordiniert werden konnten (GFEP 1992y:1f.).

Ein Ergebnis dieses Treffens war die Ankündigung der Errichtung einer Unterstruktur aus EG-Parteien innerhalb der EGC. Dies führte dazu, daß sich in der Folgezeit die Kontakte der GFEP mehr auf die EG-Grünen (das spätere SCEUA) und nicht mehr so sehr auf die EGC konzentrierten. Auf einem Folgetreffen wurde die GFEP von den Vertretern der EG-Grünen mit der Ausarbeitung einer gemeinsamen Plattform beauftragt, die von den „Executives" der EG-Grünen angenommen werden und einen „wichtigen Beitrag zu den nationalen Wahlkampagnen" leisten sollte (EGC 1993f:1). Da die Wahlplattform nach insgesamt sechs weiteren Treffen aber erst im Februar 1994 verabschiedet wurde, konnte sie diesen Beitrag nicht mehr leisten.

Ein zweites Ergebnis der Zusammenarbeit zwischen GFEP und EG-Grünen war das „Agreement on the re-establishment of the GGEP".

Im Gegensatz zum GRAEL legte die GFEP mehr Wert auf die Unterstützung grüner und nicht so sehr alternativer Parteien (GFEP 1990n:3), was das Verhältnis zur EGC und ihren Mitgliedsparteien verbesserte. Ausnahmen gab es hierbei nur, wenn es sich um eine Mitgliedspartei der GFEP (EE, später SF) handelte. Auch entlastete die GFEP die EGC durch materielle und immaterielle Hilfeleistungen an die EGC-Mitgliedsparteien und ein entsprechendes Engagement in Osteuropa, insbesondere in den Jahren 1990 und 1991. Dies geschah neben dem Abhalten von Fraktions- und Vorstandssitzungen in Ländern mit schwachen grünen Parteien und der Organisation eigener Veranstaltungen (Europäisches Grünes Parlament im Juli 1990, Seminar mit den Grünen aus dem ehemaligen Jugoslawien im Dezember 1990) durch die finanzielle Förderung grüner Bewegungen und Parteien und des EWD. Auch wurde der Kongreß der EGC im Jahr 1991 wieder teilweise von der Fraktion finanziert. Darüber hinaus gab es zwar keine Fraktions- oder Vorstandssitzungen in osteuropäischen Ländern, wohl aber Reisen einzelner Abgeordneter nach Rumänien, in die Tschechoslowakei und nach Slowenien und Kroatien (GFEP 1990d:3). Durch dieses Verhalten war die GFEP im Gegensatz zum GRAEL jetzt nicht mehr primär Ansprechpartner der alternativen, sondern vor allem der grünen Parteien.

Eine längerfristige und dauerhafte Zusammenarbeit mit den nationalen Parteien auf inhaltlicher Ebene (z.B. über gremienüberschreitende Arbeitsgruppen), die die Arbeit der EGC hätten ergänzen können, kam nicht zustande. So sollten beim Vertrag von Maastricht die nationalen Parlamentarier lediglich über die Haltung der GFEP informiert werden (GFEP 1992k:1), und der von den luxemburgischen und irischen Grünen an die GFEP herangetragenen Bitte, sie bei ihren Initiativen gegen Maastricht zu unterstützen, wurde nicht entsprochen (GFEP 1992l:3). Allerdings dienten einige der von der GFEP organisierten Seminare als Forum für grüne Parteien, ihre Ansichten zu bestimmten Themen auszutauschen (LAMBERT 1991:6).

Problematisch blieb das Verhältnis der GFEP zu einigen westeuropäischen Parteien, die nicht im EP vertreten waren, obwohl bereits der erste Vorstand der GFEP den Anspruch erhoben hatte, „[...] den Grünen in allen europäischen Ländern [zu] helfen, stärker wahrnehmbar zu werden [...]" (GFEP 1990s:1). Viele MdEPs in den interparlamentarischen Delegationen hatten sich jedoch wenig um Kontakte mit den jeweiligen Landesgrünen gekümmert (so Juan Behrend auf der Fraktionssitzung v.22.6.94). Außerdem waren in den interparlamentarischen Delegationen mit den EFTA-Ländern keine grünen Abgeordneten vertreten (so Heidi Hautala auf der Fraktionssitzung v. 22.6.94), obwohl die EFTA-Grünen versuchten, mehr finanzielle und politische Unterstützung durch die GFEP zu bekommen. Mit der Aufnahme Juan Maria Bandres von der spanischen EE und John Iversens (SF) in die Fraktion sowie der nur knapp gescheiterten Aufnahme des irischen Abgeordneten De Rossa (Worker's Party) waren nicht nur die Beziehungen zu den skandinavischen, sondern auch zu den irischen Grünen und zu Los Verdes sehr kühl.

Durch ihre EG-freundliche Politik und die Struktur ihrer Mitgliedschaft, die bei einigen Parteien den Wunsch nach einer stärkeren Kontrolle der Fraktion auslösten, sowie durch ihr eigenes Drängen auf die Errichtung einer EU-Untergruppe spielte die GFEP eine wichtige Rolle bei der Gründung des SCEUA. Somit sind von der Fraktion erstmals Impulse auf die organisatorische Entwicklung der EGC (EGF) ausgegangen. Inhaltliche Positionen des Parteienbunds blieben davon aber noch unberührt. Umgekehrt unternahm die EGC bzw. später die EGF neben dem Abkommen aus der Fraktionsgründungszeit keine weiteren Versuche mehr, organisatorische oder inhaltliche Leitlinien für die Fraktion vorzugeben.

Betrachtet man zusätzlich die nicht auf Leitlinien, sondern auf gegenseitiger Gleichberechtigung beruhende inhaltliche Zusammenarbeit, so kann angesichts ihrer Rudimentarität auch bei der GFEP noch nicht von einer Verankerung im grünen Parteienbund gesprochen werden.

4.4 European Federation of Green Parties, SCEUA und zweite GFEP

Aufgrund der Erfahrungen mit den bisherigen Beziehungen zwischen EGC und GFEP wurde von den EG-Grünen in dem mit der GFEP zusammen ausgearbeiteten „Agreement" schon frühzeitig ein Forderungskatalog für die künftigen Beziehungen zwischen EGC (EGF) und der zweiten GFEP aufgestellt. Neben der Fraktionsbildung war dabei die Kooperation zwischen der künftigen Fraktion und den EG-Grünen Gegenstand des Agreements.

Mit dem Ziel einer stärkeren Vernetzung sollte die Fraktion künftig das Funktionieren der EGF sowie deren „Tools" (Informationsbüro und EWD) sicherstellen.

Je nach Wahlergebnis sollte sie ihre Unterstützung eventuell auch noch aus-
bauen (EGF 1994h). Außerdem wurde ein gemeinsames Publikationsorgan von
Fraktion und EGF vorgeschlagen und dafür auch ein Überdenken der bisherigen
Aufteilung der Mittel zwischen Fraktion und Parteien in Aussicht gestellt. Desweiteren sollte die Fraktion möglichst regelmäßig Treffen zu wichtigen politischen
Fragen zwischen europäischen und nationalen Abgeordneten sowie anderen Parteienvertretern abhalten. Besonderen Wert sollte die Fraktion auf Kontakte zu grünen
Parteien legen, die nicht im EP vertreten waren und eine Zusammenarbeit auch mit
den grünen Delegierten im Europarat suchen. Dabei sollten die nicht im EP vertretenen Grünen das Recht haben, „to come up with proposals and point out urgent
issues before the group." Es blieb jedoch unklar, wie verbindlich diese „proposals"
im Zweifelsfall sein sollten.

Schließlich sollten die MdEPs mehr an Leitlinien des SCEUA und der EGF gebunden werden, indem die Fraktion ihre Politik mit der EGF und den EG-Grünen
„diskutieren" sollte. Zu diesem Zweck war mindestens einmal pro Jahr auch eine
Evaluation der geleisteten Arbeit der Fraktion vorgesehen. Außerdem sollte zusammen mit der EGF und Parteienvertretern eine Debatte über die Aktivitäten im
EP und über den Zustand der Kooperation zwischen Parteien, EGF und Fraktion
abgehalten werden (SCEUA 1994a:2f.).

Damit wurde vom SCEUA erstmals in der Geschichte grüner Parteienbünde versucht, der Fraktion Leitlinien vorzugeben, die über den Fraktionsbildungsprozess
hinaus gingen und die Fraktion gegenüber dem SCEUA rechenschaftspflichtig zu
machen.

Schließlich sollte die GFEP auch den ersten Kongreß der Federation mitorganisie-
ren (EGF 1994h).

Die neue Fraktion legte ihre Beziehungen zur EGF wie schon in der vorherigen
Legislaturperiode schließlich in einem eigenen Protokoll fest („Protocol concerning
the cooperation between the GGEP and the European Federation of Green
Parties"). Dieses Protokoll galt allerdings nur für die Abgeordneten der grünen
Kernfraktion. Als inhaltliche Grundlage der parlamentarischen Arbeit der zweiten
GFEP wurde dort die Wahlplattform des SCEUA festgelegt, und die Kooperati-
onsgegenstände zwischen GFEP und EGF wurden wesentlich genauer beschrieben
als noch 1990. Hierunter fallen:

- die Initiierung einer Debatte über die Ziele, Institutionen und Instrumente der EU
  hinsichtlich der Regierungskonferenz 1996
- eine gemeinsame Initiative zur Beschleunigung der Implementierung von Art.
  138a EUV
- eine gemeinsame systematische und strukturelle Unterstützung der grünen Parteien und Bewegungen in Zentral- und Osteuropa
- die gemeinsame Vorbereitung der Europawahl 1999
- die gemeinsame Unterstützung nicht im EP vertreter südeuropäischer Parteien.

Als Mittel zur Zielerreichung sollen dabei dienen:

- zweimalige Treffen des Committees und des Fraktionsvorstands, um Aktionen zu koordinieren
- die Verfügung der EGF über EP-Fazilitäten für ein Council-Treffen einmal pro Jahr und die Einladung an die Fraktion, an jedem Council-Treffen teilzunehmen
- die gemeinsame Finanzierung und Organisation des East-West-Dialogues
- die Erhaltung des Information Office der EGF
- die Prüfung einer Ausweitung der finanziellen Mittel für die EGF aus dem Posten 3706.

Aus dem Agreement konnten damit verschiedene Forderungen an die Fraktion nicht umgesetzt werden. So ist kein gemeinsamer Newsletter, keine stärkere Bindung der Fraktion an Leitlinien des SCEUA und auch kein Recht für die nicht in der Fraktion vertretenen EU-Parteien vorgesehen, mit Vorschlägen an die GFEP herantreten zu können, die diese dann auch berücksichtigen müßte.

Zwar ist es wohl noch zu früh, für die tatsächliche inhaltliche Zusammenarbeit zwischen EGF und der zweiten GFEP schon einen eindeutigen Trend erkennen zu können. Jedoch scheint diese ein wesentlich höheres Niveau zu erreichen als noch zu Zeiten der EGC und der ersten GFEP.

Ob sich diese Beziehungen, wie ab 1992, wieder zugunsten der EU-Untergruppe (SCEUA) verschieben, bleibt abzuwarten. Zumindest für den Augenblick scheint diese Untergruppe nämlich in eine Art Winterschlaf gefallen zu sein, von dem nicht klar ist, ob und wann dieser beendet sein wird.

Ob die zweite GFEP durch ihre Politik zu einer raschen Wiederbelebung des SCEUA führt, und ob sie dann im SCEUA oder der EGF besser verankert sein wird als die bisherigen Fraktionen, läßt sich im Moment ebenfalls noch nicht sagen.

4.5 Fazit

Die Beziehungen zwischen den außerparlamentarischen und parlamentarischen Interaktionsformen der Grünen gestalteten sich zunächst schwierig. Institutionelle Beziehungen zwischen dem GRAEL und der EGC waren noch nicht vorhanden, und die Beziehung zwischen beiden kann fast über die ganze Legislaturperiode hinweg als Konkurrenzverhältnis beschrieben werden, das keine Auswirkungen auf Programmatik und Strukturen der jeweils anderen Interaktionsform gehabt hat.

Die Beziehungen zwischen der ersten GFEP und der EGC waren dagegen erstmals institutionell geregelt und von Anfang an durch ein komplementäres Miteinander geprägt, wenngleich inhaltliche Zusammenarbeit zwischen beiden immer noch kaum zustande kam. Damit hatten sich Kommunikation und Kooperation in organisatorischen Fragen zwischen EGC und GFEP im Vergleich zum GRAEL zwar gebessert, von einer inhaltlichen und organisatorischen Verankerung der

GFEP als parlamentarischer Arm der EGC (EGF) kann jedoch nicht gesprochen werden. Eine Verankerung in der EU-Untergruppe kam ebenfalls nicht zustande, da das SCEUA noch nicht organisatorisch verfestigt war. Somit agierte die GFEP relativ frei.

Zwar gingen von der GFEP Anreize zur Gründung des SCEUA und damit Wirkungen auf die organisatorische Struktur des Parteienbunds aus, inhaltliche Positionen des Parteienbunds blieben davon aber unberührt.

Bei der zweiten GFEP ist die Zusammenarbeit mit der EGF nicht mehr nur grundsätzlich angesprochen, sondern auf konkrete Projekte zentriert. Mittlerweile wurden diese Projekte schon gezielt angegangen, womit sich neben der Kommunikation und der Kooperation im organisatorischen Bereich jetzt auch erstmals größere Fortschritte in der inhaltlichen Kooperation zeigen. Angesichts der bisherigen Entwicklungen ist zu vermuten, daß, sollte sich das SCEUA als dauerhafte Unterorganisation der EGF etablieren, sich die Beziehungen der GFEP von der EGF wegbewegen und auf die EU-Untergruppe konzentrieren werden.

Die grüne Parteienkooperation würde sich damit weiter an bestehende Strukturen der anderen Parteifamilien annähern und sich den Strukturerfordernissen der EU anpassen. Allerdings bliebe auch dann noch abzuwarten, inwieweit eine Europafraktion tatsächlich bereit wäre, konkrete inhaltliche Leitlinien eines EU-Parteienbunds umzusetzen, die über eine mehr oder weniger lockere, auf gegenseitigem Einvernehmen beruhende, inhaltliche Kooperation hinaus gehen. Die bisherigen Erfahrungen haben gezeigt, daß die Fraktionen hier ein zuweilen beachtliches Eigenleben entwickeln. Eine wirkliche Verankerung der Fraktion, die mit dem Verhältnis Partei zu Fraktion auf nationaler Ebene vergleichbar wäre, wird sich wohl erst dann ergeben, wenn der Parteienbund für die Aufstellung europäischer Listen zu den Europawahlen zuständig wird.

Eine ausführliche Darstellung des Verhältnisses von Fraktion und Parteienbund bei den anderen europäischen Parteifamilien konnte aufgrund fehlender Untersuchungen hierzu nicht vorgenommen werden. Jedoch scheinen die Parteienbünde dort ebenfalls Schwierigkeiten bei der Durchsetzung einer Führungsrolle gegenüber der Fraktion zu haben (NIEDERMAYER 1996:88f.).

5. Die Erfüllung von Transmissionsfunktionen

Parteien tragen auf nationaler Ebene normalerweise entscheidend zur Legitimität und Integration des politischen Systems bei, indem sie Programme erarbeiten und veröffentlichen, Kandidaten für die nationalen Parlamente aufstellen und die Wählerschaft mobilisieren (Artikulations- und Aggregationsfunktion). Weil sich die Rahmenbedingungen für Parteiaktivitäten auf europäischer Ebene erheblich anders darstellen und Interaktionsprozesse innerhalb gleicher Parteifamilien erschweren, gibt es bislang noch keine echten europäischen Parteien, sondern nur die Parteienbünde als Vorstufe zu diesen. Dennoch wurde mit der Gründung der ersten Parteienbünde auf europäischer Ebene als Ziel auch die politische Verknüpfung der nationalen mit der Gemeinschaftsebene verfolgt. Die Parteienbünde sollten auf der Input-Seite des politischen Systems der EG auch mit Hilfe ihrer Europafraktion für die Artikulation und Aggregation gesellschaftlicher Interessen und ihrer Einbringung in das Willensbildungs- und Entscheidungssystem der EG sorgen. Dadurch sollte ein Gegengewicht zu deren bisherigen, bürokratisierten und intergouvernemental ausgerichteten Willensbildungs- und Entscheidungsstrukturen entstehen. Auf der Output-Seite sollten die Parteienbünde einen Beitrag zur Vermittlung europäischer Politik an den Bürger und zur Schaffung einer europäischen Identität leisten, d.h., auf den Willensbildungsprozeß der Bürger auf europäischer Ebene einwirken (NIEDERMAYER 1985:175; SCHMUCK 1991:153f.; HRBEK 1981: 255).

Inwieweit Parteienbünde diese Funktion der Interessenvermittlung und politischen Kommunikation erfüllen, kann im wesentlichen anhand von vier Faktoren gemessen werden (NIEDERMAYER 1996:88):

- der Integration aller sich einer ideologischen Grundrichtung zurechnenden Parteien in den EU-Mitgliedsstaaten in den Parteienbund
- der europaweiten Aggregation der politischen Einzelinteressen der Mitgliedsparteien in Form gemeinsamer programmatischer Aussagen
- der Einspeisung dieser programmatischen Aussagen in den Willensbildungs- und Entscheidungsprozeß der EU
- der Wahrnehmung als europäische Akteure durch die Bürger.

Wie in Kapitel zwei gezeigt wurde, ist die Integration aller grüner Parteien der EU in die EGC bzw. die EGF bereits seit 1992 gelungen. Welche Anstrengungen die Grünen bislang in den anderen drei Punkten unternommen haben, um zum Abbau des bestehenden Demokratie- und Legitimitätsdefizits der EG beizutragen und um die nationale und europäische Systemebene zu verklammern, soll nachfolgend untersucht werden.

5.1. Die Outputseite - allgemeine Politikvermittlung

Die Vermittlung des allgemeinen politischen Geschehens sowie der eigenen politischen Arbeit im Systemrahmen der EU kann über verschiedene Kanäle erfolgen. Zunächst bieten sich die nationalen Medien an. Diese zeigten sich jedoch bis vor kurzem an der Arbeit der Fraktionen im EP oder der Arbeit der Parteienbünde eher desinteressiert. Als zweite Möglichkeit kommen deshalb eigene Publikationen in Frage. Diese können entweder durch den Parteienbund, durch eine Fraktion oder durch ihre nationalen Delegationen herausgegeben werden. Schließlich bleiben noch individuelle Anstrengungen der Abgeordneten in Form von Veranstaltungen, der Betreuung von Besuchergruppen oder selbst verfaßten Publikationen.

Im GRAEL war der Versuch einer Politikvermittlung durch die gesamte Gruppe mit Ausnahme der von ihm veranstalteten Kongresse und außerhalb von individuellen Anstrengungen nur rudimentär zu erkennen.

Die organisatorische Ausstattung des GRAEL hierfür war auch sehr dürftig. Die Pressestelle war bis Herbst 1988 nur mit einer Person besetzt, die zuständig war „für die gesamte EG, in vier Sprachen, ohne Sekretariatszuarbeit, ohne Versandabteilung, ohne Archiv", und das mit einem jährlichen Etat von 7,500,- DM. In der Pressestelle der Grünen im Bundestag arbeiteten zum Vergleich zur gleichen Zeit 15 Mitarbeiter mit einem Etat, der etwa das 15-fache des GRAEL umfaßte (ESDERS 1988b:77). Unter diesen Bedingungen beschränkte sich der GRAEL bis Herbst 1988 auf Pressearbeit. Öffentlichkeitsarbeit, also die Zuleitung von Informationen an grüne Kreisverbände und Arbeitskreise, konnte nur am Rande geleistet werden. Zu diesem Zweck wurden einmal pro Monat gesammelte Pressemitteilungen an die grüne Parteipresse und einzelne Arbeitskreise verschickt.

Die Kommunikation zwischen GRAEL und grüner Basis war damit praktisch nicht existent, zumal weder auf nationaler noch regionaler oder lokaler Ebene ein Netzwerk bestand, das Informationen der Fraktion dauerhaft und zielgerichtet vermitteln konnte. Auch war das Interesse der nationalen Pressesprecher an einem besseren Informationsfluß sehr gering (ESDERS 1988b:78).

Erst im November 1988 erschien dann wegen des anstehenden Europawahlkampfes eine Broschüre mit einem Überblick über die Tätigkeit der Arbeitskreise und der einzelnen MdEPs im GRAEL. Bis Ende der Legislaturperiode folgten noch einmal acht kleinere Broschüren, davon einige in mehreren Sprachen, insbesondere zu Friedens- und Atompolitik.

Dabei war die „Aufrüttelung" der Öffentlichkeit durch Informationsvermittlung über geplante EG-Vorhaben eigentlich eines der Ziele des GRAEL im Europaparlament gewesen (SCHWALBA-HOTH 1989:199). Daß dieses Ziel nicht erreicht werden konnte, lag neben dem geringen Interesse der Medien an Europa-

politik (Vgl.SCHEUER 1989:192f.; ESDERS 1988b:76) zum einen an den ver-
stopften Informationskanälen zwischen GRAEL und den nationalen Parteien (ES-
DERS 1987).

Zum anderen war „[...] eine sinnvolle Öffentlichkeitsarbeit [...] vor allem solange nicht möglich, wie sich die Gruppe nicht auf bestimmte Schwerpunkte und
einige grundsätzliche Positionen festgelegt" hatte (GOERLICH 1988:80). Die
Nutzung des EPs als Tribüne für Öffentlichkeitsarbeit hatte damit nicht so funk-
tioniert, wie sich weite Teile der Grünen dies vorgestellt hatten.

Die Informationsvermittlung des GRAEL war somit mehr als bescheiden. Sie
lief eher über individuelle Aktivitäten der Abgeordneten und Publikationen der
nationalen Delegationen. Die „Anbindung grün-alternativer politischer Arbeit auf
Europaebene an die Basis" beim GPA und den belgischen Parteien durch ihre eigenen Publikationen und Anstrengungen schätzte der Pressesprecher des GRAEL
dabei als gut ein. Jedoch war diese Anbindung seines Erachtens bei der DP und
besonders bei den GRÜNEN noch stark verbesserungsbedürftig (ESDERS
1988b:76).

Die geringe Informationsvermittlung durch die Gesamtfraktion setzte sich anfangs auch in der GFEP fort. So wurde in einem politischen Strategiepapier der
Fraktion vom Oktober 1990 die Wichtigkeit externer Kommunikation in Form von
Büchern, Bulletins und Broschüren betont, gleichzeitig aber auch das Versagen in
dieser Beziehung eingeräumt („keinerlei Veröffentlichungen") (GFEP 1990n:3).

Bis Oktober 1992 wurden aber dann zehn Ausgaben der englischsprachigen
„Green Leaves" herausgegeben, die eine Mischung aus Informationen zu Schwer-
punktthemen und der Vorstellung der parlamentarischen Arbeit der Fraktion sowie
wichtiger Fragen oder Ereignisse außerhalb des EP enthielten. Ihr Erscheinen
wurde jedoch Ende 1992 eingestellt.

Während die Green Leaves in einer Auflage von ca.2.500 Exemplaren an ca.
750 Adressen verschickt wurden und sich primär an die Eliten der nationalen
Parteien richteten, war eine andere Publikation, die „Green Papers", für einen größeren Interessentenkreis konzipiert. In ihr wurden Themen breiter vorgestellt und
zwischen September 1990 und Oktober 1992 waren neun Ausgaben der Green
Papers in mindestens zwei Sprachen erschienen. Sie waren das Ergebnis einer Konferenz oder eines Seminars, einer wichtigen politischen Stellungnahme der GFEP
oder langfristiger Arbeiten der Arbeitsgruppen und wurden offiziell in einer Fraktionssitzung als Fraktionsmeinung verabschiedet (GFEP 1992f:1-3).

Zu den Green Papers kamen dann im April 1993 noch die „Cahiers Verts" hinzu,
in denen Initiativen der Arbeitsgruppen oder der einzelnen MdEPs vorgestellt
wurden (Verts Europe 71/1993). Sie mußten nicht unbedingt die Fraktionsmeinung
repräsentieren (GFEP 1993m:3). Bis zum Ende der Legislaturperiode umfaßten die
„Cahiers Verts" neun Ausgaben. Im Februar 1993 wurde von der Fraktion auch
erstmals das monatlich in vier Sprachen erscheinende „Green Fax" herausgegeben,
das sich an Parlamentarier, grüne Parteien und interessierte Organisationen und

Einzelpersonen richtete und über die Tätigkeit der GFEP in der jeweiligen Straßburgwoche berichtete (GFEP 1992r:7; GGEP 1994:223)[286].

Die Voraussetzungen für eine erfolgreiche Politikvermittlung über gemeinsame
Publikationen waren somit bei der GFEP weit besser als noch beim GRAEL. Die
gemeinsame Politikvermittlung war auch ein wichtiges politisches Anliegen der
GFEP (GVPE 1991b:7), obwohl einige Mitglieder der GFEP den Standpunkt ver-
traten, daß Öffentlichkeitsarbeit für Parteien und Bewegungen grundsätzlich mehr
Sache der EGC (EGF) sei (GFEP 1992x:2).

Außerdem wurde die Information der Parteimitglieder und der Bürger wie schon
beim GRAEL in der ersten GFEP ergänzend über Publikationen der nationalen
Delegationen sichergestellt:

Das von der französischen Delegation seit Oktober 1989 herausgegebene Blatt
„Verts Europe", das in einer Auflage von 8.000 Exemplaren erschien, hatte die
Verbindung der französischen Delegation mit der französischen Basis zum Ziel
(Verts Europe 1/1989:1). In diesem Blatt wurde über die Arbeit und künftige Vor-
haben der GFEP sowie insbesondere der französischen MdEPs berichtet, und es
fanden sich immer wieder kurze Berichte über wichtige Ereignisse in europäischen
Ländern (z.B. Wahlen) sowie über Treffen anderer transnationaler Kooperations-
formen der Grünen außerhalb des EP (GGN, GiPN, EGC).

Paul Staes gab kein eigenes Infoblatt heraus, berichtete aber über seine Tätigkeit
im EP in zweijährigen Rechenschaftsberichten („AGALEV in het Europees Parlament").

Auch die italienischen Grünen hatten kein eigenes Infoblatt. Die beiden
ECOLO-Abgeordneten gaben seit September 1990 das Blatt „Le groupe des Verts
au Parlement Européen" heraus, das der nationalen Parteizeitung „ECOLO en
action" beigelegt wurde. In ihm wurde vor allem über die parlamentarische Arbeit
in den Themenbereichen der beiden ECOLO-Abgeordneten (v.a. Umwelt und
Energie) berichtet.

Die von der deutschen Delegation herausgegebene „Straßburg-Times" zielte
mehr auf die Welt außerhalb der EG ab (v.a. Dritte-Welt-Problematik), und in ihr
wurde mehr Wert auf die Berichterstattung über Bewegungs- als über Parlamentsarbeit gelegt. Außerdem wurde viel über die Arbeit der einzelnen deutschen
Mitglieder veröffentlicht, weniger über Aktivitäten der gesamten Fraktion. Die
„Straßburg Times" wurde im Mai 1992 eingestellt, die Berichterstattung aber über
vierseitige Anzeigen in der Mitgliederzeitschrift der GRÜNEN/BÜNDNIS 90
(„Punkt" bzw. später „Schrägstrich") fortgesetzt. Auch Groen Links gab weiterhin

---

286 Als sonstige Publikationen der GFEP sind noch ein während des Golfkriegs Anfang 1991 erschie-
nenes Informationsblatt namens „Gulf Peace" sowie zwei Ausgaben eines „Who's who" der Fraktion („Les Verts au Parlement Européen") zu erwähnen (GGEP 1994:223). Gegen Ende der Legislaturperiode erschienen schließlich die sogenannten „fiches thématiques", die eine Übersicht über die
Tätigkeit der Arbeitsgruppen enthielten, und ein Buch mit einer Bilanz über die Tätigkeit der
gesamten Fraktion (GGEP 1994; DIE GRÜNEN IM EUROPÄISCHEN PARLAMENT 1995
(deutsche Übersetzung)).

die „Straßburg Times" heraus, welche schon von Anfang an der nationalen Parteizeitung beigelegt wurde (Interview Alexander de Roo v.6.4.95).

Die zweite GFEP hatte bis zur Beendigung der vorliegenden Untersuchung noch kein Konzept für eine Öffentlichkeitsarbeit entwickelt. Lediglich das Green Fax wurde bis dahin von der alten Fraktion übernommen, und die deutsche, holländische und finnische Delegation gaben wieder eigene Publikationen heraus (Interview Alexander de Roo v.6.4.95).

Die EGC trug bislang am wenigsten zu einer europäischen Politikvermittlung bei. Sie schaffte es lediglich, zwei- bis dreimal pro Jahr einen „Newsletter" herauszugeben (EGC 1985c:6). Dieser erschien zum erstenmal im Oktober 1985 und enthielt hauptsächlich Informationen über internationale Konferenzen, über Treffen der EGC, über den GRAEL und über Kampagnen und Interna der nationalen Parteien. Europaweit wurde er in einer Auflage von nur etwa 75 Stück vertrieben (EGC 1988c:1). Der Newsletter diente damit mehr dem Informationsaustausch zwischen den nationalen Parteien und weniger der Politikvermittlung an die Parteimitglieder oder die Wähler. Selbst der Informationsaustausch zwischen den Parteien wurde aber für viele nicht zufriedenstellend gelöst. So wurde der Zustand der Kommunikation vom Delegierten der GRÜNEN bei der EGC, Jürgen Maier, Ende 1988 wie folgt beschrieben:

„The existing newsletter has serious deficiencies [...]. First, it is published only in rather large time spans, so it is unable to provide information quickly. Second, it is unlikely to reach wide distribution unless it is published in the native language of the individual countries, which is impossible due to financial restraints. Third, there is already rather too many than too few papers and newsletters, mailed around (at least in Die Grünen) [...]." (MAIER 1988).

Ein Anfang 1989 gestarteter Versuch, den bis dahin von einer Person praktisch allein betreuten Newsletter auf eine professionelle Grundlage zu stellen, scheiterte. Bereits die erste Ausgabe der sogenannten „Green Times" war mit einem erheblichen finanziellen Defizit belastet, worauf das Vorhaben aufgegeben wurde.

Das 1989 neu gewählte Co-Secretariat wollte das Projekt des Newsletter wieder in eigener Regie fortführen und brachte nach eineinhalb Jahren erstmals wieder eine kurze Ausgabe heraus (EGC 1990b:1). Nach drei weiteren Ausgaben wurde das Projekt jedoch mangels Geld eingestellt.

Zwar gab es danach diverse Konzeptionen für eine stärkere Öffentlichkeitsarbeit der EGC, auch im Rahmen einer Arbeitsteilung mit der GFEP, jedoch erschien erst im Frühjahr 1995 wieder ein neues Infoblatt der EGF mit dem Namen „Update".

Neben dem Newsletter der EGC sind an Publikationen nur noch einzelne Dokumentensammlungen, etwa zum Europa der Regionen erschienen. Ehrgeizigere Projekte wie etwa die Herausgabe eines grünen Jahrbuchs konnten nie verwirklicht werden, und auch die vom Co-Secretariat geleistete Pressearbeit muß als eher bescheiden bezeichnet werden. Allerdings hat das Committee der EGF hier Fortschritte gemacht.

5.2. Organisation der Europawahlkämpfe

Neben der alltäglichen Presse- und Öffentlichkeitsarbeit bieten die alle fünf Jahre stattfindenden Wahlen zum EP eine wichtige Chance zur europäischen Politikformulierung und -vermittlung durch europäische Parteienbünde oder deren Fraktionen. Als wichtige Möglichkeiten für die (Mit-) Organisation eines Wahlkampfes durch einen Parteienbund oder eine Europafraktion kommen neben der Erarbeitung einer gemeinsamen Plattform die Finanzierung und Koordinierung von Konferenzen in den Mitgliedsstaaten inklusive einer gemeinsamen Abschlußveranstaltung mit den führenden europäischen Persönlichkeiten, die Vermittlung von Kontakten und Informationen über Wahlkampagnen der anderen Parteien sowie die Finanzierung von Druckerzeugnissen der nationalen Parteien oder die Erzeugung und Verteilung eigener Programme und Broschüren, Periodika oder Werbespots in Frage (PRIDHAM/PRIDHAM 1981:239). Die Akzeptanz solcher Bemühungen bei den nationalen Parteien zeigt sich dabei in der Verwendung gemeinsamer Symbole, Programme und sonstiger Druckerzeugnisse (z.B. Plakate) auf nationaler Ebene sowie in der Bezugnahme auf europäische statt auf nationale Themen.

Der GRAEL war sich schon 1987 darüber einig, daß ein Wahlkampf mit seiner Unterstützung nur „unverbindlich als Angebot an die Parteien und Basisbewegungen" (STAES 1987d:2) zu sehen war und die einzelnen Mitgliedsparteien autonom über die zu führende Strategie und die Inhalte des Wahlkampfes zu entscheiden hatten. Jedoch sollten einzelne Parteien bei Bedarf auf die Kapazitäten des GRAEL zurückgreifen können (GRAEL 1987l:1f.).

Je nach Größe der Partei fiel das Interesse an einer Hilfestellung durch den GRAEL aber unterschiedlich aus. Wim De Buhr vom GPA etwa erklärte, daß der GPA grundsätzlich keinen Bedarf an Wahlkampfmaterial hatte und er lediglich an kurzen und knappen Informationen zu Themen interessiert war, bei denen der GRAEL „etwas durchgesetzt" hatte (GRAEL 1988d:4). Die Luxemburger GAP (Guy Bock) hatte allerdings Interesse an einer „stärkeren Unterstützung" durch den GRAEL (GRAEL 1988e:3), und der DP-Vertreter war daran interessiert, daß der GRAEL sich als Mitorganisator von Konferenzen zu EG-Themen in den jeweiligen Ländern beteiligte. Alle Parteien waren jedoch an der Präsenz von GRAEL-Vertretern im Wahlkampf interessiert (GRAEL 1987i:3). Auch die GRÜNEN äußerten den Wunsch, daß der GRAEL die Parteien im Wahlkampf unterstützen sollte. An einer gemeinsamen Wahlkampfführung waren sie jedoch nicht interessiert, auch wegen der Einschätzung, daß ein gemeinsames Wahlprofil unmöglich gewesen wäre. Daher sollte „Abschied genommen werden von der Idee eines gemeinsamen europäischen Wahlkampfes für die nächsten Europawahlen. Auch die grüne Koordination ist nicht in der Lage, dies zu gewährleisten." (so Jürgen Maier (GRAEL1988e:3)).

Letztendlich stellte der GRAEL nur eine Übersicht über die nationalen Kandidaten zur Europawahl zusammen, die den nationalen Parteien bei der Berichterstattung helfen sollte. Darüber hinaus ließ er ein Poster drucken, ein Faltblatt zur

Landwirtschaftspolitik erstellen und gab Ende 1988 die bereits erwähnten Broschüren heraus. Außerdem organisierte der GRAEL noch kurz vor den Europawahlen ein gemeinsames Treffen der grünen und alternativen Spitzenkandidaten.

Die erste GFEP wollte die Schwerpunkte ihres Europawahlkampfs neben dem Abhalten von Sitzungen in den EG-Ländern kurz vor der Wahl (speziell bei den schwachen Grünen in Griechenland, Spanien, Irland, Dänemark und Portugal (GFEP 1992p:4)) auf die Erarbeitung von Publikationen legen (GFEP 1992z:5f.).

Einigen MdEPs war es dabei wichtig, sich auf einige gemeinsame konkrete und realisierbare Punkte in allen Wahlprogrammen zu einigen, um so „eine europäische Dimension" hervorzuheben (z.B. im Bereich der Agrar-, Verkehrs- oder Wirtschaftspolitik) (GFEP 1992p:4).

Dabei wurde aber betont, daß es bei der GFEP nicht darum gehen konnte, ein gemeinsames Wahlprogramm für alle grünen Parteien zu erstellen. Vielmehr war geplant, „in die Wahlprogramme Infos über Bereiche aufzunehmen, bei denen wir uns auskennen" (so Juan Behrend) und in drei oder vier großen Bereichen mit den nationalen Parteien zusammenzuarbeiten. Die „axes prioritaires", also die Prioritäten der Fraktion für die zweite Hälfte der Legislaturperiode, waren dann auch als Beitrag der GFEP für die nationalen Wahlprogramme vorgesehen (GFEP 1992s:1f.).

Mit Ausnahme der im März in Brüssel unter Anwesenheit der grünen Spitzenkandidaten vorgestellten Plattform (Interview Juan Behrend v.28.4.95) und dem Buch mit der Fraktionsbilanz gab die GFEP dann aber doch keine eigenen Materialien zur Europawahl heraus.

Über die Auswirkungen der von der Fraktion zum Europawahlkampf beigesteuerten Materialien urteilte ein internes Papier der EGF wie folgt:

> „[...] the election programme was just a formality, an annoying ritual, a matter of internal etiquette rather than advertisement for European Green policies. Never was the programme published in attractive book form, or a resume presented as a smart brochure. Just a bundle of photo-copies to be shelved in the Group office." (EGF 1994i:8). Und später im gleichen Text: „A book on the Group 1989-1994 was not published until 10 days before the European elections. [...] the sole offering by the Group came far too late for the campaigners to highlight Green achievements in Strasbourg." (EGF 1994i:5).

Dabei sollte die Plattform vor allem für die kleinen Parteien von Nutzen sein (GFEP 1994k:5). Diese wären auch wieder besonders an weiterem Informationsmaterial interessiert gewesen, wie etwa ein Vertreter von Comhaontas Glas schon 1992 verlauten ließ (GFEP 1992s:5).

Die tatsächliche Verwendung der Plattform durch die nationalen Parteien fiel sehr unterschiedlich aus. Die Politiki Oikologia übernahm die Plattform komplett als eigenes Wahlprogramm mit einigen kleinen Ergänzungen (Interview Nikos Galatis v. 30.10.94), genauso wie ECOLO. Ähnlich war es bei AGALEV und I Verdi (Interview Juan Behrend v.28.4.95). Os Verdes hatte die Plattform in weiten Teilen übernommen, jedoch auf den Institutionen-Teil verzichtet (Interview Fernanda Lapa v. 29.10.94). Comhaontas Glas dagegen verwendete die Plattform

überhaupt nicht, sondern wies lediglich auf ihre Existenz hin (Interview Steve Rawson v. 30.10.94). Ebenso verfuhr Groen Links (Interview Joost Lagendijk v.
29.10.94). Die Briten hatten schon im Februar 1994 ein Opting-out in den Bereichen Währungsunion und Institutionen angekündigt (GFEP 1994k:5).

Bei der EGC nahm die gemeinsame Vorbereitung der Europawahlen schon immer eine herausragende Stellung ein. 1984 wurde hierzu ein Kongreß in Lüttich
abgehalten, um die gemeinsame Plattform vorzustellen. Zu diesem Anlaß wurden
auch ein Poster, Buttons und verschiedene Aufkleber mit dem EGC-Logo gedruckt
(Interview Sara Parkin v.27.4.95).

Über die Verwendung der 84er Wahlplattform durch die nationalen Parteien gibt
es keine detaillierten Informationen. Jedoch reichte dies wohl auch schon damals
von der vollkommenen Ausklammerung bis zum vollständigen Abdruck im Anhang
des Wahlprogramms (etwa bei AGALEV (1984a)). ECOLO hatte die Plattform in
Stichworten abgedruckt und das Logo der EGC auf dem Programmumschlag
verwendet (ECOLO 1984a). 1989 druckte ECOLO die gemeinsame Erklärung
vollständig ab (ECOLO 1989), während die GRÜNEN diese wiederum vollständig
ignorierten.

Für die 89er Wahl wurde von der EGC erneut ein gemeinsames Poster gedruckt,
und die gemeinsame Plattform sowie die Spitzenkandidaten wurden wie schon
1984 der Presse präsentiert (Interview Sara Parkin v.27.4.95). Das 89er
Wahlkampfkonzept der EGC, das dem der EGF von 1994 glich, verdeutlichte dabei
Sara Parkin:

„Naturally, the member parties of the European Greens who are involved in the European elections
will be concentrating on their domestic campaigns. But national and frequently local press coverage
can be enhanced by joint press releases and coordinated actions amongst several countries. These need
not be complicated and several can be planned well in advance though we should establish a network of
coordination in order to be able to mount more spontaneous actions and reactions, especially in the
later stages of the campaign." (PARKIN 1989c).

Die Vorbereitung der Europawahlen 1994 lag auf Parteienseite nicht mehr ausschließlich bei der EGF, sondern auch beim SCEUA und der GFEP. Gemeinsame
Poster oder sonstige Materialien mit einem gemeinsamen Logo wurden von diesen
diesmal nicht produziert.

Nach Einschätzung von Leo Cox (ehemaliger Generalsekretär der EGF und
ehemaliger politischer Sekretär der EGC) haben die EGC, die EGF und auch die
Europafraktionen die Europawahlen damit nie bewußt und aktiv organisiert, sondern wurden jedesmal eher passiv damit konfrontiert. Weder 1984 noch 1989 oder
1994 hatten sie eine einheitliche Strategie zur Wahlkampfführung. Dies war auch
deshalb der Fall, weil fast alle grünen Parteien die Europawahlen primär als Mittel
zur Stärkung der nationalen Position sahen (Interview Leo Cox v.22.4.95). Es verwundert daher nicht, daß auch bei den Grünen schon seit 1979 nationale Themen
im Vordergrund des Europawahlkampfs standen (Interview Sara Parkin v.27.4.95).

So beschränkten sich die EGC, die EGF und die Europafraktionen neben der
Erarbeitung gemeinsamer Wahlplattformen im wesentlichen auf die Durchführung

von Kongressen oder Treffen der Spitzenkandidaten und die Vermittlung von bilateralen Kontakten, um ausländische Redner für nationale Wahlveranstaltungen zu gewinnen (Interview Sara Parkin v.27.4.95).

5.3. Die Inputseite - Politikformulierung und ihre Einbringung in das institutionelle System der EU

Neben der Vermittlung von Politikergebnissen umfaßt die erwünschte Transmissionsfunktion europäischer Parteienbünde und deren Fraktionen auf der Inputseite die Einbringung von Willensbildungs- und Entscheidungsergebnissen in das politische System der EU, also vor allem in EP, Rat und Kommission.

In diesem Bereich verfolgte der GRAEL vor allem zwei Ziele (SCHWALBA-HOTH 1989:199): einerseits die erstmalige Konfrontation anderer EG-Partner und der „Bürokratie" mit ökologischen Fragestellungen, und andererseits die stärkere Vernetzung der europäischen Basisbewegungen durch finanzielle und organisatorische Mittel des GRAEL. Damit sollten die Basisbewegungen selbst in die Lage versetzt werden, sich auf europäischer Ebene Gehör zu verschaffen.

Nach eigener Einschätzung des GRAEL ist das erste Ziel relativ gut erreicht worden, da die „Umweltpolitik [nach dem Einzug der Grünen] als ein wesentliches Politikfeld in Brüssel und Straßburg begriffen" wurde (SCHWALBA-HOTH 1989:200f.). Die Vernetzung der Basisbewegungen verlief aber teilweise ernüchternd. Zwar konnten durch die Nutzung der Räumlichkeiten und des Übersetzungsdienstes im EP sowie durch finanzielle Zuschüsse monatlich Kongresse von Alternativbewegungen organisiert werden. Auf diesen war erstmals eine Verständigung ohne Sprachprobleme möglich, und bis zu einem gewissen Grad sind daraus auch Netzwerke entstanden (SCHWALBA-HOTH 1989:203f.). Jedoch fand eine weitergehende Unterstützung dieser Bewegungen durch den GRAEL praktisch gesehen nicht statt, da den hohen Erwartungen der Ökologiebewegungen („Dukatenesel", „ständige Präsenz überall") die geringe personelle und finanzielle Ausstattung des GRAEL gegenüberstand (SCHWALBA-HOTH 1989:204f.) [287].

Immerhin war es möglich, Forderungen von Basisbewegungen über entsprechende Anträge ins EP zu bringen und ihnen damit zumindest eine zusätzliche, wenn auch begrenzte Öffentlichkeit zu verschaffen (SCHEUER 1989:193). Im großen und ganzen muß aber das Selbstbild des GRAEL als verlängerter Arm der außerparlamentarischen Gruppen und Bewegungen aufgrund einer schwachen Resonanz bei den Basisbewegungen kritisch hinterfragt werden (Vgl.SCHEUER 1989:195). Diese schwache Resonanz ist auch dadurch bedingt gewesen, daß es noch keine transnational operierende Umweltbewegung gab und sich die im na-

---

287 Von den insgesamt 108.000 DM für Vernetzungszwecke im Jahre 1988 flossen beispielsweise an über Kongresse hinausgehende Projekte nur durchschnittlich 500 DM (SCHWALBA-HOTH 1989:204f.).

tionalen Rahmen agierenden Bewegungen meist an die nationalen und nur selten an die europäischen Institutionen wandten (SCHEUER 1989:197).

Außerdem suchten Bewegungen natürlich nicht nur Kontakt zu den Grünen, sondern auch zu Abgeordneten anderer Fraktionen (Interview Ali Yurttagül v.4.4.95).

Kontakte zum Rat oder zur Kommission kamen im GRAEL nur vereinzelt zustande (SCHWALBA-HOTH 1989:201). Diese hingen von Zufällen und der Energie einzelner MdEPs und Mitarbeiter ab und zielten hauptsächlich auf die Beschaffung finanzieller Mittel, um damit Initiativen unterstützen zu können (Interview Juan Behrend v.28.4.95). Auf jeden Fall gab es keine institutionalisierte Ebene, auf der solche Kontakte stattfinden konnten. Die meisten Mitglieder des GRAEL sahen außerdem größere Chancen zur Änderung der EG-Politik in einer Sensibilisierung und Mobilisierung der Öffentlichkeit statt in klassischer Lobbyarbeit bei Rat oder Kommission (Vgl.SCHWALBA-HOTH 1989:202).

Dies hatte sich in der GFEP grundsätzlich geändert. Schon in einem Strategiepapier der Fraktion vom Oktober 1990 wurde angestrebt, „Beziehungen zu den anderen Institutionen der Gemeinschaft zwecks Ausbau der grünen Kultur [zu unterhalten] und um wichtige Informationen so früh wie möglich zu erhalten." (GFEP 1990n:3). Die GFEP war nun im Präsidium, im erweiterten Präsidium sowie in interinstitutionellen Verhandlungskommissionen des EP vertreten, so daß hier Kontakte zu Rat und Kommission institutionalisiert waren. Darüber hinaus waren diese Kontakte strukturierter und nicht mehr nur funktional auf die Beschaffung von Geldern ausgerichtet. Da die parlamentarische Arbeit von der GFEP systematisch ernster genommen wurde, suchten die Abgeordneten außerdem in den Ausschüssen mehr Kontakte zu Rat und Kommission, um inhaltlich Einfluß nehmen und eventuell auch Rechtsakte initiieren zu können. Der veränderte Umgang mit diesen EG-Institutionen wurde dadurch erleichtert, daß mit Carlo Ripa di Meana als Umweltkommissar der EG zeitweilig erstmals ein Grüner in der Kommission saß, mit dem man sich „die Bälle zuwerfen konnte" (Interview Juan Behrend v.28.4.95). Bis dahin war es laut Birgit Cramon-Daiber ein eminentes Problem, daß es keine grünen Mitarbeiter in der Kommission oder der EG-Verwaltung gab (GFEP 1993n:6).

Neben den Kontakten zu Rat und Kommission sollten in der GFEP laut Strategiepapier vom Oktober 1990 in Fortsetzung der Tradition des GRAEL auch die Beziehungen zu politisch nahestehenden Gruppen gepflegt werden (z.B. Greenpeace, Friends of the Earth, Anti-Rassismus-Gruppen). Dies sollte erneut über entsprechende Entschließungsanträge und über gemeinsame Kolloquien und Seminare unter Benutzung der Fraktionsfazilitäten geschehen (GFEP 1990n:3). Darüber hinaus hielt die GFEP den Kontakt zur Basis im wesentlichen über individuelle Aktivitäten ihrer Mitglieder sowie über ihre Arbeitsgruppen aufrecht. Die AG Umwelt veröffentlichte z.B. einen regelmäßigen Newsletter, der sich mit umweltpolitisch relevanten Vorgängen im EP beschäftigte und an die Nichtregierungsorganisationen im Umweltbereich versandt wurde. Um den Informations- und

Diskussionsprozeß zu fördern, organisierten die Arbeitsgruppen auch Seminare oder sonstige Treffen unter Nutzung der Fraktionsfazilitäten in Straßburg oder Brüssel (GGEP 1994:15)[288].

Die Vernetzung der Bewegungen spielte in der GFEP aber keine so große Rolle mehr, wenngleich hin und wieder noch Netzwerke ins Leben gerufen werden konnten.

Die EGC war überhaupt kein Ansprechpartner für Nichtregierungsorganisationen oder gar für Verbände (Interview Paolo Bergamaschi v.26.4.95; Interview Sara Parkin v.27.4.95). Die nationalen grünen Parteien wandten sich ebenfalls meist direkt an die Fraktion. Wenn sie doch an die EGC herantraten, dann waren dies meist Parteien, die nicht im EP vertreten waren und sich dort über die EGC die Adressen von Anlaufstellen erhofften (Interview Sara Parkin v.27.4.95).

5.4. Fazit

Die Erfüllung von Transmissionsfunktionen im politischen System der EG bzw. der EU durch die außerparlamentarische und parlamentarische Interaktion der Grünen war bislang sehr unterschiedlich ausgeprägt. Hat die EGC bzw. die EGF auf der Outputseite zumindest noch zaghafte Versuche unternommen, auf europäischer Ebene formulierte Stellungnahmen zumindest den Mitgliedern der nationalen Parteien und bei Europawahlen auch ihrer Wählerschaft (durch gemeinsame Plattformen) zu vermitteln, so hat sie auf der Input-Seite bislang keinerlei Engagement gezeigt. Sie brachte gemeinsame Stellungnahmen weder über die grünen Fraktionen ins EP ein noch unterhielt sie gezielte Kontakte zu Rat oder Kommission, um zumindest Teile ihrer Forderungen in den Willensbildungs- und Entscheidungsprozeß der EG einzubringen. Sie war auch kein Ansprechpartner für soziale Bewegungen oder grüne Parteien. Diese wandten sich stattdessen lieber direkt an die Europafraktionen der Grünen.

Der GRAEL hatte im Parlament zumindest eine Sprecherfunktion für soziale Bewegungen angestrebt und half bei ihrer europäischen Vernetzung. Zum Rat oder zur Kommission unterhielt der GRAEL aber nur sporadische Kontakte.

Das Einbringen von Forderungen sozialer Bewegungen ins EP war ebenfalls eines der Anliegen der ersten GFEP. Allerdings hatte diese sich von der reinen Sprecherfunktion gelöst, engagierte sich stärker parlamentarisch und ging auch mehr Kompromisse mit anderen Fraktionen ein. Darüber hinaus suchte die GFEP gezielter Kontakte zu Rat und Kommission, um die Forderungen der Bewegungen effektiver in den Willensbildungs- und Entscheidungsprozeß der EG bzw. der EU einbringen zu können.

Was die Vermittlung auf europäischer Ebene formulierter Politik angeht, so hat es im GRAEL nur eine schwache Presse- und zumindest bis Ende 1988 überhaupt

---

288 Ein Überblick über die wichtigsten von der GFEP organisierten Konferenzen findet sich in GGEP (1994:215-221). Von 1990 bis 1994 fanden pro Jahr durchschnittlich sechs solcher Seminare statt.

keine Öffentlichkeitsarbeit gegeben. In der GFEP existierte eine Öffentlichkeitsarbeit, die über Pressearbeit hinausging, auch erst ab 1991, aber in erheblich größerem Umfang als noch beim GRAEL. Ungeachtet dessen wurden Transmissionsfunktionen überwiegend von den einzelnen Abgeordneten oder den nationalen
Delegationen übernommen.

Der GRAEL führte keine europäische Kampagne zum Europawahlkampf. Die
GFEP, die EGC und die EGF beschränkten sich ebenfalls auf die Vermittlung von
Kontakten und Informationen über die Wahlkampagnen der anderen Parteien.
Druckerzeugnisse für den Wahlkampf wurden mehr von den nationalen Delega-
tionen als von der Gesamtfraktion herausgegeben, und es wurde auch keine größere
Veranstaltung mit führenden nationalen grünen Persönlichkeiten durchgeführt. Der
GRAEL hatte 1989 lediglich ein Treffen aller Spitzenkandidaten für die
Europawahl organisiert, und die EGC hielt jeweils 1984 und 1989 vor den Wahlen
einen großen Kongreß ab. Diese Art der Wahlkampfführung ist neben fehlenden
finanziellen Mitteln auf die dezentrale Orientierung der Grünen zurückzuführen. So
bestand in allen drei Gruppen mehrheitlich Einigkeit darüber, keinen „zentralen",
sondern einen „dezentralen" Wahlkampf führen zu wollen.

Zwar ist es der EGC bzw. dem SCEUA in Zusammenarbeit mit der EGF gelungen, zu den Europawahlen gemeinsame Plattformen zu verabschieden und insoweit
die politischen Einzelinteressen der Mitgliedsparteien europaweit zu aggregieren.
Die Übernahme der Europawahlplattformen und ihre tatsächliche Verwendung in
den Wahlkämpfen durch die nationalen Parteien fiel jedoch unterschiedlich aus.
Die Spanne reichte hier von einer vollständigen Übernahme des Programmtextes
bis zu dessen vollständigen Ausklammerung. Die Erstellung gemeinsamer Plattformen diente deswegen bei den Grünen bislang noch mehr internen statt externen
Zwecken.

Berücksichtigt man darüber hinaus die geringen Anstrengungen des Parteienbunds, programmatische Aussagen auch außerhalb von Europawahlkämpfen an die
Unionsbürger zu vermitteln, so muß alles in allem davon ausgegangen werden, daß
der grüne Parteienbund bislang bei den Bürgern der Union noch nicht als eigen-
ständiger europäischer Akteur wahrgenommen wurde. Zusammen mit der mangel-
haften Einbringung programmatischer Aussagen des Parteienbunds in den Willens-
bildungs- und Entscheidungsprozeß der EG (EU) führt dies zur Schlußfolgerung,
daß Transmissionsfunktionen durch den grünen Parteienbund bis jetzt noch nicht
ausreichend erfüllt wurden.

Dies gilt offensichtlich genauso für die anderen europäischen Parteienbünde
(NIEDERMAYER 1996:89).

Die Voraussetzungen zur Erfüllung von Transmissionsfunktionen sind bei den
grünen Fraktionen immer günstiger gewesen als bei der EGC oder der jetzigen
EGF. Dies ist im wesentlichen in der besseren finanziellen Ausstattung[289] und dem
besseren Zugang der Fraktionen zum Willensbildungs- und Entscheidungssystem

---

289 So hatte der GRAEL 1988 ein 76-mal und die GFEP 1993 noch ein 30-mal höheres Budget zur
    Verfügung als die EGC bzw. die EGF.

der EG bzw. der EU begründet. Die tatsächliche Erfüllung von Transmissionsfunktionen kann aber ebenfalls noch nicht als hinreichend bezeichnet werden, wenn
auch die GFEP im Vergleich zum GRAEL hier schon einige Fortschritte gemacht
hat. Über die zweite GFEP kann noch nichts abschließendes gesagt werden.

6. Schlußbemerkung

Die grenzüberschreitende Parteieninteraktion der Grünen ist Mitte 1995 im außerparlamentarischen Bereich noch weit davon entfernt gewesen, Charakteristika einer echten europäischen Partei aufzuweisen. Jedoch haben die Grünen innerhalb von 16 Jahren zu Kooperationsstrukturen gefunden, für deren Errichtung die anderen ideologischen Parteifamilien teilweise erheblich länger brauchten, ohne gleichzeitig auf bereits bestehende grenzüberschreitende Interaktionsformen (Internationale, Europafraktion) zurückgreifen zu können. Sie haben die anderen europäischen Parteienbünde im erreichten Interaktionsgrad sogar teilweise überflügelt[290], wenn auch die EU-Unterstruktur der Grünen im Gegensatz zu den anderen Parteifamilien keine größere Bedeutung erlangt hat als ein paneuropäischer Parteienbund. Auch haben die Grünen im wesentlichen mit den gleichen internen Problemen zu kämpfen wie die anderen Parteienbünde, wenngleich die einzelnen Interaktionsanreize und -restriktionen unterschiedlich gewichtet erscheinen.

Zwar waren die Grünen aufgrund ihrer New-Politics-Orientierung, die auch mit Dezentralität und Regionalismus verbunden ist, von Anfang an der EG gegenüber wesentlich kritischer eingestellt als andere Parteifamilien. Jedoch war dies bei vielen grünen Parteien nie mit der Ablehnung des Souveränitätsverzichts von Nationalstaaten zugunsten der EG allgemein verbunden gewesen. So können beispielsweise die Europawahlen 1989 durchaus nicht - zumindest was die Grünen betrifft - in dem bisher angenommenen Ausmaß als Ausdruck einer Zunahme EG-feindlicher Haltungen gewertet werden[291]. Viele grüne Parteien haben sich mittlerweile - in einer Zeit, in der Europawissenschaftler schon von einem Paradigmenwechsel in der Integrationspolitik und dem Zerbrechen des bislang in der Bevölkerung Europas vorherrschenden „permissive consensus" für weitere Integrationsschritte sprechen (WESSELS 1993:41;GABEL/PALMER 1995:3)[292] - sogar zu den engagiertesten Fürsprechern einer föderalistisch aufgebauten EU entwickelt.

---

290 Dies gilt zumindest in Bezug auf die Sozialisten im Bereich der Konfliktregulierung und des Repräsentationsprinzips im Vorstandsgremium.

291 BOGDANOR (1989) unterstellte beispielsweise allen grünen Parteien zu diesem Zeitpunkt, sie wären „if not openly hostile to the Community, at least sceptical of the value of further integration" (208) und „hostile to the enlargement of the power of the European Parliament" (211).

292 Tatsächlich hat sich zwischen 1990 und 1992 in jedem Mitgliedstaat der EU ein Trendbruch ereignet. War der Anteil von Befragten, die die Mitgliedschaft ihres Landes in der EU gut fanden, bis dahin ständig im Steigen begriffen, so sinkt dieser Anteil seit diesem Zeitpunkt. Dafür steigt der Anteil derjenigen, die der Meinung sind, die Mitgliedschaft sei schlecht (siehe hierzu genauer KOMMISSION 1994:11.24).

Dennoch gab es lange Zeit erhebliche Widerstände einiger grüner Parteien gegen die EG-Integration, was die grüne Parteifamilie lange daran hinderte, sich auf europäischer Ebene klar zu einer solchen Integration zu bekennen. Spätestens seit der letzten EU-Erweiterung wird eine europäische Integration im Rahmen der EU aber nur noch von einzelnen Parteien in Frage gestellt, denen, mit Ausnahme der schwedischen Grünen, innerhalb des grünen Parteienbunds zusätzlich nur geringe Bedeutung zukommt. Das in dieser Deutlichkeit erstmalige Bekenntnis zur EU-Integration in der Wahlplattform für die Europawahl 1994 scheint somit unumkehrbar. Mit der Errichtung des Standing Committee on European Union Affairs haben sich die Grünen außerdem auch organisatorisch in Richtung EU entwickelt.

Sie erfüllen damit - wenn auch erst seit kurzem in diesem Ausmaß - erste inhaltliche und organisationsstrukturelle Voraussetzungen, um als Vorstufe zu einer europäischen Partei als integrativer Faktor im politischen System der EU wirken zu können. Eine weitere Entwicklung in Richtung einer europäischen Partei ist zumindest in nächster Zeit aber noch nicht abzusehen. Vielmehr ist der gegenwärtig erreichte Zustand wahrscheinlich für längere Zeit das Maximum des Machbaren. Für die Annahme traditioneller grenzüberschreitender Strukturen mit einer Internationale, einem für Gesamteuropa zuständigen Parteienbund und einem EU-Parteienbund fehlen die finanziellen Mittel, und über eine alternative Organisationsstruktur, die dem von den Grünen vertretenen Konzept des Europa der Regionen entspräche, besteht kein hinreichender Konsens. Dies gilt im übrigen ebenfalls für die institutionelle Ausformung dieses Konzeptes im Hinblick auf die Organe der EU oder einer sonstigen supranationalen europäischen Organisation.

Auch grüne Fraktionen im Europaparlament sind ein relativ neues Phänomen. Sie weisen eine potentiell geringere inhaltliche Kontinuität als der Parteienbund auf, da sich ihre Zusammensetzung bei jeder Europawahl wieder grundlegend verändern kann und durch entsprechend neue Mehrheitsverhältnisse auch inhaltliche Positionen verändert werden können. Auch aus diesem Grund hat sich die erste GFEP im Gegensatz zum GRAEL zu einem entschiedenen Fürsprecher weiterer Integrationsschritte innerhalb der EU entwickelt. Darüber hinaus hat sie ihr politisches Verhalten weiter an den Systemrahmen der EU angepaßt, da sie einer parlamentarischen Arbeit innerhalb des EP Vorrang vor der außerparlamentarischen Arbeit gab.

Auch die erste GFEP hatte damit inhaltlich und organisatorisch die Voraussetzung dafür geschaffen, als integrativer Faktor für das politische System der EU zu wirken.

Das Ausmaß dieser integrativen Wirkungen kann allerdings bei den grünen Fraktionen aufgrund der bereits erwähnten unterschiedlichen parteipolitischen und personellen Zusammensetzung der Fraktion größeren Schwankungen unterliegen. Die zweite GFEP etwa wird künftig kein „Musterknabe" einer weiteren föderalistisch orientierten Integration sein. Zu so etwas wie einem „Kuckucksei im Nest der EU-Integration", wie Teile des GRAEL, wird sie sich aber mit Sicherheit nicht mehr entwickeln. Dafür spricht auch, daß sich die zweite GFEP bislang wieder stark an der Parlamentsarbeit und der politischen Agenda der EU orientiert hat. Eine weitere europäische Integration innerhalb des Systemrahmens der EU wird wohl auch von keiner künftigen grünen Fraktion mehr angezweifelt werden. In nicht geringem Ausmaß scheinen hierfür die institutionellen Rahmenbedingungen der EG bzw. der EU verantwortlich zu sein: die Mitwirkung in Fraktionen des Europaparlaments entfaltet auf Dauer prägende Kraft und ist teilweise sogar in der Lage, selbst ideologisch tief verankerte Überzeugungen nach einiger Zeit aufzubrechen. Für eine hohe Bedeutung institutioneller Rahmenbedingungen für Richtung und Geschwindigkeit europäischer Integrationsprozesse spricht auch die Beobachtung, daß die parlamentarische Interaktion, was die Umorientierung von Loyalitäten und Aktivitäten von Eliten auf eine europäische Ebene und die Ausarbeitung einer gemeinsamen europäischen Politik sowie Feed-back-Prozesse auf die nationale Ebene betrifft, wesentlich effizienter zu sein scheint als die Außerparlamentarische. Dies müßte allerdings noch durch konkrete Daten über die tatsächlich erzielten integrativen Wirkungen beider Interaktionsformen im politischen System der EU genauer überprüft werden.

Ein Vergleich mit Niveau und Entwicklung des Interaktionsgrads anderer Fraktionen im EP wäre sicherlich wünschenswert gewesen. Dieser mußte aber mangels vergleichbarer systematischer Daten unterbleiben. Es bleibt zu hoffen, daß das hier vorgestellte heuristische Analysemodell und die gewonnenen Erkenntnisse über die parlamentarische Interaktion der Grünen zu weiteren systematischen Forschungen in diesem Bereich ermutigen.

Die Europafraktionen waren bislang auch Vorreiter in der Erfüllung von Transmissionsfunktionen, da sie hierfür mit wesentlich besseren finanziellen und organisatorischen Mitteln ausgestattet waren als der Parteienbund. Allerdings kann die tatsächliche Erfüllung dieser Transmissionsfunktionen bis heute nicht als zufriedenstellend angesehen werden. So kann nicht davon ausgegangen werden, daß die Bürger der EU den Parteienbund der Grünen oder deren jeweilige Europafraktion als eigenständigen Akteur im europäischen Willensbildungsprozeß wahrnehmen. Dies gilt selbst für die Mitglieder grüner Parteien auf nationaler Ebene, die wohl in den allermeisten Fällen von der Existenz beider Formen grenzüberschreitender Interaktion (oder zumindest des Parteienbunds) keine Kenntnis haben.

In Bezug auf das Beziehungs- und Kräfteverhältnis zwischen Parteienbund und Europafraktion der Grünen kann von einer Führungsrolle des Parteienbunds nicht gesprochen werden. Die Heterogenität der Interessen seiner Mitgliedsparteien hat bislang die Formulierung von Leitlinien für die Fraktion erschwert. Deren Akzeptanz wird zudem durch die unterschiedliche Zusammensetzung und den unterschiedlichen Bezugsrahmen (gesamteuropäischer Parteienbund versus auf die EU beschränkte Fraktion) beider Interaktionsformen behindert.

Erneut fällt hier die wichtige Rolle institutioneller Rahmenbedingungen auf. So gingen von der Europafraktion im Zusammenhang mit der Gründung des SCEUA organisationsstrukturelle Impulse auf den Parteienbund aus, aber nicht umgekehrt.

Auch bei der Politikformulierung auf europäischer Ebene sind die Fraktionen eindeutig im Vorteil. Sie verfügen über eine wesentlich bessere Ressourcenausstattung als der Parteienbund, arbeiten intensiver und mit gößerer personeller Kontinuität zusammen als die Delegierten des Parteienbunds, und schließlich verlangt der ständige Handlungs- und Entscheidungsdruck in der Alltagsarbeit der Fraktionen effizientere Entscheidungsmechanismen. Dies gilt NIEDERMAYER (1985:177f.; 1996) zufolge auch für die anderen europäischen Parteifamilien: „Der europapolitische Schwerpunkt parteipolitisch strukturierter Zusammenarbeit liegt immer noch bei den Fraktionen als effizienterem und bedeutenderem Element grenzüberschreitender Koordinations- und Konsensfindungsprozesse." (NIEDERMAYER 1985:177f.).

Schließlich wird auch die Zusammenarbeit der Grünen „in europäischen Fraktionen und Parteien [...] nur beschränkte Auswirkungen auf die europäische politische Willensbildung haben, solange es nicht gelingt, eine europäische Öffentlichkeit zu schaffen." (KOHLER-KOCH 1978:338).

Damit scheinen nicht nur die Grünen, sondern auch die anderen europäischen Parteienbünde bislang entgegen ursprünglich gehegter Hoffnungen mit ihrer grenzüberschreitenden Parteieninteraktion nicht entscheidend zum Abbau des Demokratie- und Legitimitätsdefizits der EU beigetragen zu haben.

Es bleibt daher zu hoffen, daß die anstehenden intergouvernementalen Reformbemühungen - in Form der für 1996 geplanten Regierungskonferenz zur Reform der Maastrichter Verträge - diesmal hierfür entscheidende Anstöße bringen.

7. Anhang

Paris Declaration

Our common commitment for a new Europe, neutral and decentralised, with autonomous regions, each conserving their own cultural independence, is based on the following points:

- We are opposed to the stationing of nuclear weapons in East und West Europe, we are for total disarmament and for the dissolution of the power blocs and the military blocs.

- We are for environmental policies that uncompromisingly respect the ecological balance; we are against pollution of the air, water and earth, and we are against the concreting of nature and the countryside.

- We are for the equality of women in all sectors of social life.

- We demand measures against unemployment and the reduction of social welfare, which, whether in the interest of the workers or the consumers, must be not only at an economic level but also at a social and work level.

- Policies with regards to the Third World must be based on equal relations with the people ot the Third World. We are for the free expression of the fundamental rights of the people, one of the conditions most important to bring us to an emancipated, ecological society.

- We recommend an ecological form of agriculture and we wish to preserve jobs in the smaller and middle-sized agricultural business.

Quelle: PARKIN (1989a:329)

Die Berechnung des Heterogenitätsindexes aus dem Index of Agreement

$$1.0 \quad HI = \frac{LM1 + LM2}{HM}$$

$$1.1 \quad HM \times HI = LM1 + LM2$$

$$2.0 \quad IA = \frac{HM - (LM1 + LM2)}{HM + LM1 + LM2}$$

$$2.1 \quad IA = \frac{HM - (HM \times HI)}{HM + (HM \times HI)} = \frac{HM(1 - HI)}{HM(1 + HI)} = \frac{1 - HI}{HI + 1}$$

$$3.0 \quad IA + (IA \times HI) = 1 - HI$$

$$3.1 \quad (IA \times HI) + HI = 1 - IA$$

$$3.2 \quad HI(IA + 1) = 1 - IA$$

$$\mathbf{3.3 \quad HI = \frac{1 - IA}{IA + 1}}$$

HI : Heterogenitätsindex

IA : Index of Agreement

HM : Highest Modality

LM: Lowest Modality

8. Literaturverzeichnis

Quellen

AGALEV, 1984a:"Programma voor de Europese Verkiezingen van 17/6/1984", Europawahlprogramm, Mai.

AGALEV, 1984b: Entscheidung des Exekutivkommittees vom 29.8.

AGALEV, 1985: "Accord politique commun entre AGALEV et ECOLO sur la collaboration politique et administrative au sein du GRAEL", Dezember.

AGALEV, 1987: Brief an die Mitgliedsparteien der European Greens, 7.9.

AGALEV, 1988: Brief an die Mitgliedsparteien der European Greens, 30.9.

AGALEV, 1989: "De Groenen bewaren de aarde", Europawahlprogramm.

AGALEV, 1990: "Ammendments of AGALEV to the draft proposal for a green Helsinki-Memorandum", Mai.

AGALEV, 1992: "History and situation of AGALEV in the belgian political context", in: Mike Feinstein (Hg.), Sixteen weeks with European Greens. Interviews, impressions, platforms and personalities, San Pedro: R&E Miles, S.262-270.

AGALEV, 1993: "Ammendments to the Draft Statutes as proposed by AGALEV", Papier für das Preparatory Meeting der European Greens in Amsterdam, 23.3.

AGALEV, 1994a: "Het groen verhaal voor Europa. Europese Verkiezingen 1994", Europawahlprogramm.

AGALEV, 1994b: Brief an die European Greens, 11.6.

Alternattiva Demokratika, 1991: Brief an die European Greens, 27.11.

de Bakker, Willy, 1987: "Evaluation Report on the secretariat of the European Greens", 26.Mai.

Beeckmans-Wienert, Paul, 1984a: "Über die Zusammenarbeit der grünen und alternativen Parteien in Europa", in: Grüne Informationen Nr.7, S.8f.

Beeckmans-Wienert, Paul, 1984b: "Grün-Alternative in den Ländern", in: Grüne Informationen Nr.7, S.6f.

Behrend, Juan, 1988: "GRAEL: Zwischenbilanz eines erstmaligen Versuches", in: Regenbogenfraktion im EP (GRAEL) (Hg.), Politik im Regenbogen 1. Grün-Alternatives im europäischen Parlament, Brüssel, S.18f.

Behrend, Juan, 1990: "Bref rapport sur des points concernant le Groupe des Verts soulevés lors de la réunion de la Coordination des Verts Européens du 15 au 16 décembre 1990 à Bxl", 17.12.

Behrend, Juan, 1991: "Contacts extérieurs du groupe Verts au Parlement Européen", Bericht v.19.9.

Bigas, Jodi, 1991: Brief an die European Greens, 28.2.

Bloch v. Blottnitz, Undine, 1986: "Auch in Brüssel die grünen Nasen überall reinstecken", in: Grüner Basis-Dienst Nr.10, S.36f.

de Boer, Anne, 1993a: "Note on the financial situation", internes Papier für die European Greens, 11.3.

de Boer, Anne, 1993b: "Report to the Co-Secretaries of the European Greens on the meeting of the steering committee for the foundation on a Green Global Coordination", Februar.

de Boer, Anne, 1994: Brief an die European Green Federation, 18.8.

Bulgarische Grüne Partei, 1990: "Draft resolution by the parliamentary group of the Green Party of Bulgaria" v. 9.10.1990, in: Mike Feinstein (Hg.), Sixteen weeks with European Greens. Interviews, impressions, platforms and personalities, San Pedro: R&E Miles, S.585f.

Clarke, Roland, 1982: "Letter to MEP, Die Grünen, AGALEV, ECOLO, PPR and PR", 2.9. (Privatarchiv Ludo Dierickx)

Clarke, Roland, 1983: "Letter to Bert Willemsen", 21.1. (Privatarchiv Sara Parkin)

Cohn-Bendit, Daniel, 1994: "Die Eurodroge", in: Schrägstrich Nr.11, S.27.

Comhaontas Glas, 1984: "Foreign policy", internes Paper v.29.3.

Comhaontas Glas, 1988: "Proposal joint statement by the european green parties on the European Community", internes Paper, November.

Comhaontas Glas, 1989: Brief an die European Greens, 12.12.

Comhaontas Glas, 1992: Interview with Vincent McDowell, Irish Green Party Spokesperson on Northern Ireland & Great Britain, January 8, 1992, in: Mike Feinstein (Hg.), Sixteen weeks with European Greens. Interviews, impressions, platforms and personalities, San Pedro: R&E Miles, S.479-83.

Comhaontas Glas, 1994: „Guarantee the earth. Vote Green", Europawahlprogramm.

Coordination of the green and radical parties (KGRP), 1982a: "Minutes of the meeting of the 'Coordination' of the Green and Radical Parties" am 20.2.1982. (Privatarchiv Sara Parkin)

Council of Europe (Parliamentary Assembly), 1983: Report on ecologist movements in Europe (1), Dok.-Nr.ADOC 5157 L., 15.12.

Cox, Leo, 1990a: "Projet de scénario concernant l'aide aux partis verts à l'est", 25.1.

Cox, Leo, 1990b: "The East-West-Symposium on central europe. Vienna, 6-8th, 1990. A report to the co-secretaries", 14.5.

Cox, Leo, 1991: "Why and to what extent do green parties in Europe want to cooperate? A plea for a renewal of the coordination's programme and statutes", 27.8.

Cox, Leo, 1992: Brief an den Vorstand der Green Group, 3.4.

Cox, Leo/Schaffner, Hans-Beat, 1992: "Draft Statutes "European Green Federation"", 20.12.

Darses, Edith, 1987: Political parties and pressure groups in the management of the European community's Policies. Du vert à l'arc en ciel: Quelle couleur pour les verts européens? Brügge: Europakolleg.

Dei Greng Alternativ, 1992: "Maastricht neu verhandeln", Informationsblatt.

Dei Greng Alternativ, 1994a: "Programm fir d'Chamberwalen 1994".

Dei Greng Alternativ, 1994b: "Fir en ekologescht an e sozialt Europa. Programm fir d'Europawahlen 1994", Europawahlprogramm.

Deijnckens, Frank, 1990: "Interview L.Cox, Europese Groenen, 17/01/90", Niederschrift eines geführten Interviews, 5.5.

Delegation der französischen Abgeordneten (Delegation), 1990: "Offener Brief an die Mitglieder der Fraktion Die Grünen im Europäischen Parlament", Juli.

Delegation der französischen Abgeordneten (Delegation), 1991: "Erklärung der Delegation der französischen Grünen im EP", 12.12.

De Groenen, 1989a: "Objections to the application of "Green Left" for membership of the Coordination of European Green Parties", Brief an die European Greens, 12.6.

De Groenen, 1989b: "Position of 'De Groenen' on Application of 'Groen Links' for membership of the European Greens", Brief an die European Greens, 25.9.

De Groenen, 1990: "Amendments to the draft proposal for a green Helsinki Memorandum", 21.5.

De Groenen, 1993: "Amendments to the 'Agreement', December".

De Groenen, 1994: "Kiezen voor een groen Europa - Verkiezingsprogramma De Groenen 1994", Europawahlprogramm.

De Grønne, 1988: "Proposition by the international committee of De Grönne for the Common Statement of the European Green Parties for the 1989 european elections".

De Grønne, 1992: "Position of the danish Greens", Paper für das Leipzig-Meeting der European Greens im Dezember.

Die Grüne Alternative, 1990: "Ammendments zum Helsinki-Memorandum v. Juli/August 1990".

Die Grüne Alternative, 1994: "EU-So nicht. Leitbilder zu einer alternativen Europapolitik", Wien.

Die GRÜNEN, 1979: "Für das andere Europa. Wahlprogramm der GRÜNEN zur Europawahl 1979".

Die GRÜNEN, 1984a: Erklärung des Bundesvorstands vom 2.4. (Grünes Gedächtnis)

Die GRÜNEN, 1984b: Protokoll der Bundesvorstandssitzung vom 24./25.3. (Grünes Gedächtnis)

Die GRÜNEN, 1984c: Protokoll der Bundeshauptausschußsitzung vom 14.4. (Grünes Gedächtnis)

Die GRÜNEN, 1984d: "Global denken-vor Ort handeln. Erklärung der GRÜNEN zur Europawahl am 17.Juni 1984".

Die GRÜNEN, 1984e: "Grüne gegen finanziellen und politischen Sonderstatus für Michael Klöckner", 4.11. (Grünes Gedächtnis)

Die GRÜNEN, 1987a: "Antrag BAG Internationalismus: Widerruf BHA-Beschluß "Europäische Koordination" für die neunte ordentliche Bundesversammlung der GRÜNEN", 8.4.(Grünes Gedächtnis).

Die GRÜNEN, 1987b: Beschluß des BHA vom 14.2.(Grünes Gedächtnis)

Die GRÜNEN, 1989a: "Plattform zur Europawahl'89. Grüne Positionen zum EG-Binnenmarkt".

Die GRÜNEN, 1989b: "Kurzprogramm der GRÜNEN zur Europawahl'89".

Die GRÜNEN, 1989c: Beschluß des BHA vom 22.4.1989 zur Zusammenarbeit mit anderen Parteien und Gruppierungen im Europaparlament.

Die GRÜNEN, 1989d: "Resolution regarding the European Parliament group, approved July 16", Erklärung des Bundesvorstands.

Die GRÜNEN, 1992: "Die GRÜNEN zu den Maastrichter Beschlüssen", Länderratsbeschluß vom 11.10.92

Die GRÜNEN, 1994: "Lieber Europa erweitern, als Demokratie beschränken. Programm zur Europawahl 1994".

Die GRÜNEN im Bundestag, 1985: "Parlamentarische Zusammenarbeit mit Norwegen, Dänemark und den Niederlanden", Pressemitteilung vom 14.8. (Grünes Gedächtnis)

Dierickx, Ludo, 1982: "Aan de Leden van de uitvoerend Komitee", 28.5. (Privatarchiv Ludo Dierickx).

van Dijk, Nel, 1986a: "Bericht über das Gespräch des Vorstands mit dem Team vom 8.4.1986", 21.4.

van Dijk, Nel, 1986b: "Brief an den GRAEL", 10.12.

Droppa, György, 1994: "On the chances of the Green Party in Hungary", in: East-West-Dialogue, East-West-Report on green policy, Amsterdam, S.9-15.

Dubrulle, Mark, 1980: "Minutes of the third meeting on the PEACE project held in Brussels, 9th February 1980 at 10 a.m.".(Privatarchiv Ludo Dierickx)

Dupret, Benoît/Van Wassenhoven, Robert, 1981: "Débat sur les structures et les stratégies au comité de Coordination des mouvements et partis écologiques européens. Position d'ECOLO", Juni (Privatarchiv Ludo Dierickx).

East-West-Dialogue (EWD), 1994a: The green East-West-Dialogue 1994: Background, new goals, methods and status. Overview of activities.

East-West-Dialogue (EWD), 1994b: East-West-Report on green policy, Amsterdam.

ECOLO, 1984a: "L'Europe des Ecologistes. Programme ECOLO pour les élections Européennes du 17 Juin 1984", Europawahlprogramm, Juni.

ECOLO, 1984b: "Rapport sur les négociations concernant la formation d'un groupe au parlement européen".

ECOLO, 1984c: "Internationale Kontakte: Bericht über die Bildung der "Grünen in Europa" und die Entwicklung bei den "Grünen" in Deutschland und deren Bundesdelegiertenkonferenz in Karlsruhe".

ECOLO, 1985a: Diskussionspapier über den Beitritt ECOLOS zum GRAEL (in französisch) vom 6.12.

ECOLO, 1985b: Brief an die European Greens, 8.10.

ECOLO, 1987: Brief an die Mitglieder des GRAEL, 13.2.

ECOLO, 1989: "Elections Européennes 18 Juin 1989. Programme", Europawahlprogramm, Januar.

ECOLO, 1990: "Draft Green Memorandum. Amendments and Comments", 1.6.

ECOLO, 1994: "Le programme des écologistes. Plate-forme commune des partis verts de l'Union européenne. Elections européennes du 12 Juin 1994", Europawahlprogramm.

Ecology Party, 1981: "Background to meeting of 'European Green Coordination' on May 30th & 31st in Brussels". (Privatarchiv Sara Parkin)

Ecology Party, 1982: "International Secretary's report", 4.12.

ECOROPA, 1978: Message Nr.21, Dezember.(Grünes Gedächtnis)

ECOROPA, 1979a: Manifeste écologique pour une Europe différente.

ECOROPA, 1979b: "Meeting on P.E.A.C.E., preceeding the ECOROPA extended Board Meeting of September 25/27 in Straßbourg", 21.7. (Grünes Gedächtnis)

EFTA-Grüne, 1989: Gemeinsame Erklärung der Grünen Parteien der neutralen und EFTA-Staaten v. 19.2.

EFTA-Grüne, 1994: "Common requirements of the EFTA Green Parties", gemeinsame Stellungnahme der Delegierten der EFTA-Länder auf dem Wien-Council der European Greens v. 30.1.1994.

Ekins, Paul/Parkin, Sara, 1985: "Comments on "Paul Staes Paper" on the GPA issue" (Privatarchiv Sara Parkin).

Esders, Jürgen-Peter, 1985: "Betr.:Konfliktaustragung", internes Papier vom 5.12.

Esders, Jürgen-Peter, 1987: "Gedanken zu einer PR-Nutzung der 3708-Gelder", 24.6.

Esders, Jürgen-Peter, 1988a: "Gefangen im Parlamentsbetrieb?", in: Regenbogenfraktion im EP (GRAEL) (Hg.), Politik im Regenbogen 1. Grün-Alternatives im europäischen Parlament, Brüssel, S.12f.

Esders, Jürgen-Peter, 1988b: "PRESSEARBEIT: Botschaften aus dem Raumschiff", in: Regenbogenfraktion im EP (GRAEL) (Hg.), Politik im Regenbogen 1. Grün-Alternatives im europäischen Parlament, Brüssel, S.76-78.

Europäisches Parlament, 1992: Geschäftsordnung, 7.Aufl.

Europäisches Parlament, 1993: Geschäftsordnung, 8.Aufl.

Europäisches Parlament, 1995: Geschäftsordnung, 10.Aufl.

Europagruppe Die GRÜNEN, 1984a: "Ergebnis-Protokoll des 2.Treffens der Europa-Gruppe der GRÜNEN am 9. und 10.7.1984". (Archiv der Europagruppe Die GRÜNEN)

Europagruppe Die GRÜNEN, 1984b: "Für den BHA. Stellungnahme zum Fall Klöckner", 3.11. (Archiv der Europagruppe Die GRÜNEN)

Europagruppe Die GRÜNEN, 1984c: "Bericht über die Arbeit der Europa-Gruppe (18.Juni-15.November 1984) für die Bundesdelegiertenversammlung in Hamburg", Dezember. (Grünes Gedächtnis)

Europagruppe Die GRÜNEN, 1985: "Bericht der GRÜNEN im Europäischen Parlament", 2.12.

Europagruppe Die GRÜNEN, 1987: "Protokoll der Klausur am 11.Mai 1987 in Straßburg", 26.5. (Archiv der Europagruppe Die GRÜNEN)

Europagruppe Die GRÜNEN, 1989: "Einstimmiger Beschluß der Europagruppe und der Verhandlungskommission vom 20.6.1989".

Europagruppe Die GRÜNEN, 1990a: "Memo zum Fraktionskonflikt in der grünen Fraktion im Europäischen Parlament", Papier für die Klausursitzung der Fraktion in Spa, Juli.

Europagruppe Die GRÜNEN, 1990b: Protokoll der Sitzung der Europagruppe vom 17.1.(Archiv der Europagruppe Die GRÜNEN)

Europagruppe Die GRÜNEN, 1990c: Protokoll der Sitzung der Europagruppe vom 12.12.(Archiv der Europagruppe Die GRÜNEN)

Europagruppe Die GRÜNEN, 1992a: Protokoll der Sitzung vom 15.1. (Archiv der Europagruppe Die GRÜNEN)

Europagruppe Die GRÜNEN, 1992b: Protokoll der Sitzung der deutschen Delegation vom 6.10. (Archiv der Europagruppe Die GRÜNEN)

European Green Coordination (EGC), 1983a: "Minutes of the meeting of the European Greens, Brussels, October 1st", 1983.

EGC, 1983b: "Minutes of the meeting of the European Greens, Brussels, November, 26th".

EGC, 1984a: "Minutes of the meeting of the European Greens, Brussels, January 21.-22.1984".

EGC, 1984b: "The European Greens have begun", Presseerklärung, 23.1.

EGC, 1984c: "Minutes of the meeting of the European Greens, Brussels, July 2nd".

EGC, 1984d: "Minutes of the meeting of the European Greens, Brussels, November 24th".

EGC, 1984e: "Think globally, act locally. Towards a green Europe", Wahlplattform zur Europawahl 1984.

EGC, 1984f: "Joint declaration of aims", Grundsatzerklärung der European Greens.

EGC, 1985a: "Minutes of the meeting of the European Greens, Barcelona, February, 23rd.".

EGC, 1985b: "Minutes of the meeting of the European Greens, Brussels, May 25th".

EGC, 1985c: "Minutes of the meeting of the European Greens, Brussels, September 28-29th".

EGC, 1985d: "Minutes of the meeting of the European Greens, Brussels, November 23-24th".

EGC, 1986a: "Minutes of the meeting of the European Greens, Brussels, January, 26th".
EGC, 1986b: "Minutes of the meeting of the European Greens, Brussels, April, 26th".
EGC, 1986c: "Minutes of the meeting of the European Greens, Brussels,September, 27th".
EGC, 1986d: "Minutes of the meeting of the European Greens, Köln, November, 29th".
EGC, 1986e: Newsletter Nr.4.
EGC, 1986f: "European Greens meet", Presseerklärung, 29.9.
EGC, 1987a: "Minutes of the meeting of the European Greens, Brussels, March 7th".
EGC, 1987b: "Minutes of the meeting of the European Greens, Brussels, June 13-14th".
EGC, 1987c: "Minutes of the meeting of the European Greens, Brussels, October 24-25th".
EGC, 1988a: "Minutes of the meeting of the European Greens, Brussels, February 6th".
EGC, 1988b: "Minutes of the meeting of the European Greens, Brussels, April 9th".
EGC, 1988c: "Minutes of the meeting of the European Greens, Brussels, October 1-2nd". (Grünes Gedächtnis)
EGC, 1988d: "Visit of Co-secretaries of European Greens to Protugal", Presseerklärung vom 21.1.
EGC, 1988e: Newsletter, Nr.9.
EGC, 1989a: "Minutes of the meeting of the European Greens, Brussels, January 7-8th".
EGC, 1989b: "Minutes of the meeting of the European Greens, Brussels, March 11th".
EGC, 1989c: "Minutes of the meeting of the European Greens, Brussels, June 24-25th".
EGC, 1989d: "Draft proposal for the forming of a Green Group in the European Parliament", 8.6.
EGC, 1989e: "Minutes of the meeting of the European Greens, Brussels, 30.9.-1.10.".
EGC, 1989f: "Minutes of the meeting of the European Greens, Brussels, December 16-17th".
EGC, 1989g: "Common statement of the European Greens for the 1989 elections to the European Parliament", Plattform zur Europawahl 1989.
EGC, 1989h: "Common Statement on Common House of Europe", Dezember.
EGC, 1989i: "Minutes of Co-Secretaries-Meeting", 1.10.
EGC, 1989k: Green Times, Nr.1.
EGC, 1989l: Brief des Co-Secretariats an Los Verdes und Confederacion de Los Verdes, 12.3.
EGC, 1989m: Brief Leo Cox an den Vorstand des GRAEL, 30.1.
EGC, 1989n: "Political Statement of the European Greens", 26.6.
EGC, 1989o: Erklärung der Co-Secretaries, März. (Grünes Gedächtnis)
EGC, 1990a: "Minutes of the European Greens Meeting, Budapest, March 17-19th".
EGC, 1990b: "Minutes of the European Greens Meeting, Brussels, June 16-18th".
EGC, 1990c: "Draft Minutes of the European Greens Meeting, Bonn, October 27-28th".
EGC, 1990d: "Co-Secretariat's proposal", 18.10.
EGC, 1990e: "Common statement on democratic self-determination in Eastern Europe", März.
EGC, 1990f: "Common statement on CSCE-Conference", Oktober.
EGC, 1990g: Newsletter, Extra-Nummer, Juni.
EGC, 1991a: "Venice-Meeting, March 22-24th. Minutes and adopted statements".
EGC, 1991b: "Minutes Informal Coordination Meeting at Zürich, June, 2nd".
EGC, 1991c: "Draft Minutes Sofia-Meeting".
EGC, 1991d: "Report on Green Party of Bulgaria", März.
EGC, 1991e: "Common statement on Baltic Crisis and Gulf War", März.
EGC, 1991f: "Report on Secretariat's activities 1990", März.
EGC, 1991g: Brief an den Vorstand der grünen Fraktion, 12.12.
EGC, 1991h: "Adopted statements of the European Greens", 13.5.
EGC, 1992a: "Draft Minutes Dublin-Meeting".
EGC, 1992b: "Draft Minutes Leipzig-Meeting".
EGC, 1992c: "The Coordination's policy 1993-94", Oktober.
EGC, 1992d: "Minutes Co-Secretaries' Meeting" 8.3.
EGC, 1992e: "Minutes Co-Secretaries' Meeting", 9.9.
EGC, 1992f: "Election Results Green Parties. 1984-1992", 22.4.
EGC, 1993a: "Report on the Co-Secretariat's workshop at Bonn, March 26-28th".
EGC, 1993b: "Report on the Preparatory meeting at Amsterdam, April 16-18th".
EGC, 1993c: "Draft-Minutes Helsinki".

EGC, 1993d: "Draft-Minutes Co-Sec-Meeting March 26th".
EGC, 1993e: Presseerklärung vom 20.6.
EGC, 1993f: "Brussel's Declaration", 6.2.
EGC, 1993h: "Statement issued at the treasurers' workshop in Brussels, 21./22.May".
EGC, 1993i: "Draft Statutes & Amendments "European Green Federation"", 25.3.
European Federation of Green Parties (EGF), 1993: "Guiding Principles", Grundsatzprogramm.
EGF, 1994a: "Minutes of the meeting of the European Federation of Green Parties at Vienna, January 28-30th".
EGF, 1994b: "Minutes of the meeting of the European Federation of Green Parties at Chania, October 28-30th".
EGF, 1994c: "Info-Kit".
EGF, 1994d: "The allocation of the Council Seats", 28.10.
EGF, 1994e: "Draft Budget 1994", Januar.
EGF, 1994f: "The observership-application of the SF", Oktober.
EGF, 1994g: "Recommendation from the Co-Secretariat on the application for membership", 28.1.
EGF, 1994h: "Memorandum to the green MEPs of the GGEP", 21.Juni.
EGF, 1994i: "It is no use banging on the wall, if you don't have a picture to hang. Report on the publicity work of the European Greens", Juni.
EGF, 1994k: "Overview Election results 1993", März.
EGF, 1994l: "Wiener Erklärung", 30.1.
EGF, 1995a: "Overview Election results. Member Parties of the EFGP", 27.3.
EGF, 1995b: "The green parties. International situation", Juni.
EGF, 1995c: "The observership application of Young Ecologists of Europe", Juni.
European Liberal, Democrat and Reform Party (ELDR), 1993: Statutes.
Fédération des Jeunes Ecologistes Européens (FJEE), 1994: "Dossier de présentation".
Federazione dei Verdi, 1991: "Federal Council Resolution on the process of European Unification, Rome, June, 9, 1991", in: Mike Feinstein (Hg.), Sixteen weeks with European Greens. Interviews, impressions, platforms and personalities, San Pedro: R&E Miles, S.513f.
Frassoni, Monica, 1990: "Bericht über die konstituierende Sitzung der AG Institutionen", 19.4.
Frassoni, Monica, 1995: "On the hearing of March the 31st and April the 1st: biggest "institutional" points of agreement/disagreement emerged in the discussion", 6.4.
Gahrton, Per, 1985: Brief an die Eruopean Greens, 28.10.
Gahrton, Per, 1986: Brief an die European Greens, 1.2.
Gahrton, Per, 1989: Brief an die European Greens, 3.1.
Gahrton, Per, 1990: Brief an die European Greens, 6.6.
GLEI, 1989: Brief an die European Greens, 15.11.
GLEI, 1994a: "Programm fir d'Chamberwalen 1994".
GLEI, 1994b: "Fir en ekologescht an e sozialt Europa. Programm fir d'Europawahlen 1994", Europawahlprogramm.
Goehler, Adrienne, 1984: "Eine Art von Protokoll (ohne den Anspruch auf Vollständigkeit) von der Sitzung zu Brüssel 26.-27.6.84 auf Einladung der technischen Fraktion der Unabhängigen (CDI)".
Goerlich, Annette, 1988: "Aus Mitarbeiterinnensicht: Tumult im Teufelskreis", in: Regenbogenfraktion im EP (GRAEL) (Hg.), Politik im Regenbogen 1. Grün-Alternatives im europäischen Parlament, Brüssel, S.79-81.
Grasl, Alexandra, 1993: "Zusammenrücken", in: IMPULS Nr.4, S.24f.
Green-Alternative European Link (GRAEL), 1985a: "GRAEL-Jahresprogramm", September.
GRAEL, 1985b: "Mitteilung über die Vorstandswahlen", interne Information vom 20.12.
GRAEL, 1985c: "Mitteilung für alle Mitglieder, Nachrücker, Team-Mitglieder", 16.9.
GRAEL, 1985d: Protokoll der Fraktionssitzung vom 3.9.
GRAEL, 1985e: Protokoll der Fraktionssitzung vom 10.9.
GRAEL, 1985f: Protokoll der Fraktionssitzung vom 4.3.
GRAEL, 1985g: Tagesordnung für die Sitzung vom 9.4.
GRAEL, 1985h: Protokoll der Fraktionssitzung vom 3.12.
GRAEL, 1986a: Protokoll der Fraktionssitzung vom 7.5.

GRAEL, 1986b: Protokoll der Fraktionssitzung vom 12.6.

GRAEL, 1986c: Protokoll der Fraktionssitzung vom 16.10.

GRAEL, 1986d: Protokoll der Fraktionssitzung vom 10.12.

GRAEL, 1986e: Protokoll der Fraktionssitzung vom 10.9.

GRAEL, 1987a: Brief des Vorstands an John Lambert, 29.4.

GRAEL, 1987b: "Überlegungen zur Verwendung der Mittel von Posten 3708", Arbeitsdokument v.13.4.

GRAEL, 1987c: Internes Infoblatt Nr.2.

GRAEL, 1987d: Protokoll der Fraktionssitzung vom 18.2.

GRAEL, 1987e: Protokoll der Fraktionssitzung vom 10.3.

GRAEL, 1987f: Protokoll der Fraktionssitzung vom 8.4.

GRAEL, 1987g: Protokoll der Fraktionssitzung vom 3.7.

GRAEL, 1987h: Protokoll der Fraktionssitzung vom 7.7.

GRAEL, 1987i: Protokoll der Fraktionssitzung vom 9.9.

GRAEL, 1987k: Protokoll der Fraktionssitzung vom 27.10.

GRAEL, 1987l: Protokoll der Fraktionssitzung vom 1.7.

GRAEL, 1988a: Brief des Vorstands an die European Greens, 24.11.

GRAEL, 1988b: Protokoll der Fraktionssitzung vom 15.6.

GRAEL, 1988c: Protokoll der Fraktionssitzung vom 28.6.

GRAEL, 1988d: Protokoll der Fraktionssitzung vom 29.6.

GRAEL, 1988e: Protokoll der Fraktionssitzung vom 7.9.

GRAEL, 1988f: Protokoll der Fraktionssitzung vom 8.9.

GRAEL, 1988g: Protokoll der Fraktionssitzung vom 15.9.

GRAEL, 1988h: Protokoll der Vorstandssitzung vom 10.10.

GRAEL, 1988i: Protokoll der Fraktionssitzung vom 5.10.

GRAEL, 1989a: "Vorschläge des GRAEL für die Erstellung einer Erklärung über ein Arbeitsprogramm für die künftige grün-alternative Fraktion im Europäischen Parlament", 20.1.

GRAEL, 1989b: Protokoll der Fraktionssitzung vom 8.2.

GRAEL, 1989c: Protokoll der Vorstandssitzung vom 8.2.

GRAEL, 1989d: Protokoll der Vorstandssitzung vom 8.3.

Green Global Network (GGN), 1993a: Green Global Bulletin, Nr.1, April.

GGN, 1993b: Green Global Bulletin, Nr.2, Juni/Juli.

GGN, 1993c: Green Global Bulletin, Nr.4, Dezember.

GGN, 1994: Brief an die Federation of European Green Parties, 28.1.

Grüne Fraktion im Europäischen Parlament (GFEP), 1989a: "Protokoll der wichtigsten Entscheidungen der Sitzungen zur Bildung der neuen Fraktion der Grünen im EP vom 28.Juni bis 28.Juli 1989", 29.8.

GFEP, 1989b: Pressekommuniqué zum Austritt Dorothe Piermonts, 27.9.

GFEP, 1989c: Protokoll der Fraktionssitzung vom 5.10.

GFEP, 1989d: Protokoll der Vorstandssitzung vom 19.10.

GFEP, 1989e: Protokoll der Fraktionssitzung vom 14.11.

GFEP, 1989f: Protokoll der Vorstandssitzung vom 29.11.

GFEP, 1989g: Protokoll der Fraktionssitzung vom 23.10.

GFEP, 1990a: Protokoll der Fraktionssitzung vom 11.1.

GFEP, 1990b: Protokoll der Fraktionssitzung vom 16.1.

GFEP, 1990c: Protokoll der Fraktionssitzung vom 13.2.

GFEP, 1990d: Protokoll der Fraktionssitzung vom 3.4.

GFEP, 1990e: Protokoll der Vorstandssitzung vom 3.4.

GFEP, 1990f: Protokoll der Vorstandssitzung vom 9.5.

GFEP, 1990g: Protokoll der Fraktionssitzung vom 15.5.

GFEP, 1990h: Protokoll der Fraktionssitzung vom 12.6.

GFEP, 1990i: Protokoll der Vorstandssitzung vom 3.9.

GFEP, 1990k: Protokoll der Fraktionssitzung vom 5.9., vormittags.

GFEP, 1990l: Protokoll der Fraktionssitzung vom 5.9., nachmittags.

GFEP, 1990m: Protokoll der Fraktionssitzung vom 9.10.

GFEP, 1990n: Protokoll der Fraktionssitzung vom 11.10.

GFEP, 1990o: Protokoll der Fraktionssitzung vom 18.10.

GFEP, 1990p: Protokoll der Fraktionssitzung vom 24.10.

GFEP, 1990q: Protokoll der Fraktionssitzung vom 14.11.

GFEP, 1990r: Protokoll der Fraktionssitzung vom 12.12.

GFEP, 1990s: "Stichworte zur Einführung der Reflexion über die Fraktion, vorbereitet von Alexander Langer und Maria Santos", Papier für die Klausurtagung in Spa, September.

GFEP, 1990t: Protokoll der Vorstandssitzung vom 19.12.

GFEP, 1990u: "Statistiques du Groupe", 13.6.

GFEP, 1991a: "Proposition de resolution sur les conclusions du Conseil européen de Luxembourg", 4.7., Parlamentsdokument B3-1117/91.

GFEP, 1991b: "Bericht des Vorstandes zu den Aktivitäten der Fraktion", Papier für die Klausurtagung in Luxemburg, 15.10.

GFEP, 1991c: Protokoll der Fraktionssitzung vom 5.3.

GFEP, 1991d: Protokoll der Fraktionssitzung vom 14.3.

GFEP, 1991e: Protokoll der Fraktionssitzung vom 10.4.

GFEP, 1991f: Protokoll der Fraktionssitzung vom 7.5.

GFEP, 1991g: Protokoll der Fraktionssitzung vom 3.9.

GFEP, 1991h: Protokoll der Fraktionssitzung vom 1.10.

GFEP, 1991i: Protokoll der Fraktionssitzung vom 2.10.

GFEP, 1991k: Protokoll der Fraktionssitzung vom 8.10.

GFEP, 1991l: Protokoll der Fraktionssitzung vom 16.10.

GFEP, 1991m: Protokoll der Fraktionssitzung vom 4.12.

GFEP, 1991n: Protokoll der Fraktionssitzung vom 11.12.

GFEP, 1991o: Protokoll der Fraktionssitzung vom 12.12.

GFEP, 1991p: Protokoll der Vorstandssitzung vom 2.5.

GFEP, 1991q: Protokoll der Vorstandssitzung vom 6.5.

GFEP, 1991r: "Bemerkungen über die parlamentarischen Aktivitäten der Gruppe der Grünen von Juli 1989 bis Juli 1991", 25.9.

GFEP, 1992a: "Meeting in Toulouse with the Greens in the EP", 15.10.

GFEP, 1992b: "Greens call for immediate conference of european parliaments to save democratic European Union", Presseerklärung vom 3.6.

GFEP, 1992c: "Entschließungsantrag zu den Schlußfolgerungen des Gipfels in Edinburgh", 14.12., Parlamentsdokument B3-1723/92.

GFEP, 1992d: "Position du Groupe des Verts au parlement européen sur le traité d'Union européenne", 12.3.

GFEP, 1992e: "Motion for a resolution on the referendum in Denmark", 8.6., Parlamentsdokument B3-0853/92.

GFEP, 1992f: "Checkpoint on Publications", Übersicht vom 7.10.

GFEP, 1992g: Protokoll der Fraktionssitzung vom 7.1.

GFEP, 1992h: Protokoll der Fraktionssitzung vom 8.2.

GFEP, 1992i: Protokoll der Fraktionssitzung vom 10.3.

GFEP, 1992k: Protokoll der Vorstandssitzung vom 17.3.

GFEP, 1992l: Protokoll der Vorstandssitzung vom 27.4.

GFEP, 1992m: Protokoll der Fraktionssitzung vom 11.6.

GFEP, 1992n: Protokoll der Fraktionssitzung vom 30.6.

GFEP, 1992o: Protokoll der Fraktionssitzung vom 9.9.

GFEP, 1992p: Protokoll der Fraktionssitzung vom 10.9.

GFEP, 1992q: Protokoll der Fraktionssitzung vom 1.10.

GFEP, 1992r: Protokoll der Fraktionssitzung vom 7.10.

GFEP, 1992s: Protokoll der Fraktionssitzung vom 20.10.

GFEP, 1992t: Protokoll der Fraktionssitzung vom 21.10.

GFEP, 1992u: Protokoll der Fraktionssitzung vom 27.10.

GFEP, 1992v: Protokoll der Vorstandssitzung vom 9.11.

GFEP, 1992w: Protokoll der Vorstandssitzung vom 25.11.

GFEP, 1992x: Protokoll der Fraktionssitzung vom 9.12.

GFEP, 1992y: "Schlußfolgerungen des Seminars von Toulouse (10.September 1992) über die Strategie der Grünen im Hinblick auf die europäischen Wahlen von 1994", 22.10.

GFEP, 1992z: Protokoll der Vorstandssitzung vom 19.6.

GFEP, 1993a: "Summary Directory of green parties", 17.12.

GFEP, 1993b: "Protokoll des Treffens der Grünen Fraktion und der VertreterInnen der Grünen der Gemeinschaft vom 7.-9.7", 23.7.

GFEP, 1993c: "Resolution on the enlargement of the EC", 15.6.

GFEP, 1993d: "Motion for a resolution on enlargement of the community", 8.7., Parlamentsdokument B3-1020/93.

GFEP, 1993e: "Proposition de résolution sur l'état des négociations avec l'Autriche, la Finlande, la Norvège et la Suède", 12.11., Parlamentsdokument B3-1561/93.

GFEP, 1993f: Protokoll der Vorstandssitzung vom 27.1.

GFEP, 1993g: Protokoll der Fraktionssitzung vom 20.3.

GFEP, 1993h: Protokoll der Fraktionssitzung vom 14.4.

GFEP, 1993i: Protokoll der Vorstandssitzung vom 27.4.

GFEP, 1993k: Protokoll der Fraktionssitzung vom 14.9.

GFEP, 1993l: Protokoll der Vorstandssitzung vom 28.9.

GFEP, 1993m: Protokoll der Vorstandssitzung vom 11.10.

GFEP, 1993n: Protokoll der Fraktionssitzung vom 20.10.

GFEP, 1993o: Protokoll der Vorstandssitzung vom 26.10.

GFEP, 1993p: Protokoll der Vorstandssitzung vom 10.11.

GFEP, 1993q: Protokoll der Vorstandssitzung vom 23.11.

GFEP, 1993r: Protokoll der Fraktionssitzung vom 16.12.

GFEP, 1993s: Protokoll der Vorstandssitzung vom 11.5.

GFEP, 1993t: Protokoll der Vorstandssitzung vom 30.9.

GFEP, 1993u: Protokoll der Fraktionssitzung vom 6.7.

GFEP, 1993v: Protokoll der Vorstandssitzung vom 16.11.

GFEP, 1993w: "Protokoll der Sitzung von französischen mit deutschen Grünen vom Montag, den 24.5.1993 in Straßburg".

GFEP, 1993x: Brief des Vorstands an die European Greens, 24.3.

GFEP, 1993y: "Compte rendu de la réunion avec les partis verts de la Communauté", Vendredi 22 Octobre 1993 à Bruxelles, 27.10.

GFEP, 1993z: "Calendrier pour les textes des cinq axes prioritaires restants", 22.7.

GFEP, 1994a: Protokoll der Vorstandssitzung vom 1.2.

GFEP, 1994b: Protokoll der Fraktionssitzung vom 8.2.

GFEP, 1994c: Protokoll der Vorstandssitzung vom 5.3.

GFEP, 1994d: Protokoll der Vorstandssitzung vom 8.3.

GFEP, 1994e: Protokoll der vorstandssitzung vom 10.3.

GFEP, 1994f: Protokoll der Vorstandssitzung vom 19.4.

GFEP, 1994g: Protokoll der Fraktionssitzung vom 24.4.

GFEP, 1994h: Protokoll der Fraktionssitzung vom 3.5.

GFEP, 1994i: Protokoll der Vorstandssitzung vom 26.4.

GFEP, 1994k: Protokoll der Fraktionssitzung vom 1.2.

GFEP, 1994l: Protokoll der Fraktionssitzung vom 21.6.

GFEP, 1994m: Protokoll der Fraktionssitzung vom 22.6.,vormittags.

GFEP, 1994n: Protokoll der Fraktionssitzung vom 22.6.,nachmittags.

GFEP, 1994o: "Demokratie ist Europas Kern - Gesamteuropa ist unser Haus, gemeinsame Erklärung der Grünen im Europaparlament und der Europäischen Föderation der Grünen Parteien", 8.12.

GFEP, 1994p: Protokoll der getroffenen Entscheidungen der Woche vom 28.-30.6.1994.

GFEP, 1994q: Protokoll der Fraktionssitzung vom 12.7.

GFEP, 1994r: Protokoll der Fraktionssitzung vom 13.7.

GFEP, 1994s: "Amendments to Platform". Sammlung der Änderungsanträge der EU-Parteien zur Plattform, Wien, Januar.

GFEP, 1994t: "Amendments to agreement on the re-establishment of GGEP", Sammlung der Änderungsanträge der EU-Parteien, Wien, 28.1.

Green Group in the European Parliament (GGEP), 1994: Greens in the European Parliament. A new sense of purpose for Europe, Brüssel.

Green Party, 1987: "The British Green Party general Election Manifesto 1987", in: Mike Feinstein (Hg.), Sixteen weeks with European Greens. Interviews, impressions, platforms and personalities, San Pedro: R&E Miles, S.457-74.

Green Party, 1988: "Proposals to working party on future European Green Co-ordination", 4.1.

Green Party, 1989a: "The Green Party European Election Manifesto 1989".

Green Party, 1989b: Brief an die European Greens, 10.12.

Green Party, 1991: "Maastricht - the Green Party response", Dezember.

Green Party, 1992: "Briefing on the Maastricht treaty", November.

Green Party, 1993: "Green Europe? A green view on european integration".

Green Party USA, 1993: Brief der International Working Group an die grünen Parteien, 20.1.

Green & Radical Parties, 1981: "A common manifesto of the green & radical parties within the European Community. Think globally - Be responsible locally as well", 30.5.

Greens in Parliament Network (GiPN), 1990a: Brief von Ralph Monö an die Parlamentsfraktionen, 14.3.

GiPN, 1990b: Brief von Ralph Monö an die Parlamentsfraktionen, 18.5.

Groupe Arc-en-Ciel, 1986: "Membres", Mitgliederaufstellung, 4.3.

Groupe des Verts au Parlement Européen (GVPE), 1991a: "Les Verts au Parlement Européen", Vademecum, Brüssel.

GVPE, 1991b: "Stratégie politique du groupe pour la 2ième partie de la législature", Strategiepapier v.30.10.

GVPE, 1992: "Les Verts au Parlement européen", 2.Aufl., Brüssel.

Grüne Partei der Schweiz (GPS), 1988: "Ja zu Europa heißt NEIN zum EG-Binnenmarkt". Stellungnahme des GPS-Vorstands v.Herbst.

GPS, 1990: "Für eine Europapolitik auf lange Sicht", Resolution der Delegiertenversammlung der GPS am 21.4.90

GPS, 1991: "Gesamt-Europa statt Rumpf-Europa", Resolution der Delegiertenversammlung der GPS am 14.9.91.

Groen Links, 1989: Program of Groen Links.

Groen Links, 1990: "De Europese integratie op sociaal en ecologisch spoor. Standpunt over de Economische en Montaire Unie (EMU) en de Europese Politieke Unie (EPU)".

Groen Links, 1992a: Oost-Europa in groen perspectief. Werkschrift Polen, Amsterdam.

Groen Links, 1992b: Eastern Europe in Green Perspective. Working Paper Baltic States. Estonia, Latvia, Lithuania, Amsterdam.

Groen Links, 1993a: Eastern Europe in Green Perspective. Working Paper Bulgaria, Amsterdam.

Groen Links, 1993b: The starting points of Green Left policy, Amsterdam.

Groen Links, 1993c: "Amendments from Green Left to: Draft Statutes", Paper für das April-Meeting der European Greens.

Groen Links, 1994a: "Verkiezingsprogramma vor de Tweede Kammer en Europees Parlament 1994-1998", Europawahlprogramm.

Groen Links, 1994b: International News, Nr.2.

Groen Progressief Akkoord, 1984: "Europawahlen 14.Juni 1984.", Programm 84/89 (in der deutschen Übersetzung).

Groen Progressief Akkoord, 1987: "Brief der GPA-Abgeordneten an den GRAEL", 3.9.

Härlin, Benny/Köckner, Michael, 1984: "An die Euro-Gang der GRÜNEN. Ein Zwischenbericht mit dem Arbeitstitel: Berliner Beschlüsse".(Grünes Gedächtnis)

Hautala, Heidi/Haavisto, Pekka, 1992: Brief an die jeweiligen Parlamentsfraktionen, 25.11.

Heinrich, Brigitte, 1986: "Einiges ist in Bewegung gekommen", in: Grüner Basis-Dienst Nr.10, S.7f.

Hugenroth, Hiltrud, 1993: "Europapolitik ist, wenn man's trotzdem macht", in: Punkt Nr.5, S.21-24.

Iraschko, Josef, 1990: Brief an die European Greens, 9.11.

Isler-Beguin, Marie-Anne, 1991: "Bilanz ... Eindrücke ...", Papier v. 1.10. für die Klausurtagung der Fraktion in Luxemburg.

Janssens, Dirk, 1982: "Minutes of the international meeting. Brussels, December 5th".
Janssens, Dirk, 1983a: "Minutes of the meeting of the green parties of Europe, 26.-27.March" (Grünes Gedächtnis)
Janssens, Dirk, 1983b: "Minutes of the meeting of european green parties, Brussels, June 18th".
Janssens, Dirk, 1984: Brief an die Mitgliedsparteien der European Greens, 5.1.
Jonckheer, Pierre, 1992: "L'après Maastricht", Paper für das Meeting der European Greens in Leipzig, Juni.
Jordan, Gerhard, 1991a: "Europa 2001", in: IMPULS Nr.5, S.19
Jordan, Gerhard, 1991b: "Nabelschau und Telefax", in: IMPULS Nr.9, S.18f.
Jordan, Gerhard, 1993: "Spurensuche", in: IMPULS Nr.9, S.30f.
Kelly, Petra, 1979: "Open letter from one of the rare females in ECOROPA", 14.9. (Grünes Gedächtnis).
Kelly, Petra, 1980: "Bericht an den Vorstand der Grünen", Februar (Grünes Gedächtnis)
Konings, Lief, 1993: De samenwerking van de groene politieke partijen in Europa, unveröffentlichte Lizentiatsarbeit, Universität Gent (Belgien).
Kostede, Norbert, 1986: "Internationale Kooperation der Grünen", Brief u.a. an die European Greens, 11.12.
Kostede, Norbert, 1987: "International Cooperation. A reader", Brief an 'Green, alternative and radical parties in Europe', 12.3.
Kuiper, Bart, 1984: Brief an AGALEV, 3.7.
Kvennalistin, o.D.: The icelandic women's alliance. Some important facts.
Lambert, Jean, 1986: "Campaign to dissolve the blocs", Brief an die Mitgliedsparteien der European Greens, Januar.
Lambert, John, 1984: "Technische Fraktion", Internes Papier.
Lambert, John, 1985: "Prioritäten, Methoden, Wirkung - Gedanken zur Bilanz des GRAEL".
Lambert, John, 1986a: "Kommentar zur Rolle und den Aufgaben der Arbeitsgruppen", Arbeitspapier v.8.10.
Lambert, John, 1986b: "Tätigkeitsbericht des ausscheidenden Generalsekretärs (Juli 1984-Dezember 1986)", Bericht vom Dezember.
Lambert, John, 1986c: "Arbeitspapier für die GRAEL-Sitzung vom 16.1.1986", 15.1.
Langer, Alexander, 1989c: "Alexander Langer tritt mit diesem Schreiben als Ko-Präsident der Grünen Fraktion im Europäischen Parlament zurück", 28.11.
v.d.Lek, Bram, 1986: "aux membres et aux collaborateurs du GRAEL", Brief v.11.12.
Les Verts, 1984: "Lettre à tous les partis Verts européens", 17.4. (Grünes Gedächtnis)
Les Verts, 1989: "Les Verts et l'Europe", Europawahlprogramm.
Les Verts, 1992: Resolution des CNIR zu Maastricht, 15.6.
Les Verts, 1994: "Programme politique des Verts pour les élections européennes de juin 1994", Europawahlprogramm.
Lippelt, Helmut, 1993: "Eine Föderation als grüne Europapolitik", in: PUNKT Nr.5, S.14.
Lippelt, Helmut, 1994: "Russlands Wahl, Rußlands Grüne", in: PUNKT Nr.7, S.24f.
Los Verdes, 1989: Brief an die European Greens, 4.5.
Los Verdes, 1990: Brief an die European Greens, 30.6.
Maier, Jürgen, 1987a: "Bericht von der Sitzung der European Greens am 13./14.6.", 8.7.
Maier, Jürgen, 1987b: "Bericht vom dritten International Green Congress Stockholm v. 28.-30.8.1987".
Maier, Jürgen, 1988a: "Proposal to upgrade the European Greens Newsletter and improve communication between subscribing parties", 1.12.
Maier, Jürgen, 1988b: Brief an Petra Kelly, 11.11.
Maier, Jürgen, 1989: "Neue Fraktion gebildet", in: Grüner Basis-Dienst Nr.7, S.3f.
Maier, Jürgen, 1990b: Brief an den Fraktionsvorstand der Grünen im Europaparlament, 17.6.
MDP, 1989: "Ser portugues na Europa, ser europeo no mundo. Declaracao Programàtica do MDP/CDE nos eleicoes para o Parlamento Europeo de Junho de 1989", Europawahlprogramm.
Miljöpartiet de Gröna, 1985: Brief an die European Greens, 6.5.
Miljöpartiet de Gröna, 1993: Ammendments zu den Guiding priciples der European Greens v.25.3.
Monö, Ralph, 1990: Brief an das Co-Secretariat der European Greens, 27.11.

v.Nostitz, Wolfgang, 1986: "Die GRÜNEN im Europäischen Parlament - eine weitere vertane Chance ?", in: Grüner Basis-Dienst Nr.10, S.4-7.

v.Nostitz, Wolfgang, 1988a: ""Binnenmarkt 1992": Staatsgrenzen sind keine grüne Antwort", in: Regenbogenfraktion im EP (GRAEL) (Hg.), Politik im Regenbogen 1. Grün-Alternatives im europäischen Parlament, Brüssel, S.96f.

v.Nostitz, Wolfgang, 1988b: Manifesto für ein neues Europa der GRÜNEN, Mai, München.

Ohne Verfasser, 1981: Protokoll des Treffens der grünen und radikalen Parteien in Straßburg am 15.3.81.

Ohne Verfasser, 1982: "Minutes of the meeting on the 21 of Novembr 1982 with representatives of the Irish Ecology Party, the English Ecology Party, the Dutch PPR, the German Grünen, the Belgian AGALEV and Ecolo". (Privatarchiv Ludo Dierickx).

Os Verdes, 1992: "Resolution of the national Council of "Os Verdes" on the ratification of the Maastricht Treaty", 6.6.

Os Verdes, 1994a: "Amendments to the Platform", Papier für das Wien-Treffen der European Greens.

Os Verdes, 1994b: "Manifesto Eleitoral do Partido Ecologista "Os Verdes" para as eleicoes ao Parlamento Europeo en 12 de Junho de 1994", Europawahlprogramm.

Parkin, Sara, 1984: "The Co-ordination of European greens", Paper für den Annual Report der Ecology Party im Oktober 1984, August (Privatarchiv Sara Parkin).

Parkin, Sara, 1986a: "Subject: Statutes of the European Greens", 23.1. (Privatarchiv Sara Parkin).

Parkin, Sara, 1986b: Annex zum April-Meeting der European Greens, 26.4. (Privatarchiv Sara Parkin).

Parkin, Sara, 1987: Brief an Willy de Bakker, 5.12. (Privatarchiv Sara Parkin).

Parkin, Sara, 1988a: "European Greens organisation working group", 16.2. (Privatarchiv Sara Parkin).

Parkin, Sara, 1988b: Brief an Willy de Bakker, 8.3. (Privatarchiv Sara Parkin)

Parkin, Sara, 1988c: "Notes on the preparation of the European election campaign", Januar (Privatarchiv Sara Parkin).

Parkin, Sara, 1989b: "Report on meetings of the group in the EP", Bericht v.28.7.

Parkin, Sara, 1989c: Notiz v.22.6.

Party of European Socialists (PES), 1992: "Statutory Changes. Proposed amendments to the Statutes as recommended by the Bureau", The Hague, November.

Piermont, Dorothee, 1989: Offener Brief an den Vorstand der GRÜNEN und der Green Group, 22.9.

Porritt, Jonathan, 1982: "Report from international secretary", 6.1. (Privatarchiv Sara Parkin).

Puppe, Peter, 1984: "Bericht vom Treffen der GRÜNEN Verhandlungskommission mit weiteren europäischen Gruppen in Brüssel am 12./13.7.84", 13.7. (Grünes Gedächtnis)

Rainbow group in the EP, 1988: Rainbow politics. Green alternative politics in the European Parliament, Brüssel.

Rawson, Steve, 1990: Brief an die European Greens, 3.5.

Regenbogenfraktion im EP (GRAEL) (Hg.), 1988: Politik im Regenbogen 1. Grün-Alternatives im europäischen Parlament, Brüssel.

Roelants du Vivier, Francois, 1985: "Eine politische Wahl für ECOLO: Sich dem grün-alternativen Bündnis im Europaparlament anschließen oder nicht", Bericht vom Juli.

Roelants du Vivier, Francois, 1987: "Erklärung", abgegeben am 29.Januar.

de Roo, Alexander, 1985: "Schwerpunkt Arbeitsprogramm 2.Hälfte 1985".

de Roo, Alexander, 1988: "Der "Binnenmarkt 1992". Einblicke und Ausblicke", in: Regenbogenfraktion im EP (GRAEL) (Hg.), Politik im Regenbogen 1. Grün-Alternatives im europäischen Parlament, Brüssel, S.86-95.

Rühle, Heide, 1995: "Profil zeigen. Grüne bitten um Kritik", in: Schrägstrich 7-8/95, S.10f.

Schmeissner, Ali, 1985: "Bericht an den BUVO", 17.2. (Grünes Gedächtnis)

Schwalba-Hoth, Frank, 1984: "Tischvorlage zu TOP 3 (Bericht der Europagruppe, kurz) des Tagesordnungsvorschlages zum Bundeshauptausschuß am 15./16.9.84 in Bonn".

Schwalba-Hoth, Frank, 1986a: Brief an die GRAEL-Mitglieder, 17.7.

Schwalba-Hoth, Frank, 1986b: "Das EP nutzen als >>Tribüne der Öffentlichkeit<<", in: Grüner Basis-Dienst Nr.10, S.33-36.

Schwalba-Hoth, Frank, 1987: "Thesenpapier zur Europäischen Gemeinschaft für die GRAEL-Klausur vom 8.-11-9.87".

Schwalba-Hoth, Frank, 1988a: "Rechenschaftsbericht", April (Grünes Gedächtnis)

Schwalba-Hoth, Frank, 1988b: "Demokratie in der EG: Montesquieu würde sich im Grabe umdrehen", in: Regenbogenfraktion im EP (GRAEL) (Hg.), Politik im Regenbogen 1. Grün-Alternatives im europäischen Parlament, Brüssel, S.15-17.

Schwalba-Hoth, Frank, 1988c: Brief an die GRÜNEN, 22.9.

Scottish Green Party, 1989: Brief an die European Greens, 10.12.

Scottish Green Party, 1994: "Europe at the crossroads. European Election Manifesto", Europawahlprogramm, März.

Smith, Kurt/Escudero, Natalia, 1993a: "Minutes of the standing -committee meeting in Mexico-City".

Smith, Kurt/Escudero, Natalia, 1993b: "Meeting in Helsinki of some members and participants of the Steering Committee", 22.6.

Spiegel, Dietmar, 1984: "Die GRÜNEN in Europa", in: Grüner Basis-Dienst Nr.2, S.34f.

Staes, Paul, 1984: "Nota in verband met de fractievorming in het europees parlement", 4.7.

Staes, Paul, 1985a: "Report of the working group on the GPA Issue", 21.3.

Staes, Paul, 1985b: "One year in a crazy European Parliament", handschriftlicher Brief, Juni.

Staes, Paul, 1985c: "Anmerkungen von Paul Staes zum möglichen Beitritt von ECOLO zum GRAEL", Brief v.3.9.

Staes, Paul, 1985d: Handschriftliche Notiz, Juni.

Staes, Paul, 1985e: "Unterredung mit GLEZOS und seinen Parteifreunden von der EDA, die auf ihre Bitte zustande kam", 14.9.

Staes, Paul, 1986: "Vorschläge über die Aussprache über die Bestandsaufnahme im GRAEL", Brief v.15.7.

Staes, Paul, 1987a: "Einige Anmerkungen zur Zukunft der "Europäischen Grünen"", Arbeitspapier, 26.10.

Staes, Paul, 1987b: "Bewertung des Besuchs im Baskenland", Beitrag v.7.4.

Staes, Paul, 1987c: "Sondierungspapier für eine Strategiediskussion des GRAEL für die nächsten zwei Jahre (in Richtung auf die nächsten Jahre)", 6.4.

Staes, Paul, 1987d: "Wahlkampf 1989. Aufzeichnung Nr.2", 16.6.

Staes, Paul, 1990: Brief an das Co-Secretariat der European Greens (handschriftlich), 1.2.

Staes, Paul, 1992: AGALEV in het europees parlement, 14.1.

Standing Committe on European Union Affairs (SCEUA), 1993: Entwurf des 'Agreement', Version vom 30.11.

SCEUA, 1994a: "Agreement on the re-establishment of the GGEP", März.

SCEUA, 1994b: "Green Parties of the European Union. 1994 Election Platform", Plattform zur Europawahl, März.

Steering committee, 1993: "Minutes of the Steering Committee Meeting Mexico City 30-31.Jan. 1993".

Telkämper, Wilfried, 1988: EG-Europa? So nicht! Überlegungen für eine europäische grün-alternative Internationalismus-Politik, Freiburg, Oktober.

Turbayne, David, 1987: Internes Papier (ohne Titel) für die European Greens, 10.9. (Privatarchiv Sara Parkin).

v.Uexküll, Jakob, 1986: "Was heißt hier Europa", in: Grüner Basis-Dienst Nr.10, S.24-28.

v.Uexküll, Jakob, 1988: "Was heißt grüne Europapolitik ?", in: Regenbogenfraktion im EP (GRAEL) (Hg.), Politik im Regenbogen 1. Grün-Alternatives im europäischen Parlament, Brüssel, S.82-84.

Union Européenne Democrate Chretienne (UECD), 1992: "Statuts", Februar.

Verdi Arcobaleno, 1989: "Position du groupe 'Verdi-Arcobaleno", 28.6.

Vihreä Liitto, 1994: "History-and her story", Informationsbroschüre.

Vogt, Roland, 1979: "Bericht an den Vorstand der GRÜNEN", November.

Vogt, Roland, 1982: "List of decisions of the meeting in June". (Privatarchiv Ludo Dierickx).

Willemsen, Bert, 1980: Brief an AGALEV, MEP, ECOLO, Die GRÜNEN, PR und die Ecology-Party, 16.12. (Privatarchiv Sara Parkin)

Willemsen, Bert, 1981: "Discussion-Paper about the organisation", 25.11. (Privatarchiv Sara Parkin)
Winzen, Rudi/Roelants du Vivier, Francois, 1985: "Rapport sur les négociations concernant la formation d'un groupe au parlement européen".
Working group on European Greens Organisation, 1989: "A proposal for a statute", Februar.
Zinkstok, Wout, 1980: "Minutes of the meeting of European ecological and radical parties in Leiden, 10 and 11 October 1980", 14.10. (Privatarchiv Sara Parkin)
Zinkstok, Wout/v.d.Kastelen, Michiel, 1980: "Reaction of the PPR", August. (Privatarchiv Sara Parkin)

Sonstige Literatur

Abélès, Marc, 1992: Le parlement européen, Paris:Hachette.
Aguilar-Fernandez, Susanna, 1994: "The Greens in the 1993 spanish general elections: A chronicle of defeat foretold", in: Environmental Politics, No.1, S.153-58.
Andersen, Uwe/Woyke, Wichard (Hg.), 1985: Handwörterbuch Internationale Organisationen, Opladen:Leske + Budrich.
Anderssen, Svein/Eliassen, Kjek, 1991: "European community lobbying", in: European Journal of Political Research, No.2, S.173-87.
Attinà, Fulvio, 1990: "The voting behaviour of European Parliament members and the problem of the Europarties", in: European Journal of political research, No.4, S.557-79.
Baratta, Mario (Hg.), 1992: Der Fischer Weltalmanach, Frankfurt a.M.:Fischer.
Baratta, Mario/Clauss, Jan U. (Hg.), 1990: Internationale Organisationen. Ein Handbuch, Frankfurt a.M.:Fischer.
Bardi, Luciano, 1992: "Transnational party federations in the European community", in: Richard Katz/Peter Mair (Hg.), Party Organisations in Western Democracies, 1960-1990. A Data handbook, London: Sage, S.930-73.
Bardi, Luciano, 1994: "Transnational Party Federations, European Parliamentary Party Groups, and the Building of Europarties", in: Richard Katz/Peter Mair (Hg.), How parties Organize, London u.a.: Sage Publications, S.357-72.
Barnes, Samuel/Kaase, Max, u.a. (Hg.), 1979: Political action, Beverly Hills.
Battistelli, Fabrizio/Isernia, Pierangelo, 1993: "Europa und die Integrationstheorien. Obsoleszenz oder Wachstumskrise ?", in: Armin v.Bogdany (Hg.), Die Europäische Option, Baden-Baden: Nomos, S.171-98.
Beer, Angelika, 1993: "Außenpolitik in der 2.Bundestagsfraktion der Grünen 1987-1990", in: Hans-Peter Hubert/Bundesarbeitsgemeinschaft Frieden und Internationalismus der Grünen (Hg.), Grüne Außenpolitik. Aspekte einer Debatte, Göttingen:Die Werkstatt, S.19-23.
Bellers,,Jürgen/Häckel,Erwin, 1990: "Theorien internationaler Integration und internationaler Organisationen", in: Volker Rittberger (Hg.), Theorien der internationalen Beziehungen. Bestandsaufnahme und Forschungsperspektiven, Opladen, S.286-310.
Bennahmias, Jean-Luc/Roche, Agnes, 1992: Des Verts de toutes les couleurs. Histoire et sociologie du mouvement écolo, Paris.
Bennulf, Martin, 1995: "Sweden:The rise and fall of Miljöpartiet de gröna", in: Dick Richardson/Chris Rootes (Hg.), The green challenge, London/New York:Routledge, S.128-145.
Beyme, Klaus v., 1984: Parteien in westlichen Demokratien, 2.Aufl., München/Zürich:Piper.
Bogdanor, Vernon, 1989: "Direct elections, representative democracy and European integration", in: Electoral Studies, Nr.3, S.205-16.
Bomberg, Elizabeth, 1992: "The German Greens and the European Community: Dilemmas of a movement-party", in: Environmental politics, Nr.4, S.160-85.
Bonnel, Catherine, 1984: "Pour les Régions Unies d'Europe", in: Combat Nature, No.92, S.28f.
Bowler, Shaun/Farrell, David, 1992: "The Greens at the european level", in: Environmental politics, Nr.1, S.132-36.

Brokl, Lubomir/Mansfeldova, Zdenka, 1993: "Czechoslovakia", in: European Journal of political research, Nr.4, S.397-410.

Braun-Kazantzakis, Peter, 1989: "Leiden am Etsithellismos. Griechenland", in: Michael Franken/ Walter Ohler (Hg.), Natürlich Europa. 1992-Chancen für die Natur ?, Köln: Volksblatt-Verlag, S.31-42.

Buck, Karl, 1986: Die Regenbogenfraktion im Europäischen Parlament, Saarbrücken.

Buck, Karl, 1989: "Europe: The Greens and the Rainbow Group in the European Parliament", in: Ferdinand Müller-Rommel (Hg.), New Politics in Western Europe, Boulder CO: Westview Press, S.167-72.

Budge, Ian u.a.(Hg.), 1987: Ideology, Strategy and Party change: spatial analyses of post-war election programmes in 19 democracies, Cambridge:Cambridge University Press.

Byrne, Paul, 1989: "Great Britain: The "Green Party"", in: Ferdinand Müller-Rommel (Hg.), New Politics in Western Europe. The rise and success of Green Parties and Alternative Lists, Boulder CO: Westview Press, S.101-12.

Carter, Neil, 1994: "The Greens in the 1994 European Parliamentary Elections", in: Environmental Politics, No.3, S.495-502.

Church, Clive, 1995: "Switzerland: Greens in a confederal polity", in: Dick Richardson/Chris Rootes (Hg.), The green challenge, London/New York:Routledge, S.146-167.

Claeys, Paul/Loeb-Mayer, Nicole, 1979: "Trans-European party groupings: Emergence of new and alignment of old Parties in the Light of the Direct Elections to the European Parliament", in: Government and Opposition, Nr.4, S.455-78.

Cole, Alistair/Doherty, Brian, 1995: "France: Pas comme les autres - the French Greens at the crossroads", in: Dick Richardson/Chris Rootes (Hg.), The green challenge, London/New York: Routledge, S.45-65.

Commission of the European Communities, 1992: Central and Eastern Eurobarometer, No.2, Januar.

Commission of the European Communities, 1993: Central and Eastern Eurobarometer, No.3, Februar.

Craig, F.W.S./Mackie, Thomas, 1985: Europe Votes 2. European parliamentary election results 1979-1984, Chichester: Parliamentary Research Services.

Curtice, John, 1989: "The 1989 European Elections: Protest or green tide?", in: Electoral Studies, Nr.3, S.217-30.

Dachs, Herbert, u.a, 1992: Handbuch des politischen Systems Österreichs, 2.Aufl., Wien:Manz.

Dachs, Herbert, 1992: "Grün-alternative Parteien", in: Herbert Dachs, Handbuch des politischen Systems Österreichs, 2.Aufl., Wien:Manz, S.263-74.

Dauses, Manfred/Fugmann, Friedrich, 1995: "Die politisch-institutionelle Stellung des Europäischen Parlaments nach dem Maastricht-Vertrag", in: Aus Politik und Zeitgeschichte, B 3-4, S.24-32.

Demertzis, Nicolas, 1991: The green movement and green party in Greece, Paper für den ECPR-Workshop v.22.-28.3.1991 in Essex.

Demertzis, Nicolas, 1995: "Greens at the periphery", in: Dick Richardson/Chris Rootes (Hg.), The green challenge, London/New York:Routledge, S.193-207.

Deschouwer, Kris, 1989: "The "Ecologists" and "AGALEV"", in: Ferdinand Müller-Rommel (Hg.), New Politics in Western Europe. The rise and success of Green Parties and Alternative Lists, Boulder CO: Westview Press, S.39-54.

Diani, Mario, 1989: "Italy: The "Liste Verdi"", in: Ferdinand Müller-Rommel (Hg.), New Politics in Western Europe. The rise and success of Green Parties and Alternative Lists, Boulder CO: Westview Press, S.113-22.

Die Grünen im Europäischen Parlament (Hg.), 1995: Grüne im Europäischen Parlament. Hoffnungsträger für eine ökologische Wende ?, Frankfurt/Main:Dipa-Verlag.

Dimitras, Panayote, 1990: "The Greek parliamentary election of November 1989", in :Electoral Studies, Nr.2, S.159-63.

Doherty, Brian, 1992: "The Fundi-Realo Controversy: An analysis of four european green parties", in: Environmental politics, Nr.1, S.95-120.

Eichener, Volker/Voelzkow, Helmut (Hg.), 1994: Europäische Integration und verbandliche Interessenvermittlung, Marburg:Metropolis-Verlag.

v.d.Eijk, Cees/Franklin, Mark, 1991: "European Community politics and electoral representation: evidence from the 1989 European Elections Study", in: European Journal of political Research, Nr.19, S.105-25.

Europa 2000. Der Weg zur Europäischen Union, 1991: bearbeitet von Claus D.Grupp, 3.Aufl., Bonn:OMNIA.

Europa 2000. Der Weg zur Europäischen Union, 1993: bearbeitet von Claus D.Grupp, 4.Aufl., Bonn:OMNIA.

Europäische Kommission, 1994: Eurobarometer Nr.41, Juli.

Europäisches Parlament, 1988: Politische Parteien in der EG und die Einigung Europas, Luxemburg: Amt für amtliche Veröffentlichungen der EG.

Europäisches Parlament, 1989: Europa-Wahlgesetze, 2.Aufl., Luxemburg: Amt für amtliche Veröffentlichungen der EG.

Europäisches Parlament (Hg.), 1990: Das Europäische Parlament in der 1.Hälfte seiner Wahlperiode 1989-1994, 2.Aufl., Bonn.

Europäisches Parlament, 1991: Die Parteienfinanzierung in den Mitgliedstaaten der Europäischen Gemeinschaft, 2.Aufl., Luxemburg: Amt für amtliche Veröffentlichungen der EG.

Europäisches Parlament, 1993: Agreement on the european economic area. Backgrounds and contents, Luxemburg.

Europäisches Parlament, 1994: Europawahl 1994. Ergebnisse und gewählte Mitglieder, 2.Ausgabe.

Europees Parlement, 1989: Een parlement in volle ontwikkeling. Europees Parlement 1952-1988, 3.Editie, Luxemburg: Amt für amtliche Veröffentlichungen der EG.

Evans, Gavin, 1993: "Hard Times for the british green party", in: Environmental Politics, Nr.2, S.327-33.

Farrell, David, 1989: Ireland: "The "Green Alliance"", in: Ferdinand Müller-Rommel (Hg.), New Politics in Western Europe. The rise and success of Green Parties and Alternative Lists, Boulder CO: Westview Press, S.123-30.

Featherstone, Kevin, 1979: "Labour in Europe: The work of a national party delegation to the European Parliament", in: Valentine Herman/Rinus v.Schendelen (Hg.), The european parliament and the national parliaments, Westmead: Saxon House, S.81-110.

Feinstein, Mike, 1992a: Sixteen weeks with European Greens. Interviews, impressions, platforms and personalities, San Pedro: R&E Miles.

Feinstein, Mike, 1992b: "Green Parties in Eastern Europe", in: Mike Feinstein (Hg.), Sixteen weeks with European Greens. Interviews, impressions, platforms and personalities, San Pedro: R&E Miles, S.568-71

Feinstein, Mike, 1992c: "European Greens coordination meeting, Brussels, Belgium", in: Mike Feinstein (Hg.), Sixteen weeks with European Greens. Interviews, impressions, platforms and personalities, San Pedro: R&E Miles, S.321-23.

Feinstein, Mike, 1992d: "Eastern Green parties and the European Green Coordination", in: Mike Feinstein (Hg.), Sixteen weeks with European Greens. Interviews, impressions, platforms and personalities, San Pedro: R&E Miles, S.344f.

Feinstein, Mike, 1992e: "Bonn, West Germany. Meeting place for the European Green Coordination. October 27th-28th, 1990", in:Mike Feinstein (Hg.), Sixteen weeks with European Greens. Interviews, impressions, platforms and personalities, San Pedro: R&E Miles, S.340f.

Feinstein, Mike, 1992f: "The first planetary green meeting", in: Mike Feinstein (Hg.), Sixteen weeks with European Greens. Interviews, impressions, platforms and personalities, San Pedro: R&E Miles, S.638f.

Fenner, Christian, 1981: "Die Grenzen einer Europäisierung der Parteien: Europa kann man nicht wählen", in: Politische Vierteljahresschrift, Heft 1, S.26-44.

Finger, Matthias/Hug, Simon, 1992: "Green Politics in Switzerland", in: European Journal of political research Nr.3, S.289-306.

Fitzmaurice, John, 1975: The party groups in the European Parliament, Westmead:Saxon House.

Florizoone, Patrick, 1985: De Groenen (Ideeen, Bewegingen en Partijen), Deurne:Kluwer.

Franken, Michael/Ohler, Walter (Hg.), 1989: Natürlich Europa. 1992-Chancen für die Natur ?, Köln: Volksblatt-Verlag.

Frankland, Erich G., 1994: Green Revolutions?: The role of green parties in Eastern Europe's Transition, 1989-1994, unveröffentlichtes Paper für die International Conference of Europeanists v. 31.3.-2.4.1994.

Frankland, Erich G., 1995: "Germany: The rise, fall and recovery of Die Grünen", in: Dick Richardson/Chris Rootes (Hg.), The green challenge, London/New York:Routledge, S.23-44.

Frankland, Erich G./Schoonmaker, Donald, 1992: Between Protest and Power. The green party in Germany, Boulder u.a.:Westview Press.

Franklin, Mark/Rüdig, Wolfgang, 1991: The Greening of Europe: Ecological voting in the 1989 European Elections. Strathclyde papers on Government and politics (82).

Gabel, Matthew/Palmer, Harvey, 1995: "Understanding variation in public support for European Integration", in: European Journal of political research, Nr.1, S.3-19.

Geiss, Harald, 1985: "Kommunistische "Weltbewegung"", in: Uwe Andersen/Wichard Woyke (Hg.), Handwörterbuch Internationale Organisationen, Opladen:Leske + Budrich, S.316f.

Gerber, Jürgen, 1992: "Georgien nach den Parlamentswahlen - Hürden auf dem Weg zum Neubeginn", in: Aktuelle Analysen des Bundesinstituts für ostwissenschaftliche und internationale Studien, Nr.56.

Gresch, Norbert, 1976: "Die supranationalen Fraktionen im Europäischen Parlament", in: Zeitschrift für Parlamentsfragen, Heft 2, S.190-209.

Gresch, Norbert, 1978: Transnationale Parteienzusammenarbeit in der EG, Baden-Baden: Nomos-Verlag.

Haas, Ernst, 1958: The Uniting or Europe, Stanford: Stanford University Press.

Hacke, Christian, 1985: "Christlich-Demokratische Weltunion (CDWU)", in: Uwe Andersen/ Wichard Woyke (Hg.), Handwörterbuch Internationale Organisationen, Opladen:Leske + Budrich, S.289-92.

Haerpfer, Christian, 1989: Austria: "The "United Greens" and the "Alternative List/Green Alternative"", in: Ferdinand Müller-Rommel (Hg.), New Politics in Western Europe. The rise and success of Green Parties and Alternative Lists, Boulder CO: Westview Press, S.23-38.

Halbach, Uwe, 1994: "Kooperation am Schwarzen Meer", in: Aktuelle Analysen des Bundesinstituts für ostwissenschaftliche und internationale Studien, Nr.5, S.1-6.

Hampele, Anne, 1991: "Die Grünen/Bündnis 90 - BürgerInnenbewegung", in: Helmut Müller-Enbergs u.a. (Hg.), Von der Illegalität ins Parlament. Werdegang und Konzept der neuen Bürgerbewegungen, Berlin:LinksDruck Verlag, S.307-41.

Hearl, Derek, 1994: "Luxembourg", in: Electoral Studies, Nr.4, S.349-57.

Hellemans, Staf/Kitschelt, Herbert, 1990: "AGALEV en ECOLO als links-libertaire Partijen. Of de partijpolitieke vertaling van een nieuwe breuklijn", in: Res Publica, Nr.1, S.89-94.

Henschel, Thomas, 1992: "Die europäischen Parteienzusammenschlüsse", in: Werner Weidenfeld/Wolfgang Wessels (Hg.), Jahrbuch der europäischen Integration 1990/91, Bonn:Europa Union Verlag, S.259-65.

Henschel, Thomas, 1993: "Die europäischen Parteienzusammenschlüsse", in: Werner Weidenfeld/Wolfgang Wessels (Hg.), Jahrbuch der europäischen Integration 1992/93, Bonn:Europa Union Verlag S.261-66.

Henschel, Thomas, 1994: Die europäischen Parteienzusammenschlüsse, in: Werner Weidenfeld/Wolfgang Wessels (Hg.), Jahrbuch der europäischen Integration 1993/94, Bonn:Europa Union Verlag, S.273-78.

Herman, Valentine/v.Schendelen, Rinus (Hg.), 1979: The european parliament and the national parliaments, Westmead: Saxon House.

Hine, David, 1993: Governing Italy. The politics of bargained pluralism, Oxford:Clavendon Press.

Holmes, Rosemary/Kenny, Michael, 1994: "The Electoral breakthrough of the Irish Greens ?", in: Environmental Politics, No.4, S.218-25.

Hrbek, Rudolf, 1976a: "Eine neue politische Infrastruktur? Zum Problem transnationaler Kooperation und Koalition politischer Parteien in der EG", in: Institut für Europäische Politik (Hg.), Die Zusammenarbeit der Parteien in Westeuropa. Auf dem Weg zu einer neuen politischen Infrastruktur?, Bonn, S.341-402.

Hrbek, Rudolf, 1976b: "Parteibünde: Unterbau der EP-Fraktionen und unverzichtbares Element einer funktionsfähigen Infrastruktur der EG. Entwicklungsstand, Probleme und Perspektiven", in: Zeitschrift für Parlamentsfragen Heft 2, S.179-90.

Hrbek, Rudolf, 1978: "Parteibünde in der Europäischen Gemeinschaft auf dem Weg zu programmatischem Profil", in: Europa-Archiv, Folge 10, S. 299-310.

Hrbek, Rudolf, 1979: "Eurokommunismus und EG", in: Pawelka, Peter/Wehling, Hans-Georg (Hg.), Eurokommunismus und die Zukunft des Westens, Heidelberg/Hamburg: UTB.

Hrbek, Rudolf, 1980ff.: "Die europäischen Parteienzusammenschlüsse", in: Werner Weidenfeld/Wolfgang Wessels (Hg.), Jahrbuch der europäischen Integration, Bonn:Europa Union Verlag.

Hrbek, Rudolf, 1985: "Liberale Internationale (LI)", in: Uwe Andersen/Wichard Woyke (Hg.), Handwörterbuch Internationale Organisationen, Opladen:Leske + Budrich, S.318f.

Hrbek, Rudolf, 1987: "30 Jahre Römische Verträge. Eine Bilanz der EG-Integration", in: Aus Politik und Zeitgeschichte B18, S.17-33.

Hrbek, Rudolf/Schweitzer, Carl-Christoph, 1989: Die deutschen Europa-Parlamentarier. Ergebnisse einer Befragung der deutschen Mitglieder des Europäischen Parlaments, in: Aus Politik und Zeitgeschichte, B 3, S.3-18.

Hubert, Hans-Peter/Bundesarbeitsgemeinschaft Frieden und Internationalismus der Grünen (Hg.), 1993: Grüne Außenpolitik. Aspekte einer Debatte, Göttingen:Die Werkstatt.

Van Hüllen, Rudolf, 1990: Ideologie und Machtkampf bei den Grünen, Bonn: Bouvier-Verlag.

Inglehart, Ronald, 1970: "Public Opinion and regional integration", in: International Organization, Nr.4, S.764-79.

Inglehart, Ronald, 1977: The silent revolution, Princeton.

Institut für Europäische Politik (Hg.), 1976: Die Zusammenarbeit der Parteien in Westeuropa. Auf dem Weg zu einer neuen politischen Infrastruktur?, Bonn: Europa Union Verlag.

Institut für Europäische Politik (Hg.), 1977: Die europäischen Parteien. Strukturen, Personen, Programme, Bonn: Europa Union Verlag.

Institut für Europäische Politik (Hg.), 1981: Die erste Direktwahl des Europäischen Parlaments. Motive, Wahlkampf, Resultate und Perspektiven, Bonn: Europa-Union Verlag.

Institut für Europäische Politik/Landeszentrale für politische Bildung Nordrhein-Westfalen (Hg.), 1989: Europawahl 1989 - Das Europäische Parlament im Spiegel der deutschen und internationalen Diskussion, Bonn: Europa-Union Verlag.

Jacobs, Francis, 1989: Western European political parties. A comprehensive guide, Harlow: Longman Group.

Jacobs, Francis/Corbett, Richard, 1990: The European Parliament, Harlow:Longman Group.

Jansen, Thomas, 1988: "Die Europäische Union Christlicher Demokraten 1987 - vierzig Jahre nach ihrer Gründung", in: Philipp Jenninger (Hg.), Unverdrossen für Europa, Baden-Baden: Nomos-Verlag, S.147-58.

Jansen, Thomas, 1992: "Zur Entwicklung supranationaler Parteien", in: Oscar Gabriel u.a.(Hg.), Der demokratische Verfassungsstaat, München:Oldenbourg, S. 241-56.

Jehlicka, Peter/Kostelecky, Tomas, 1992: "The development of the Czecoslovak green party since the 1990 elections", in: Environmental Politics, Nr. 1, S.72-94.

Jehlicka, Peter/Kostelecky, Tomas, 1995: "Czechoslovakia: Greens in a post-communist society", in: Dick Richardson/Chris Rootes (Hg.), The green challenge, London/New York:Routledge, S.208-231.

Jordan, Carlo, 1991: "Greenway 1989-90. The foundation of the East European green parties", in: Sara Parkin (Hg.), Green Light on Europe, London:Heretic Books, S.76-83.

Jordan, Gerhard, 1990: "Die Grünen in Osteuropa", in: Ost-West-Gegeninformationen, Nr.4, S.33-36.

Jüttner, Alfred/Liese, Hans-J., 1977: Taschenbuch der Europäischen Parteien und Wahlen, München: Olzog Verlag.

Jurtschitsch, Erwin, u.a. (Hg.), 1986: Grünes und alternatives Jahrbuch 1986/87. Strategien der Grünen und ökologische Krise, Berlin:Elefanten-Press.

Kaase, Max, 1983: "Sinn oder Unsinn des Konzepts "Politische Kultur" für die Vergleichende Politikforschung, oder auch: Der Versuch, einen Pudding an die Wand zu nageln", in: Max Kaase/Hans-Dieter Klingemann (Hg.), Wahlen und Politisches System, Opladen: Westdeutscher Verlag, S.145-71.

Karnofsky, Eva-Rose, 1982: Parteienbünde vor der Europa-Wahl 1979. Integration durch gemeinsame Wahlaussagen ?, Bonn: Europa Union Verlag.

Katz, Richard/Mair, Peter, 1992b (Hg.): Party Organisations in Western Democracies, 1960-1990. A Data handbook, London: Sage.

Keohane, Robert/Nye, Joseph, 1972: "Transnational relations and world politics: an introduction ", in: Robert Keohane/Joseph Nye (Hg.), Transnational relations and world politics, Cambridge/Mass.: Cambridge University Press, S.IX-XXIX.

Kerr, Henry, 1973: "Changing attitudes through international participation: European parliamentarians and integration", in: International Organization, Nr.1, S.45-83.

Kireev, Arkadij, 1992: "Das System der politischen Parteien in der Ukraine: Von der Trennung zum Zusammenschluß", in: Aktuelle Analysen des Bundesinstituts für ostwissenschaftliche und internationale Studien, Nr.52.

Kitschelt, Herbert, 1988: "Left-libertarian parties: Explaining innovation in competitive party systems", in: World Politics, Nr.4, S.194-234.

Kitschelt, Herbert, 1989: The logics of party formation. Ecological politics in Belgium and West Germany, Ithaca/London: Cornell University Press.

Kitschelt, Herbert/Hellemans, Staf, 1990: Beyond the European Left. Ideology and Action in the Belgian Parties, Durham N.C.: Duke University Press.

Klee-Kruse, Gudrun, 1992: Öffentliche Parteienfinanzierung in westlichen Demokratien. Schweden und Österreich: Ein Vergleich, Frankfurt/Main u.a.:Peter Lang.

Kleinert, Hubert, 1992: Vom Protest zur Regierungspartei. Die Geschichte der GRÜNEN, Frankfurt/Main:Eichhorn.

Knopp, Eberhard, 1992: Die Sozialistische Internationale. Herkunft, Aufbau und Ziele einer transnationalen Parteiorganisation, Diss., Universität Heidelberg.

Koelble, Thomas, 1989: Luxembourg: "The "Greng Alternative"", in: Ferdinand Müller-Rommel (Hg.), New Politics in Western Europe. The rise and success of Green Parties and Alternative Lists, Boulder CO: Westview Press, S.131-38.

Kohler, Beate, 1978: "Der Abgeordnete als Vertreter des europäischen Volkes? Die Demokratietheorie vor der Bewährungsprobe", in: Europarecht, Heft 4, S.333-50.

Kohler-Koch, Beate, 1985: "Internationale Demokratische Union (IDU)", in: Uwe Andersen/Wichard Woyke (Hg.), Handwörterbuch Internationaler Organisationen, Opladen:Leske + Budrich, S.302.

Kohler-Koch, Beate, 1992: "Interessen und Integration. Die Rolle organisierter Interessen im westeuropäischen Integrationsprozeß", in: Michael Kreile (Hg.), Die Integration Europas, Opladen:Westdeutscher Verlag, S.81-119.

Kommission der Europäischen Gemeinschaften, 1991: Eurobarometer. Trends 1974-1990, Brüssel.

Kretschmer, Gerald, 1992: Fraktionen. Parteien im Parlament, 2.Aufl., Heidelberg: Decker&Müller.

Kühnel, Wolfgang/Sallmon-Metzner, Carole, 1991: "Grüne Partei und Grüne Liga", in: Helmut Müller-Enbergs u.a. (Hg.), Von der Illegalität ins Parlament. Werdegang und Konzept der neuen Bürgerbewegungen, Berlin:LinksDruck Verlag, S.166-220.

Kuper, Ernst, 1991: "Transnationale Versammlung und nationales Parlament. Einige Überlegungen zu Funktion und Leistung des Parlamentarismus in den internationalen Beziehungen", in: Zeitschrift für Parlamentsfragen, Heft 4, S.620-38.

Ladner, Andreas, 1989: "Switzerland: The "Green" and "Alternative" parties", in: Ferdinand Müller-Rommel (Hg.), New Politics in Western Europe. The rise and success of Green Parties and Alternative Lists, Boulder CO: Westview Press, S.155-65.

Lambert, Jean, 1991: The impact of the green group in the European Parliament, Paper für den ECPR-Workshop v.22.-28.3.1991 in Essex..

Langer, Alexander, 1989a: "Ach, diese Grünen", in: KOMMUNE, Nr.6, S.20.

Langer, Alexander, 1989b: "Panellate oder Blutspender für Europa ?", in: KOMMUNE, Nr.7, S.20.

Langer, Alexander, 1993: "Le mouvement vert en Italie. Evolution, enracinement, thèmes, influence", in: Peuples méditerranéens, No.62-63, S.279-99.

Lawson, Kay/Merkl, Peter (Hg.), 1988: When Parties fail. Emerging alternative Organizations, Princeton.

Leonhardt, Holm, 1984: "Zur Europapolitik der Grünen", in: Zeitschrift für Politik, Nr.2, S.193-204.

Lijphardt, Arend, 1977: Democracy in plural societies: A comparative exploration, New Haven/London:Yale University Press.

Lijphardt, Arend, 1984: Democracies. Patterns of majoritarian and consensus government in twenty-one countries, New Haven/London: Yale University Press.

Lodge, Juliet (Hg.), 1986: Direct Elections to the European Parliament 1984, Houndmills u.a.:MacMillan Press.

Lucardie, Paul, u.a., 1993: "Different shades of greens: A comparison between members of Groen Links and De Groenen", in: Environmental Politics, No.1, S.40-62.

Lucardie, Paul, 1995: "General Elections in the Netherlands, May 1994: The triumph of grey liberalism", in: Environmental Politics, No.1, S.119-123.

Mackie, Thomas, 1990: Europe Votes 3. European parliamentary election results 1989, Aldershot u.a.:Dartmouth.

Mackie, Thomas, 1993: "United Kingdom", in:European Journal of political research, Nr.4, S.555-62.

Mackie, Thomas/Rose, Richard, 1991: The international almanac of electoral history, 3. Aufl., London: MacMillan.

Maier, Jürgen, 1992: "Europe of Regions or European Superstate-Greens at the Crossroads", in: Mike Feinstein (Hg.), Sixteen weeks with European Greens. Interviews, impressions, platforms and personalities, San Pedro: R&E Miles, S.384-87.

Mair, Peter, 1991: "The electoral universe of small parties in Western Europe", in: Ferdinand Müller-Rommel/Geoffrey Pridham (Hg.), Small parties in Western Europe. Comparative and national perspectives, London u.a.: Sage publications, S.41-70.

Marsh, Michael, 1993: "Ireland", in: European Journal of political research, Nr.4, S.455-66.

Michels, Robert, 1970: Zur Soziologie des Parteiwesens in der modernen Demokratie, 2.Aufl., Stuttgart:Kröner.

Mintzel, Alf/Schmitt, Hermann, 1981: "Krise der Parteiendemokratie ? Zu Funktionen, Leistungen und Defiziten der Parteien in der parlamentarischen Demokratie", in: Politische Bildung, Nr.2, S.3-16.

Mortimore, Roger, 1994: "Great Britain", in: Electoral Studies Nr.4, S.341-43.

Müller-Enbergs, Helmut u.a.(Hg.), 1991: Von der Illegalität ins Parlament. Werdegang und Konzept der neuen Bürgerbewegungen, Berlin:LinksDruck Verlag.

Müller-Rommel, Ferdinand, 1982a: "Parteien neuen Typs" in Westeuropa: Eine vergleichende Analyse", in: Zeitschrift für Parlamentsfragen, Heft 3, S.369-90.

Müller-Rommel, Ferdinand, 1982b: "Ecology Parties in Western Europe", in: West European Politics, No.1, S.68-74.

Müller-Rommel, Ferdinand, 1985a: "Das grün-alternative Parteienbündnis im Europäischen Parlament: Perspektiven eines neuen Phänomens", in: Zeitschrift für Parlamentsfragen, Heft 3, S.391-404.

Müller-Rommel, Ferdinand, 1985b: "The Greens in Western Europe. Similar but different", in: International Political Science Review, No.4, S.483-499.

Müller-Rommel, Ferdinand, 1985c: "New social movements and smaller parties: a comparative perspective", in: West European Politics, No.8, S.41-54.

Müller-Rommel, Ferdinand (Hg.), 1989a: New Politics in Western Europe. The rise and success of Green Parties and Alternative Lists, Boulder CO: Westview Press.

Müller-Rommel, Ferdinand, 1989b: "Green Parties and Alternative Lists under cross-national perspective", in: Ferdinand Müller-Rommel (Hg.), New Politics in Western Europe, Boulder CO: Westview Press, S.5-22.

Müller-Rommel, Ferdinand, 1990: "New Political Movements and "New Politics" Parties in Western Europe", in: Dalton, Russell/Kuechler, Manfred (Hg.), Challenging the political order. New social and political movements in Western Democracies, Cambridge: Polity Press, S.209-31.

Müller-Rommel, Ferdinand, 1992: "Erfolgsbedingungen Grüner Parteien in Westeuropa", in: Politische Vierteljahresschrift, Heft 2, S.189-218.

Müller-Rommel, Ferdinand, 1993: Grüne Parteien in Westeuropa, Opladen:Westdeutscher Verlag.

Müller-Rommel, Ferdinand/Poguntke, Thomas, 1989: "The unharmonious Family: Green Parties in Western Europe", in: Kolinsky, Eva (Hg.), The Greens in West Germany: Organisation and policy making, S.11-30.

Müller-Rommel, Ferdinand/Pridham, Geoffrey (Hg.), 1991: Small parties in Western Europe. Comparative and national perspectives, London u.a.: Sage publications.

Mujal-Leon/Nilsson, Ann-Sofie, 1995: Die Sozialistische Internationale in den 80er Jahren, Paderborn u.a.:Schöningh.

Niedermayer, Oskar, 1983: Europäische Parteien? Zur grenzüberschreitenden Interaktion politischer Parteien im Rahmen der EG, Frankfurt/New York:Campus.

Niedermayer, Oskar, 1984: "Die Entwicklung der europäischen Parteienbünde", in: Zeitschrift für Parlamentsfragen, Heft 3, S.359-67.

Niedermayer, Oskar, 1985: "Zehn Jahre Europäische Parteienbünde: Kein Integrationsschub", in: Integration, Heft 4, S.174-81.

Niedermayer, Oskar, 1989: "Die Europawahlen 1989: Eine international vergleichende Analyse", in: Zeitschrift für Parlamentsfragen, Nr.4, S.469-487.

Niedermayer, Oskar, 1996: "Europäische Parteienzusammenschlüsse", in: Beate Kohler-Koch/Wichard Woyke (Hg.), Die Europäische Union, Verlag C.H.Beck: München, S.84-90.

Paastela, Sukka, 1989: "Finland: The "Vihreät"", in: Ferdinand Müller-Rommel (Hg.), New Politics in Western Europe. The rise and success of Green Parties and Alternative Lists, Boulder CO: Westview Press, S.81-86.

Paleakis, Justas, 1992: "Die Parteienlandschaft in Litauen vor der Wahl", in: Aktuelle Analysen des Bundesinstituts für ostwissenschaftliche und internationale Studien, Nr.50.

Panebianco, Angelo, 1988: "The italian radicals: New wine in an old bottle", in: Kay Lawson/Peter Merkl (Hg.), When Parties fail. Emerging alternative Organizations, Princeton, S.111-136.

Parkin, Sara, 1989a: Green Parties. An International guide, London:Heretic Books.

Parkin, Sara, 1991 (Hg.): Green light on Europe, London:Heretic Books.

Parkin, Sara, 1992: "Going green. A report on the 1989 European Parliamentary elections", in: Mike Feinstein (Hg.), Sixteen weeks with European Greens. Interviews, impressions, platforms and personalities, San Pedro: R&E Miles, S.329f.

Pawelka, Peter, 1979: "Transnationale Parteiensysteme und Eurokommunismus", in: Pawelka, Peter/Wehling, Hans-Georg (Hg.), Eurokommunismus und die Zukunft des Westens, Heidelberg/Hamburg: UTB, S.19-56.

Piepenschneider, Melanie, 1991: "Die europäischen Parteienzusammenschlüsse", in: Werner Weidenfeld/Wolfgang Wessels (Hg.), Jahrbuch der Europäischen Integration 1990/91, Bonn:Europa Union Verlag, S.253-59.

Pilat, J.F., 1982: "Democracy or discontent? Ecologists in the European electoral arena", in: Government and opposition, No.17, S.222-33.

Pohla, Vello, 1991: "The east european Greens and the european model", in: Sara Parkin (Hg.), Green Light on Europe, London:Heretic Books, S.352-58.

Poguntke, Thomas, 1987a: "Grün-Alternative Parteien: Eine neue Farbe in westlichen Parteiensystemen", in: Zeitschrift für Parlamentsfragen, Heft 3, S.368-82.

Poguntke, Thomas, 1987b: "New Politics and Party Systems: The Emergence of a New Type of party?", in: West European Politics, No.1, S.76-88.

Poguntke, Thomas, 1989: "The "New Politics Dimension" in European Green Parties", in: Ferdinand Müller-Rommel (Hg.), New Politics in Western Europe, Boulder CO: Westview Press, S.175-94.

Prendiville, Brendan, 1992: "The french Greens. Inside Out", in: Environmental Politics, No.2, S.283-87.

Pridham, Geoffrey, 1975: "Transnational party groups in the European Parliament", in: Journal of common market studies, Nr.3, S.266-79.

Pridham, Geoffrey/Pridham, Pippa, 1979a: "Transnational Parties in the European Community I: The party groups in the European Parliament", in: Stanley Henig (Hg.), Political parties in the European Community, London: George Allen & Unwin, S.245-77.

Pridham, Geoffrey/Pridham, Pippa, 1979b: "Transnational Parties in the European Community II: The development of European party federations", in: Stanley Henig (Hg.), Political parties in the European Community, London: George Allen & Unwin, S.278-98.

Pridham, Geoffrey/Pridham, Pippa, 1981: Transnational Party Co-operation and European Integration. The process towards direct elections, London: Allen & Unwin.

Raschke, Joachim, 1993: Die Grünen. Wie sie wurden, was sie sind, Köln:Bund-Verlag.

Reif, Karl-Heinz, 1977: "Die Rolle der politischen Parteien in der künftigen Verfassung der Europäischen Union", in: Zapf, Wolfgang (Hg.), Probleme der Modernisierungspolitik, Meisenheim: Verlag Anton Hain, S.88-101.

Reif, Karl-Heinz u.a., 1980a: "Die Rolle der mittleren Führungsschicht der politischen Parteien in den EG-Parteiföderationen", in: Thomas Ellwein (Hg.), Politikfeldanalysen 1979, Opladen: Westdeutscher Verlag, S.204-27.

Reif, Karl-Heinz u.a., 1980b: "National political parties' middle level elites and European Integration", in: European Journal of Political Research, Nr.1, S.91-112.

Reth, Isabel, 1989: "Umweltschutz - Opfer auf dem Altar des Gigantismus. Spanien", in: Michael Franken/Walter Ohler (Hg.), Natürlich Europa. 1992-Chancen für die Natur ?, Köln: Volksblatt-Verlag, S.117-30.

Richardson, Dick/Rootes, Chris (Hg.), 1995: The Green Challenge. The development of Green parties in Europe, London/New York:Routledge.

Rhodes, Martin, 1992: "Piazza or Palazzo? The italian Greens and the 1992 Elections", in: Environmental Politics, Nr.3, S.437-42.

Rhodes, Martin, 1995: "Italy: Greens in an overcrowded political system", in: Dick Richardson/Chris Rootes (Hg.), The green challenge, London/New York:Routledge, S.168-192.

Rihoux, Benoît, 1993: Emergence et developpement des deux partis ecologistes belges: ECOLO et AGALEV, Barcelona.

Rihoux, Benoît, 1995: Belgium: "Greens in a divided society", in: Dick Richardson/Chris Rootes (Hg.), The green challenge, London/New York:Routledge, S.91-108.

Rootes, Chris, 1995a: "Britain: Greens in a cold climate", in: Dick Richardson/Chris Rootes (Hg.), The green challenge, London/New York:Routledge, S.66-90.

Rootes, Chris, 1995b: "Postscript. Greens in the June 1994 elections to the European Parliament", in: Dick Richardson/Chris Rootes (Hg.), The green challenge, London/New York:Routledge, S.253-55.

Rüdig, Wolfgang, 1985a: "The Greens in Europe: Ecological Parties and the European Elections of 1984", in: Parliamentary Affairs, No.1, S.56-72.

Rüdig, Wolfgang, 1985b: "Die Grüne Welle. Zur Entwicklung ökologischer Parteien in Europa", in: Aus Politik und Zeitgeschichte, B45, S.3-18.

Rüdig, Wolfgang, 1985c: The dutch and the french greens in the European Elections 1984: Case studies in experimental politics, unpublished paper, University of Manchester.

Rüdig, Wolfgang, 1989: The green wave. A comparative analysis of ecological parties, Cambridge: Philipp D.Lowe.

Rüdig, Wolfgang (Hg.), 1990: Green Politics, No.1, Edinburgh: Edinburgh University press.

Rüdig, Wolfgang (Hg.), 1991a: Green Politics, No.2, Edinburgh: Edinburgh University press.

Rüdig, Wolfgang, 1991b: The future of the Greens, unpublished paper, Glasgow.

Rüdig, Wolfgang, 1991c: "Editorial", in: Wolfgang Rüdig (Hg.), Green Politics, No.2, Edinburgh: Edinburgh University press, S.1-8.

Rüdig, Wolfgang, 1991d: "Comparing green parties", in: W.Rüdig (Hg.), Green Politics, No.2, Edinburgh: Edinburgh University press, S.185-98.

Rutschke, Gabriele, 1986: Die Mitwirkung der Fraktionen bei der parlamentarischen Willensbildung im Europäischen Parlament im Vergleich zu den Parlamenten der Mitgliedstaaten, Frankfurt/M. u.a.:Peter Lang.

Sainteny, Guillaume, 1991: Les Verts, Paris.

Saint-Ouen, Francois, 1990: Les parties politiques et l'Europe. Une approche comparative, Paris.

Sartori, Giovanni, 1976: Parties and party systems: A framework for analysis, Cambridge, Mass.

Schierholz, Henning, 1993: "Grüne Außenpolitik in der 10.Wahlperiode des deutschen Bundestages 1983-1987", in: Hans-Peter Hubert/Bundesarbeitsgemeinschaft Frieden und Internationalismus der Grünen (Hg.), Grüne Außenpolitik. Aspekte einer Debatte, Göttingen:Die Werkstatt, S.15-18.

Scheuer, Thomas, 1989: "Tanz auf dem Regenbogen. Der GRAEL im Europaparlament", in: Michael Franken/ Walter Ohler, Natürlich Europa, S.185-98.

Schmitt, Hermann/Niedermayer, Oskar, 1979: "Die mittlere Führungsschicht der SPD und die westeuropäische Integration", in: Die Neue Gesellschaft, Nr.6, S.484-87.

Schmuck, Otto, 1991: "Europäische Parteienzusammenschlüsse", in: Werner Weidenfeld/Wolfgang Wessels (Hg.), Europa von A-Z, Bonn, S.153-57

Schmuck, Otto, 1992: "Der Maastrichter Vertrag zur Europäischen Union. Fortschritt und Ausdifferenzierung der Europäischen Einigung", in: Europa-Archiv, Folge 4, S.97-106.

Schüttemeyer, Susanne, 1989: "Denmark: "De Gronne"", in: Ferdinand Müller-Rommel (Hg.), New Politics in Western Europe. The rise and success of Green Parties and Alternative Lists, Boulder CO: Westview Press, S.55-60.

Schwalba-Hoth, Frank, 1989: "1992 droht ein ökologisches und soziales Dumping", in: Michael Franken/ Walter Ohler, Natürlich Europa, Köln: Volksblatt-Verlag, S.199-208.

Seidelmann, Reimund, 1985: "Sozialistische Internationale", in: Uwe Andersen/Wichard Woyke (Hg.), Handwörterbuch Internationale Organisationen, Opladen:Leske + Budrich, S.320-23.

Seider, Rainer, 1990: Die Zusammenarbeit von deutschen Mitgliedern des Europaparlamentes und des Deutschen Bundestages und ihr Beitrag zum Abbau des parlamentarischen Defizits in der Europäischen Gemeinschaft, Diss., Bonn.

Sidjanski, Dusan, 1979 (Hg.): Les partis politiques et les élections européennes, Genf: Institut universitaire d'études européennes.

Sidjanski, Dusan, 1988: "The Swiss elections of 1987", in :Electoral Studies No.2, S.163-78.

Smith, Gordon, 1991: "In search of small parties: Problems of definition, classification and significance", in: Ferdinand Müller-Rommel/Geoffrey Pridham (Hg.), Small parties in Western Europe. Comparative and national perspectives, London u.a.: Sage publications, S.23-40.

Sorensen, C.L., 1979: "Danish political parties and the European elections", in: Dusan Sidjanski (Hg.), Les partis politiques et les élections européennes, Genf: Institut universitaire d'études européennes, S.172-91.

Stammen, Theo, 1978: Parteien in Europa, 2.Aufl., München: C.H.Beck

Stock, Marie José, 1991: The portuguese greens: Growing pains or compromised future? Paper für den ECPR-Workshop v.22.-28.3.1991 in Essex.

Stuth, Reinhard, 1985: "Europäische Fundamentalopposition. GRÜNE und Regenbogen im Europa-Parlament", in: Sonde Nr.1, 80-87.

Tegyey, Gabor, u.a., 1989: "Le programme électoral des partis européens", in: Objectif Europe, No.2, S.8-15.

Telkämper, Wilfried, 1993: "Bestandsaufnahme - nach fast zehn Jahren - Grüner Außenpolitik im Europäischen Parlament", in: Hans-Peter Hubert/Bundesarbeitsgemeinschaft Frieden und Internationalismus der Grünen (Hg.), Grüne Außenpolitik. Aspekte einer Debatte, Göttingen:Die Werkstatt, S.29-38.

Tsatsos, Dimitris (Hg.), 1992: Parteienfinanzierung im europäischen Vergleich, Baden-Baden: Nomos.

Vedung, Evert, 1989: "The "Miljöpartiet de Gröna"", in: Ferdinand Müller-Rommel (Hg.), New Politics in Western Europe. The rise and success of Green Parties and Alternative Lists, Boulder CO: Westview Press, S.139-54.

Voerman, Gerrit, 1991: Losing colours. Communists, pacifist-socialists and radicals turning green. Paper für den ECPR-Workshop v.22.-28.3.1991 in Essex.

Voerman, Gerrit, 1995: "The Netherlands: Losing colours, turning green", in: Dick Richardson/Chris Rootes (Hg.), The green challenge, London/New York:Routledge, S.109-127.

Voigt, Rüdiger, 1989: "Europäischer Regionalismus und föderalistische Staatsstrukturen. Grundlagen - Erscheinungsformen - Zukunftsperspektiven", in: Aus Politik und Zeitgeschichte, B 3, S.19-29.

Waschkuhn, Arno, 1994: Politisches System Liechtensteins: Kontinuität und Wandel, Vaduz: Verlag der Liechtensteinischen Akadamischen Gesellschaft.

Weidenfeld, Werner/Wessels, Wolfgang (Hg.), 1980ff.: Jahrbuch der europäischen Integration, Bonn:Europa Union Verlag.

Welz, Christian/Engel, Christian, 1993: "Traditionsbestände politikwissenschaftlicher Integrationstheorien: Die Europäische Gemeinschaft im Spannungsfeld von Integration und Kooperation", in: Armin v.Bogdany (Hg.), Die Europäische Option, Baden-Baden: Nomos, S.129-70.

Wessels, Wolfgang, 1992: "Maastricht: Ergebnisse, Bewertungen und Langzeittrends", in: Integration, Heft 1, S.2-15.

Wessels, Wolfgang, 1993: "Die Europapolitik in der wissenschaftlichen Debatte", in: Werner Weidenfeld/Wolfgang Wessels (Hg.), 1993: Jahrbuch der europäischen Integration, Bonn:Europa Union Verlag, S.41-52.

Wivenes, Georges, 1992: "Fraktions- und Parteienfinanzierung durch das Europäische Parlament", in: Dimitris Tsatsos (Hg.), Parteienfinanzierung im europäischen Vergleich, Baden-Baden:Nomos, S.455-87.

Woischnik, Alwine, 1992: Die spanische Ökologiebewegung, Frankfurt/Main u.a.:Peter Lang.

Wolf, Frieder O./Gonzalez, Antonio, 1989: "Unter Berücksichtigung der Zeitverschiebung. Portugal", in: Michael Franken/Walter Ohler (Hg.), Natürlich Europa. 1992-Chancen für die Natur ?, Köln: Volksblatt-Verlag, S.153-64.

Zellentin, Gerda, 1967: "Form and Function of the opposition in the European Communities", in: Government and Opposition, Heft 3, S.416-35.

9. Liste der Interviewpartner

Peter Altendorfer	Politischer Sekretär der Grünen Alternative (Österreich)
Willy de Bakker	Co-Sekretär der EGC von November 1987 bis Oktober 1988 und Mitarbeiter des GRAEL zwischen 1984 und 1988 sowie der ersten GFEP zwischen 1990 und 1994
Paul Beeckmans	Mitarbeiter des GRAEL und der zweiten, sowie zeitweise auch der ersten GFEP
Juan Behrend	Generalsekretär des GRAEL, der ersten GFEP sowie der zweiten GFEP seit Februar 1988
Paolo Bergamaschi	Co-Sekretär der EGC zwischen Dezember 1989 und Januar 1994; Mitglied des Committees der EGF seit Januar 1994
Dusan Bevilaqua	Delegierter (slowakische Strana Zelenych) für das Council-Treffen der EGF im Oktober 1994 in Chania
Anne de Boer	Koordinator des East-West-Dialogues, Co-Sekretär der EGC zwischen Juni 1992 und Januar 1994; Generalsekretär der EGF (ad interim) zwischen Oktober 1994 und Juni 1995
Bruno Boissière	MdEP (Les Verts) zwischen 1989 und 1994; Co-Sekretär der EGC zwischen November 1985 und Dezember 1989; Mitglied der ersten GFEP und deren stellvertretender Vorsitzender zwischen Januar 1992 und Juni 1994
Felix Braz	Delegierter (GLEI) für die Meetings und Council-Treffen der EGC bzw. der EGF
Olivia Bruyas	Mitarbeiterin der französischen Delegation im EP zwischen 1989 und 1994
Arnold Cassola	Delegierter (Alternattiva Demokratika) für die Council-Treffen der EGF
Leo Cautereels	Mitarbeiter der ersten GFEP
Leo Cox	Co-Sekretär der EGC zwischen Oktober 1988 und Dezember 1989 sowie deren politischer Sekretär zwischen Dezember 1989 und Januar 1994; Generalsekretär der EGF zwischen Januar und Oktober 1994
Marian Coyne	Delegierte der Scottish Green Party für das Council-Treffen der EGF im Juni 1995 in Budapest
B.Cramon-Daiber	MdEP (Die GRÜNEN) zwischen 1989 und 1994; stellvertretende Fraktionsvorsitzende der ersten GFEP zwischen Januar 1992 und Juni 1994
Pierre Daxhelet	Mitarbeiter der ersten sowie der zweiten GFEP
Ludo Dierickx	Delegierter AGALEVs bei den EGC-Treffen zwischen 1980 und 1989
Nel van Dijk	MdEP (GPA bzw. später Groen Links); Mitglied des GRAEL, der ersten sowie der zweiten GFEP
Solange Fernex	MdEP (Les Verts) zwischen 1989 und 1994; Mitglied der ersten GFEP
J.L. Freijo Lizan	Delegierter (Los Verdes) auf dem Council-Treffen der EGF im Juni 1995 in Budapest
Monica Frassoni	Mitarbeiterin der ersten sowie der zweiten GFEP
Per Gahrton	MdEP (Miljöpartiet de Gröna); Co-Sekretär der EGC zwischen November 1985 und Dezember 1989; Mitglied der zweiten GFEP
Nikos Galatis	Delegierter (Politiki Oikologia) für die Council-Treffen der EGF
Otto ter Haar	Delegierter (De Groenen) für das Council-Treffen der EGF im Januar 1994 in Wien
Heidi Hautala	MdEP (Vihreä Liitto); Co-Sekretär der EGC zwischen Dezember 1989 und Januar 1994; Mitglied der zweiten GFEP
Reinhild Hugenroth	Mitarbeiterin der Europagruppe Die GRÜNEN von 1991 bis 1994

Abbes Jacoby	Delegierter (GAP) auf dem Council-Treffen der EGF im Januar 1994 in Wien
Diana Johnstone	Mitarbeiterin der ersten sowie der zweiten GFEP
Gerhard Jordan	Co-Sekretär der EGC von Dezember 1989 bis März 1991
Natalie Kirvalidze	Mitglied des Committees der EGF seit Januar 1994
Niki Kortvelessy	Mitglied des Committees der EGF und deren Sprecherin seit Januar 1994
Heino Kroon	Delegierter (estländische Grüne) für das Council-Treffen der EGF im Oktober 1994 in Chania
Serghey Kurykin	Delegierter (ukrainische grüne Partei) für die Council-Treffen der EGF
Joost Lagendijk	Delegierter (Groen Links) für die Council-Treffen der EGC und der EGF
Alexander Langer	MdEP (I Verdi); Mitglied der ersten GFEP und deren Vorsitzender von Juli 1989 bis Oktober 1990; Mitglied der zweiten GFEP und deren Vorsitzender von Juli 1994 bis Juni 1995.
Paul Lannoye	MdEP (ECOLO); Mitglied der ersten GFEP und deren Vorsitzender von Oktober 1990 bis Juni 1994; Mitglied der zweiten GFEP
Fernanda Lapa	Mitarbeiterin der ersten GFEP
Hannes Lorenzen	Mitarbeiter des GRAEL, der ersten sowie der zweiten GFEP
Patricia McKenna	Co-Sekretär der EGC von Mai 1991 bis Januar 1994; Mitglied der zweiten GFEP sowie deren stellvertretende Vorsitzende seit Juli 1994
Lut Neetesonne	Mitarbeiterin der EGC und EGF von 1985 bis Dezember 1994
Sara Parkin	Co-Sekretär der EGC von Nobember 1985 bis Dezember 1989
Jozef Pokorný	Delegierter (slowakische Strana Zelenych) für das Council-Treffen der EGF im Juni 1995 in Budapest
Steven Rawson	Delegierter von Comhaontas Glas für die Council-Treffen der EGF
Alexander de Roo	Mitarbeiter des GRAEL, der ersten sowie der zweiten GFEP
Claes Roxbergh	Delegierter auf dem Council-Treffen der EGF in Budapest im Juni 1995
Pekka Sauri	Mitglied des Committees der EGF und deren Sprecher seit Januar 1994
Hans-B. Schaffner	Co-Sekretär der EGC zwischen März 1991 und Juni 1992
Frithjoff Schmidt	Mitarbeiter der Europagruppe Die GRÜNEN bis 1991
Erszebet Schmuck	Delegierte (ungarische Zöld Alternativa) für die Council-Treffen der EGF
Albena Simeonova	Delegierte (Bulgarische Grüne Partei) für die Meetings und Council-Treffen der EGC bzw. der EGF
Paul Staes	MdEP (AGALEV) zwischen 1984 und 1994; Mitglied des GRAEL und dessen Vorsitzender bzw. stellvertretender Vorsitzender von Juli 1984 bis Juni 1989; Mitglied der ersten GFEP und dessen stellvertretender Vorsitzender von Juli 1989 bis Oktober 1990
Uwe Staffler	Mitarbeiter des Abgeordneten Alexander Langer zwischen 1989 und Juni 1995
Wilfried Telkämper	MdEP (Die GRÜNEN); Mitglied des GRAEL und dessen Vorsitzender von Januar 1986 bis Juni 1989; Mitglied der ersten sowie der zweiten GFEP; stellvertretender Präsident des EP zwischen Juli 1989 und Dezember 1991
H. Verheirstraeten	Generalsekretär der Regenbogenfraktion von 1984 bis 1994
Jan B. Vindheim	Delegierter (Miljøpartiet de Grønne) für die Meetings der EGC
Paul Vogt	Abgeordneter der Freien Liste im Landtag Liechtensteins
Roland Vogt	Delegierter der GRÜNEN für die Treffen der KGRP und der PEACE-Initiative zwischen 1979 und 1983
Barbara Werner	Mitarbeiterin des GRAEL, der ersten sowie der zweiten GFEP
Frieder O. Wolf	MdEP (Die GRÜNEN) seit 1994; Mitglied des GRAEL (als Nachrücker) und in dessen Vorstand von Juli 1984 bis Juni 1989; Mitarbeiter der ersten GFEP zwischen 1989 und 1991; Mitglied der zweiten GFEP und in deren Vorstand seit Juli 1994
Ali Yurttagül	Mitarbeiter des GRAEL, der ersten sowie der zweiten GFEP

MIX
Papier aus verantwortungsvollen Quellen
Paper from responsible sources
FSC® C105338

If you have any concerns about our products,
you can contact us on
ProductSafety@springernature.com

In case Publisher is established outside the EU,
the EU authorized representative is:
Springer Nature Customer Service Center GmbH
Europaplatz 3, 69115 Heidelberg, Germany

Printed by Libri Plureos GmbH
in Hamburg, Germany